Bayern 11

Fundamente der Mathematik Trainingsheft

LÖSUNGEN

Cornelsen

Autoren: Marco Grees, Reinhard Oselies, Dr. Wilfried Zappe
Redaktion: Maya Brandl

Grafik: Cornelsen/Christian Böhning
Illustration: Golnar Mehboubi
Umschlaggestaltung: Studio SYBERG, Berlin
Layoutkonzept: zweiband.media, Berlin
Technische Umsetzung: Straive

Bildnachweis
Cover: stock.adobe.com/sutichak; **18**/Shutterstock.com/Africa Studio; **37**/Shutterstock.com/Olga. Reshetnyak; **45**/Shutterstock.com/Den Rozhnovsky; **49**/Shutterstock.com/Mine Eyes Design; **54**/stock.adobe.com/schulzfoto; **69**/Shutterstock.com/Kevin Klarer; **81**/Shutterstock.com/Ian 2010

Inhaltsverzeichnis

Basisaufgaben

1 f: quadratische Funktion, da der Graph eine Parabel ist; $f(x) = -x^2 + 2$
g: Exponentialfunktion, da der Graph die x-Achse als Asymptote hat; $g(x) = -2^x$
h: trigonometrische Funktion, da die Funktion periodisch ist; $h(x) = \cos(x)$
i: Potenzfunktion, da der Graph punktsymmetrisch zum Ursprung und monoton steigend ist; $i(x) = -2x^3$

2 **a)** Quadratische Funktion: Der Graph ist eine nach unten geöffnete Parabel, die um 2 Einheiten nach links und 3 Einheiten nach oben verschoben wurde. Ihr Scheitelpunkt ist $S(-2|3)$.
b) Trigonometrische Funktion: Der Graph entsteht aus dem Graphen von $y = \sin(x)$ durch Streckung in x-Richtung um den Faktor 0,5 und Verschiebung um 1 LE nach links.
c) Potenzfunktion: Der Graph ist parabelförmig mit dem Scheitelpunkt $S(0|0)$. Er entsteht aus dem Graphen zu x^6 durch Streckung mit dem Faktor 4.
d) Exponentialfunktion: Es gilt $2 \cdot 5^{-x} = 2 \cdot \left(\frac{1}{5}\right)^x$. Der Graph hat die x-Achse als waagerechte Asymptote und verläuft „von links oben nach rechts unten", d. h. $\lim\limits_{x \to -\infty} f(x) = \infty$ und $\lim\limits_{x \to \infty} f(x) = 0$.
e) Elementare gebrochen-rationale Funktion: Der Graph ist eine Hyperbel mit den Asymptoten $x = 3$ und $y = 1$.
f) Trigonometrische Funktion: Der Graph entsteht aus dem Graphen von $y = \cos(x)$ durch Streckung in y-Richtung um den Faktor 2 und Verschiebung um 1 Einheit nach unten.

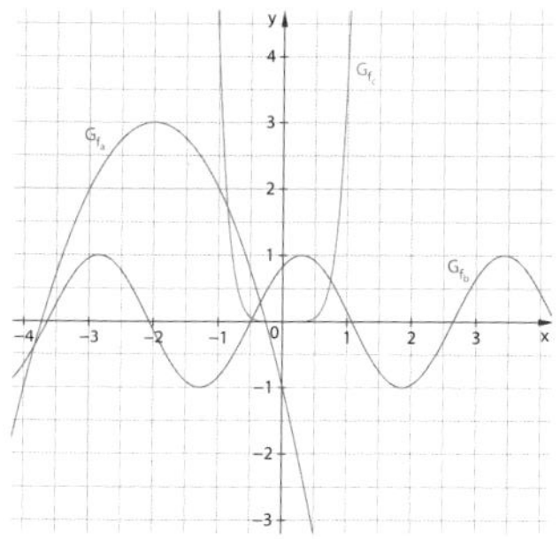

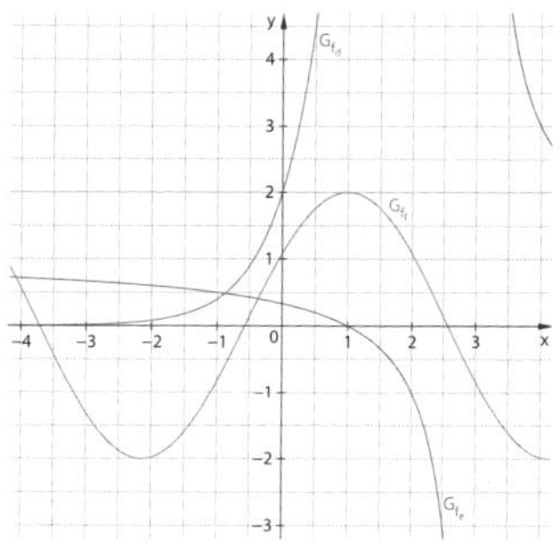

3 Individuelle Lösungen, z. B.:
a) $f(x) = -x^2 + 2$ **b)** $f(x) = -2^x$ **c)** $f(x) = \sin(x) + 2$ **d)** $f(x) = \frac{1}{x+1}$

4 **a)** Nullstellen: $x_1 = 1$, $x_2 = 0$, $x_3 = -3$; $f(0) = 0$; Vorzeichen für sehr kleine Werte von x: negativ; Vorzeichen für sehr große Werte von x: positiv
b) Nullstellen: $x_1 = 6$, $x_2 = 3$; $f(0) = 54$; Vorzeichen für sehr kleine und sehr große Werte von x: positiv
c) Nullstellen: $x_1 = 2$, $x_2 = -2$; $f(0) = -16$; Vorzeichen für sehr kleine und sehr große Werte von x: negativ
d) Nullstellen: $x_1 = 1$, $x_2 = -1$, $x_3 = -3$; $f(0) = 9$; Vorzeichen für sehr kleine und sehr große Werte von x: positiv

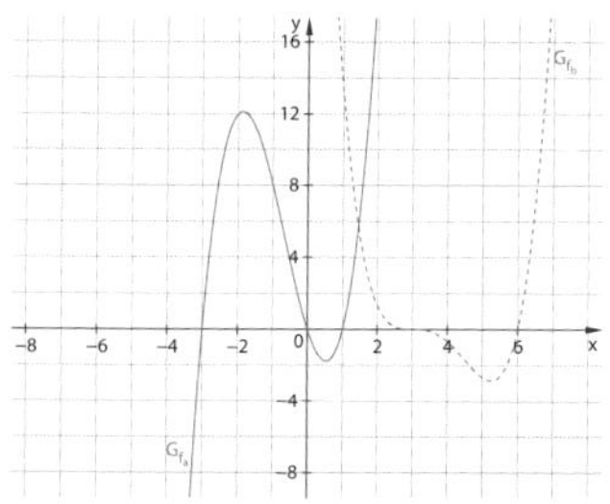

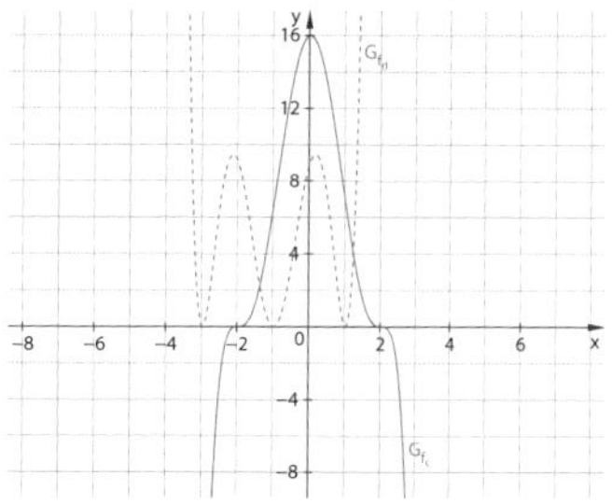

5 **a)** $\lim\limits_{x \to +\infty}\left(-\frac{2}{x} + 6\right) = \lim\limits_{x \to -\infty}\left(-\frac{2}{x} + 6\right) = 6$
b) $\lim\limits_{x \to +\infty}\left(\frac{1}{x+3} - 4\right) = \lim\limits_{x \to -\infty}\left(\frac{1}{x+3} - 4\right) = -4$
c) $\lim\limits_{x \to +\infty}\left(5 - \frac{3}{x-2}\right) = \lim\limits_{x \to -\infty}\left(5 - \frac{3}{x-2}\right) = 5$

6 kleiner als −50: $x \approx 3{,}69$ kleiner als −200: $x \approx 5{,}85$ kleiner als −10 000: $x \approx 21{,}55$

7 **a)** unbestimmte Divergenz
b) Konvergenz, $\lim\limits_{x \to -\infty} f(x) = \lim\limits_{x \to +\infty} f(x) = 4$
c) bestimmte Divergenz, $\lim\limits_{x \to -\infty} f(x) = -\infty$, $\lim\limits_{x \to +\infty} f(x) = +\infty$
d) Konvergenz für $x \to -\infty$ und bestimmte Divergenz für $x \to +\infty$, $\lim\limits_{x \to -\infty} f(x) = 2$, $\lim\limits_{x \to +\infty} f(x) = -\infty$

8 Individuelle Lösungen, z. B.:
a) $f(x) = 1 - 1{,}5^x$ **b)** $f(x) = -x^2$ **c)** $f(x) = (x-1)^3 - 2$

9 **a)** $f(-x) = (-x)^4 - (-x)^2 = x^4 - x^2 = f(x)$, also achsensymmetrisch zur y-Achse
b) $f(-x) = \sin(2(-x)) = \sin(-2x) = -\sin(2x) = -f(x)$, also punktsymmetrisch zum Ursprung
c) $f(-x) = \cos(-x) + 1 = \cos(x) + 1 = f(x)$, also achsensymmetrisch zur y-Achse
d) $f(-x) = \frac{4}{-x} = -\frac{4}{x} = -f(x)$, also punktsymmetrisch zum Ursprung
e) $f(-x) = \frac{2}{(-x)^3} + \frac{3}{-x} = -\frac{2}{x^3} - \frac{3}{x} = -\left(\frac{2}{x^3} + \frac{3}{x}\right) = -f(x)$, also punktsymmetrisch zum Ursprung
f) $f(-x) = (-x)^3 \cdot (-x)^5 = (-x^3) \cdot (-x^5) = x^3 \cdot x^5 = f(x)$, also achsensymmetrisch zur y-Achse

10 **a)** $f(x) = x^4 + x^2$, achsensymmetrisch zur y-Achse
b) $f(x) = x^2 - 6$, achsensymmetrisch zur y-Achse
c) $f(x) = \frac{2}{3} + \frac{4}{3x}$, keine Symmetrie zum Koordinatensystem
d) $f(x) = x^2 - 6$, achsensymmetrisch zur y-Achse
e) $f(x) = 3 \cdot (6^x + 6^{-x})$, achsensymmetrisch zur y-Achse
f) punktsymmetrisch zum Ursprung

11 **a)**

x	−10	−5	−1	0	1	5	10
f(x)	24	−8	−2	z. B. 1	−2	−8	24

b)

x	−10	−5	−1	0	1	5	10
f(x)	24	−8	2	0	−2	8	−24

12 **a)** $f(x) = (x+2)^4 + (x+2)^3 - 5$ **b)** $f(x) = \frac{2}{x+2} - 4$
c) $f(x) = 3 \cdot 4^{x+2} - 5$ **d)** $f(x) = 2 \cdot \cos(x+2) + x - 3$
e) $f(x) = (x-1)^3 - 6$ **f)** $f(x) = 3^{x+3} - 5$
g) $f(x) = (x+6)(x+1) - 5$ **h)** $f(x) = (x+2) \cdot \sin(x+2) - 5$

13 **a)** $a = 5$ **b)** $a = 8$ **c)** $a = -7$

14 $|b| < 1$: Die Periode wird kürzer. $|b| > 1$: Die Periode wird länger.

15 **a)** $g(x) = \frac{1}{2(x-3)}$ **b)** $g(x) = \frac{3}{-(x+2)} - 4$ **c)** $g(x) = \frac{4}{0{,}5(x-7)}$

16 **a)** $g(x) = \frac{-3}{x-1}$ **b)** $g(x) = 2 \cdot 0{,}5^x - 2$ **c)** $g(x) = 6(x+1)^3 - 2)$

17 **a)** nicht stetig bei $x = -1$
b) stetig bei $x = -2$, nicht stetig bei $x = 2$
c) nicht stetig bei $x = -2$, stetig bei $x = 0$

Weiterführende Aufgaben

1 Fall 1: Für $0 \le n \le 4$ gilt $\lim\limits_{x \to \infty} p(x) = \infty$. Fall 2: Für $n \ge 5$ gilt $\lim\limits_{x \to \infty} p(x) = -\infty$.

2 Achtung: Es gibt eine Ausnahme, $f(x) = 0$ ist ungerade und erfüllt $f(-n) = f(n)$ für alle $n \in \mathbb{N}$.

3 p mit $p(x) = (a^2 - 1) \cdot x^3 + (a^2 + 4a - 12) \cdot x^2$ ist gerade, wenn $a^2 - 1 = 0$: $a = \pm 1$;
p ist ungerade, wenn $a^2 + 4a - 12 = 0$: $a = -6$ oder $a = 2$;
p ist weder gerade noch ungerade in allen anderen Fällen, also für $a \in \mathbb{R} \setminus \{-6; -1; 1; 2\}$

4 Wenn die Funktion f ungerade ist, also $f(-x) = -f(x)$ gilt, und a Nullstelle von f ist, also $f(a) = 0$ gilt, dann folgt daraus: $f(-a) = -f(a) = -0 = 0$, d. h. auch $-a$ ist Nullstelle von f.

5 Gesucht sind Werte von b, für die f mit $f(x) = \begin{cases} x \cdot \sqrt{x}, & 0 < x \le b \\ x + 0{,}25 \cdot x^2, & x > b \end{cases}$ an der Stelle b stetig ist.
Für $x = b > 0$ muss dann gelten: $b \cdot \sqrt{b} = b + 0{,}25 \cdot b^2 \mid : b$ $\sqrt{b} = 1 + 0{,}25 \cdot b \mid (\ \ )^2$
$b = 1 + \frac{1}{2} \cdot b + \frac{1}{16} \cdot b^2 \mid -b$
$\frac{1}{16} \cdot b^2 - \frac{1}{2} \cdot b + 1 = 0 \mid \cdot 16$
$b^2 - 8b + 16 = 0$
$b_{1,2} = 4 \pm \sqrt{16 - 16} = 4$
An der Stelle $b = 4$ ist f stetig.

6 $f\left(\frac{x+z}{2}\right) < \frac{f(x) + f(z)}{2}$ mit $x < z$
Für das Beispiel $f(x) = x^2$: $\left(\frac{x+z}{2}\right)^2 = \frac{x^2 + 2xz + z^2}{4}$
$\frac{x^2 + 2xz + z^2}{4} < \frac{x^2 + z^2}{2} \mid \cdot 4$
$x^2 + 2xz + z^2 < 2x^2 + 2z^2 \mid -x^2 - z^2$
$2xz < x^2 + z^2 \mid -2xz$
$0 < x^2 - 2xz + z^2$
$0 < (x - z)^2$
Da hier $x < z$ gilt, ist $x \ne z$ bzw. $x - z \ne 0$ und daher auch $(x - z)^2 \ne 0$.
Der Funktionswert an der Stelle, die dem arithmetischen Mittel von x und z entspricht, ist kleiner als der Mittelwert der beiden Funktionswerte f(x) und f(z).

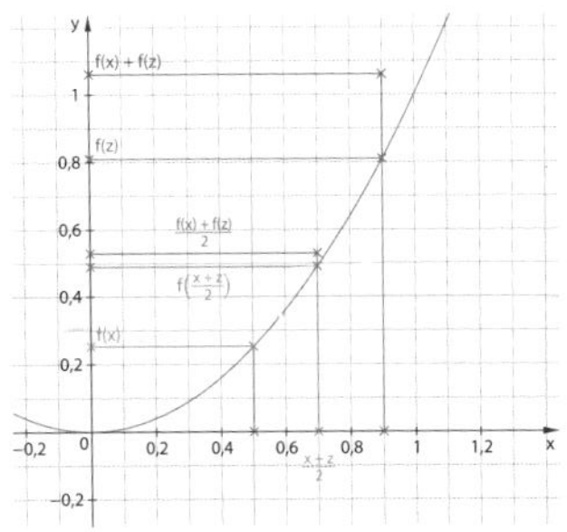

7

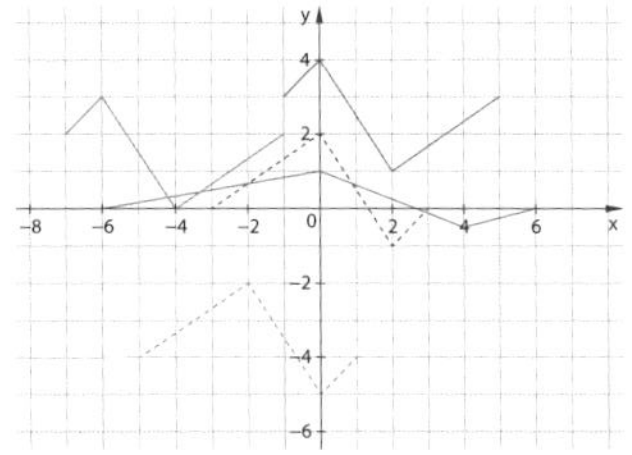

8 $f(x) = 15 \cdot (x - 2)^2 - 12$, $S(2 \mid -12)$, einzelne Schritte: Verschiebung um 2 LE nach rechts, Streckung mit Faktor 3, Verschiebung um 12 LE nach unten: $g_1(x) = f(x - 2)$, $g_2(x) = 3g_1(x)$, $g_3(x) = g_2(x) - 12$

9 Für jede Funktion f, die sowohl gerade als auch ungerade ist, gilt $f(-x) = f(x)$ und $f(-x) = -f(x)$, also
$f(x) = -f(x) \mid + f(x)$
$2f(x) = 0 \mid : 2$
$f(x) = 0$

10 $a \ne 0$, Fallunterscheidung:
$a < 0, n < 4$: $\lim\limits_{x \to \infty} f_{a,n}(x) = -\infty$, $\lim\limits_{x \to -\infty} f_{a,n}(x) = \infty$;
$n > 4$ gerade: $\lim\limits_{x \to \infty} f_{a,n}(x) = -\infty$, $\lim\limits_{x \to -\infty} f_{a,n}(x) = -\infty$;
$n > 4$ ungerade: $\lim\limits_{x \to \infty} f_{a,n}(x) = -\infty$, $\lim\limits_{x \to -\infty} f_{a,n}(x) = \infty$;
$a > 0, n < 3$: $\lim\limits_{x \to \infty} f_{a,n}(x) = \infty$, $\lim\limits_{x \to -\infty} f_{a,n}(x) = -\infty$;
$0 < a < \frac{1}{2}, n = 3$: $\lim\limits_{x \to \infty} f_{a,n}(x) = \infty$, $\lim\limits_{x \to -\infty} f_{a,n}(x) = -\infty$;
$a = \frac{1}{2}, n = 3$: $\lim\limits_{x \to \infty} f_{a,n}(x) = 0$, $\lim\limits_{x \to -\infty} f_{a,n}(x) = 0$;
$a > \frac{1}{2}, n = 3$: $\lim\limits_{x \to \infty} f_{a,n}(x) = -\infty$, $\lim\limits_{x \to -\infty} f_{a,n}(x) = \infty$;
$a > 0, n > 3$ gerade: $\lim\limits_{x \to \infty} f_{a,n}(x) = -\infty$, $\lim\limits_{x \to -\infty} f_{a,n}(x) = -\infty$;
$a > 0, n > 3$ ungerade: $\lim\limits_{x \to \infty} f_{a,n}(x) = -\infty$, $\lim\limits_{x \to -\infty} f_{a,n}(x) = \infty$

11 **a)** $f(x) = \frac{3^x + 3^{-x}}{x^3}$, Untersuchung auf Symmetrie: $f(-x) = \frac{3^{-x} + 3^x}{-x^3} = -\left(\frac{3^x + 3^{-x}}{x^3}\right) = -f(x)$:
f ist punktsymmetrisch zum Koordinatenursprung.
b) Der Graph passt grundsätzlich, wenn $\lim\limits_{x \to \infty} f(x) = \infty$ und $\lim\limits_{x \to 0^+} f(x) = \infty$ gilt. Dies gilt, aber ebenso $\lim\limits_{x \to -\infty} f(x) = -\infty$ und $\lim\limits_{x \to 0^-} f(x) = -\infty$.
Da $\lim\limits_{x \to \infty} (3^x) = \infty$ und $\lim\limits_{x \to \infty} (3^{-x}) = 0$ sowie $\lim\limits_{x \to -\infty} (3^x) = 0$ und $\lim\limits_{x \to -\infty} (3^{-x}) = \infty$, gilt für die Summe:
$\lim\limits_{x \to \infty} (3^x + 3^{-x}) = \infty$ und $\lim\limits_{x \to -\infty} (3^x + 3^{-x}) = \infty$, außerdem gilt $\lim\limits_{x \to \infty} (x^3) = \infty$ und $\lim\limits_{x \to -\infty} (x^3) = -\infty$, und da x^3 an der Stelle 0 eine Nullstelle hat und 3^x schneller wächst als x^3, gilt für den Quotienten $f(x) = \frac{3^x + 3^{-x}}{x^3}$:
f hat eine senkrechte Asymptote bei $x = 0$, $\lim\limits_{x \to -\infty} f(x) = \lim\limits_{x \to 0^-} f(x) = -\infty$ und $\lim\limits_{x \to \infty} f(x) = \lim\limits_{x \to 0^+} f(x) = \infty$.

Symmetrie

Grundlagentraining

1 Kreuzen Sie die zugehörigen Funktionsklassen an.
A: lineare Funktion; B: quadratische Funktion; C: Potenzfunktion; D: ganzrationale Funktion;
E: elementare gebrochen-rationale Funktion; F: Exponentialfunktion; G trigonometrische Funktion

f(x)	A	B	C	D	E	F	G
$f(x) = x^2 - 2x - 3$		x	x	x			
$f(x) = 2^{-x-1} + 2$						x	
$f(x) = x^{-1} - 1$			x		x		
$f(x) = 2 \cdot \sin(x - \pi)$							x
$f(x) = x \cdot (x^3 - 2x)$				x			
$f(x) = 3 - 2x$	x		x	x			

2 Vervollständigen Sie die Tabelle mit den Eigenschaften der Funktionen, deren Graphen dargestellt sind.

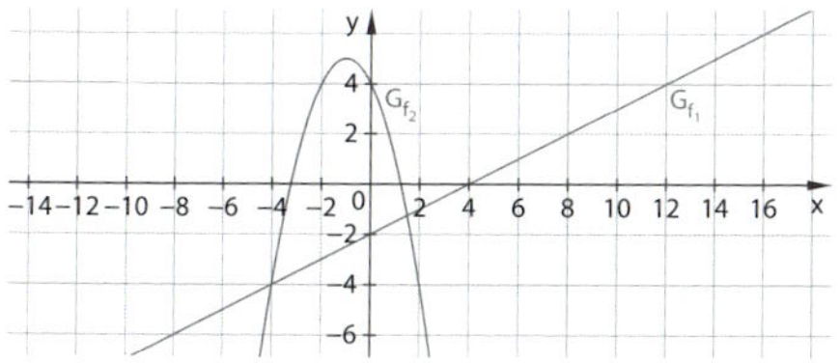

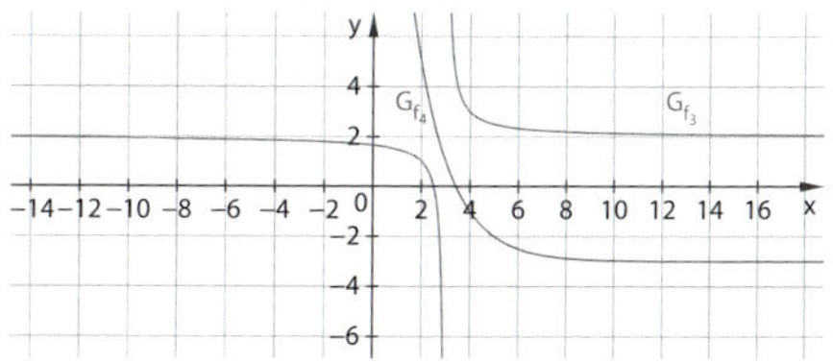

	f_1	f_2	f_3	f_4
Funktionsterm	$0{,}5x - 2$	$-x(x+2)+4$	$\frac{1}{x-3}+2$	$2^{-(x-5)} - 3$
Definitionsbereich	$x \in R$	$x \in R$	$x \in R; x \neq 3$	$x \in R$
Wertebereich	$y \in R$	$y \in R; y \leq 1$	$y \in R; y \neq 2$	$y \in R; y > -3$
Monotonie	steigend	steigend für $x \leq -1$ fallend für $x \geq -1$	fallend $(x \neq 3)$	fallend
Symmetrie	punktsymmetrisch für alle $P(x \mid f_1(x))$	achsensymmetrisch zu $x = -1$	punktsymmetrisch zu $P(3 \mid 2)$	keine

3 Funktionsgleichungen zu Graphen: Kreuzen Sie alle passenden Funktionsgleichungen an.

- [ ] $f(x) = (x+2)^{-1}$
- [x] $f(x) = 2^{1-x}$
- [x] $f(x) = \frac{2}{2^x}$
- [ ] $f(x) = 2^{x-1}$

Exponentialfunktion

- [x] $g(x) = -x^{-2} - 1$
- [ ] $g(x) = -1 + \frac{1}{x^2}$
- [ ] $g(x) = -(x-1)^{-2}$
- [ ] $g(x) = 1 - x^2$

gebrochen-rationale Funktion

- [x] $h(x) = 2 \cdot \cos(x)$
- [x] $h(x) = 2 \cdot \sin\left(x + \frac{\pi}{2}\right)$
- [x] $h(x) = 2 \cdot \cos(x + 2\pi)$
- [ ] $h(x) = -x^2 + (-x)^2 + (-x^2)$

Trigonometrische Funktion (Sinus- oder Kosinusfunktion)

Zusatzaufgabe: Geben Sie den zum Graphen passenden Funktionstypen an.

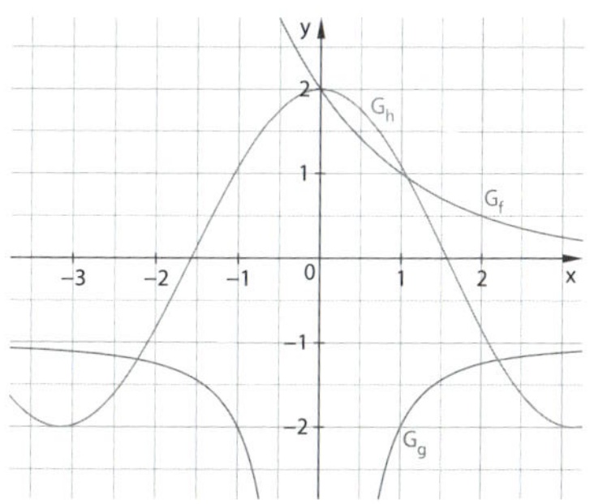

4 Funktionsgleichungen zu Wertetabellen: Geben Sie je drei verschiedenartige passende Funktionsgleichungen an.

a)

x	−1	0	1
y	1	0	1

b)

x	−1	0	1
y	−1	0	1

c)

x	−1	0	1
y	−1	0	−1

d)

x	−1	0	1
y	1	0	−1

z. B.

a) $f(x) = x^2 \ (f(x) = x^4)$; $g(x) = |x|$; $h(x) = -\frac{1}{2}\cos(\pi \cdot x) + \frac{1}{2}$

b) $f(x) = x^3 \ (f(x) = x^5)$; $g(x) = x$; $h(x) = \sin\left(\frac{\pi}{2}x\right)$

c) $f(x) = -x^4 \ (f(x) = -x^6)$; $g(x) = -x^2$; $h(x) = -|x|$

d) $f(x) = -x$; $g(x) = -x^3$; $h(x) = -x^5$

Zusatzaufgabe: Geben Sie fünf Funktionsgleichungen an.
Überprüfen Sie Ihre Ergebnisse mit einem GTR.

5 Geben Sie eine Funktionsgleichung an, die zur Wertetabelle passt.

Exponenten: −3; 0,5; 4; 5
Streckfaktoren: −1; 0,5; 1; 10
Verschiebungen: −1; 10

a)

x	−2	−1	0	1	2
y	8	0,5	0	0,5	8

$f(x) = 0{,}5 \cdot x^{4}$

b)

x	−2	−1	0	1	2
y	−17	−1,5	−1	−0,5	15

$f(x) = 0{,}5 \cdot x^{5} - 1$

c)

x	−2	−1	0	1	2
y	0,125	1	–	−1	−0,125

$f(x) = -1 \cdot x^{-3}$

d)

x	0	4	9	16	25
y	0	−2	−3	−4	−5

$f(x) = -1 \cdot x^{0{,}5}$

e)

x	$-\pi$	$-\frac{1}{2}\pi$	0	$\frac{1}{2}\pi$	π
y	10	9	10	11	10

$f(x) = \sin(x) + 10$

f)

x	-2π	$-\pi$	0	π	2π
y	10	−10	10	−10	10

$f(x) = 10 \cdot \cos(x)$

Zusatzaufgabe: Überprüfen Sie Ihre Ergebnisse mit einem GTR.

Aufbautraining

6 Ermitteln Sie eine Funktionsgleichung der Form $f(x) = a \cdot \sin(b \cdot (x - c)) + d$ mit $f(0) = 1$ und $1 \leq y \leq 3$.
$1 \leq y \leq 3$ ist der Wertebereich, somit gilt: $d = 2$ und $|a| = 1$.

$f(0) = 1$, d. h., $1 = 1 \cdot \sin(b \cdot (0 - c)) + 2$, somit gilt: $-1 = \sin(-b \cdot c)$, daraus folgt $1 = \sin(b \cdot c)$.

Zum Beispiel ergibt sich für $b = 1$ und $c = \frac{\pi}{2}$ eine wahre Aussage: $f(x) = 1 \cdot \sin\left(1 \cdot \left(x - \frac{\pi}{2}\right)\right) + 2$.

7 Beschreiben Sie Gemeinsamkeiten und Unterschiede der Graphen von f_a mit $f_a(x) = a \cdot x^2 - a \cdot x$ für $a \in \mathbb{R}, a \neq 0$.

Nullstellen bei $x = 0$ und $x = 1$. Scheitelpunkt $S\left(\frac{1}{2} \middle| -\frac{a}{4}\right)$.

Parabel für $a > 0$ nach oben geöffnet, für $a < 0$ nach unten geöffnet, für $a = 0$ keine Parabel, sondern Gerade auf der x-Achse.

Grundlagentraining

1 Gegeben ist die Funktion f mit $f(x) = \frac{1}{x+1} - 1$.

a) Vervollständigen Sie die Wertetabelle für f und skizzieren Sie den Graphen im Intervall $-5 \le x \le 4$.

x	−1000	−10	−5	−2	−1
f(x)	**−1,001**	**−1,111**	**−1,25**	**−2**	**n. d.**
x	0	2	4	10	100
f(x)	**0**	**−0,667**	**−0,8**	**−0,909**	**−0,990**

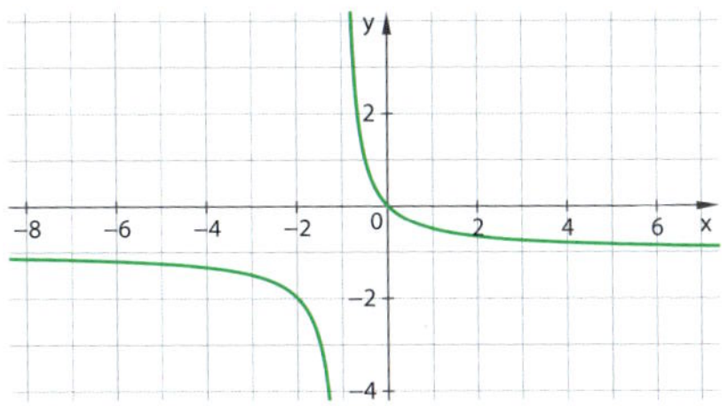

b) Ergänzen Sie die Beschreibung für den Verlauf des Graphen von f.

Für $x \to -\infty$ ist der Graph streng monoton **fallend**, niemals erreichen bzw. überschreiten die Funktionswerte den Wert **y = −1**.

Für $x \to \infty$ ist der Graph streng monoton **fallend**, niemals erreichen bzw. unterschreiten die Funktionswerte den Wert **y = −1**.

Die Gerade **y = −1** ist eine **waagerechte** Asymptote an den Graphen von **f**.

c) Berechnen Sie die kleinste natürliche Zahl x, für die die Differenz zwischen Funktionswert f(x) und Asymptote erstmals kleiner als ein Tausendstel ist.

$\left(\frac{1}{x+1} - 1\right) - (-1) < 10^{-3} \Longrightarrow x + 1 > 10^3 \Longrightarrow x > 999$

Ergebnis: x = **1000**

Zusatzaufgabe: Kreuzen Sie Funktionen an, bei denen unbestimmte Divergenz vorliegt: ☐ f ☐ g mit $g(x) = -x^2 + 2^x$ ☒ h mit $h(x) = 3\cos(x-1) + 1$ ☐ i mit $i(x) = -(x+3) \cdot x^{-2}$

2 Kreuzen Sie Zutreffendes an.

$f_1(x) = 0{,}5x^3 - 2x^2 - 2$ | $f_2(x) = 2x^4 - 2x^2 + x + 1$ | $f_3(x) = -x^5 + 2x^4 - x$ | $f_4(x) = -0{,}2x^6 + 0{,}1x^5 + 3$

Funktion	Grad n der Funktion		a_n		Verhalten für $x \to \infty$		Verhalten für $x \to -\infty$	
	gerade	ungerade	positiv	negativ	$f(x) \to \infty$	$f(x) \to -\infty$	$f(x) \to \infty$	$f(x) \to -\infty$
f_1		x	x		x			x
f_2	x		x		x		x	
f_3		x		x		x	x	
f_4	x			x		x		x

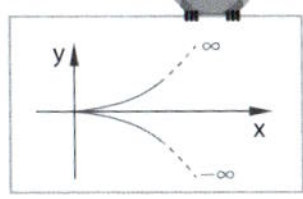

Zusatzaufgabe: Formulieren Sie zwei Aussagen zum Globalverhalten einer Funktion mit $g(x) = a_n x^n$.

z. B. (1) Wenn n eine gerade natürliche Zahl ist und $a_n > 0$ gilt, dann geht g(x) für $x \to \pm\infty$ gegen $+\infty$. (2) Wenn n eine ungerade natürliche Zahl ist und $a_n > 0$ gilt, dann geht g(x) für $x \to \pm\infty$ gegen $+\infty$ und für $x \to -\infty$ gegen $-\infty$.

Aufbautraining

3 Gegeben ist die Funktion f mit $f(x) = \frac{2x+3}{x}$.

a) Vervollständigen Sie die Wertetabelle für f und skizzieren Sie den Graphen im Intervall $-4 \le x \le 5$.

x	−1000	−10	**−3**	−1	−0.5
f(x)	**1,997**	**1,7**	1	**−1**	**−4**
x	0	**2**	4	**10**	100
f(x)	**n. d.**	3,5	**2,750**	2,3	**2,030**

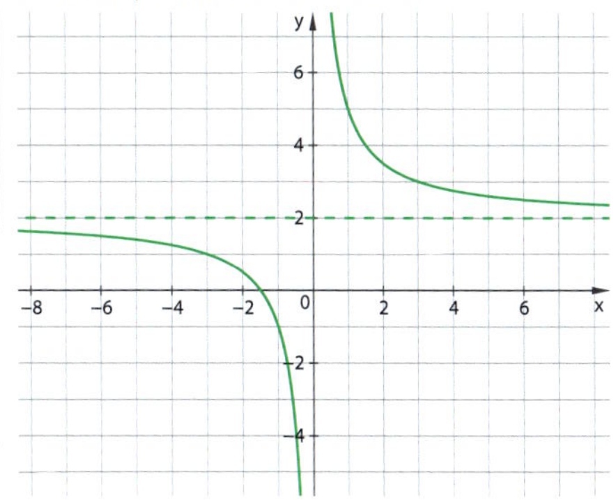

b) Wandeln Sie den Funktionsterm in die Form $f(x) = \frac{a}{x-b} + c$ um, und untersuchen Sie damit das Konvergenzverhalten von f für sehr große und sehr kleine x-Werte.

$f(x) = \mathbf{\frac{3}{x} + 2}$ $\lim_{x \to \infty} f(x) = \mathbf{2}$ $\lim_{x \to -\infty} f(x) = \mathbf{2}$

c) Zeichnen Sie die waagerechte Asymptote ein.

4 Globalverhalten: Ordnen Sie den Funktionen f mithilfe des vermutlichen Globalverhaltens Graphen zu. Geben Sie je eine Funktion g mit $g(x) = a_n x^n$ an, die das gleiche Globalverhalten wie f hat.

Hilfe: Der Graph einer ganzrationalen Funktion f mit $f(x) = a_n x^n + a_{n-1} x^{n-1} + \ldots + a_1 x + a_0$ mit $a_n \neq 0$ verhält sich für $x \to +\infty$ und $x \to -\infty$ wie der Graph von g mit $g(x) = a_n x^n$.

$f(x) = x^3 - 3x - 1$ | $f(x) = 0{,}1x^6 - 0{,}2x - 1$ | $f(x) = -0{,}01x^5 + 0{,}2x^2 - 1$ | $f(x) = x - x^4 - 1$

① 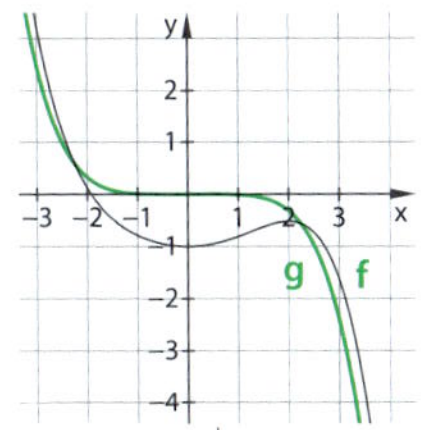

Für $x \to -\infty$ gilt $f(x) \to \infty$. Für $x \to \infty$ gilt $f(x) \to -\infty$.

$f(x) = \mathbf{-0{,}01x^5 + 0{,}2x^2 - 1}$
z. B. $g(x) = \mathbf{-0{,}01x^5}$

② 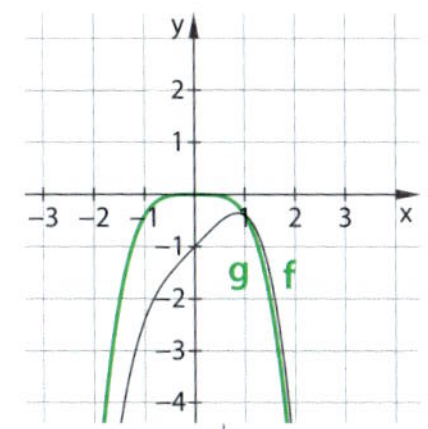

Für $x \to -\infty$ gilt $f(x) \to -\infty$. Für $x \to \infty$ gilt $f(x) \to -\infty$.

$f(x) = \mathbf{x - x^4 - 1}$
z. B. $g(x) = \mathbf{-0{,}4x^4}$

③ 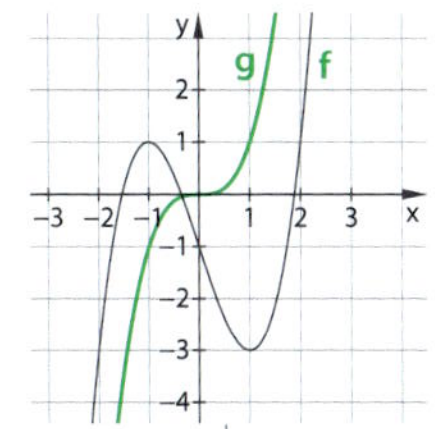

Für $x \to -\infty$ gilt $f(x) \to -\infty$. Für $x \to \infty$ gilt $f(x) \to \infty$.

$f(x) = \mathbf{x^3 - 3x - 1}$
z. B. $g(x) = \mathbf{x^3}$

④ 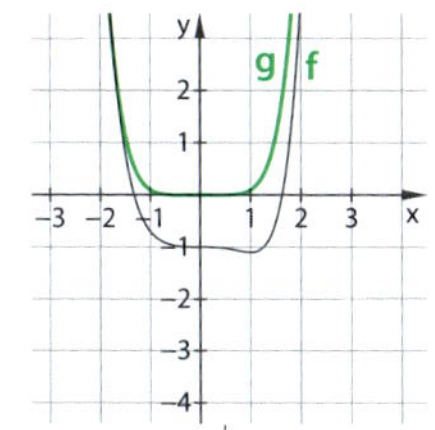

Für $x \to -\infty$ gilt $f(x) \to \infty$. Für $x \to \infty$ gilt $f(x) \to \infty$.

$f(x) = \mathbf{0{,}1x^6 - 0{,}2x - 1}$
z. B. $g(x) = \mathbf{0{,}1x^6}$

5 Linda betrachtet den Graphen der Funktion f mit $f(x) = -0{,}02x^3 + 0{,}98x^2 + 1{,}04x - 2$. Sie stellt fest: „Für $x \to +\infty$ und $x \to -\infty$ gehen die Funktionswerte gegen ∞."
Nennen Sie mögliche Fehlerquellen für Lindas Aussage.

Vom lokalen kann sie nicht auf globales Verhalten schließen. Der Koeffizient des größten Exponenten von x ist negativ. (Die Aussage ist falsch, denn für $x \to +\infty$ gilt $f(x) \to -\infty$ und für $x \to -\infty$ gilt $f(x) \to \infty$.)

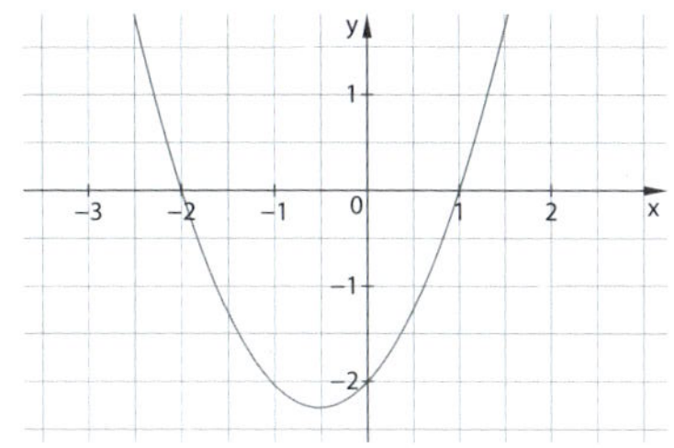

Grundlagentraining

1 Achsensymmetrie zur y-Achse: Untersuchen Sie, ob der Graph achsensymmetrisch zur y-Achse ist.

Hilfe: Der Graph einer ganzrationalen Funktion f ist genau dann achsensymmetrisch zur y-Achse, wenn der Funktionsterm von f nur gerade Exponenten hat. Es gilt $f(-x) = f(x)$.

a) Kreuzen Sie alle Funktionen an, die achsensymmetrisch zur y-Achse sind.

- [x] $f(x) = x^8$
- [x] $g(x) = 7x^8$
- [x] $h(x) = 7x^8 - 9$
- [ ] $i(x) = 7x^8 - 9x$
- [x] $j(x) = -7x^8 - 11x^6$
- [x] $k(x) = -1 - 7x^8 + 0{,}5x^4$
- [ ] $l(x) = 7x^8 - 9x^3 + x^2$
- [ ] $m(x) = (x-2)x^8$
- [x] $n(x) = \cos(x)$
- [ ] $o(x) = x \cdot (x-1) \cdot (x+1)$
- [ ] $p(x) = \frac{x^2 - x}{x}$
- [x] $q(x) = \frac{2x^4 + x^2}{x^2}$

b) Prüfen Sie, ob gilt $f(-x) = f(x)$ und somit Achsensymmetrie zur y-Achse vorliegt.

$f(x) = x^4 - x^2$ $\quad f(-x) = (-x)^4 - (-x)^2 = x^4 - x^2 = f(x)$,

demzufolge liegt **Achsensymmetrie zur y-Achse vor.**

$g(x) = x^6 - 0{,}3x^4 - 2x^2$ $\quad g(-x) = (-x)^6 - 0{,}3(-x)^4 - 2(-x)^2 = x^6 - 0{,}3x^4 - 2x^2 = g(x)$,

demzufolge liegt **Achsensymmetrie zur y-Achse vor.**

$h(x) = x^4 - x$ $\quad h(-x) = (-x)^4 - (-x) = x^4 + x \neq h(x)$,

demzufolge liegt **keine Achsensymmetrie zur y-Achse vor.**

2 Punktsymmetrie zum Ursprung: Untersuchen Sie, ob der Graph punktsymmetrisch zum Ursprung ist.

Hilfe: Der Graph einer ganzrationalen Funktion f ist genau dann punktsymmetrisch zum Ursprung, wenn der Funktionsterm von f nur ungerade Exponenten hat. Es gilt $f(-x) = -f(x)$.

a) Kreuzen Sie alle Funktionen an, die punktsymmetrisch zum Ursprung sind.

- [x] $f(x) = x^9$
- [x] $g(x) = 6x^9$
- [ ] $h(x) = 6x^9 - 7$
- [x] $i(x) = 6x^9 - 11x$
- [x] $j(x) = -7x^9 - 11x^{15}$
- [ ] $k(x) = -1 - 7x^9 + 0{,}5x^7$
- [ ] $l(x) = (7x^9 - 9x^7) \cdot x$
- [ ] $m(x) = (x-2)x^8$

b) Prüfen Sie, ob gilt $f(-x) = -f(x)$ und somit der Graph der Funktion f punktsymmetrisch zum Ursprung ist.

$f(x) = x^3 - x$ $\quad f(-x) = (-x)^3 - (-x) = -x^3 + x = -(x^3 - x) = -f(x)$,

demzufolge liegt **Punktsymmetrie zum Ursprung vor.**

$g(x) = -x^5 + 2x^3 - 5x$ $\quad g(-x) = -(-x)^5 + 2(-x)^3 - 5(-x) = x^5 - 2x^3 + 5x = -(-x^5 + 2x^3 - 5x) = -g(x)$,

demzufolge liegt **Punktsymmetrie zum Ursprung vor.**

$h(x) = 7x^5 - 8$ $\quad h(-x) = 7(-x)^5 - 8 = -7x^5 - 8 = -(7x^5 + 8) \neq -h(x)$,

demzufolge liegt **keine Punktsymmetrie zum Ursprung vor.**

3 Entscheiden Sie, welche Eigenschaft der Graph der Funktion aufweist:
- achsensymmetrisch zur y-Achse (a),
- punktsymmetrisch zum Ursprung (p)
- oder nichts von beidem (n) ist.

$f(x) = 3x(x^{11} - 4x) - 2$	a	$g(x) = -3x(x^7 - 5x)$	a
$h(x) = (x+1)(x^3 - x)$	n	$i(x) = x^3 - 5x$	p
$j(x) = (x-5)^2$	n	$k(x) = (2-x)^3$	n
$l(x) = (x^3)^2 - 5x$	n	$m(x) = (7x^2)^7 + x^2$	a

Aufbautraining

4 Ergänzen Sie die Exponenten in den Funktionsgleichungen. Tragen Sie jede der gegebenen Zahlen genau einmal ein.

2 3 3 4 5 6 7

$f(x) = x^{4} - x^2$	$f(x) = x^{3} + x^{2}$	$f(x) = x^{7} - x^{5}$	$f(x) = x^{6} + x^{3}$
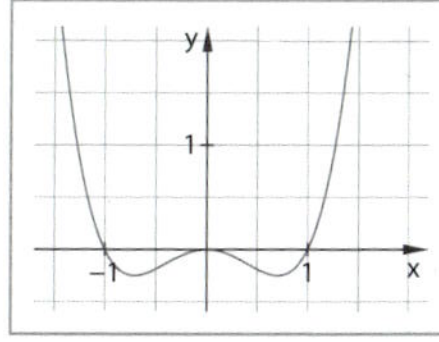	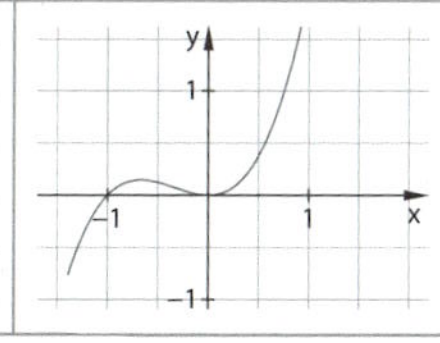	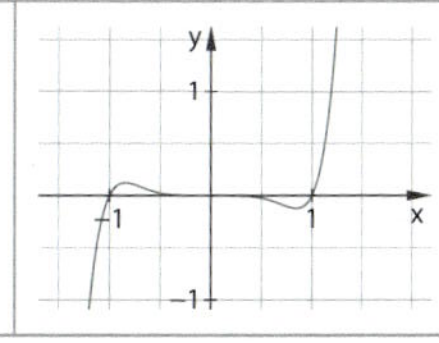	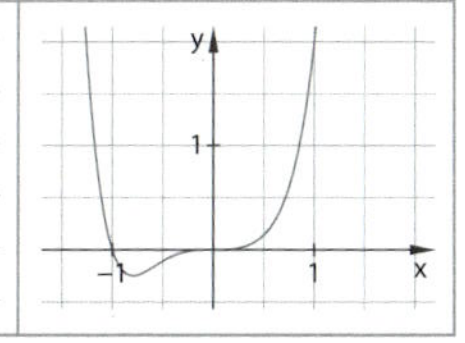

5 Vervollständigen Sie die Wertetabellen.

a) f ist achsensymmetrisch zur y-Achse.

x	−5	−2	2	5
y	−629	−20	−20	−629

b) f ist punktsymmetrisch zum Ursprung.

x	−3	−2	2	3
y	−243	−32	32	243

6 Ergänzen Sie die Tabelle. Skizzieren Sie die Graphen.

	$f(x) = -x^2 + 4$	$f(x) = -\frac{1}{x} \cdot (x^2 + 1)$	$f(x) = \frac{5}{x} \cdot \sin(2x)$
Für $x \to +\infty$ gilt	$f(x) \to -\infty$	$f(x) \to -\infty$	$f(x) \to 0$
Für $x \to -\infty$ gilt	$f(x) \to -\infty$	$f(x) \to \infty$	$f(x) \to 0$
Symmetrie	zur y-Achse	zum Ursprung	zur y-Achse
Graph (Skizze)	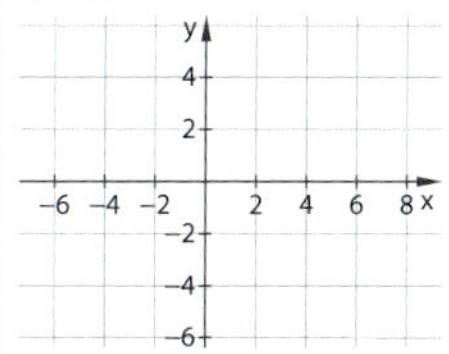	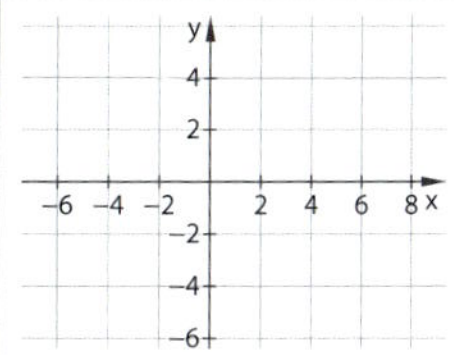	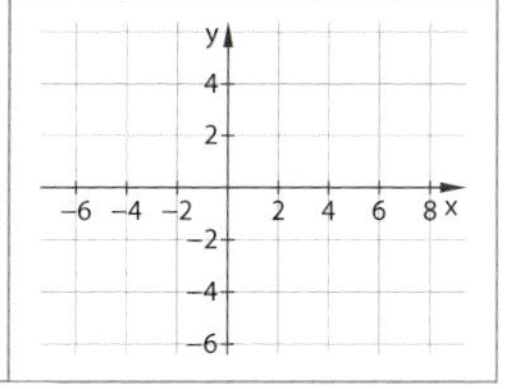

7 Betrachten Sie die Funktion $f(x) = x + 1$ für $0 < x \leq 1$.
Schreiben Sie die Geschichte zu Ende. Nutzen Sie dabei nur wahre Aussagen.

„Ha", ruft der x-Wert x = 1, „ich bin der Größte, denn unter euch anderen x-Werten aus unserem Intervall gibt es keinen, der einen Funktionswert hat, der größer ist als meiner. Aber du, mein Freund x = 0, hast es schlecht getroffen, denn du besitzt den kleinsten aller unserer Funktionswerte."
Darauf entgegnet der x-Wert x = 0: **individuelle Lösung (außerhalb des Definitionsbereiches!), z. B.:**

„Was du nur willst, ich gehöre ja gar nicht zu eurem Intervall, also kannst du meinen Funktionswert gar nicht mit euren Funktionswerten vergleichen. Und übrigens: Unter euren Funktionswerten aus dem Intervall gibt es gar keinen, der sich als den kleinsten Funktionswert bezeichnen könnte. Denn jedes Mal, wenn sich ein x-Wert meldet und behauptet, er hätte den kleinsten Funktionswert im Intervall, dann könnte sich ein weiter links, aber vor Null liegender x-Wert melden, der einen noch kleineren Funktionswert besitzt."

Grundlagentraining

1 Verschieben in x-Richtung: Graph, Funktionsgleichung und Wertetabelle

Hilfe: Der Graph g mit $g(x) = f(x - c)$ geht aus dem Graphen f durch Verschieben um c-Einheiten in x-Richtung hervor. Wenn $c > 0$ ist, dann wird nach rechts verschoben. Wenn $c < 0$ ist, dann wird nach links verschoben.

a) Beschriften Sie die Graphen.
Skizzieren Sie beide fehlenden Graphen.

$f(x) = x^4$ $g(x) = (x + 2)^4$ $h(x) = (x + 3)^4$
$i(x) = x^5$ $j(x) = (x - 1)^5$ $k(x) = (x - 2,5)^5$

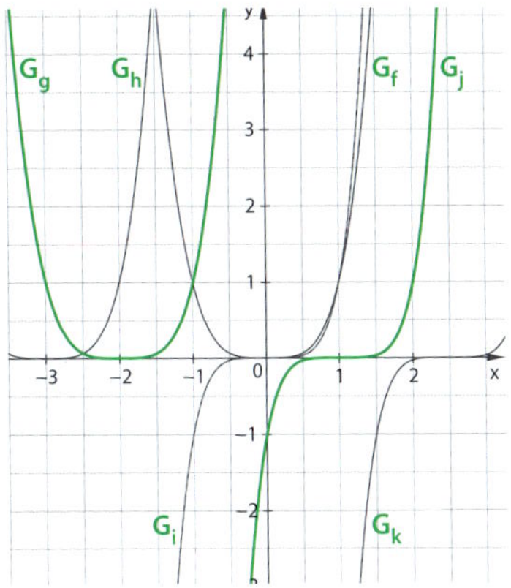

b) Vervollständigen Sie die Tabelle.

	x = −3	x = −1	x = 0	x = 1	x = 4
$l(x) = x^3$	−27	−1	0	1	64
$m(x) = (x - 7)^3$	−1000	−512	−343	−216	−27
$n(x) = (x + 7)^3$	64	216	343	512	1331

Zusatzaufgabe: Zeichnen Sie die Graphen mit einem GTR.

2 Verschieben in y-Richtung: Graph, Funktionsgleichung und Wertetabelle

Hilfe: Der Graph g mit $g(x) = f(x) + d$ geht aus dem Graphen f durch Verschieben um d-Einheiten in y-Richtung hervor. Wenn $d > 0$ ist, dann wird nach oben verschoben. Wenn $d < 0$ ist, dann wird nach unten verschoben.

a) Beschriften Sie die Graphen.
Skizzieren Sie beide fehlenden Graphen.

$f(x) = x^6$ $g(x) = x^6 + 1$ $h(x) = x^6 - 2$
$i(x) = x^7$ $j(x) = x^7 - 1$ $k(x) = = x^7 - 3$

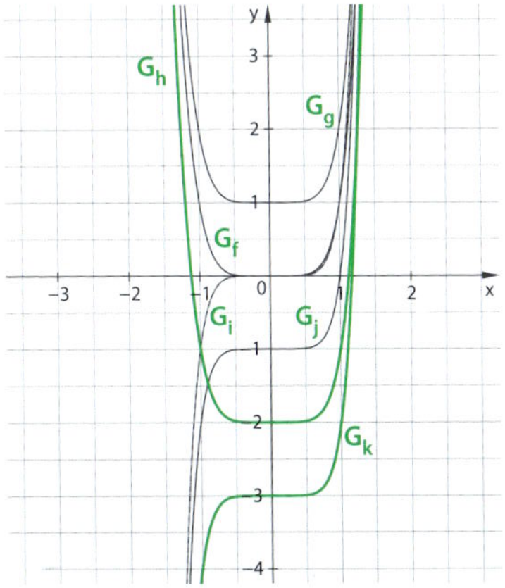

b) Vervollständigen Sie die Tabelle nur mithilfe der Vorgaben.

	x = −5	x = −1	x = 0	x = 1	x = 5
$l(x) = x^{-2}$	0,04	1	–	1	0,04
$m(x) = x^{-2} - 10$	−9,96	−9	–	−9	−9,96
$n(x) = x^{-2} + 5$	5,04	6	–	6	5,04

Zusatzaufgabe: Zeichnen Sie die Graphen mit einem GTR.

3 Geben Sie die Funktionsgleichung des entstandenen Graphen an.

Hilfe: Den Graphen von $g(x) = x^2$ nennt man Normalparabel.

a) Die Normalparabel wird 11 Einheiten nach unten verschoben. $f(x) = x^2 - 11$

b) Die Normalparabel wird 13 Einheiten nach links verschoben. $f(x) = (x + 13)^2$

c) Die Normalparabel wird 7 Einheiten nach links und 9 Einheiten nach oben verschoben. $f(x) = (x + 7)^2 + 9$

d) Die Normalparabel wird 17 Einheiten nach oben und 3 Einheiten nach rechts verschoben. $f(x) = (x - 3)^2 + 17$

4 Strecken und Stauchen in y-Richtung: Graph, Funktionsgleichung und Wertetabelle

Hilfe: Der Graph g mit $g(x) = a \cdot f(x)$ geht aus dem Graphen f durch Strecken bzw. Stauchen mit dem Streckfaktor a $(a \neq 0)$ in y-Richtung hervor. Wenn $|a| > 1$ ist, dann wird gestreckt. Wenn $|a| < 1$ ist, dann wird gestaucht.

a) Beschriften Sie die Graphen.
Skizzieren Sie beide fehlenden Graphen.

$f(x) = x^{-6}$ $g(x) = 2x^{-6}$ $h(x) = 0,2x^{-6}$
$i(x) = x^8$ $j(x) = 2x^8$ $k(x) = 0,2x^8$

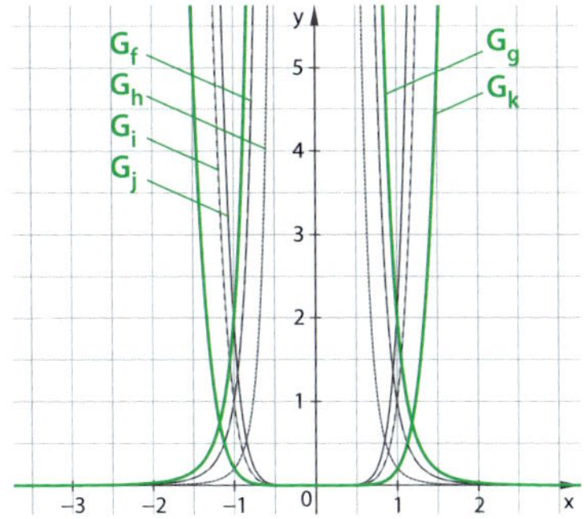

b) Vervollständigen Sie die Tabelle nur mithilfe der Vorgaben.

	x = −1,3	x = −1	x = 0	x = 1	x = 1,3
$l(x) = x^{-5}$	−0,269	−1	–	1	0,269
$m(x) = 10x^{-5}$	−2,69	−10	–	10	2,69
$n(x) = 0,1x^{-5}$	−0,0269	−0,1	–	0,1	0,0269

Zusatzaufgabe: Zeichnen Sie die Graphen mit einem GTR.

5 Spiegeln an der x-Achse: Graph, Funktionsgleichung und Wertetabelle

Hilfe: Der Graph g mit $g(x) = -f(x)$ geht aus dem Graphen f durch Spiegeln an der x-Achse hervor.

a) Beschriften Sie die Graphen.
Skizzieren Sie beide fehlenden Graphen.

$f(x) = x^3$ $g(x) = x^{-3}$ $h(x) = x^{-6}$
$i(x) = -x^3$ $j(x) = -x^{-3}$ $k(x) = -x^{-6}$

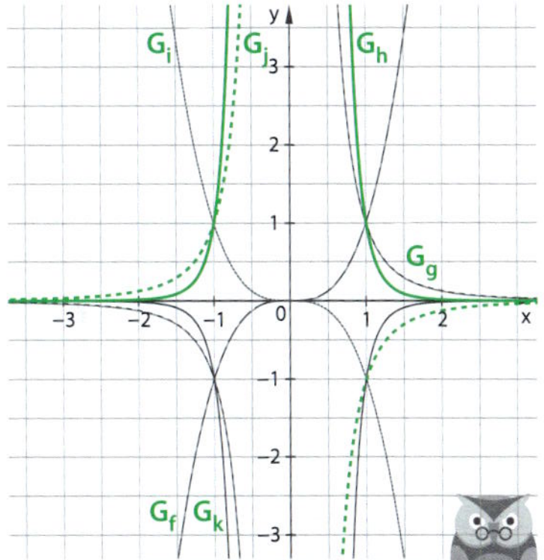

b) Vervollständigen Sie die Tabelle nur mithilfe der Vorgaben.

	x = −2	x = −1	x = 0	x = 1	x = 2
$l(x) = x^4$	16	1	0	1	16
$m(x) = -x^4$	−16	−1	0	−1	−16
$n(x) = x^{-4}$	0,0625	1	–	1	0,0625

Zusatzaufgabe: Zeichnen Sie die Graphen mit einem GTR.

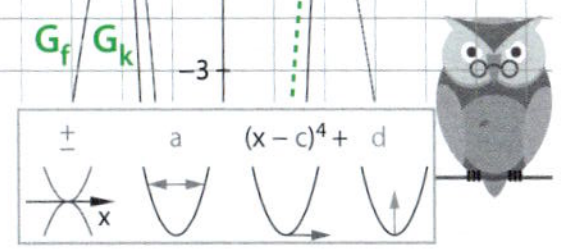

6 Der Graph f der Funktion $f(x) = -(x - 2)^3 - 1$ ging aus dem Graphen g von $g(x) = x^3$ hervor.
Geben Sie die Veränderungen an.

z. B.

Verschieben um 2 Einheiten nach rechts $f_1(x) = (x - 2)^3$

Spiegeln an x-Achse $f_2(x) = -(x - 2)^3$

Verschieben um eine Einheit nach unten $f_3(x) = -(x - 2)^3 - 1$

(Die Reihenfolge der Transformationen kann getauscht werden, sofern das Spiegeln an der x-Achse vor dem Verschieben nach unten erfolgt.)

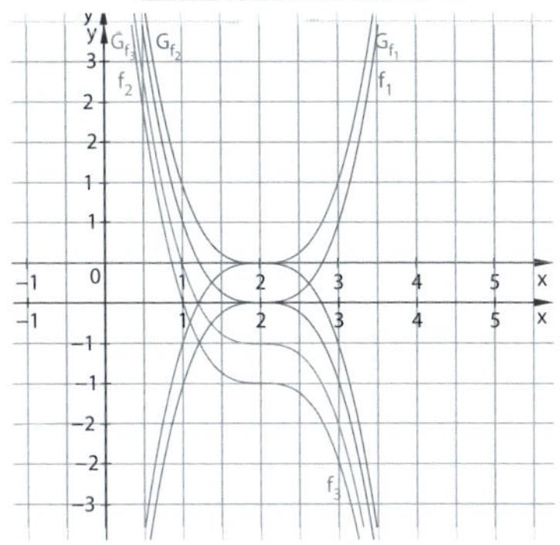

Parameter

1 Strecken und Stauchen in x-Richtung: Graph, Funktionsgleichung und Wertetabelle

Hilfe: Der Graph g mit $g(x) = f(b \cdot x)$ mit $b \neq 0$ geht aus dem Graphen f durch Strecken bzw. Stauchen mit dem Streckfaktor $\frac{1}{b}$ in x-Richtung hervor. Wenn $|b| > 1$ ist, dann wird gestaucht. Wenn $|b| < 1$ ist, dann wird gestreckt. Ist $b < 0$, wird der Graph zusätzlich an der y-Achse gespiegelt.

a) Beschriften Sie die Graphen.
Skizzieren Sie beide fehlenden Graphen.

$f(x) = x^5$ $g(x) = (0{,}5x)^5$ $h(x) = (-0{,}5x)^5$

$i(x) = x^{-4}$ $j(x) = (0{,}5x)^{-4}$ $k(x) = (-1{,}2x)^{-4}$

b) Vervollständigen Sie die Tabelle nur mithilfe der Vorgaben.

	x = −5	x = −1	x = 0	x = 1	x = 5
$l(x) = 2x^{-4}$	0,0032	2	–	2	0,0032
$m(x) = 8 \cdot x^{-4}$	0,0128	8	–	8	0,0128
$n(x) = -4x^{-4} - 1$	−1,0064	−5	–	−5	−1,0064

Zusatzaufgabe: Zeichnen Sie die Graphen mit einem GTR.

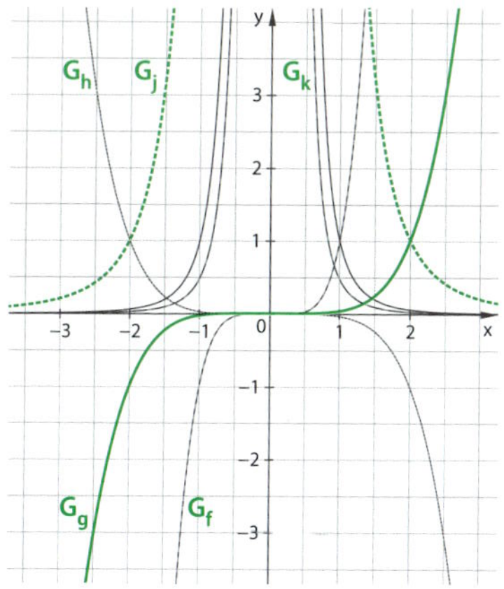

2 Spiegeln an der y-Achse: Graph, Funktionsgleichung und Wertetabelle

Hilfe: Der Graph g mit $g(x) = f(-x)$ geht aus dem Graphen von f durch Spiegelung an der y-Achse hervor.

a) Beschriften Sie die Graphen.
Geben Sie die Funktionsgleichungen zu den gespiegelten Graphen an.

$f(x) = x^2 + 2x + 1 = (x+1)^2$ $g(x) = (-x)^2 + 2(-x) + 1 = (x-1)^2$

$h(x) = x^3 + 1$ $i(x) = (-x)^3 + 1 = -x^3 + 1$

$j(x) = 0{,}5x^4 - 2x$ $k(x) = 0{,}5(-x)^4 - 2(-x) = 0{,}5x^4 + 2x$

b) Vervollständigen Sie die Tabelle zu gespiegelten Graphen.

	x = −3	x = −1	x = 0	x = 1	x = 3
$l(x) = (x+1)^{-4}$	0,0625	–	1	0,0625	0,0039
$m(x) = (-x+1)^{-4}$	0,0039	0,0625	1	–	0,0625

Zusatzaufgabe: Zeichnen Sie die Graphen mit einem GTR.

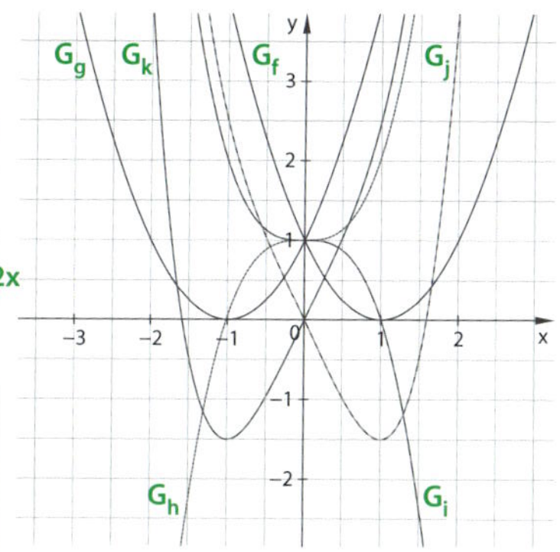

3 Der Graph der Funktion $g(x) = a \cdot (x-d)^n + e$ geht aus dem Graphen von $f(x) = x^n$ durch Transformationen hervor.
Markieren Sie zusammengehörige Karten mit der gleichen Farbe.

Streckung in y-Richtung A | Stauchung in y-Richtung B | Spiegelung an der x-Achse C

Verschiebung in negative x-Richtung D | Verschiebung in positive x-Richtung E

Verschiebung in negative y-Richtung F | Verschiebung in positive y-Richtung G

$|a| > 1$ A | $a = -1$ C | $d > 0$ E | $|a| < 1$ B | $n > 0$ | $e < 0$ F | $d < 0$ D | $e > 0$ G

Aufbautraining

4 Entwickeln Sie schrittweise aus dem Graphen der Funktion $f(x) = x^{-1}$ den Graphen von $i(x) = -(x+1)^{-1} - 2$.

	1. Verschiebung um eine Einheit nach links	2. Spiegelung an der x-Achse	3. Verschiebung um 2 Einheiten nach unten
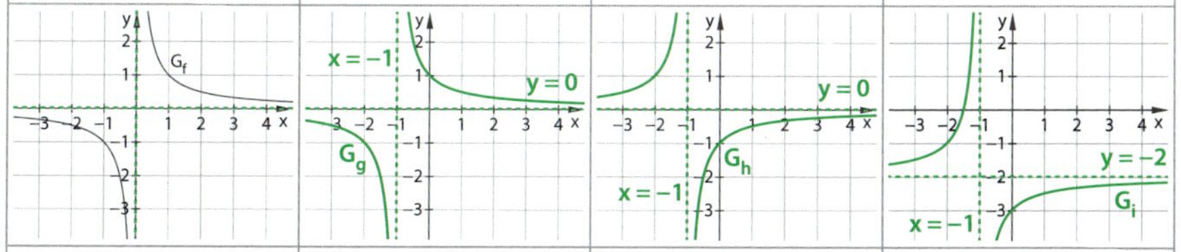			
$f(x) = x^{-1}$	$g(x) = (x+1)^{-1}$	$h(x) = -(x+1)^{-1}$	$i(x) = -(x+1)^{-1} - 2$

Zusatzaufgabe: Zeichnen Sie die Asymptoten ein. Hinweis: Es gibt zwei Lösungen.

5 Die Graphen der Funktionen h(x) und k(x) sind entstanden aus den Graphen von $f_1(x) = x^3$ bzw. $f_2(x) = x^{-2}$.
Geben Sie jeweils eine Gleichung für h, k und die Asymptoten von h an.

$h(x) = -(x+3)^{-2} + 2$

$k(x) = 0{,}5(x-1)^3 - 2$

Asymptoten von h: $x = -3$ und $y = 2$

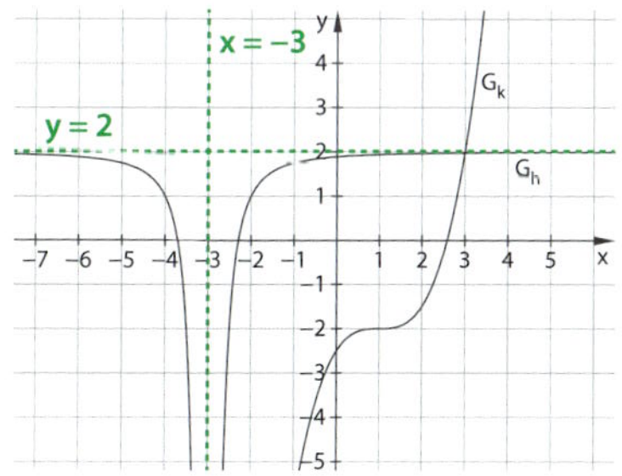

6 Geben Sie die jeweils passende Funktionsgleichung an.

Der Graph der Funktion $f(x) = x^{-1}$ wird nacheinander:

verschoben um 4 Einheiten in positiver x-Richtung $g(x) = (x-4)^{-1}$

gespiegelt an der x-Achse $h(x) = -(x-4)^{-1}$

gestreckt mit dem Faktor 2 in y-Richtung $i(x) = -2(x-4)^{-1}$

verschoben um eine Einheit in positiver y-Richtung $j(x) = -2(x-4)^{-1} + 1$

7 Graphen wurden an $f(x) = x$ für $x \geq 0$ gespiegelt.
Beschriften Sie die Graphen g, h, k und l.
Geben Sie, wenn möglich, die fehlende Koordinate an.

$g(x) = x^{\frac{1}{2}}$	A(1 | 1)	B(36 | 6)
$h(x) = x^{\frac{1}{3}}$	H(1 | 1)	I(27 | 3)
$k(x) = x^{\frac{1}{4}}$	J(1 | 1)	K(16 | 2)
$l(x) = x^{\frac{1}{5}}$	L(1 | 1)	M(32 | 2)

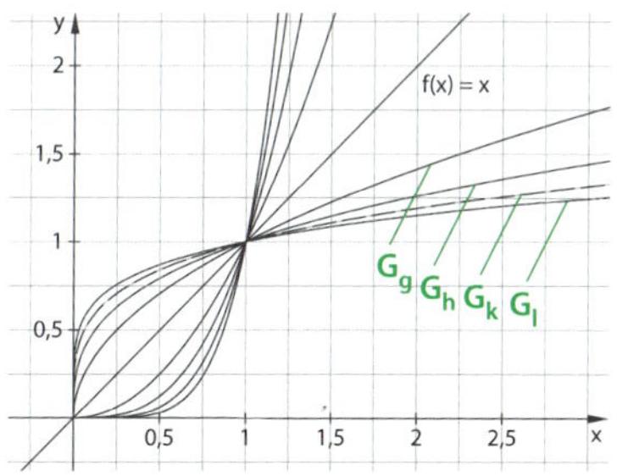

Grundlagentraining

1 Zeichnen Sie den Graphen der abschnittsweise definierten Funktion. Kreuzen Sie an, ob die Funktion an der Stelle $x_0 = 1$ stetig ist.

$f(x) = \begin{cases} x+1;\ x>1 \\ x^2;\ x \le 1 \end{cases}$	$g(x) = \begin{cases} -(x-1)^2+2;\ x>1 \\ x^3+1;\ x \le 1 \end{cases}$
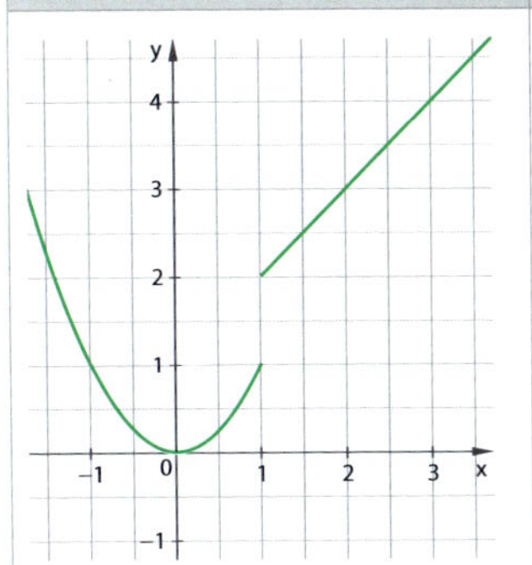	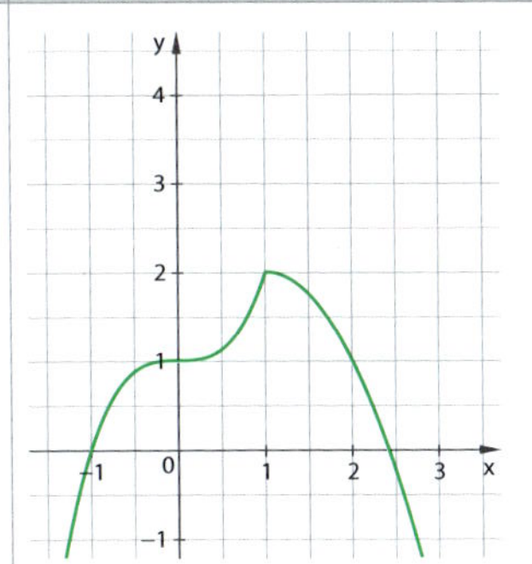
f ist stetig: ☐ wahr/ ☒ falsch	g ist stetig: ☒ wahr/ ☐ falsch

Stetigkeit: „Stift beim Zeichnen nicht absetzen."

2 Geben Sie die Gleichungen der linearen bzw. quadratischen Funktionen an, aus denen der Graph abschnittsweise zusammengesetzt ist.
Geben Sie an, ob die Funktion stetig ist.

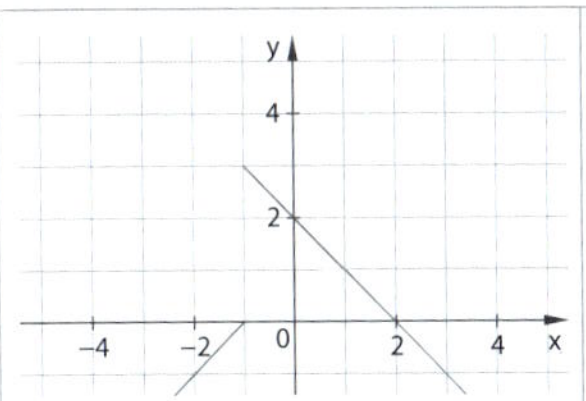	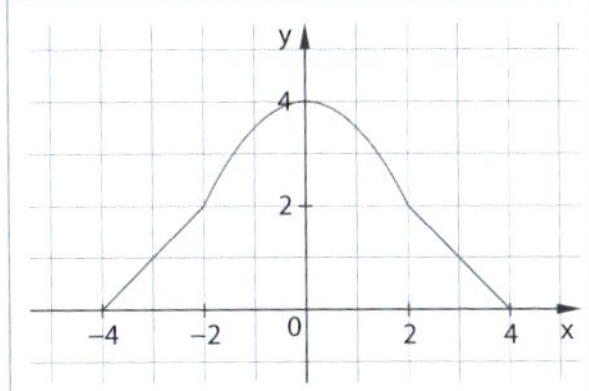	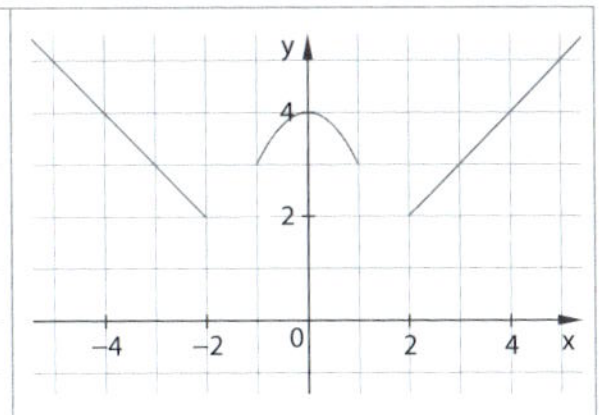
$f(x) = \begin{cases} -x+2; x>-1 \\ x+1; x \le -1 \end{cases}$	$f(x) = \begin{cases} x+4; -4 \le x \le -2 \\ -0{,}5x^2+4; -2<x<2 \\ 4-x; 2 \le x \le 4 \end{cases}$	$f(x) = \begin{cases} -x; x \le -2 \\ -x^2+4; -1<x<1 \\ x; x \ge 2 \end{cases}$
f ist nicht stetig	f ist stetig	f ist nicht stetig

3 Beurteilen Sie, ob die Funktion f an der Stelle x_0 stetig ist.

Funktion	Stelle x_0	Stetig bei x_0?
$f(x) = \begin{cases} \sin(x); x<1 \\ 2^x-1; x \ge 1 \end{cases}$	$x_0 = 1$	nein
$f(x) = \begin{cases} \frac{1}{2}x^4; x<-1 \\ 2^x; x \ge -1 \end{cases}$	$x_0 = -1$	ja
$f(x) = \frac{1}{x-1}; x \neq 1$	$x_0 = -1$	ja

$f(x) = \frac{1}{x}$ ist stetig, denn Stetigkeit kann nur auf dem Definitionsbereich einer Funktion untersucht werden.

Aufbautraining

4 Wählen Sie den Parameter a so, dass die Funktion an der Stelle $x_0 = 0$ stetig ist.

a) $f(x) = \begin{cases} -x^2+a; x<0 \\ -x+12; x \ge 0 \end{cases}$

Ergebnis: a = 12

b) $f(x) = \begin{cases} 2\cos(x); x<0 \\ (x+1)(x-a); x \ge 0 \end{cases}$

a = −2

5 Untersuchen Sie die Funktion $f(x) = \frac{x}{2} - \text{sign}(x)$ auf Stetigkeit an der Stelle $x_0 = 0$. Zeichnen Sie den Graphen von f. Füllen Sie dazu die Wertetabelle aus.

Hinweis: $\text{sign}(x) = \begin{cases} -1; x<0 \\ 0; x=0 \\ 1; x>0 \end{cases}$

x	−2	−1	0	1	2
y	0	0,5	0	−0,5	0

Die Funktion f ist an der Stelle $x_0 = 0$ nicht stetig.

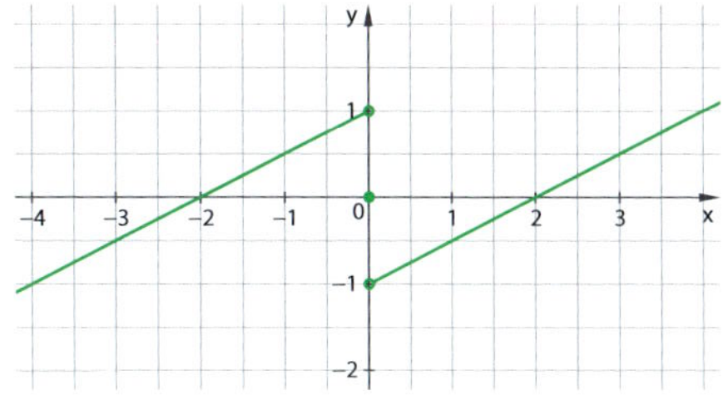

6 Die Gebühren in einem Parkhaus werden nach folgender Vorschrift erhoben:

- Für die beiden ersten Stunden jeweils 2,00 Euro
- Für jede weitere angefangene Stunde 1,00 Euro
- 24-Stunden-Ticket 10,00 Euro

a) Zeichnen Sie den Graphen der Funktion, die der Parkdauer die Parkgebühren für den Zeitraum der ersten neun Stunden des Parkens zuordnet.

b) Beschreiben Sie Besonderheiten des Graphen.
„treppenstufenförmiger" Graph, stückweise linear, nicht stetig an den Stellen $x_k \in \{1, 2, \ldots, 7\}$

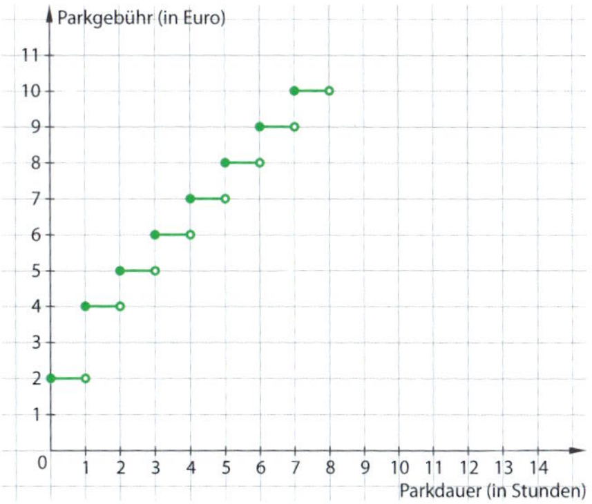

c) Frau Müller muss 8,00 Euro bezahlen. Geben Sie den Zeitraum an, in dem sie das Parkhaus verlassen hat, wenn sie um 07:30 Uhr mit dem Parken begonnen hat.
Frau Müller kann bis zum Ende der fünften Stunde im Parkhaus stehen.
Sie verlässt es also im Zeitraum von 12:30 Uhr bis 13.29 Uhr.

d) Ab welcher Parkdauer lohnt sich ein 24-Stunden-Ticket?
Mit Beginn der 10. Stunde kosten die Parkgebühren so viel wie ein 24-Stunden-Ticket.

Zusatzaufgabe: Für eine reelle Zahl x ist $\lfloor x \rfloor$ die größte ganze Zahl, die kleiner oder gleich x ist. Zeichnen Sie den Graphen der Funktion f mit $f(x) = 2 \cdot \lfloor x-1 \rfloor$ im Intervall $0 \le x < 3$.
Hinweis: Rechnerbefehl für die Gaußklammerfunktion $\lfloor x \rfloor$: floor(x).

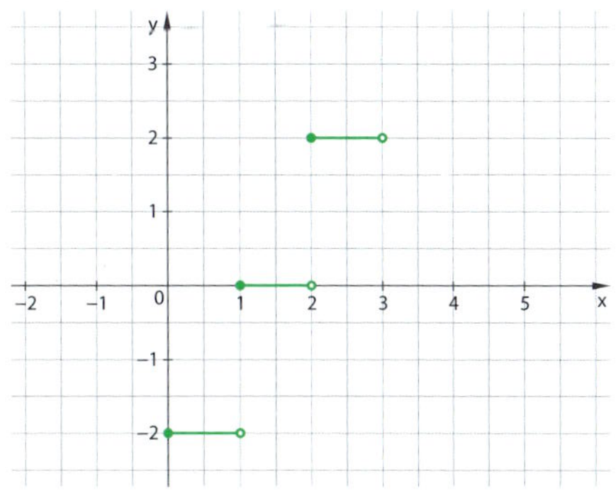

1 Kreuzen Sie die Funktionsgleichungen an, wenn die Eigenschaft auf die Funktion zutrifft.

Der Graph hat an der Stelle x = 1 den Funktionswert y = −1.	[x] $f(x) = -x$	[x] $g(x) = -2^{x-1}$	[x] $h(x) = x^2 - 2$
Der Wertebereich enthält nur reelle Zahlen y ≥ 2.	[x] $f(x) = \sin(x) + 3$	[x] $g(x) = x^2 - 4x + 6$	[ ] $h(x) = -x^{-1} + 2$
Der Graph ist symmetrisch zur y-Achse.	[x] $f(x) = x^4 - x^2 - 1$	[ ] $g(x) = x^2 - 4x + 4$	[x] $h(x) = \cos(x - \pi)$
Der Graph ist symmetrisch zum Ursprung.	[x] $f(x) = x \cdot (x^2 - 1)$	[x] $g(x) = 0{,}001x$	[ ] $h(x) = 0{,}2 \cdot 2^{-x}$
Für $x \to +\infty$ gilt $y \to +\infty$.	[x] $f(x) = x^5 - x^2$	[x] $g(x) = 0{,}1 \cdot 5^x - 1$	[ ] $h(x) = 2 \cdot \sin(3x)$
Der Graph ist an der Stelle x = 1 nicht stetig.	[x] $f(x) = \begin{cases} -x, & x \le 1 \\ x^2, & x > 1 \end{cases}$	[ ] $g(x) = \begin{cases} x, & x \le 1 \\ x^2, & x > 1 \end{cases}$	[x] $h(x) = \begin{cases} 2^{-x}, & x \le 1 \\ x^2, & x > 1 \end{cases}$
Die Funktionswerte konvergieren für $x \to +\infty$ gegen 1.	[x] $f(x) = -\frac{1}{x^2} + 1$	[x] $g(x) = 10^{-x} + 2^0$	[x] $h(x) = x^{-1} + 1$

2 Wird eine Tasse mit heißem Kaffee gefüllt, so kühlt dieser unter bestimmten Umständen nach der Formel $T(t) = 70 \cdot 0{,}95^t + 20$ ab. Dabei beschreibt T die Temperatur in Grad Celsius t Minuten nach dem Einfüllen.

a) Stellen Sie die Funktion T(t) im Intervall $0 \le t \le 100$ grafisch dar. Berechnen Sie dazu die fehlenden Werte in der Tabelle.

t (in Min.)	0	5	10	40	80	100
T (in °C)	**90,00**	**74,2**	**61,9**	**29,0**	**21,2**	**20,4**

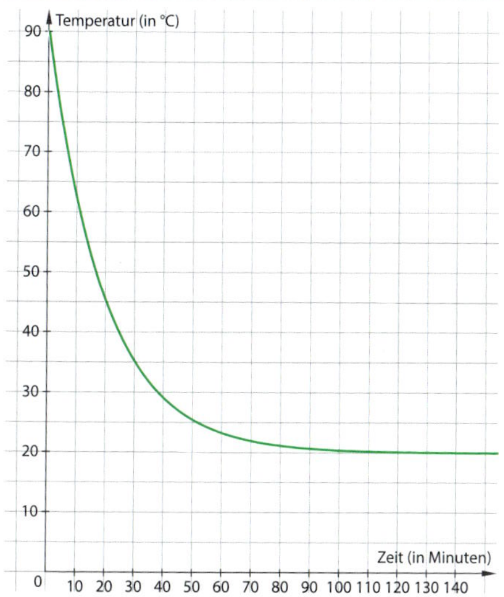

b) Geben Sie die Bedeutung von $\lim_{t \to \infty} T(t)$ im Sachzusammenhang an.

Der Grenzwert $\lim_{t \to \infty} T(t)$ beschreibt die Abkühlung des Kaffees auf die Umgebungstemperatur von 20° C.

3 Gegeben ist eine Funktion f mit $f(x) = x^2 - 2x - 3$.
Berechnen Sie b, wenn Folgendes gilt:

a) $f(b) = 0$ **$b_1 = -1; b_2 = 3$**

b) $f(b + 1) = -1$ **$b_1 = -\sqrt{3}; b_2 = \sqrt{3}$**

c) $f(b + c) = f(b - c)$ **$c \ne 0$: b = 1; c = 0: $b \in \mathbb{R}$**

d) Die Abbildung zeigt den Graphen von f. Zeichnen Sie den Graphen von g mit $g(x) = -f(x - 1) + 3$ dazu.

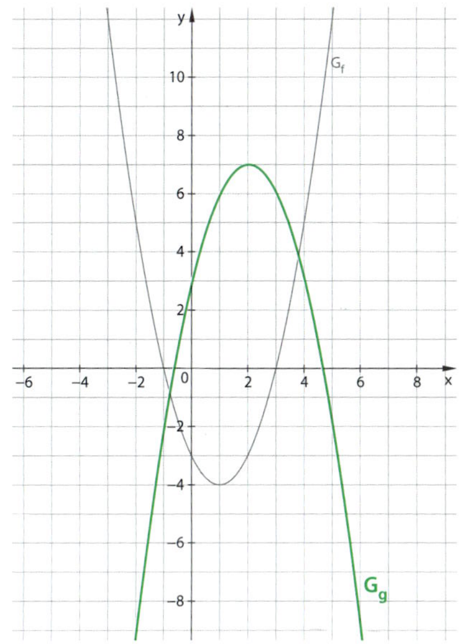

4 Gegeben sind die Funktionen $f(x) = -x^2$ und $g(x) = 2^{-x}$.
Kreuzen Sie alle wahren Aussagen an.

Funktionsterm von f(g(x)) ist

[ ] 2^{-2x} [x] $-\left(\frac{1}{4}\right)^x$ [x] -4^{-x} [x] $-(2^{-x})^2$

Funktionsterm von f(g(x + 1)) ist

[x] $\frac{-2^{-2x}}{4}$ [ ] -2^{-2x+2} [ ] -4^{1-x} [x] $-\left(\frac{1}{4}\right)^{x+1}$

Funktionsterm von 2 · g(f(x)) ist

[x] $2 \cdot 2^{x^2}$ [ ] $\frac{1}{2} \cdot 4^x$ [x] 2^{1+x^2} [ ] $2 \cdot (2^x)^2$

5 Gegeben ist der Graph einer Funktion f_1 mit $f_1(x) = 3 \cdot (x^2 - x^4)$ mit $-1 \le x \le 1$.

a) Begründen Sie, dass der Graph der Funktion f_2 durch $f_2(x) = f_1(x - 4) + 3$ erzeugt werden kann.

Der Graph von f_2 entsteht aus dem Graphen von f_1 durch eine Verschiebung um vier Einheiten nach rechts in x-Richtung und eine Verschiebung um drei Einheiten nach oben in y-Richtung.

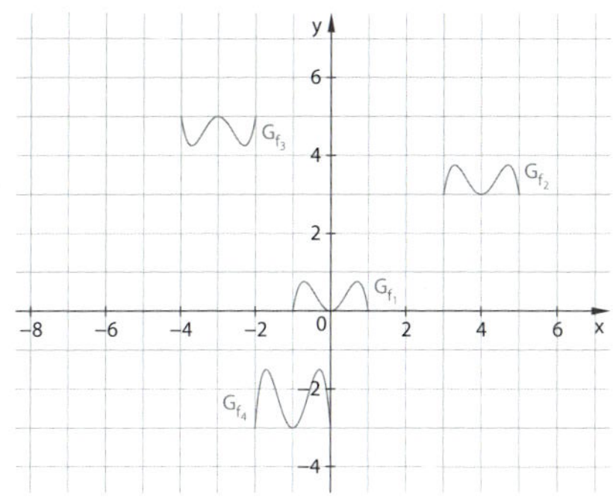

b) Vervollständigen Sie Funktionsgleichungen zu den Graphen f_3 und f_4 unter Verwendung von f_1.
$f_3(x) =$ **$-f_1(x + 3) + 5$** $f_4(x) =$ **$2 \cdot f_1(x + 1) - 3$**

6 Eine ganzrationale Funktion f dritten Grades hat die Nullstellen $x_1 = 2$, $x_2 = -2$ und $x_3 = 1$.

a) Kreuzen Sie an, alle Terme an, die zur Funktion f gehören können.

[ ] $f(x) = 2 \cdot (x^2 - 4) \cdot (x + 1)$ [x] $f(x) = (x + 2) \cdot (x - 2) \cdot (x - 1)$

[x] $f(x) = x^3 - x^2 - 4x + 4$ [x] $f(x) = 0{,}5x^3 - 0{,}5x^2 - 2x + 2$

Zusatzaufgabe: Geben Sie zwei weitere mögliche Funktionsterme an.
Lösungsbeispiele: $f(x) = -10 \cdot (x^2 - 4) \cdot (x - 1)$; $f(x) = (x - 2) \cdot (x + 2) \cdot (1 - x)$

b) Der Graph der Funktion f soll in Richtung der x-Achse so verschoben werden, dass die mittlere der drei Nullstellen im Ursprung liegt. Geben Sie eine Gleichung der verschobenen Funktion an.
$f_2(x) = f(x + 1) = a \cdot (x + 3) \cdot (x - 1) \cdot x$ mit $a \in R; a \ne 0$

Beurteilen Sie, ob der Graph der verschobenen Funktion punktsymmetrisch zum Ursprung ist.
Der Graph der verschobenen Funktion ist nicht punktsymmetrisch zum Ursprung, weil die Abstände der beiden äußeren Nullstellen zum Ursprung nicht gleich groß sind.

Basisaufgaben

1 Definitionsmenge und Nullstellen von f, falls vorhanden:
a) $D = \mathbb{R}\setminus\{-2; 2\}$; Nullstelle: $x = 1$
b) $D = \mathbb{R}\setminus\{4\}$; Nullstellen: $x_1 = -1$, $x_2 = 1$
c) $D = \mathbb{R}\setminus\{3\}$; keine Nullstellen
d) $D = \mathbb{R}$; Nullstellen: $x_1 = 0$, $x_2 = 3$
e) $D = \mathbb{R}$; Nullstellen: $x_1 = 2$, $x_2 = 4$
f) $D = \mathbb{R}\setminus\{1; 2\}$; keine Nullstellen

2 Definitionsmenge und Polstellen mit Grenzwerten, senkrechte Asymptote.
a) $D = \mathbb{R}\setminus\{1\}$; Polstelle mit VZW: $x = 1$; $\lim\limits_{\substack{x\to 1\\ x<1}} f(x) = -\infty$, $\lim\limits_{\substack{x\to 1\\ x>1}} f(x) = \infty$; Asymptote: $x = 1$
b) $D = \mathbb{R}\setminus\{2\}$; Polstelle ohne VZW: $x = 2$; $\lim\limits_{\substack{x\to 2\\ x<2}} f(x) = -\infty$, $\lim\limits_{\substack{x\to 2\\ x>2}} f(x) = -\infty$; Asymptote: $x = 2$
c) $D = \mathbb{R}\setminus\{-2; 0\}$; Polstellen mit VZW: $x_1 = -2$, $x_2 = 0$; $\lim\limits_{\substack{x\to -2\\ x<-2}} f(x) = \infty$, $\lim\limits_{\substack{x\to -2\\ x>-2}} f(x) = -\infty$, $\lim\limits_{\substack{x\to 0\\ x<0}} f(x) = -\infty$,
$\lim\limits_{\substack{x\to 0\\ x>0}} f(x) = \infty$; Asymptoten: $x = -2$ und $x = 0$
d) $D = \mathbb{R}\setminus\{-1; 3\}$; Polstellen mit VZW: $x_1 = -1$, $x_2 = 3$; $\lim\limits_{\substack{x\to -1\\ x<-1}} f(x) = -\infty$, $\lim\limits_{\substack{x\to -1\\ x>-1}} f(x) = \infty$, $\lim\limits_{\substack{x\to 3\\ x<3}} f(x) = \infty$, $\lim\limits_{\substack{x\to 3\\ x>3}} f(x) = -\infty$;
Asymptoten: $x = -1$ und $x = 3$

3 a) a ist keine Nennernullstelle, also keine Polstelle; b ist eine Nenner-, aber keine Zählernullstelle, also eine Polstelle.
b) $\frac{4x-12}{(x+3)(x-3)} = \frac{4}{(x+3)}$
a ist eine Nenner-, aber keine Zählernullstelle, also eine Polstelle; b ist im vollständig gekürzten Term keine Nennernullstelle, also keine Polstelle.
c) $\frac{x^2-4}{(x+2)(x-1)} = \frac{x-2}{(x-1)}$
a ist im vollständig gekürzten Term keine Nennernullstelle, also keine Polstelle;
b ist eine Nennernullstelle, also eine Polstelle.
d) a und b sind Nenner-, aber keine Zählernullstellen, also Polstellen.

4 A ② B ④ C ① D ③

5 a) Polstelle: $x = 11$; Asymptote: $y = 0$
b) Polstelle: $x = 3$; Asymptote: $y = 2{,}5$
c) Polstellen: $x_1 = -5$; $x_2 = 3$; Asymptote: $y = 0$
d) Polstellen: $x_1 = 3$, $x_2 = 4$; Asymptote: $y = 0$
e) Polstellen: $x_1 = -2$, $x_2 = 2$; Asymptote: $y = \frac{2}{5}$
f) Polstellen: $x_1 = -2$, $x_2 = 2{,}5$; Asymptote: $y = -\frac{1}{8}$

6 a) Zählergrad > Nennergrad, also schräge Asymptote $y = 3x - 5$
b) Zählergrad = Nennergrad, also keine schräge Asymptote
c) Zählergrad > Nennergrad, also schräge Asymptote $y = -3x + 2$
d) Zählergrad < Nennergrad, also keine schräge Asymptote

7 a) $D = \mathbb{R}\setminus\{0\}$; $y = 7x$
b) $D = \mathbb{R}\setminus\{0\}$; $y = x - 3$
c) $D = \mathbb{R}\setminus\{3\}$; $y = 5x + 5$
d) $D = \mathbb{R}\setminus\{0\}$; $y = \frac{1}{2}x + \frac{5}{2}$
e) $D = \mathbb{R}\setminus\{-1\}$; $y = 2x - 2$
f) $D = \mathbb{R}\setminus\{2\}$; $y = 3x - 6$

8 a) Nullstelle: $x = 2$, der Graph schneidet die x-Achse.
Polstelle mit VZW: $x = 5$
b) Nullstelle $x = 0$, der Graph berührt die x-Achse.
Polstelle mit VZW: $x = 3$
c) Nullstelle: $x = -\frac{7}{2}$, der Graph schneidet die x-Achse.
Polstellen mit VZW: $x = -4$ und $x = 4$
d) Nullstellen: $x = -\sqrt{10}$ und $x = \sqrt{10}$, der Graph schneidet jeweils die x-Achse.
Polstelle ohne VZW: $x = 0$
e) Nullstelle: $x = 3$, der Graph berührt die x-Achse.
Polstelle ohne VZW: $x = -2$
f) Nullstellen: $x = 2$ und $x = 7$, der Graph schneidet jeweils die x-Achse.
Polstelle ohne VZW: $x = 10$

9 a) einfache Nullstelle $x = 2$; einfache Polstelle $x = -2$; $S_y(0|-1)$
b) einfache Nullstelle $x = -1$; einfache Polstellen $x = 2$ und $x = 5$; $S_y\left(0\middle|\frac{1}{10}\right)$
c) doppelte Nullstelle $x = 3$; einfache Polstellen $x = -2$ und $x = 2$; $S_y\left(0\middle|-\frac{9}{4}\right)$
d) einfache Nullstelle $x = -3$; einfache Polstellen $x = 0$ und $x = 4$; kein Schnittpunkt mit der y-Achse
e) einfache Nullstellen $x = 1$ und $x = 2$; einfache Polstelle $x = 3$; $S_y\left(0\middle|-\frac{2}{3}\right)$
f) doppelte Nullstelle $x = 3$; einfache Polstellen $x = 1$ und $x = 4$; $S_y\left(0\middle|\frac{9}{4}\right)$

a)
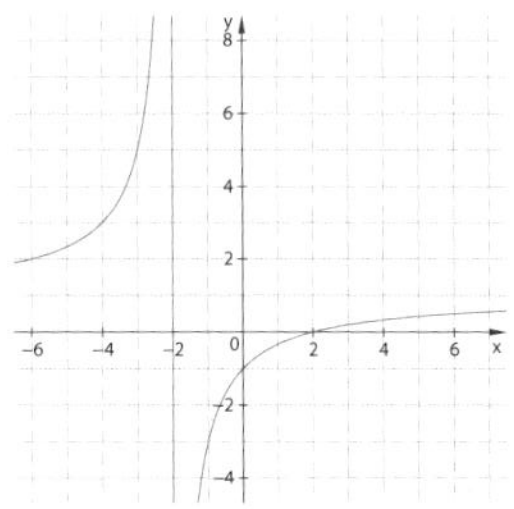
b)
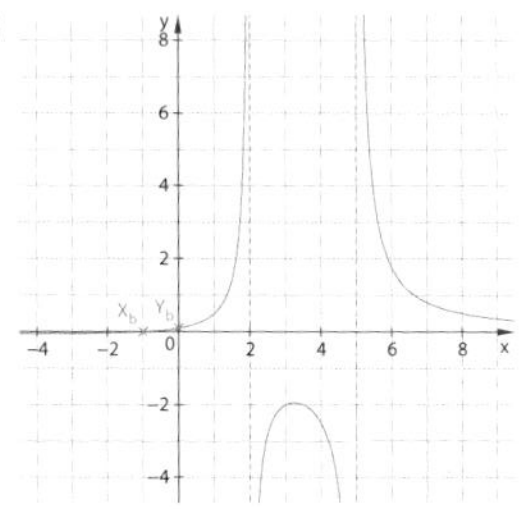
c)
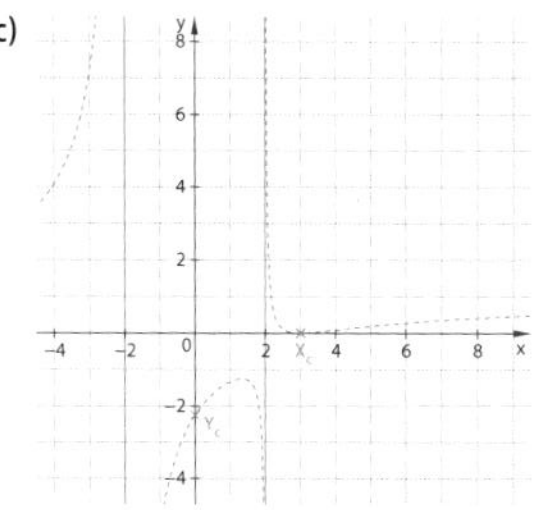
d)
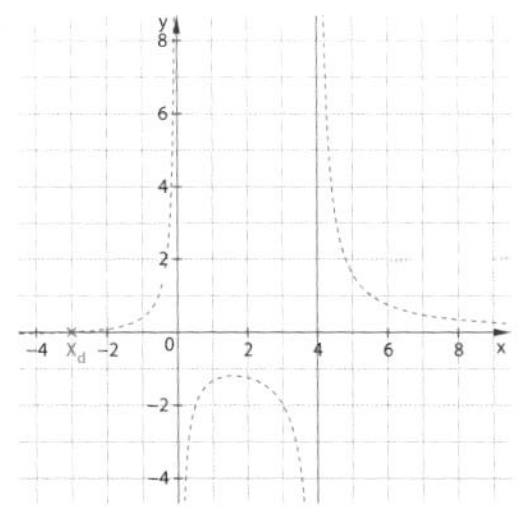
e)
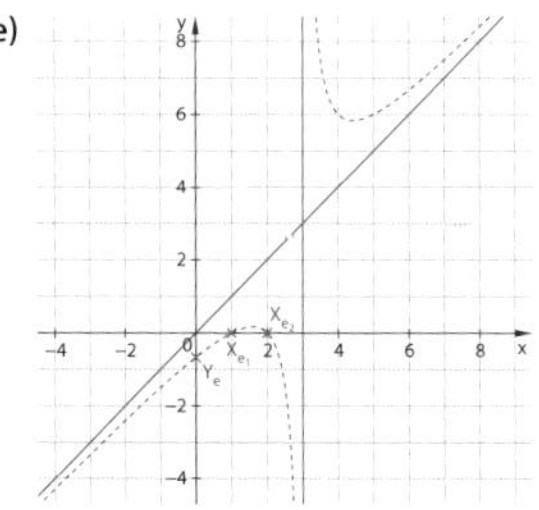
f)
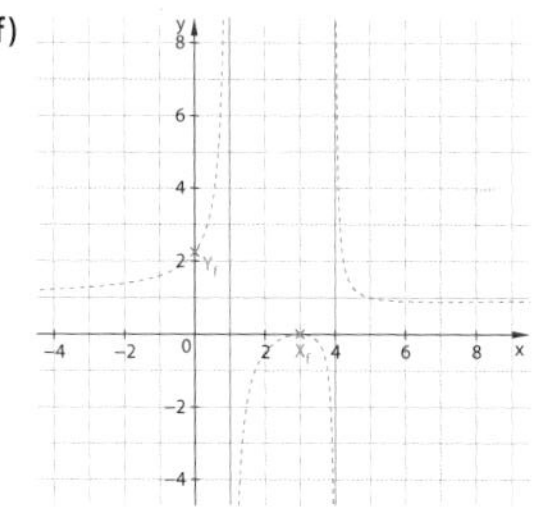

10 a) Nullstelle $x = 2$; Asymptoten $x = 1$ und $y = 0$; z. B. $f(x) = \frac{x-2}{(x-1)^2}$

b) Nullstellen $x = -3$ und $x = 0$; Asymptoten $x = -1$ und $y = 1$; z. B. $f(x) = \frac{x(x+3)}{(x+1)^2}$

c) Nullstellen $x = -3$ und $x = 3$; Asymptoten $x = 0$, $x = 4$ und $y = 2$; z. B. $f(x) = \frac{2x^2-18}{x(x-4)}$

d) Asymptoten $x = 3$ und $y = -x + 2$; z. B. $f(x) = -x + 2 + \frac{1}{x-3}$

11 a) $x_1 = -2$; $x_2 = 4$ **b)** $x_1 = 1{,}5$; $x_2 = 6$ **c)** $x_1 = -2{,}5$; $x_2 = 8$ **d)** $x = 0$

12 a) $S_1(-2\,|\,0)$, $S_2(0\,|\,2)$; $f(x) = \frac{x+2}{x+1}$, $g(x) = x + 2$

b) $S(3\,|\,0)$; $f(x) = \frac{x-3}{x+1}$, $g(x) = \frac{1}{4}x - \frac{3}{4}$

c) $S_1(0\,|\,4)$, $S_2(4\,|\,2)$; $f(x) = \frac{3x-8}{x-2}$, $g(x) = \frac{1{,}5x+4}{x+1}$

Weiterführende Aufgaben

1 Es gilt: $\lim\limits_{x\to-\infty} p(x) = \infty$, $\lim\limits_{x\to 4^-} p(x) = -\infty$, $\lim\limits_{x\to 4^+} p(x) = \infty$, $\lim\limits_{x\to\infty} p(x) = -\infty$.

Asymptoten: $x = 4$; $g(x) = -x + 8$ Schnittpunkt: $S(4\,|\,4)$ Schnittwinkel: 45°

2 $f(x) = \frac{-4x^2+2x}{2x+5} = 2x + 6 - \frac{30}{2x+5}$ Asymptote: $g(x) = 2x + 6$

$|f(x) - g(x)| = \left|-\frac{30}{2x+5}\right| = 2$

Fall 1: $-\frac{30}{2x+5} = 2 \;|\cdot(2x+5)$
$-30 = 4x + 10 \;|-10\;|:4$
$x_1 = -10$

Fall 2: $-\frac{30}{2x+5} = -2 \;|\cdot(2x+5)$
$-30 = -4x - 10 \;|+10\;|:(-4)$
$x_2 = 5$

3 $f(x) = -3 + \frac{a}{x-1}$; $f(0) = -2 \Rightarrow -2 = -3 + \frac{a}{-1} \Rightarrow a = -1 \Rightarrow f(x) = -3 - \frac{1}{x-1} = \frac{-3(x-1)-1}{x-1} = \frac{-3x+2}{x-1}$

4 $x = 0$ ist für
I: $a \neq 0$ Polstelle
II: $a = 0$ hebbare Definitionslücke

$x = -1$ ist für
I: $a \neq 1$ Polstelle
II: $a = 1$ hebbare Definitionslücke

5 a) In der 2. Übung macht er 10 Fehler.

b) $\lim\limits_{n\to\infty} f(n) = 1 > 0$, d. h. selbst wenn er unzählbar oft übt, wird er es nie fehlerfrei durchspielen können.

6 $-\frac{mx+t}{x^2+k} = \frac{-mx+t}{(-x)^2+k} \;|\cdot(x^2+k)$
$-mx - t = -mx + t$
$t = 0$; $m, k \in \mathbb{R}$

7 $a = 0$, $b = -1$

8 a) $\lim\limits_{x\to 0} f(x) = \frac{0}{k} = 0$ und $\lim\limits_{x\to\infty} f(x) = 0$ (da Zählergrad kleiner Nennergrad)

b) 100 kg pro ha bewirken zusätzlich 2,5 t pro ha. 600 kg pro ha bewirken zusätzlich 2 t pro ha.

$2{,}5 = \frac{100\,m}{100000+k} \;|\cdot 100000 + k$ $2 = \frac{600\,m}{3600000+k} \;|\cdot(3600000+k)$

$2{,}5(100000 + k) = 100\,m \;|\cdot 6$ $2(3600000 + k) = 600\,m$

$15(100000 + k) = 600\,m$

Gleichsetzen ergibt:

$15(100000 + k) = 2(3600000 + k) \;|:2$

$7{,}5(100000 + k) = (3600000 + k) \;|-k + 7500000$

$6{,}5k = 2850000$

$k = \frac{5700000}{13} \approx 438461{,}5$ und damit

$2{,}5\left(100000 + \frac{5700000}{13}\right) = 100\,m$

$m = \frac{175000}{13} \approx 13461{,}54$.

c) $1{,}5 = \frac{\frac{175000}{13}x}{10x^2 + \frac{5700000}{13}} = \frac{175000x}{130x^2 + 5700000} \;|\cdot(130x^2 + 5700000)$

$195x^2 + 8550000 = 175000x \;|-175000x$

$195x^2 - 175000x + 8550000 = 0$

$x_1 \approx 51{,}85$; $x_2 \approx 845{,}6$

Der benötigte Düngereinsatz liegt bei ungefähr 52 kg pro ha.

Wegen der geringeren Kosten und der geringeren Bodenbelastung wird der kleinere Wert gewählt.

Nullstellen

Grundlagentraining

1 Gegeben ist die Funktion $f(x) = \frac{x+1}{x-1}$.

a) Berechnen Sie die Funktionswerte in der Tabelle, falls möglich.

x	−10	−2	0	0,9
f(x)	$\frac{9}{11} \approx 0{,}82$	$\frac{1}{3} \approx 0{,}33$	−1	−19
x	1	1,1	2	10
f(x)	n. d.	21	3	$\frac{11}{9} \approx 1{,}22$

$f(x) = \frac{p(x)}{q(x)}$

b) Ermitteln Sie alle Nullstellen von f.

$f(x) = 0 \Longleftrightarrow x + 1 = 0 \Longleftrightarrow x_0 = -1$

c) Begründen Sie, weshalb f für x = 1 nicht definiert ist.

Für x = 1 hat der Nenner von f den Wert 0. Division durch Null ist nicht möglich.

d) Äußern Sie Vermutungen bezüglich des Verhaltens der Funktionswerte von f:

Annäherung an x = 1 von links: **Die Funktionswerte gehen gegen −∞.**

Annäherung an x = 1 von rechts: **Die Funktionswerte gehen gegen +∞.**

2 Betrachtet wird die Funktion f mit $f(x) = \frac{p(x)}{q(x)}$. Ordnen Sie Zugehöriges durch Einzeichnen von Pfeilen zu:

- f heißt gebrochen-rationale Funktion, wenn
- Ist x_0 eine Nullstelle von q,
- Nullstellen von f sind diejenigen Nullstellen von p, die
- Ist x_0 eine Definitionslücke von f und es gilt $\lim\limits_{\substack{x \to x_0 \\ x < x_0}} f(x) = \pm\infty$ bzw. $\lim\limits_{\substack{x \to x_0 \\ x > x_0}} f(x) = \pm\infty$,
- Eine Definitionslücke x_0 ist genau dann eine Polstelle von f, wenn
- Ist die Zahl x_0 nach dem vollständigen Kürzen des Terms $\frac{p(x)}{q(x)}$ keine Nullstelle der Nennerfunktion q mehr,
- Ist x_0 Nullstelle von p und von q,
- Ist der Grad von p 2 und der Grad von q 1,

- so heißt x_0 Definitionslücke von f.
- keine Nullstellen von q sind.
- so ist x_0 Polstelle von f. Die Gerade $x = x_0$ ist senkrechte Asymptote des Graphen von f.
- p und q ganzrationale Funktionen sind und q mindestens den Grad 1 hat.
- so heißt x_0 hebbare Definitionslücke von f.
- sie auch nach dem vollständigen Kürzen des Bruchterms eine Nullstelle von q ist.
- so hat f maximal zwei Nullstellen.
- so ist x_0 eine hebbare Definitionslücke von f.

3 Kreuzen Sie an, welche der Funktionen gebrochen-rationale Funktionen sind.

Hilfe: Nennerpolynom hat mindestens Grad 1.

- [ ] $s(t) = \frac{t^2 - t + 1}{2}$
- [x] $f(t) = \frac{t-1}{t+1}$
- [x] $f(x) = \frac{x^2 - 1}{x}$
- [ ] $f(x) = x^2$
- [ ] $f(x) = \frac{\sin(x)}{\cos(x)}$
- [ ] $f(x) = \frac{x^2}{\sqrt{x}}$
- [x] $h(x) = 2 - x^{-2}$
- [x] $g(a) = \frac{(a-2)\cdot(a+2)}{a^2 - 1}$

4 Vervollständigen Sie die Tabelle.

Funktion	$f(x) = \frac{(x+3)\cdot(x-2)}{x+2}$	$f(x) = \frac{(x+3)\cdot(x-2)}{x-2}$
Definitionslücken	−2	2
Nullstellen	−3; 2	−3; 2
Kürzung des Funktionsterms	nicht möglich	$f(x) = x + 3;\ x \neq 2$
Polstellen x_p	−2	keine
Verhalten links von x_p	$\lim\limits_{\substack{x \to -2 \\ x < -2}} \frac{(x-2)\cdot(x+3)}{x+2} = +\infty$	entfällt
Verhalten rechts von x_p	$\lim\limits_{\substack{x \to -2 \\ x > -2}} \frac{(x-2)\cdot(x+3)}{x+2} = -\infty$	entfällt
hebbare Definitionslücken	keine	2

5 Ordnen Sie den Funktionsgleichungen die Eigenschaften der Funktion zu. Begründen Sie Ihre Zuordnung.

- $f(x) = \frac{x-2}{x+2}$
- $f(x) = \frac{2-x}{x+2}$
- $f(x) = \frac{(2-x)\cdot(2+x)}{x+2}$

- f hat eine Nullstelle bei x = 2 und die senkrechte Asymptote x = − 2. Es gilt $\lim\limits_{\substack{x \to -2 \\ x < -2}} f(x) = -\infty$ und $\lim\limits_{\substack{x \to -2 \\ x > -2}} f(x) = \infty$. Begründung: **Faktor von x im Zähler und Nenner positiv**
- f hat eine Nullstelle bei x = 2 und eine hebbare Definitionslücke bei x = − 2. Begründung: **Faktor (2 + x) = (x + 2) kann gekürzt werden**
- f hat eine Nullstelle bei x = 2 und die senkrechte Asymptote x = − 2. Es gilt $\lim\limits_{\substack{x \to -2 \\ x < -2}} f(x) = \infty$ und $\lim\limits_{\substack{x \to -2 \\ x > -2}} f(x) = -\infty$. Begründung: **Faktor im Zähler negativ, im Nenner positiv**

Aufbautraining

6 Ordnen Sie zu, welche Zahlen der Menge M = {−3, −2, −1, 0, 1, 2, 3} Nullstellen und welche Definitionslücken der Funktionen g bzw. f sind.

Funktion $g(x) = \frac{x^2 - x - 6}{x^2 - x - 2}$ Nullstellen: **−2; 3** Definitionslücken: **−1; 2**

Funktion $f(x) = \frac{x^2 - 2x}{x^2 - 2x + 1}$ Nullstellen: **0; 2** Definitionslücken: **1**

7 Vervollständigen Sie die Tabelle.

Funktion	Nullstellen	Polstellen
$f(x) = \frac{1}{x}$	**keine**	**$x = 0$**
$f(x) = \frac{x^2-2}{x^2+1}$	**$x = -\sqrt{2}$ und $x = \sqrt{2}$**	**keine**
$f(x) = \frac{x^2-2x+1}{2x^2-3x-5}$	**$x = 1$**	**$x = -1$ und $x = \frac{5}{2}$**
$f(x) = \frac{x^2-2x}{x^2-16}$	**$x = 0$ und $x = 2$**	**$x = -4$ und $x = 4$**
$f(x) = \frac{1}{x^2} - 4$	**$x = \frac{1}{2}$ und $x = -\frac{1}{2}$**	**$x = 0$**
z. B. **$f(x) = \frac{(x-5)\cdot(x+3)}{(x-2)\cdot(x-1)}$**	$x = 5$ und $x = -3$	$x = 2$ und $x = 1$

8 Agnes und Bea untersuchen f mit $f(x) = \frac{(x-1)\cdot(x+1)}{x}$. Beide behaupten, dass $x = 0$ eine Polstelle von f ist. Sie untersuchen das Verhalten der Funktionswerte in der Umgebung von $x = 0$.
Agnes formt den Funktionsterm um und betrachtet Grenzwerte:

$f(x) = \frac{(x-1)\cdot(x+1)}{x} = \frac{x^2-1}{x} = x - \frac{1}{x}$

$\lim\limits_{\substack{x\to 0\\ x<0}}\left(x - \frac{1}{x}\right) = \lim\limits_{\substack{x\to 0\\ x<0}}(x) - \lim\limits_{\substack{x\to 0\\ x<0}}\left(\frac{1}{x}\right) = 0 - (-\infty) = +\infty$

$\lim\limits_{\substack{x\to 0\\ x>0}}\left(x - \frac{1}{x}\right) = \lim\limits_{\substack{x\to 0\\ x>0}}(x) - \lim\limits_{\substack{x\to 0\\ x>0}}\left(\frac{1}{x}\right) = 0 - (+\infty) = -\infty$

Viele Taschenrechner können Wertetabellen erstellen.

Bea nutzt eine Wertetabelle für eine Umgebung von $x = 0$:

x	–0,1	–0,01	0	0,01	0,1
f(x)	9,9	99,99	n.d.	–99,99	–9,9

Sie schließt daraus auf $\lim\limits_{\substack{x\to 0\\ x<0}} f(x) = +\infty$, $\lim\limits_{\substack{x\to 0\\ x>0}} f(x) = -\infty$.

Beurteilen Sie die Behauptungen und Vorgehensweisen.
Skizzieren Sie den Graphen der Funktion f.

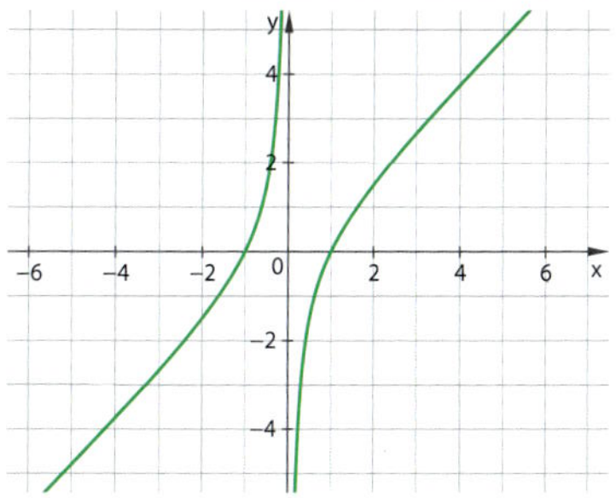

Da der Funktionsterm nicht gekürzt werden kann und $x = 0$ Nullstelle der Nennerfunktion ist, ist $x = 0$ eine Polstelle von f. Beide Verfahren sind möglich und richtig durchgeführt. Bea könnte aber eine lokale Anomalie übersehen.

9 Die Abbildung zeigt zwei zur Normalparabel kongruente Parabeln p und q. Ergänzen Sie die Angaben zur Funktion f mit $f(x) = \frac{p(x)}{q(x)}$ und skizzieren Sie den Graphen von f.

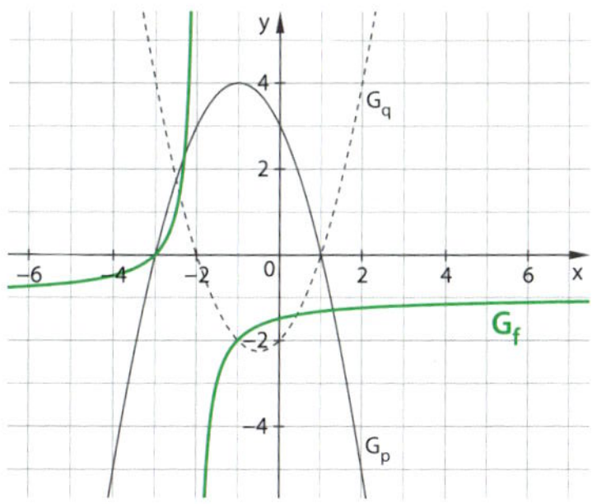

Definitionslücken: **–2; 1**

Nullstellen: **–3** Polstellen: **–2**

10 Die Graphen gehören zu Funktionen des Typs $f(x) = \frac{(x-a)\cdot(x-b)}{(x-c)\cdot(x-d)}$ mit $a, b, c, d \in \mathbb{Z}$, $-10 \le a, b, c, d \le 10$.
Geben Sie jeweils eine passende Funktionsgleichung an.

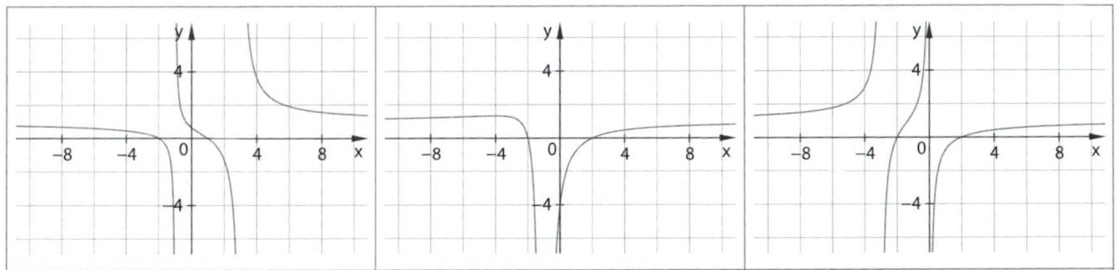

$f(x) = \frac{(x-1)\cdot(x+2)}{(x+1)\cdot(x-3)}$	**$f(x) = \frac{(x-2)\cdot(x+2)}{(x+1)\cdot(x+1)}$**	**$f(x) = \frac{(x-2)\cdot(x+2)}{(x+0)\cdot(x+3)}$**

11 Geben Sie jeweils mindestens ein Beispiel für eine passende Gleichung einer gebrochen-rationalen Funktion an.

a)	Nullstelle bei $x = 5$, senkrechte Asymptote $x = -1$.	**$f(x) = \frac{x-5}{x+1}$**
b)	Polstelle mit Vorzeichenwechsel bei $x = 2$, Definitionslücke, aber keine Polstelle bei $x = 1$.	**$f(x) = \frac{x-1}{(x-2)\cdot(x-1)} + 1$**
c)	Polstelle ohne Vorzeichenwechsel bei $x = 2$, Definitionslücke, aber keine Polstelle bei $x = 1$.	**$f(x) = \frac{x-1}{(x-2)^2\cdot(x-1)} - 1$**

12 Ermitteln Sie Nullstellen und Polstellen der Funktion f mit $f(x) = \frac{x^2+2x-8}{2x^2-8x+6}$.
Zeichnen Sie den Graphen von f und die senkrechten Asymptoten.

Nullstellen des Zählers: **$x_1 = -4; x_2 = 2$**

Nullstellen des Nenners: **$2x^2 - 8x + 6 = 0$**

$x^2 - 4x + 3 = 0$

$x_1 = 1; x_2 = 3$

Nullstellen von f: **$x_1 = -4; x_2 = 2$**

Polstellen von f: **$x_1 = 1; x_2 = 3$**

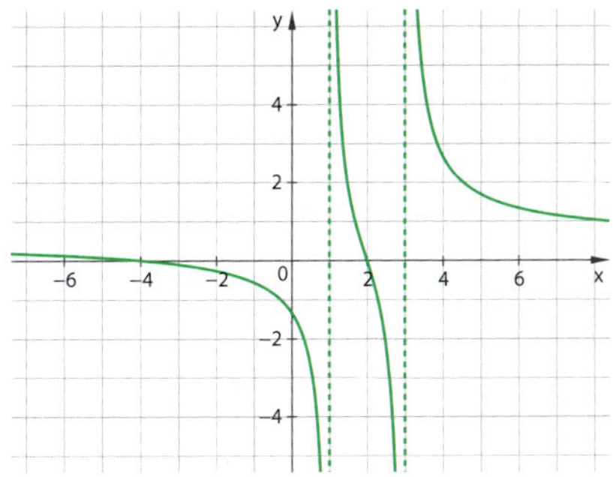

13 Stellen Sie mit einem Funktionenplotter Graphen dar, die zur Funktionenschar f_a mit $f_a(x) = \frac{(x-a)(x+4)}{(x-2a)(x+1)}$ für $a \in \mathbb{R}$ gehören. Verwenden Sie einen Schieberegler zum Variieren des Parameters a. Begründen Sie die besondere Form der Graphen für $a \in \{-2; -1, 0\}$.

Begründung: **Für $a \in \{-2; -1, 0\}$ kann der Funktionsterm gekürzt werden, sodass eine der beiden Polstellen (2a; –1) zu einer hebbaren Definitionslücke wird. Dies sind auch die einzigen Möglichkeiten ($x - a = x - 2a$; $x - 2a = x - 4$; $x - a = x + 1$).**

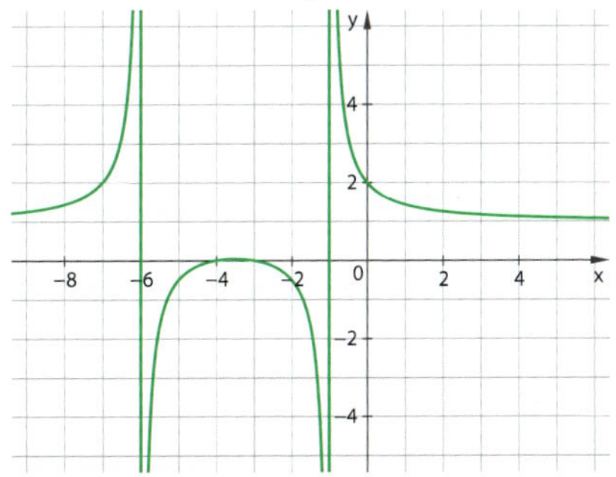

Grundlagentraining

1 Gegeben sind die Funktionen f, g und h mit $f(x) = \frac{1}{x}$, $g(x) = \frac{x+1}{x}$ und $h(x) = \frac{x^2-1}{x}$.

a) Berechnen Sie die Funktionswerte (auf zwei Stellen gerundet) und skizzieren Sie die Graphen der Funktionen.

x	−6	−2	−1	−0,5	0	0,5	1	2	6
f(x)	−0,17	−0,5	−1	−2	n. d.	2	1	0,5	0,17
g(x)	0,83	0,5	0	−1	n. d.	3	2	1,5	1,17
h(x)	−5,83	−1,5	0	1,5	n. d.	−1,5	0	1,5	5,83

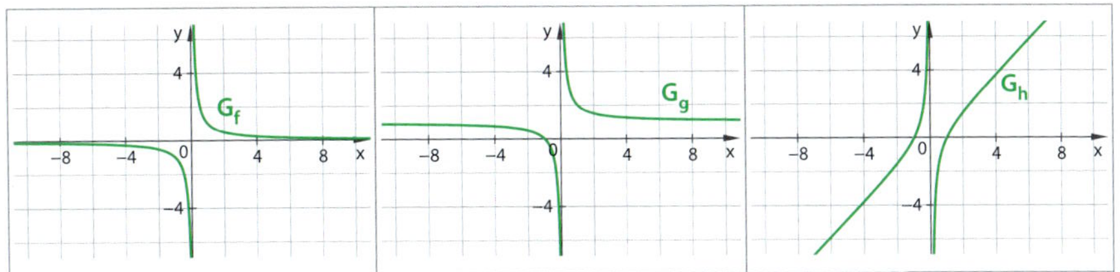

$f(x) = \frac{1}{x}$ | $g(x) = \frac{x+1}{x}$ | $h(x) = \frac{x^2-1}{x}$

b) Ergänzen Sie: $\lim\limits_{x \to \infty} f(x) = \lim\limits_{x \to \infty} \left(\frac{1}{x}\right) = 0$

$\lim\limits_{x \to \infty} g(x) = \lim\limits_{x \to \infty} \left(\frac{x+1}{x}\right) = \lim\limits_{x \to \infty} (1) + \lim\limits_{x \to \infty} \left(\frac{1}{x}\right) = 1 + 0 = 1$

$\lim\limits_{x \to \infty} h(x) = \lim\limits_{x \to \infty} \left(\frac{x^2+1}{x}\right) = \lim\limits_{x \to \infty} (x) + \lim\limits_{x \to \infty} \left(\frac{1}{x}\right) = x + 0 = x$

2 Ergänzen Sie zu wahren Aussagen für eine gebrochen-rationale Funktion f für den jeweiligen Fall:

Zählergrad < Nennergrad	Zählergrad = Nennergrad	Zählergrad > Nennergrad
$\lim\limits_{x \to \pm\infty} f(x) = 0$	$\lim\limits_{x \to \pm\infty} f(x) = a;\ a \neq 0$	$\lim\limits_{x \to \pm\infty} f(x) = \pm\infty$
Der Graph hat **die x-Achse** als waagerechte Asymptote.	Der Graph hat **y = a** als waagerechte Asymptote.	Der Graph hat **keine waagerechte Asymptote.**

3 Zeichnen Sie alle Asymptoten ein. Geben Sie deren Gleichung an.

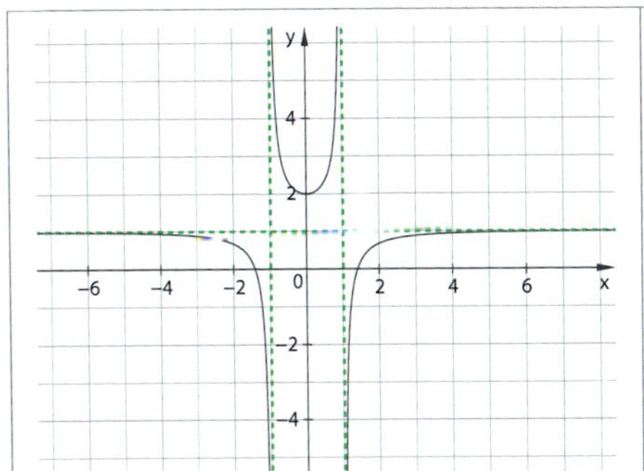

$f(x) = \frac{x^2-2}{x^2-1}$ Asymptoten: $y = 1;\ x = -1;\ x = 1$

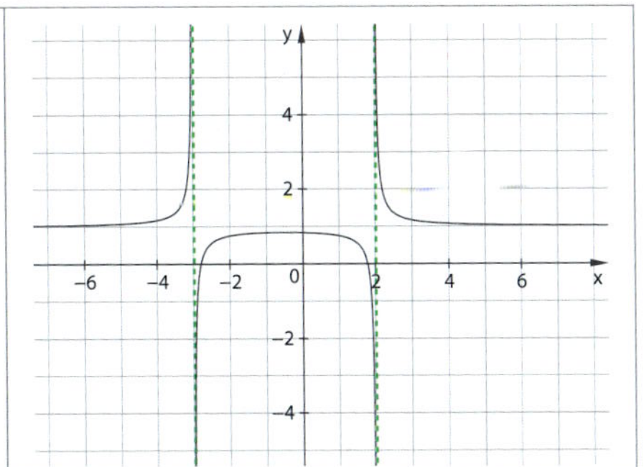

$f(x) = \frac{x^2+x-5}{x^2+x-6}$ Asymptoten: $y = 1;\ x = -3;\ x = 2$

4 Schrittweise Bestimmung der waagerechten Asymptote: Eine Gleichung der waagerechten Asymptote bestimmt man, indem man die höchste Potenz von x im Nenner ausklammert und damit den Funktionsterm kürzt. Dann bildet man die Grenzwerte für $x \to +\infty$ und $x \to -\infty$.
Vervollständigen Sie die Tabelle nach dem Muster in der ersten Zeile.

Funktion	$f(x) = \frac{(x-4)\cdot(x+1)}{x^2-1}$	$f(x) = \frac{3x}{(x+2)\cdot(x+3)}$
Zähler und Nenner ggf. ausmultiplizieren	$f(x) = \frac{x^2-3x-4}{x^2-1}$	$f(x) = \frac{3x}{x^2+5x+6}$
höchste Potenz von x im Nenner ausklammern	$f(x) = \frac{x^2-3x-4}{x^2\cdot\left(1-\frac{1}{x^2}\right)}$	$f(x) = \frac{3x}{x^2\cdot\left(1+\frac{5}{x}+\frac{6}{x^2}\right)}$
Term kürzen, d.h. alle Summanden im Zähler durch die ausgeklammerte Potenz von x dividieren	$f(x) = \frac{1-\frac{3}{x}-\frac{4}{x^2}}{\left(1-\frac{1}{x^2}\right)}$	$f(x) = \frac{\frac{3}{x}}{1+\frac{5}{x}+\frac{6}{x^2}}$
Grenzwert für $x \to +\infty$ bilden	$\lim\limits_{x \to +\infty} \frac{1-\frac{3}{x}-\frac{4}{x^2}}{\left(1-\frac{1}{x^2}\right)} = \frac{1-0-0}{1-0} = 1$	$\lim\limits_{x \to +\infty} \frac{\frac{3}{x}}{1+\frac{5}{x}+\frac{6}{x^2}} = \frac{0}{1} = 0$
Grenzwert für $x \to -\infty$ bilden	$\lim\limits_{x \to -\infty} \frac{1-\frac{3}{x}-\frac{4}{x^2}}{\left(1-\frac{1}{x^2}\right)} = \frac{1-0-0}{1-0} = 1$	$\lim\limits_{x \to -\infty} \frac{\frac{3}{x}}{1+\frac{5}{x}+\frac{6}{x^2}} = \frac{0}{1} = 0$
Gleichung der Asymptote angeben	$y = 1$	$y = 0$

5 Ordnen Sie den Funktionen die zugehörigen waagerechten und senkrechten Asymptoten zu.

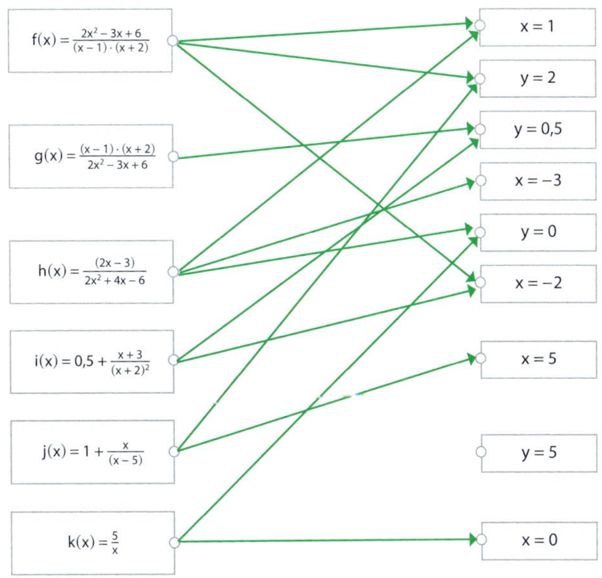

6 Geben Sie zu den Asymptoten y = 3 und x = 5 jeweils eine passende Funktionsgleichung an.

Beispiele: y = 3 für $f(x) = \frac{1}{x-5} + 3$ und x = 5 für $f(x) = \frac{5x^2-11x-14}{x^2-4x-5}$

Aufbautraining

7 Der Graph von f mit $f(x) = \frac{4x^2 - 2}{5x}$ unterscheidet sich für $x \to \pm\infty$ immer weniger von der Geraden $y = g(x) = 0{,}8x$.

a) Begründen Sie diese Aussage durch eine Grenzwertbetrachtung des Betrages der Differenz der beiden Funktionen.

$\lim\limits_{x \to \pm\infty} |f(x) - g(x)| = \lim\limits_{x \to \pm\infty} \left|\frac{4x^2 - 2}{5x} - 0{,}8x\right| = \lim\limits_{x \to \pm\infty} \left|\frac{4}{5}x - \frac{2}{5x} - 0{,}8x\right| = \lim\limits_{x \to \pm\infty} \left|-\frac{2}{5x}\right| = 0$

Für $x \to \pm\infty$ geht der Betrag der Differenz beider Funktionen gegen Null.

b) Veranschaulichen Sie diesen Sachverhalt durch eine grafische Darstellung beider Funktionen.

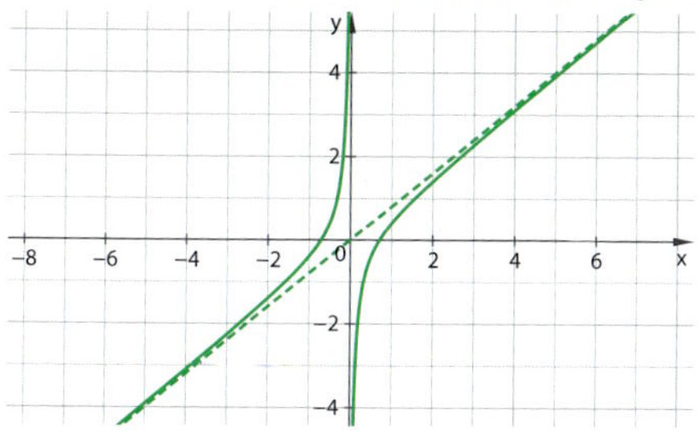

8 Vervollständigen Sie den Satz zu einer wahren Aussage: Ist bei einer gebrochen-rationalen Funktion f mit $f(x) = \frac{p(x)}{q(x)}$ der Grad des Zählerpolynoms p um **1 größer** als **der Grad des Nennerpolynoms q**, so nähert sich der Graph von f für $x \to \pm\infty$ einer schrägen Asymptote mit der Gleichung $y = m \cdot x + t$; $m \neq 0$.

9 Bestimmen Sie eine Gleichung der schrägen Asymptote des Graphen von f.

$f(x) = \frac{2}{x} + 3x$	$f(x) = 1 - x + \frac{1}{x}$	$f(x) = \frac{x^2 - x}{x + 1}$	$f(x) = \frac{2x^3 - 4x^2}{2 - x^2}$
$y = 3x$	**$y = 1 - x$**	**$y = x - 2$**	**$y = -2x + 4$**

$f(x) = 1 + x - \frac{1}{2x}$	$f(x) = -\frac{2x^2 + 1}{x}$	$f(x) = \frac{3x^2 - 3}{2x}$	$f(x) = \frac{x^2 - 1}{x + 2}$
$y = 1 + x$	**$y = -2x$**	**$y = 1{,}5x$**	**$y = x - 2$**

10 Geben Sie zu den Asymptoten $y = x - 1$ und $x = -1$ jeweils eine passende Funktionsgleichung an.
Beispiele zu $y = x - 1$: **$f(x) = x - 1 + \frac{1}{x + 1}$** zu $x = -1$: **$f(x) = \frac{x^2 - 4}{-x^2 + 1}$**

11 Geben Sie an, für welchen Wert von a die Funktion f mit $f(x) = \frac{x^2 + 2ax + a^2}{x + a}$ die Asymptote $y = x + 3$ hat:

a) $f(x) = \frac{x^2 + 2ax + a^2}{x + a}$ **b)** $f(x) = \frac{x^2 + 3x - ax - a}{x - a}$

Begründen Sie Ihre Antwort.

a) Wegen $f(x) = \frac{x^2 + 2ax + a^2}{x + a} = \frac{(x + a)^2}{x + a} = x + a$ mit $x \neq -a$ hat die Funktion f für keinen Wert von a eine Asymptote. Es liegt eine Funktion mit hebbarer Definitionslücke an der Stelle $x = -a$ vor.

b) Für $a = 0$ liegt an der Stelle $x = -a$ eine hebbare Definitionslücke vor; für alle anderen Werte des Definitionsbereichs stimmt der Graph mit der Gerade $y = x + 3$ überein. Für $a \neq 0$ hat f die schräge Asymptote $y = x + 3$, außerdem eine senkrechte Asymptote bei $x = a$.

12 Ordnen Sie äquivalente Terme durch Pfeile einander zu. Ermitteln Sie jeweils eine Gleichung für jede Asymptote.

- $f_1(x) = x + 2 - \frac{5}{2x - 5}$
- $f_2(x) = \frac{2}{2x - 5} + \frac{4x}{4x - 10}$
- $f_3(x) = \frac{1}{2}x + \frac{x^2 - 2}{2x - 5} + 1$

- $g_1(x) = \frac{2x + 2}{2x - 5}$
- $g_2(x) = \frac{4x^2 - x - 14}{4x - 10}$
- $g_3(x) = \frac{2x^2 - x - 15}{2x - 5}$

Zuordnung: $f_1 \to g_3$, $f_2 \to g_1$, $f_3 \to g_2$

Asymptoten:
$f_1(x)$: **$x = \frac{5}{2}$** und **$y = x + 2$** $f_2(x)$: **$x = \frac{5}{2}$** und **$y = 1$** $f_3(x)$: **$x = \frac{5}{2}$** und **$y = x + \frac{9}{4}$**

13 Geben Sie an, für welche Werte des reellen Parameters a der Graph von f mit $f(x) = \frac{x^2 - 1}{x^2 - a^2}$ die folgenden Graphen annimmt. Zeichnen Sie alle Asymptoten ein und geben Sie deren Gleichungen an.

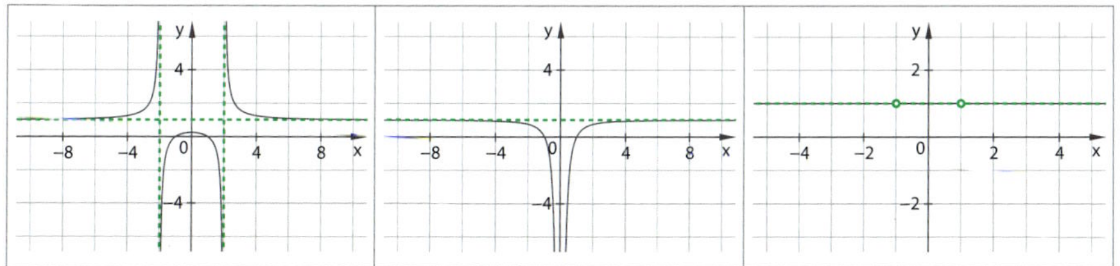

a = **±2**	a = **0**	a = **±1**

14 Gegeben ist die Funktion f mit $f(x) = x + 1 + \frac{1}{x - 1}$.

a) Stellen Sie die Funktion und ihre Asymptoten im Intervall $-4 \leq x \leq 4$ grafisch dar.

b) Berechnen Sie, für welche x-Werte der Betrag der Differenz der Funktionswerte von f und ihrer schrägen Asymptote kleiner als 0,01 ist.

Betragsungleichung verlangt Fallunterscheidung

a)

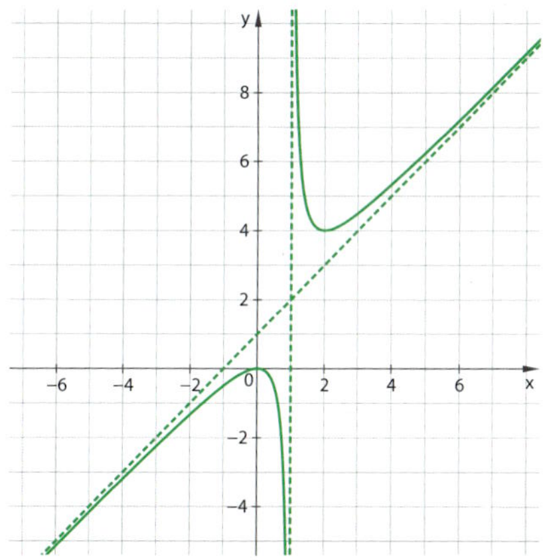

b)

Senkrechte Asymptote: **$x = 1$**

Schräge Asymptote: $g(x) =$ **$x + 1$**

1. Fall: $x > 1$ $f(x) - g(x) <$ **$0{,}01$**

$\frac{1}{x + 1} < \frac{1}{100}$

$x > 101$

2. Fall: $x < 1$ $f(x) - g(x) <$ **$-0{,}01$**

$\frac{1}{x + 1} < -\frac{1}{100}$

$x < -99$

Grundlagentraining

1 Eine der Funktionen $f(x) = \frac{x-1}{x}$ und $g(x) = \frac{(x-1)^2}{x}$ hat eine „einfache Nullstelle", die andere eine „doppelte Nullstelle". Ordnen Sie den Funktionen f(x) und g(x) den richtigen Graphen zu. Beschreiben Sie, woran man an der Gleichung bzw. am Graphen erkennt, dass eine einfache bzw. eine doppelte Nullstelle vorliegt.

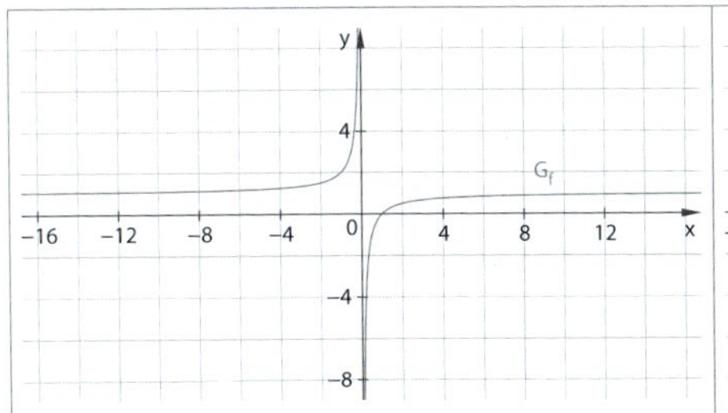

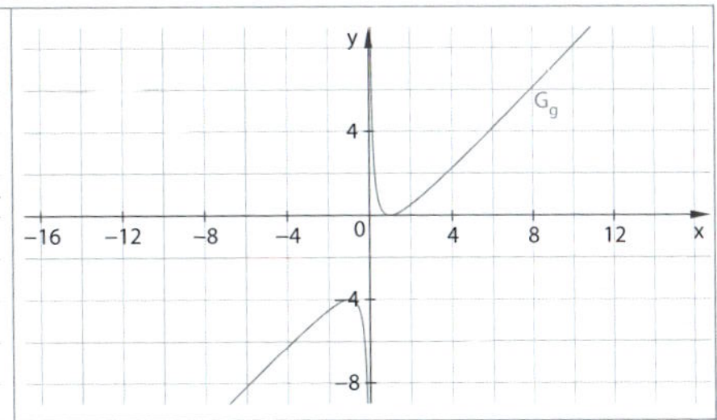

Funktionsgleichung: **$f(x) = \frac{x-1}{x}$** **einfache** Nullstelle x = 1 Die Zählerfunktion enthält den Linearfaktor (x – 1) bei vollständig gekürztem Funktionsterm **genau einmal**. Der Graph der Funktion **schneidet** die x-Achse bei der Nullstelle. Die Funktionswerte **wechseln** das Vorzeichen in der Umgebung der Nullstelle.	Funktionsgleichung: **$g(x) = \frac{(x-1)^2}{x}$** **doppelte** Nullstelle x = 1 Die Zählerfunktion enthält den Linearfaktor (x – 1) bei vollständig gekürztem Funktionsterm **zweimal**. Der Graph der Funktion **berührt** die x-Achse bei der Nullstelle. Die Funktionswerte **wechseln nicht** das Vorzeichen in der Umgebung der Nullstelle

2 Vervollständigen Sie den Text:
Es sei x_p eine Polstelle einer gebrochen-rationalen Funktion f, die nach dem vollständigen Kürzen die Form $f(x) = \frac{p(x)}{q(x)}$ hat. Dann gilt: Ist x_p eine

- einfache Nullstelle des Nenners q, dann ist x_p eine Polstelle **mit** Vorzeichenwechsel,
- doppelte Nullstelle des Nenners q, dann ist x_p eine Polstelle **ohne** Vorzeichenwechsel.

Ordnen Sie mit Pfeilen jedem Graphen die richtige Eigenschaft zu.

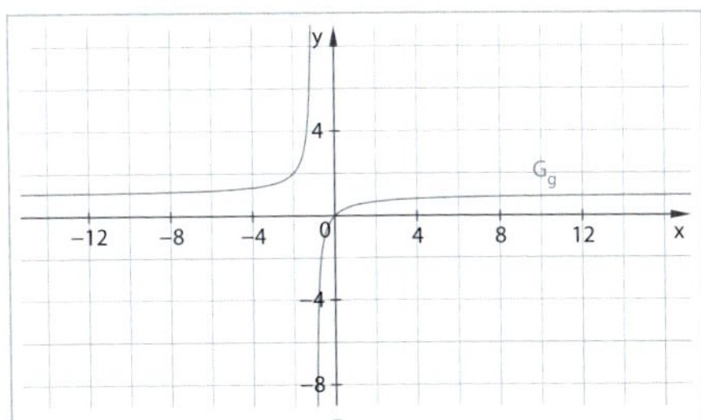

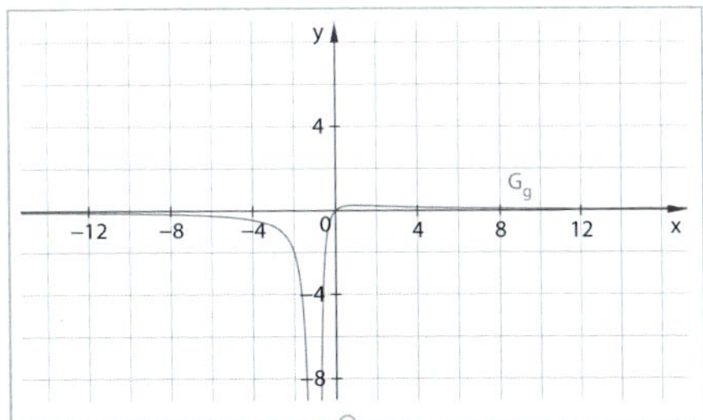

doppelte Polstelle	einfache Polstelle
$x_p = -1$	$x_p = -1$

3 Kreuzen Sie Zutreffendes an. (NST: Nullstelle; PST: Polstelle)

f(x)	einfache NST	doppelte NST	einfache PST	doppelte PST
$f(x) = \frac{x+2}{x-2}$	−2		2	
$f(x) = \frac{x-\pi}{(x+2)^2}$	π			−2
$f(x) = \frac{x^2-4x+4}{x+3}$		2	−3	
$f(x) = \frac{x^2-6x+9}{x^2-3x-10}$		3	−2; 5	

4 Die Funktion f hat eine doppelte Nullstelle bei x = 3, eine einfache Polstelle bei x = 1. Skizzieren Sie die Graphen zweier Funktionen mit dieser Eigenschaft.

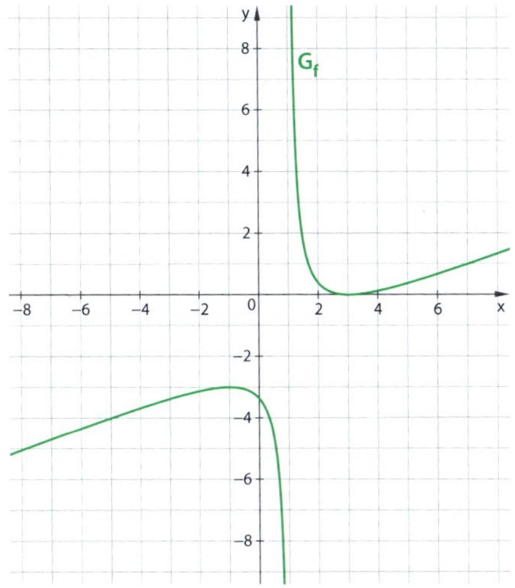

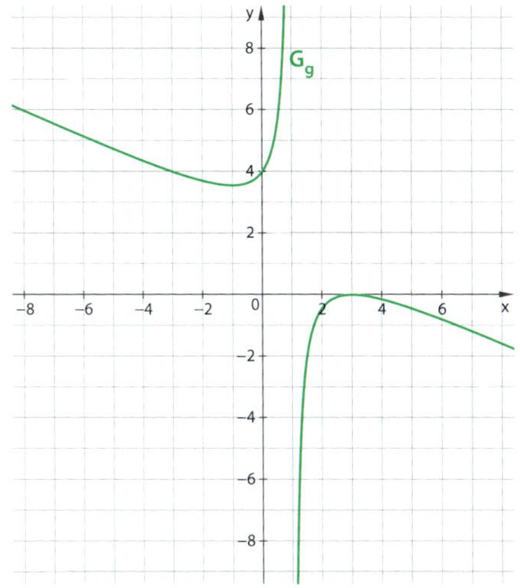

5 Geben Sie Polstellen mit Vorzeichenwechsel (PST mit VZW) bzw. Nullstellen mit Vorzeichenwechsel (NST mit VZW) an.
Zusatzaufgabe: Korrigieren Sie bei Bedarf.

f(x)	Polstelle mit VZW	Nullstelle mit VZW
$f(x) = \frac{(x-3,2)^2}{x+1,7}$	−1,7	(3,2 ohne VZW)
$f(x) = \frac{1}{x^2-2x+1}$	(1 ohne VZW)	(keine Nullstelle)
$f(x) = \frac{x^2-9}{x+3}$	(−3 hebbar)	3
$f(x) = \frac{x^2-x-12}{(x+2)^2}$	(−2 ohne VZW)	−3 und 4

6 Stellen Sie eine Gleichung einer Funktion auf, die eine Polstelle a) mit (b) ohne) Vorzeichenwechsel besitzt bei x = 1 und deren Graph die x-Achse in den Punkten P(−4|0) und Q(2|0) schneidet.

Beispiel: a) $f(x) = \frac{(x+4)\cdot(x-2)}{x-1}$ b) $f(x) = \frac{(x+4)\cdot(x-2)}{(x-1)^2}$

Aufbautraining

7 Geben Sie Null- und Polstellen der Funktionen und deren Vielfachheit an. Bestimmen Sie die Gleichungen aller Asymptoten und die Koordinaten des Schnittpunktes mit der y-Achse. Skizzieren Sie den Funktionsgraphen.

Funktionsterm	NST	PST	Schnittpunkt mit y-Achse	Asymptoten
$f(x) = \frac{2}{x-1}$	**keine**	**$x = 1$ einfach**	**$(0\|-2)$**	**$x = 1$; $y = 0$**
$g(x) = \frac{(x+2)^2}{x^2-1}$	**$x = -2$ doppelt**	**$x = 1$; $x = -1$ einfach**	**$(0\|-4)$**	**$x = 1$; $x = -1$; $y = 1$**
$h(x) = \frac{(x-3)(x+2)}{x^2+1}$	**$x = 3$; $x = -2$ einfach**	**keine**	**$(0\|-6)$**	**$y = 1$**

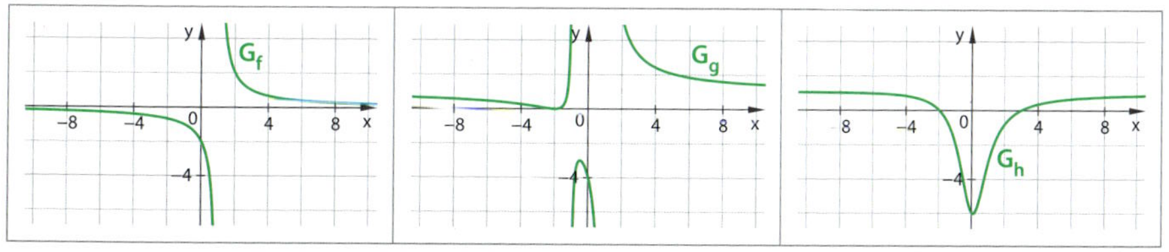

8 Gegeben sind die Funktionsgleichung $f(x) = x - \frac{2}{x-1}$ und ein Funktionsgraph (in der Abbildung rechts).

a) Nennen Sie mindestens zwei Gründe, weshalb der rechts abgebildete Graph nicht zur Funktion f(x) gehören kann.

b) Skizzieren Sie den zu f gehörenden Funktionsgraphen.

c) Stellen Sie eine begründete Vermutung auf über den zum gegebenen Graphen gehörenden Funktionsterm, wenn Zähler- und Nennerfunktion höchstens den Grad 2 haben.

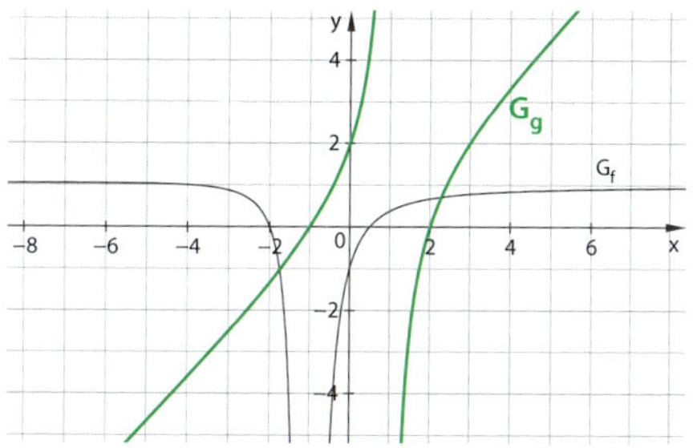

a) Gründe:

- **Der Funktionsterm von f weist $y = x$ als schräge Asymptote aus, der Graph hat aber ersichtlich keine solche Asymptote.**
- **Der Graph hat vermutlich eine Polstelle ohne Vorzeichenwechsel bei $x = 1$. Der Funktionsterm lässt aber nur den Schluss auf eine Polstelle mit VZW bei $x = 1$ zu.**
- **Der Funktionsterm liefert die Nullstellen $x = 2$ und $x = -1$. Der Graph hat aber nicht die Nullstelle $x = -1$, sondern vermutlich $x = 0{,}5$.**

c) Funktionsgleichung zu g: $g(x) = \frac{(x+2)\cdot(x-0{,}5)}{(x+1)^2}$

- **Polstelle ohne VZW bei $x = -1$, Nennerfunktion $q(x) = (x+1)^2$.**
- **Nullstellen bei $x = -2$ und $x = 0{,}5$; Zählerfunktion $p(x) = (x+2)\cdot(x-0{,}5)$.**

9 Gegeben ist die Funktion f_a mit $f_a(x) = \frac{x^2 - a\cdot x}{x+a}$ mit $a \in \mathbb{R}$. Kreuzen Sie alle wahren Aussagen an. Korrigieren Sie alle falschen Aussagen.

Aussage	Wahr	Korrektur
Für $a \neq 0$ hat der Graph von f_a eine Polstelle mit Vorzeichenwechsel.	**x**	
Für $a = 0$ hat f_0 die Nullstelle $x = 0$.		**Für $a = 0$ hat f_0 eine hebbare Definitionslücke bei $x = 0$.**
Der Funktionsterm von f_a lässt sich auch in der Form $f_a(x) = \frac{2a^2}{x+a} + x - 2a$ schreiben.	**x**	
Für $a \neq 0$ hat der Graph von f_a eine schräge Asymptote mit der Gleichung $y = x + 2a$.		**… $y = x - 2a$.**
Für $a \neq 0$ hat f_a die Nullstellen $x = 0$ und $x = -a$.		**… $x = 0$ und $x = a$.**
Für $a < 0$ gilt: Wenn $x < a$ und $x \to a$ gilt, so geht $f_a(x) \to -\infty$.		**… $x < -a$ und $x \to -a$ …**
Für $a > 0$ gilt: Wenn $x < a$ und $x \to a$ gilt, so geht $f_a(x) \to +\infty$.		**Für $a > 0$ gilt: Wenn $x > a$ und $x \to -a$ gilt, so gilt $f_a(x) \to \infty$.**

10 Mit einem Funktionenplotter wurde der Graph der Funktion f mit $f(x) = \frac{x - 0{,}111}{(x-0{,}110)(x-0{,}112)}$ gezeichnet.

Erläutern Sie, welche wesentliche Eigenschaften des Graphen diese grafische Darstellung nicht wiedergibt.
Fertigen Sie im Koordinatensystem unten eine grobe Skizze des Graphen von f im Intervall $0{,}104 \leq x \leq 0{,}118$ an, der man diese „unterschlagenen" Eigenschaften entnehmen kann.

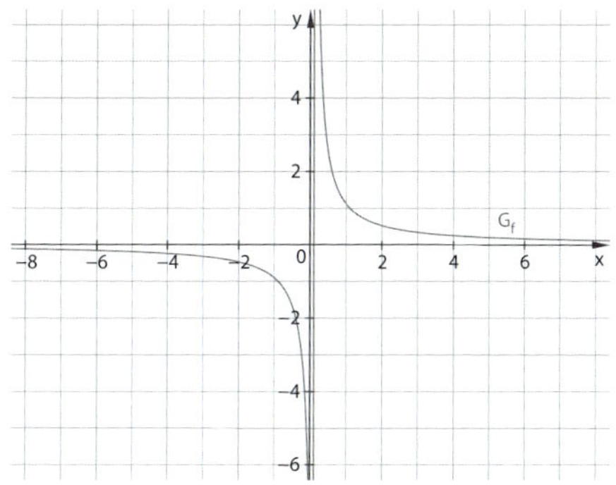

Hilfe: Berechnen Sie einige Funktionswerte in der engeren Umgebung der Polstellen.

Lösung:

Die Funktion f hat die sehr nahe beieinander liegenden Polstellen mit Vorzeichenwechsel $x = 0{,}110$ und $x = 0{,}112$ sowie mittig dazu eine einfache Nullstelle bei $x = 0{,}111$.

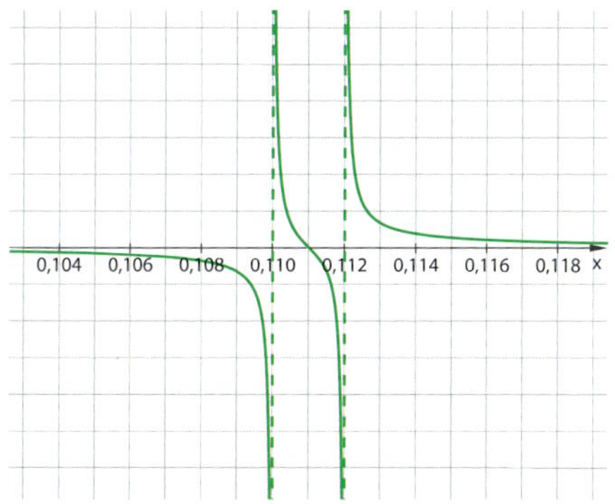

Grundlagentraining

1 Gegeben sind die Funktionen f und g mit
$f(x) = \frac{1}{x^2-1}$ und $g(x) = \frac{1}{x-1}$.

a) Lesen Sie die Koordinaten des Schnittpunktes S der Graphen von f und g näherungsweise aus der grafischen Darstellung ab: S $(0|-1)$

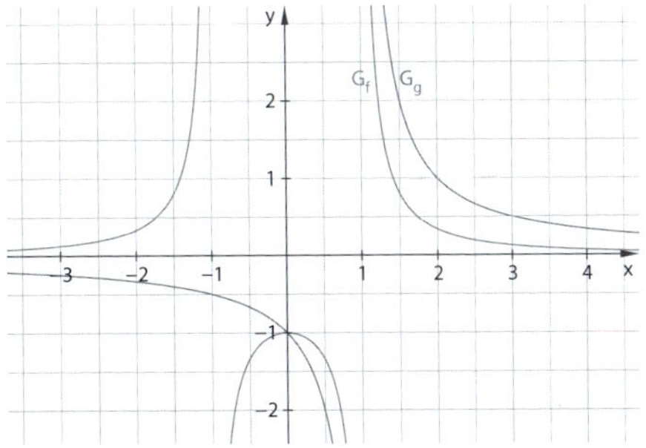

b) Notieren Sie die folgenden Schritte an die passenden Stellen der Schnittpunktberechnung:

Funktionsterme gleichsetzen; y-Koordinate berechnen; Schnittpunkt angeben; Definitionsmengen bestimmen; mit Hauptnenner multiplizieren; Gleichung lösen; Scheinlösung ausschließen

$f(x) = \frac{1}{x^2-1}; x \in \mathbb{R}; x \neq \pm 1;$	Definitionsmengen von f und
$g(x) = \frac{1}{x-1}; x \in \mathbb{R}; x \neq 1$	von g bestimmen
$\frac{1}{x^2-1} = \frac{1}{x-1}$	Funktionsterme gleichsetzen
$x - 1 = x^2 - 1$	mit Hauptnenner multiplizieren
$x^2 - x = 0$	Gleichung lösen
$x \cdot (x-1) = 0$	
$x_1 = 0; x_2 = 1$	
$x_2 = 1$ entfällt (Definitionslücke)	Scheinlösung ausschließen
$g(0) = \frac{1}{0-1} = -1$	y-Koordinate berechnen
$S(0\|-1)$	Schnittpunkt angeben

2 Ordnen Sie jedem Paar von Funktionen f und g die passenden Angaben über ihre Schnittpunkte zu - oder begründen Sie, warum das nicht möglich ist.

$x^2 - 1 = (x+1)(x-1)$

Funktionen	Zuordnung
$f(x) = \frac{x}{x-1}$ und $g(x) = \frac{x-1}{x}$	$S_3(\frac{1}{2}\|-1)$
$f(x) = \frac{x}{x+1}$ und $g(x) = \frac{x-1}{x+1}$	kein Schnittpunkt
$f(x) = x - 1$ und $g(x) = \frac{x-1}{x}$	$S_1(1\|0)$
$f(x) = \frac{x^2-1}{x+1}$ und $g(x) = \frac{1-x}{x}$	
$f(x) = \frac{x^2-1}{x}$ und $g(x) = \frac{1-x}{x}$	$S_1(1\|0)$ und $S_2(-2\|-\frac{3}{2})$
	$S_1(1\|0)$ und $S_4(-1\|-2)$

f hat eine Definitionslücke bei −1, daher ist S_4 kein Schnittpunkt, nur S_1

Aufbautraining

3 Überprüfen Sie, ob die Schnittpunkte der Graphen von f und g korrekt ermittelt wurden. Korrigieren Sie falsche Ergebnisse.

Nr.	Funktionen	Schnittpunkte	wahr	Korrektur
a	$f(x) = \frac{1}{x} + 2 - \frac{1}{x^2}$ $g(x) = \frac{1}{x^2} + 1$	$S_1(-1\|2)$ $S_2(2\|-1{,}25)$		$S_1(1\|2)$ $S_2(-2\|1{,}25)$
b	$f(x) = \frac{2x^2-4x+3}{2x-1}$ $g(x) = \frac{x^2+5x}{x+3}$	$S_1\left(\frac{-2-\sqrt{67}}{7}\middle\|\frac{-7-2\sqrt{67}}{7}\right)$ $S_2\left(\frac{-2+\sqrt{67}}{7}\middle\|\frac{-7+2\sqrt{67}}{7}\right)$	x	
c	$f(x) = \frac{1}{x} + 2 + x$ $g(x) = \frac{2}{x+1} + x$	$S(1\|3)$		keine Schnittpunkte

4 Berechnen Sie die Koordinaten der Schnittpunkte von f und g_a mit $f(x) = \frac{x^2-1}{x^2}$ und $g_a(x) = \frac{a+x}{x}$ in Abhängigkeit vom reellen Parameter a.
Erläutern Sie, für welchen Wert von a kein Schnittpunkt existiert.
Geben Sie zwei Werte von a an, für die die Koordinaten des Schnittpunktes ganzzahlig sind.

$\frac{x^2-1}{x^2} = \frac{a+x}{x} \Longrightarrow x^3 - x = a \cdot x^2 + x^3 \Longrightarrow a \cdot x^2 + x = 0 \Longrightarrow x \cdot (a \cdot x + 1) = 0$

$\Longrightarrow x_1 = 0$ und $x_2 = -\frac{1}{a}$

Für $x_1 = 0$ sind f und g nicht definiert. Für $a = 0$ ist $x_2 = -\frac{1}{a}$ nicht definiert.

Für $a \neq 0$ schneiden sich die Graphen von f und g in genau einem Punkt $S_a\left(-\frac{1}{a}\middle|1 - a^2\right)$.

Ganzzahlige Koordinaten erhält man z. B. für $a = -1$ und $a = 1$: $S_{-1}(1|0)$; $S_1(-1|0)$

5 Auf einem Fluss, dessen Wasser mit zwei Kilometer pro Stunde fließt, braucht ein Boot mit konstanter Eigengeschwindigkeit insgesamt acht Stunden, um zwölf Kilometer stromaufwärts und wieder zwölf Kilometer stromabwärts zu fahren. Welche Geschwindigkeit hätte das Boot in ruhendem Wasser?

$v = \frac{s}{t}$

Ergänzen Sie die Berechnungsschritte.

Eigengeschwindigkeit des Bootes:	v (in km/h)	
Resultierende Geschwindigkeit stromaufwärts:	$v_a = v - 2$	(in km/h)
Resultierende Geschwindigkeit stromabwärts:	$v_b = v + 2$	(in km/h)
Zeit stromaufwärts:	$t_1 = \frac{12}{v_a}$	(in Stunden)
Zeit stromabwärts:	$t_2 = \frac{12}{v_b}$	(in Stunden)
Gesamtzeit:	$t = t_1 + t_2 = 8$	(in Stunden)
Einsetzen und Lösen: $\frac{12}{v-2} + \frac{12}{v+2} = 8$	$8v^2 - 24v - 32 = 0$	
	bzw. $v^2 - 3v - 4 = 0$	

$v_1 = -1$ (nicht in der Definitionsmenge)

und $v_2 = 4$

Das Boot hätte in ruhendem Wasser eine Eigengeschwindigkeit von 4 km/h.

Test – Gebrochen-rationale Funktionen

1 Kreuzen Sie die Funktionsgleichung an, wenn die genannte Eigenschaft für die Funktion zutrifft.

Es handelt sich um eine gebrochen-rationale Funktion.	[x] $f(x) = \frac{-x}{x^2+1}$	[ ] $g(x) = \frac{x-1}{2}$	[x] $h(x) = \frac{x^2+x}{x \cdot (x-2)}$
Die Funktion hat eine Definitionslücke bei x = 2.	[ ] $f(x) = \frac{x+1}{x+2}$	[x] $g(x) = \frac{x^2-4x}{x^2-4}$	[x] $h(x) = \frac{x}{0{,}5x-1}$
Die Funktion hat eine Nullstelle bei x = −2.	[x] $f(x) = \frac{x^2-4}{x-2}$	[ ] $g(x) = \frac{x^2+4x+4}{x+2}$	[x] $h(x) = \frac{(2x+4) \cdot x}{x^2+4}$
Die Funktion hat eine hebbare Definitionslücke bei x = 1.	[x] $f(x) = \frac{x \cdot (x^2-1)}{x-1}$	[ ] $g(x) = \frac{(x-1) \cdot (x+3)}{(x-2)}$	[x] $h(x) = \frac{x^2+4x-5}{x^2+x-2}$
Für x → −1 und x < −1 gilt y → ∞.	[x] $f(x) = \frac{-1}{1+x}$	[x] $g(x) = \frac{(x-2) \cdot (3-x)}{x+1}$	[ ] $h(x) = \frac{(x-2) \cdot (x-3)}{x+1}$
Der Graph hat eine waagerechte Asymptote mit der Gleichung y = 2.	[ ] $f(x) = \frac{1}{x-2} - 2$	[x] $g(x) = \frac{2x-3}{x-3}$	[x] $h(x) = \frac{x^2}{x^2-3} + 1$
Der Graph hat eine senkrechte Asymptote an der Stelle x = 1.	[x] $f(x) = -\frac{1}{(x-1)^2} + 1$	[x] $g(x) = \frac{(x+1) \cdot (x+2)}{x^2-3x+2}$	[ ] $h(x) = x^{-1} + 1$
Der Graph hat eine Polstelle ohne VZW.	[x] $f(x) = -\frac{1}{(x-1)^2} + 1$	[x] $g(x) = \frac{(x+1) \cdot (x+2)}{x^2-3x+2}$	[ ] $h(x) = x^{-1} + 1$

2 Geben Sie für die abgebildeten Funktionen f und g mit $f(x) = \frac{(x-1)^2}{2 \cdot (x+2) \cdot (x-3)}$ und $g(x) = \frac{2 \cdot (x-1) \cdot (x+2)}{x^2}$ die zu den Eigenschaften gehörenden x-Werte bzw. Gleichungen an.

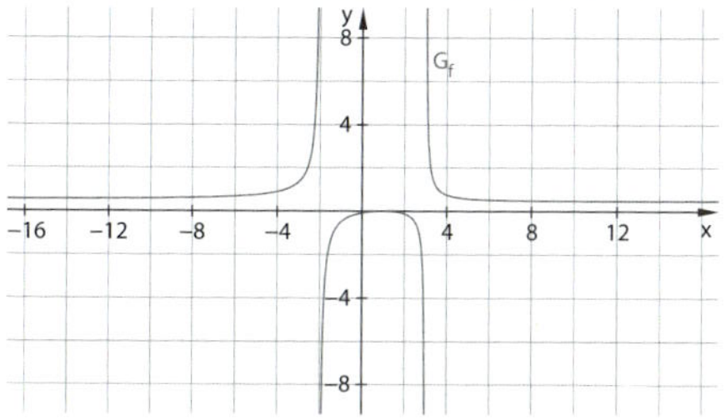

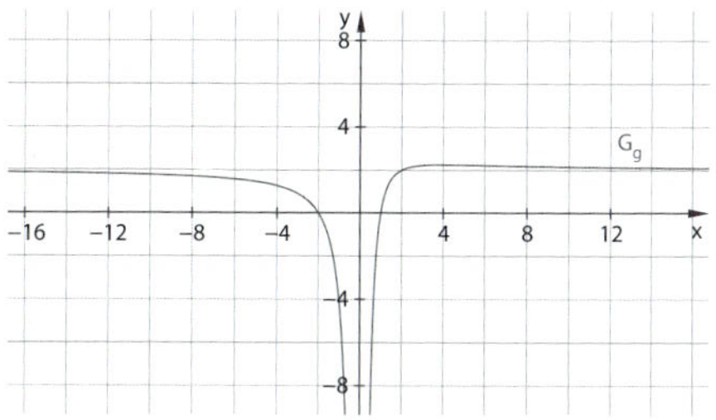

	f	g
einfache Nullstellen	keine	x = −2 und x = 1
doppelte Nullstellen	x = 1	keine
einfache Polstellen	x = −2 und x = 3	keine
doppelte Polstellen	keine	x = 0
senkrechte Asymptoten	x = −2 und x = 3	x = 0
waagerechte Asymptoten	y = 0,5	y = 2

3 Stellen Sie die Funktion f mit $f(x) = \frac{x^2-2x-1}{3x}$ und ihre Asymptoten grafisch dar. Geben Sie auch die Gleichungen der Asymptoten an.

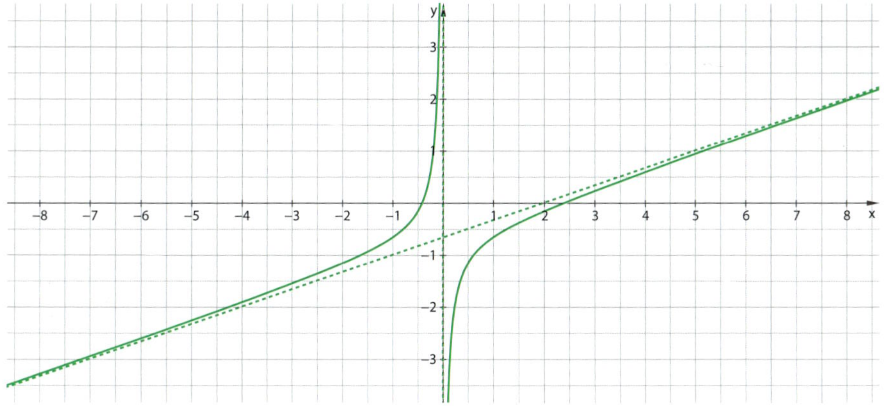

Schräge Asymptote: $y = \frac{1}{3}x - \frac{2}{3}$ Senkrechte Asymptote: $x = 0$

4 Gegeben ist die Funktion f mit $f(x) = \frac{1}{x-2} + \frac{1}{x+3}$.

a) Kreuzen Sie alle zum Funktionsterm von f äquivalenten Funktionsterme an.

[x] $\frac{2x+1}{(x-2) \cdot (x+3)}$ [ ] $\frac{2x+1}{x^2-2x-6}$ [x] $\frac{2x+1}{x^2+x-6}$

b) Geben Sie nur mithilfe der Interpretation zutreffender Funktionsterme an:

Senkrechte Asymptoten: $x = -3$ und $x = 2$

Waagerechte Asymptoten: $y = 0$

Schräge Asymptoten: keine

Polstellen: $x = -3$ und $x = 2$

Nullstellen: $x = -\frac{1}{2}$

5 Kreuzen Sie zu jedem Paar von Funktionen an, welche x-Werte die Schnittpunkte ihrer Graphen haben.

a) $f(x) = \frac{1-x}{x-1}$ und $g(x) = x$: [ ] $x_1 = -1; x_2 = 1$ [x] $x = -1$ [ ] keine reelle Lösung

b) $f(x) = \frac{1}{3x^2}$ und $g(x) = 1 + \frac{1}{6x}$: [ ] $x_1 = \frac{2}{3}; x_2 = -\frac{1}{2}$ [x] $x_1 = -\frac{2}{3}; x_2 = \frac{1}{2}$ [ ] $x = \pm\frac{1}{2}$

c) $f(x) = 1 - \frac{1}{x}$ und $g(x) = x$: [ ] $x = 0$ [ ] $x = 1$ [x] keine reelle Lösung

6 Begründen Sie, dass g mit $g(x) = \frac{x^2-1}{x+1}$ an der Stelle $x_0 = -1$ zwar eine Definitionslücke, aber keine Polstelle besitzt. Zeichnen Sie den Graphen von g.

Wegen $x^2 - 1 = (x+1) \cdot (x-1)$ ist $x_0 = -1$ sowohl Nullstelle des Nenners als auch Nullstelle des Zählers. Der Term der Funktion g kann gekürzt werden: $g(x) = \frac{x^2-1}{x+1} = \frac{(x+1) \cdot (x-1)}{x+1} = x - 1$ mit $x \neq -1$. Es handelt sich bei $x_0 = -1$ um eine hebbare Definitionslücke. Der Graph von g ist eine Gerade mit einer Lücke bei $x_0 = -1$.

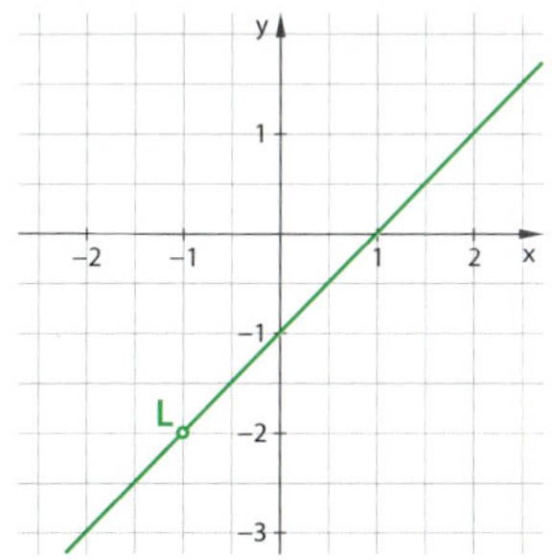

Basisaufgaben

1 a) $P_P(S)$ b) $P_S(P)$ c) $P(P \cap S)$ d) $P(\overline{P} \cap S)$

2 a) $P_{Pollenallergie}(\text{Apfelallergie}) = \frac{122}{170} \approx 71{,}8\,\%$

b) $P_{Apfelallergie}(\text{Pollenallergie}) = \frac{122}{143} \approx 85{,}3\,\%$

$P_{Apfelallergie}(\text{keine Pollenallergie}) = \frac{21}{143} \approx 14{,}7\,\%$

3 D: Person ist aus Deutschland U: Person ist aus den USA V: Person ernährt sich vegetarisch

$P_{\overline{V}}(D) = \frac{P(D \cap \overline{V})}{P(\overline{V})} = \frac{36}{92{,}4} \approx 38{,}96\,\%$

Die Wahrscheinlichkeit, dass eine Person im Flugzeug, die sich nicht vegetarisch ernährt, aus Deutschland kommt, beträgt rund 38,96 %.

4 a) Individuelle Schätzungen.

b)

	Zöliakie	Keine Zöliakie	Summe
Test positiv	0,196 %	2,994 %	3,19 %
Test negativ	0,004 %	96,806 %	96,81 %
Summe	0,2 %	99,8 %	100 %

c)

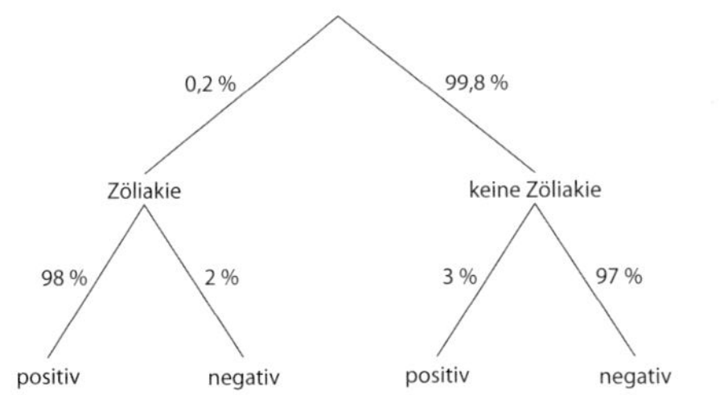

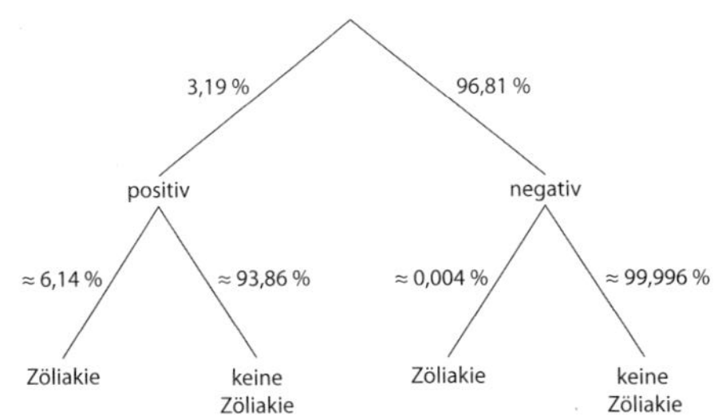

d) $P_{positiv}(\text{Zöliakie}) \approx 6{,}14\,\%$
Bastian leidet mit einer Wahrscheinlichkeit von rund 6,14 % an Zöliakie.

e) Der Test erkennt sowohl den größten Teil der Kranken richtig als krank als auch den größten Teil der Gesunden als gesund. Allerdings leidet nur ein sehr kleiner Teil der Bevölkerung an Zöliakie, sodass der Teil der fälschlicherweise als krank Erkannten stärker ins Gewicht fällt als der Teil der korrekt als krank Erkannten. Nach einem positiven Ergebnis im Selbsttest sollte man also einen genaueren Test von einem Arzt bzw. einer Ärztin machen lassen.

5 a)

	A	$\overline{A}$	Summe
B	14 %	11 %	25 %
$\overline{B}$	42 %	33 %	75 %
Summe	56 %	44 %	100 %

b) Beispiellösung:

	A	$\overline{A}$	Summe
B	14 %	20 %	34 %
$\overline{B}$	42 %	24 %	66 %
Summe	56 %	44 %	100 %

6 a) Es leben 1610 − 490 = 1120 Befragte in der Stadt und besitzen ein Auto.
$P(A) = 80{,}5\,\%$; $P(S) = 72{,}5\,\%$; $P(A \cap S) = 56\,\%$
$P(A) \cdot P(S) = 58{,}3625\,\% \neq 56\,\% = P(A \cap S)$

b) $P_S(A) = \frac{1150}{1450} \approx 77{,}24\,\%$
Die Wahrscheinlichkeit, dass eine in der Stadt lebende Person ein Auto besitzt, ist etwas geringer als die Wahrscheinlichkeit, dass eine zufällig ausgewählte befragte Person ein Auto besitzt.

Weiterführende Aufgaben

1 Ereignisse E: zufällig ausgewählte Person isst Ei; M: zufällig ausgewählte Person ist Mexikaner,
geg.: $P(E) = \frac{1}{3}$, $P(M) = \frac{1}{5}$, $P_M(E) = \frac{5}{7}$, daher $P(M \cap E) = \frac{1}{5} \cdot \frac{5}{7} = \frac{1}{7}$

Vierfeldertafel:

	E	$\overline{E}$	Summe
M	$\frac{1}{7}$	$\frac{2}{35}$	$\frac{1}{5}$
$\overline{M}$	$\frac{4}{21}$	$\frac{64}{105}$	$\frac{4}{5}$
Summe	$\frac{1}{3}$	$\frac{2}{3}$	1

a) $P_E(\overline{M}) = \frac{\frac{4}{21}}{\frac{1}{3}} = \frac{4}{7} > 50\,\%$

Da die Chance zu gewinnen größer ist als die zu verlieren, lohnt sich die Wette.

b) $P_E(\overline{M}) = \frac{P(E \cap \overline{M})}{P(E)} < P(\overline{M}) \quad | \cdot \frac{P(E)}{P(\overline{M})}$

$\frac{P(E \cap \overline{M})}{P(\overline{M})} < P(E)$

Bedingte W.

Grundlagentraining

1 Ergänzen Sie den Text, sodass eine wahre Aussage entsteht.
„Für zwei Ereignisse A und B versteht man unter der bedingten Wahrscheinlichkeit $P_A(B)$ die Wahrscheinlichkeit dafür, dass das Ereignis **B** eintritt, wenn man schon weiß, dass das Ereignis **A** eingetreten ist."

2 In einer Schachtel liegen Zettel, die mit einer der Zahlen 1, 2, 3, 4, 5 beschriftet sind. Nacheinander wird zufällig ohne Zurücklegen zweimal jeweils genau ein Zettel gezogen. Betrachten Sie das Ereignis A: „Die Summe der gezogenen Zahlen ist 6."

a) Die Übersicht zeigt alle möglichen Ergebnisse für das Ziehen von zwei Zahlen ohne Zurücklegen.
Markieren Sie farbig alle für das Ereignis A günstigen Ergebnisse, wenn weiter keine Bedingung gestellt wird.
Schließen Sie daraus auf P(A).
$P(A) = \frac{4}{20} = \frac{1}{5}$

(1, 2)	(1, 3)	(1, 4)	(1, 5)
(2, 1)	(2, 3)	(2, 4)	(2, 5)
(3, 1)	(3, 2)	(3, 4)	(3, 5)
(4, 1)	(4, 2)	(4, 3)	(4, 5)
(5, 1)	(5, 2)	(5, 3)	(5, 4)

b) Betrachten Sie das Ereignis A unter der Bedingung B:
„Es ist bekannt, dass beide gezogenen Zahlen ungerade sind."
Tragen Sie in die Übersicht die fehlenden Zahlenpaare ein, die für das Ereignis B in Frage kommen, und markieren Sie dort die für das Ereignis A günstigen Ereignisse farbig.
Schließen Sie daraus auf die Wahrscheinlichkeit von $P_B(A)$.
$P_B(A) = \frac{2}{6} = \frac{1}{3}$

	(1, 3)		(1, 5)
(3, 1)			(3,5)
(5, 1)		(5, 3)	

3 Aus einem Skatkartenspiel wurde zufällig eine Karte gezogen.
Betrachten Sie die Ereignisse A: „Es wurde die Herz-Dame gezogen.",
B: „Es wurde eine rote Karte gezogen." und C: „Es wurde eine Dame gezogen."
Ordnen Sie die Zahlenwerte den Wahrscheinlichkeiten zu.

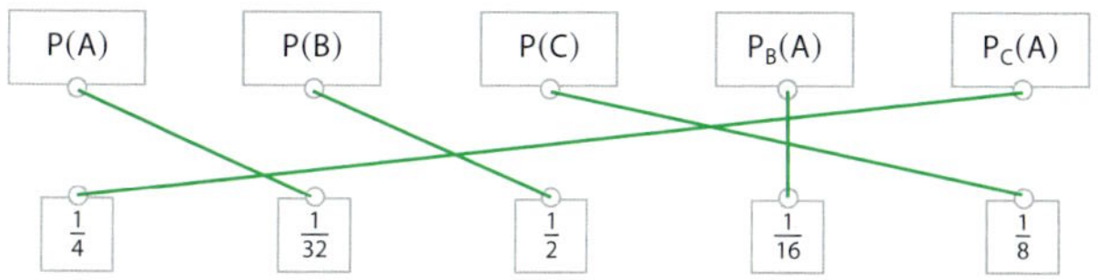

$P_A(B) = \frac{P(A \cap B)}{P(A)}$
für $P(A) > 0$

4 Bei einer Verkehrskontrolle telefonierten von 130 Fahrern unter 35 Jahren 60 Fahrer während der Fahrt mit dem Handy. Bei den 150 kontrollierten Autofahrern, die mindestens 35 Jahre alt waren, gab es 40 Verstöße gegen das Verbot, während der Fahrt mit dem Handy zu telefonieren.

a) Ergänzen Sie die Vierfeldertafel.

	A: Alter < 35	B: Alter ≥35	
H: Verstoß gegen Handy-Verbot	60	40	100
K: Kein Verstoß gegen Handy-Verbot	70	110	180
	130	150	280

b) Kreuzen Sie an, welcher der Terme die bedingte relative Häufigkeit korrekt angibt.

① Anteil der unter 35-Jährigen, die nicht gegen das Handyverbot am Steuer verstoßen.
☒ $P_K(A)$ ☐ $P_A(K)$ ☐ $\frac{60}{130}$ ☒ $\frac{70}{130}$

② Anteil derjenigen, die gegen das Handyverbot verstießen, an den mindestens 35-Jährigen.
☐ $P_H(B)$ ☒ $P_B(H)$ ☒ $\frac{40}{150}$ ☒ $\frac{4}{15}$

③ Anteil der unter 35-Jährigen an allen, die sich nicht an das Handyverbot halten
☐ $P_A(H)$ ☒ $P_H(A)$ ☐ $\frac{60}{130}$ ☒ $\frac{60}{100}$

④ Anteil der mindestens 35-Jährigen an allen, die nicht gegen das Handyverbot verstoßen
☒ $P_K(B)$ ☐ $P_B(K)$ ☒ $\frac{110}{180}$ ☐ $\frac{110}{150}$

5 Das äußere Quadrat habe den Flächeninhalt 1. Die Flächeninhalte der Rechtecke im Inneren können als Maße der Wahrscheinlichkeiten von Ereignissen A und B aufgefasst werden.
Ergänzen Sie:
Das äußere Quadrat enthält **100** Kästchen

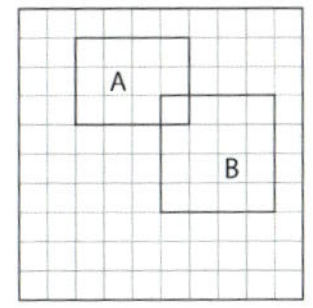

$P(A) = 0{,}12$ $P(B) = 0{,}16$ $P_B(A) = \frac{1}{16}$ $P_A(B) = \frac{1}{12}$ $P(A \cap B) = \frac{1}{100}$

6 Angenommen, 30 % der PKW-Besitzer einer bestimmten Automarke erhalten im Rahmen einer Rückrufaktion die Aufforderung, mit ihrem Auto bis zu einem festgelegten Termin eine Vertragswerkstatt aufzusuchen (Ereignis R). 80 % davon folgen dieser Aufforderung bis zu diesem Termin (Ereignis F).
Ergänzen Sie das Baumdiagramm in Bezug auf diesen Sachverhalt durch Eintragen der Wahrscheinlichkeiten $P_R(F)$ sowie $P(R \cap F)$ an den zugehörigen Stellen.
Geben Sie auch die Größe dieser Wahrscheinlichkeiten an.

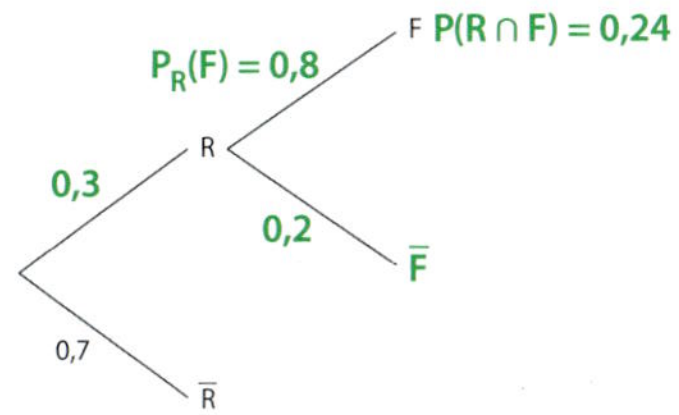

Aufbautraining

7 In einer Urne liegen fünf gleichartige Kugeln, von denen zwei rot und drei schwarz sind. Die roten Kugeln sind mit 1 und 2 nummeriert, die schwarzen Kugeln mit 1, 2 und 3.
Aus der Urne wird zufällig eine Kugel entnommen. Ordnen Sie den Ereignissen A, B, C und D die zugehörigen Wahrscheinlichkeiten zu.

A: Die entnommene Kugel ist rot.

B: Die entnommene Kugel trägt die Nummer 1.

C: Die entnommene Kugel ist rot, wenn man schon weiß, dass die entnommene Kugel die Zahl 1 trägt.

D: Die entnommene Kugel trägt die Nr. 2, wenn man schon weiß, dass die entnommene Kugel schwarz ist.

$p_1 = 0{,}4$ **A, B** $p_2 = 0{,}5$ **C** $p_3 = 0{,}6$ $p_4 = \frac{1}{3}$ **D**

Zusatzaufgabe: Eine der Wahrscheinlichkeiten p_1, p_2, p_3 und p_4 wird bei Teilaufgabe 7 (oben) nicht gebraucht. Formulieren Sie ein Ereignis zum betrachteten Sachverhalt, das zu dieser bisher nicht verwendeten Wahrscheinlichkeit passt.
Individuell, z. B.: „Die entnommene Kugel ist schwarz." mit $p_3 = 0{,}6$

8 Eine seltene Krankheit trete im Durchschnitt bei einer von 100 000 Personen auf. Es wurde ein Test zur Erkennung dieser Krankheit entwickelt, der diese Krankheit bei einer untersuchten Person mit 90 %iger Sicherheit erkennt, wenn sie wirklich vorliegt (Sensitivität). Ist die getestete Person nicht von dieser Krankheit betroffen, so fällt der Test mit 5 %iger Wahrscheinlichkeit trotzdem positiv aus (Spezifität).
Es ist die Wahrscheinlichkeit dafür gesucht, dass die untersuchte Person wirklich an dieser Krankheit erkrankt ist (k), wenn der Test positiv ausgefallen ist (T).

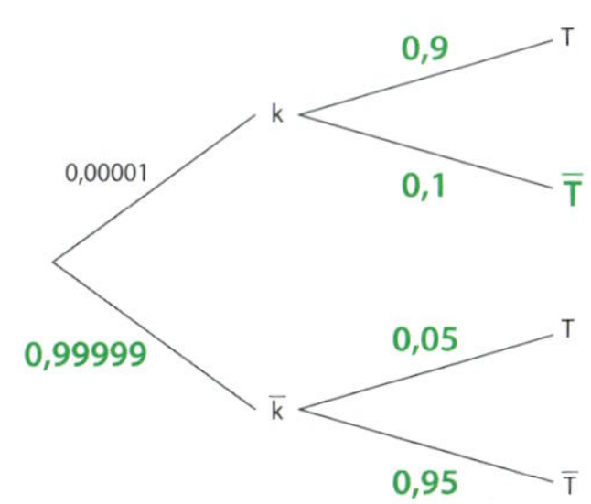

a) Ergänzen Sie das Baumdiagramm und die Rechnung.

$P_T(k) = \frac{0{,}00001 \cdot 0{,}9}{0{,}00001 \cdot 0{,}9 + 0{,}99999 \cdot 0{,}05}$
$\approx 0{,}00018$

b) Ergänzen Sie die Vierfeldertafel der relativen Häufigkeiten zu diesem Sachverhalt.

	krank	nicht krank	
Test positiv	0,00001 · 0,9	0,99999 · 0,05	0,0500085
Test negativ	0,00001 · 0,1	0,99999 · 0,95	0,9499915
	0,00001	0,99999	1

Grundlagentraining

1 „Lesen Sie den Beipackzettel der Ihnen verschriebenen Medikamente vollständig durch?" Personen, die mindestens 60 Jahre alt waren, wurden befragt. Die Ergebnisse der Befragung sind der Vierfeldertafel zu entnehmen.
M männlich; W: weiblich; V: vollständig gelesen; N: nicht vollständig gelesen

	M	F	Summe
V	803	1077	1880
N	324	432	756
Summe	1127	1509	2636

a) Vervollständigen Sie die Vierfeldertafel.
b) Ergänzen Sie das Baumdiagramm sowie das umgekehrte Baumdiagramm durch die fehlenden relativen Häufigkeiten.

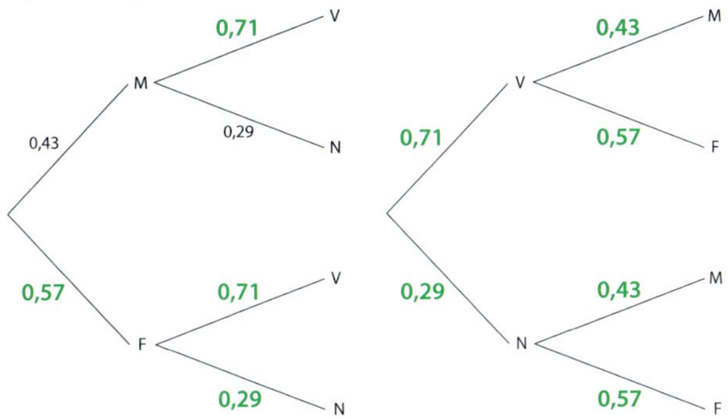

$P_A(B) = \frac{P(A \cap B)}{P(A)}$

c) Ordnen Sie die Wahrscheinlichkeiten den Brüchen zu.

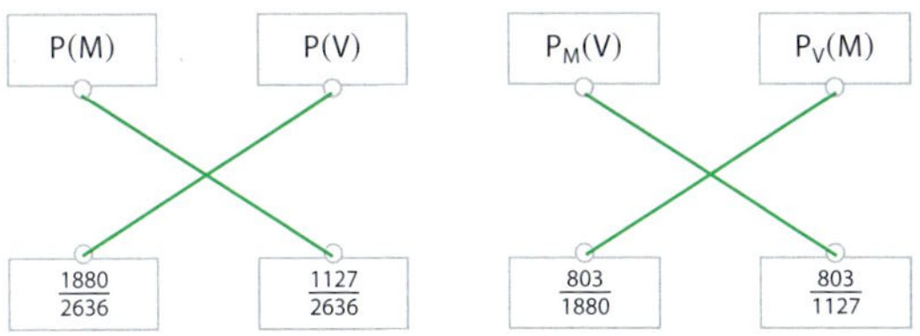

2 Erstellen Sie zum gegebenen Baumdiagramm eine Vierfeldertafel sowie ein umgekehrtes Baumdiagramm.

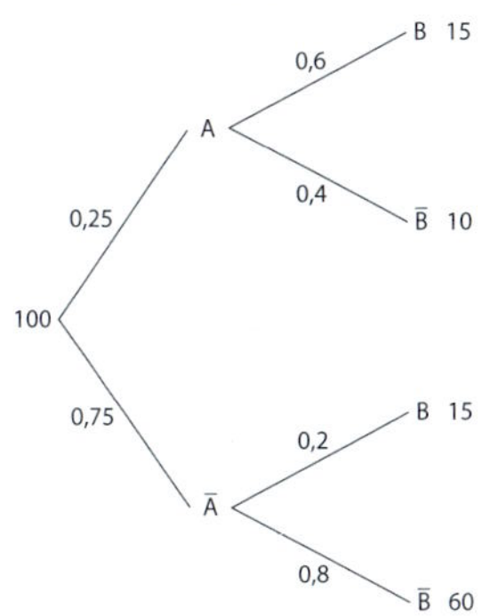

	A	Ā	Summe
B	15	15	30
B̄	10	60	70
Summe	25	75	100

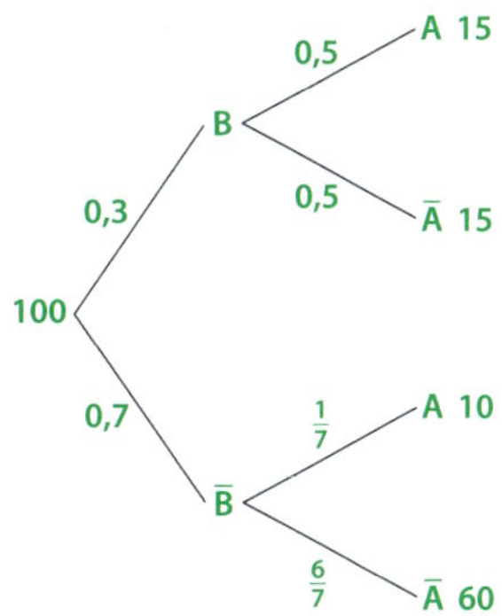

Aufbautraining

1 Am Ende eines Semesters stellen sich Studierende einer Technischen Hochschule den Prüfungen. Erfahrungsgemäß sind 25% aller Prüflinge ausländische Studierende. 84% aller Prüflinge bestehen die Prüfungen. 5% der Prüflinge sind ausländische Studierende, die die Prüfung nicht bestehen.

	A	Ā	Summe
B	0,2	0,64	0,84
B̄	0,05	0,11	0,16
Summe	0,25	0,75	1

a) Vervollständigen Sie die Vierfeldertafel.
A: ausländische Studierende; B: Prüfung bestanden
b) Kreuzen Sie richtige Antworten an, korrigieren Sie falsche Antworten.

Nr.	Aussage: Die Wahrscheinlichkeit, dass …	wahr?	Korrektur
1	… ein Prüfling kein ausländischer Studierender ist und die Prüfung besteht, ist $P(\bar{A} \cap B) = 0{,}64$.	x	
2	… ein Prüfling, der zu den ausländischen Studierenden gehört, bestanden hat, ist $P_A(B) = 0{,}8$.	x	
3	… ein ausländischer Prüfling zur Menge der Prüflinge gehört, die die Prüfung bestanden haben, ist $P_A(B) = 0{,}8$.		$P_B(A) = \frac{P(A \cap B)}{P(B)} \approx 0{,}24$

2 Bei Reisebussen wird regelmäßig der Zustand der Bereifung und der Beleuchtung kontrolliert. Bei einem bestimmten Hersteller sind Mängel an den Reifen bzw. an der Beleuchtung mit bestimmten Wahrscheinlichkeiten zu erwarten, die man der Vierfeldertafel entnehmen kann.

	R	R̄	Summe
B	0,88	0,04	0,92
B̄	0,05	0,03	0,08
Summe	0,93	0,07	1

R: Reifen in Ordnung
R̄: Reifen nicht in Ordnung
B: Beleuchtung in Ordnung
B̄: Beleuchtung nicht in Ordnung

a) Ergänzen Sie die fehlenden Wahrscheinlichkeiten in der Vierfeldertafel.
b) Ordnen Sie den folgenden Wahrscheinlichkeiten ihren richtigen Wert zu.

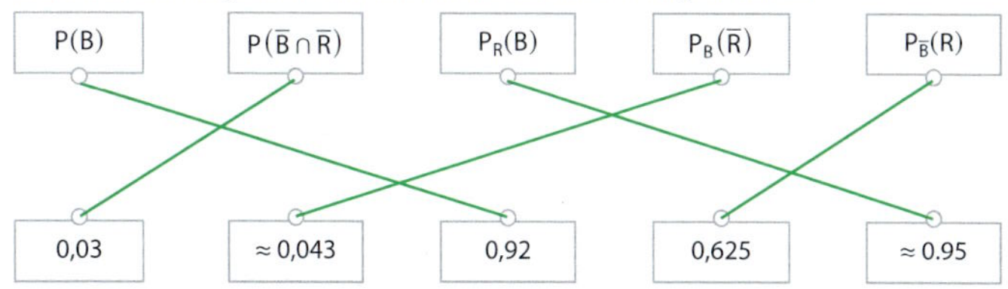

c) Formulieren Sie das zugehörige Ereignis im Sachzusammenhang mit Worten.
$P_R(B)$: **Die Beleuchtung ist bei allen Bussen mit ordentlichen Reifen in Ordnung.**

$P_{nB}(R)$: **Die Reifen sind in Ordnung bei den Bussen, die einen Mangel an der Beleuchtung haben.**

Unabhängigkeit

Grundlagentraining

1 Stochastische Unabhängigkeit und Abhängigkeit: In einer Schale liegen drei schwarze und zwei rote Kugeln.
Es wird zweimal genau eine Kugel zufällig gezogen.
Vervollständigen Sie zuerst das Baumdiagramm.
Ergänzen Sie danach für die Ereignisse A: „Schwarz im 1. Zug" und B: „Rot im 2. Zug" die Tabelle.

Hilfe: Zwei Ereignisse A und B heißen stochastisch unabhängig, wenn gilt: $P_A(B) = P(B)$.
Zwei Ereignisse A und B sind genau dann stochastisch unabhängig, wenn gilt: $P(A \cap B) = P(A) \cdot P(B)$.

a) Ziehen mit Zurücklegen

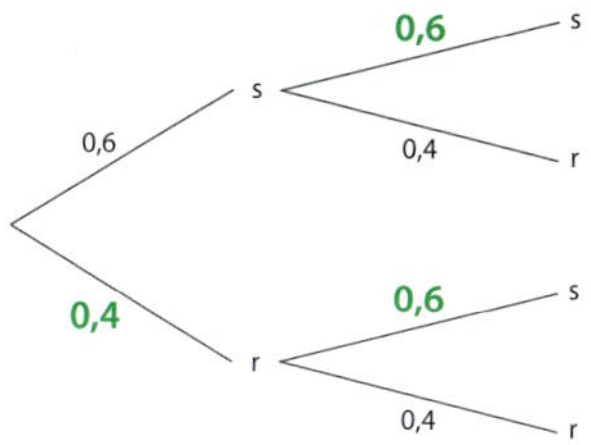

b) Ziehen ohne Zurücklegen

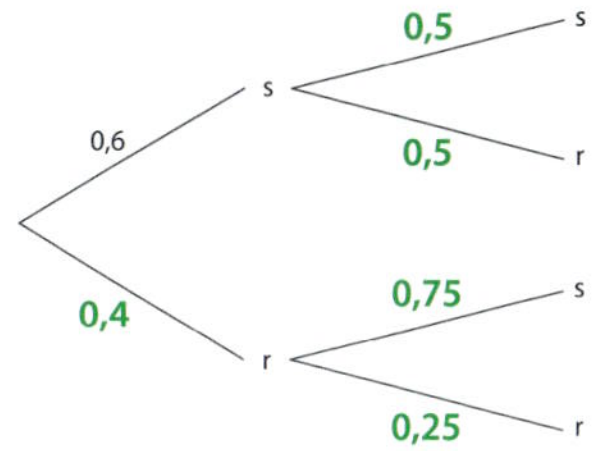

	Ziehen mit Zurücklegen
P(A)	**0,6 · 0,6 + 0,6 · 0,4 = 0,6**
P(B)	**0,6 · 0,4 + 0,4 · 0,4 = 0,4**
$P_A(B)$	**0,4**
$P(A \cap B)$	**0,6 · 0,4 = 0,24**

Beim Ziehen mit Zurücklegen sind die Ereignisse A und B stochastisch **unabhängig.**

	Ziehen ohne Zurücklegen
P(A)	**0,6 · 0,5 + 0,6 · 0,5 = 0,6**
P(B)	**0,6 · 0,5 + 0,4 · 0,25 = 0,4**
$P_A(B)$	**0,5**
$P(A \cap B)$	**0,6 · 0,5 = 0,3 ≠ 0,6 · 0,4**

Beim Ziehen mit Zurücklegen sind die Ereignisse A und B stochastisch **abhängig.**

2 Die Übersicht zeigt alle möglichen Ergebnisse beim Werfen zweier Spielwürfel.

a) Markieren Sie verschiedenfarbig alle Ergebnisse, die zu den Ereignissen
A: „Zwei gleiche Augenzahlen" bzw.
B: „Augensumme 6" gehören.

(1,1)**A**	(1,2)	(1,3)	(1,4)	(1,5)**B**	(1,6)
(2,1)	(2,2)**A**	(2,3)	(2,4)**B**	(2,5)	(2,6)
(3,1)	(3,2)	(3,3)**A, B**	(3,4)	(3,5)	(3,6)
(4,1)	(4,2)**B**	(4,3)	(4,4)**A**	(4,5)	(4,6)
(5,1)**B**	(5,2)	(5,3)	(5,4)	(5,5)**A**	(5,6)
(6,1)	(6,2)	(6,3)	(6,4)	(6,5)	(6,6)**A**

b) Berechnen Sie die Wahrscheinlichkeiten und schließen Sie daraus, ob A und B stochastisch unabhängig sind.

$P(A) = \frac{1}{6}$ $P(B) = \frac{5}{36}$

$P_A(B) = \frac{1}{6}$ $P(A \cap B) = \frac{1}{36}$

Schlussfolgerung: $P_A(B) \neq P(B)$ bzw. $P(A \cap B) \neq$ **P(A) · P(B)**, also sind A und B stochastisch **abhängig.**

c) Untersuchen Sie in analoger Weise das Ereignis A und das Ereignis C: „Die zweite gewürfelte Zahl ist eine Sechs."

$P(A) = \frac{1}{6}$ $P(C) = \frac{1}{6}$ $P_A(C) = \frac{1}{6}$ $P(A \cap C) = \frac{1}{36}$

Schlussfolgerung: $P_A(C) = P(C)$ bzw. $P(A \cap C) =$ **P(A) · P(C)**, also sind A und C stochastisch **unabhängig.**

3 Eintausend Personen wurden zufällig ausgewählt und auf zwei Merkmale untersucht. Die Ergebnisse sind in der Vierfeldertafel mit absoluten Häufigkeiten dargestellt.
A: „Die Person ist sportlich wenig aktiv."
B: „Die Person hat Normalgewicht."

	A	$\bar{A}$	
B	43	7	50
$\bar{B}$	814	136	950
	857	143	1000

a) Die relativen Häufigkeiten werden als Wahrscheinlichkeiten betrachtet.
Kreuzen Sie an, welche Ergebnisse richtig sind.

☐ $P_A(B) = \frac{43}{1000}$ ☐ $P_A(B) = \frac{43}{50}$ ☒ $P_A(B) = \frac{43}{857}$ ☒ $P_A(B) \approx 0{,}0502$

☐ $P(B) = \frac{857}{1000}$ ☐ $P(B) = \frac{43}{50}$ ☒ $P(B) = \frac{50}{1000}$ ☒ $P(B) = 0{,}05$

b) Begründen Sie, dass anhand der korrekten Werte für diesen Personenkreis A und B annähernd stochastisch unabhängig sind. Kreuzen Sie Zutreffendes an.

$P_A(B) = \frac{43}{857} \approx$ **0,0502** $P(B) = \frac{50}{1000} =$ **0,05**

Somit gilt: $P_A(B)$ und P(B) sind ... gleich groß. ☐ nicht ☒ annähernd ☐ genau

Aufbautraining

4 Auf Unabhängigkeit schließen: In der Urne A sind zwei rote und eine blaue Kugel, in der Urne B sind vier rote und zwei blaue Kugeln. Es wird zufällig eine der Urnen ausgewählt und auf gut Glück aus dieser eine Kugel gezogen.
Es werden folgende Ereignisse betrachtet.
C: „Es wurde Urne A gewählt."
D: „Es wurde eine rote Kugel gezogen."

a) Ergänzen Sie im Baumdiagramm und in der Vierfeldertafel die fehlenden Eintragungen.

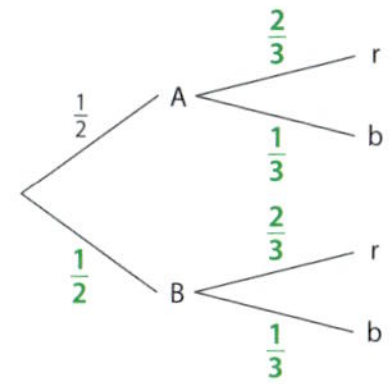

	A	B	
Rot	$\frac{1}{2} \cdot \frac{2}{3}$	$\frac{1}{2} \cdot \frac{2}{3}$	$\frac{2}{3}$
Blau	$\frac{1}{2} \cdot \frac{1}{3}$	$\frac{1}{2} \cdot \frac{1}{3}$	$\frac{1}{3}$
	$\frac{1}{2}$	$\frac{1}{2}$	1

C und D unabhängig
⇔
$P(C \cap D) = P(C) \cdot P(D)$

b) Ergänzen Sie zu wahren Aussagen.
Die Ereignisse C und D sind stochastisch unabhängig, denn es gilt nach den Pfadregeln $P(C \cap D) = \frac{1}{2} \cdot \frac{2}{3} = \frac{1}{3}$

sowie $P(C) = \frac{1}{2}$ und $P(D) = \frac{1}{2} \cdot \frac{2}{3} + \frac{1}{2} \cdot \frac{2}{3} = \frac{2}{3}$.

Damit gilt nach dem Multiplikationssatz $P(C) \cdot P(D) = \frac{1}{2} \cdot \frac{2}{3} = \frac{1}{3}$ $=$ **P(C ∩ D)**.

5 Unabhängigkeit voraussetzen: Der Nachweis eines Krankheitserregers in Blutproben eines Patienten soll in zwei voneinander unabhängigen Laboren erfolgen. Labor 1 liegt in 98 % aller Fälle mit der Diagnose richtig, bei Labor 2 sind es sogar 99 % richtige Diagnosen. Die Wahrscheinlichkeit einer Fehldiagnose sowohl durch Labor 1 als auch durch Labor 2 kann dann durch folgenden Rechenweg bestimmt werden.
Kommentieren Sie rechts die Lösungsschritte.

A: „Labor 1 liefert eine richtige Diagnose." mit P(A) = 0,98 — Festlegung **geeigneter Ereignisse**

B: „Labor 2 liefert eine richtige Diagnose." mit P(B) = 0,99 — anhand des Sachverhaltes

$P(\bar{A}) = 1 - 0{,}98 = 0{,}02$ und $P(\bar{B}) = 1 - 0{,}99 = 0{,}01$ — Wahrscheinlichkeit der **Gegenereignisse**

$P(\bar{A} \cap \bar{B}) = P(\bar{A}) \cdot P(\bar{B})$ — Voraussetzung: **Unabhängigkeit**

$P(\bar{A} \cap \bar{B}) = 0{,}02 \cdot 0{,}01 = 0{,}0002$

Das Risiko, dass sowohl Labor 1 als auch Labor 2 eine Fehldiagnose liefert, liegt bei **0,02 %.**

1 Eintausend zufällig ausgewählte berufstätige Einwohner einer Großstadt wurden befragt, ob sie öffentliche Verkehrsmittel (ÖPNV) oder einen PKW oder beides für den Weg zur Arbeit nutzen.

a) Vervollständigen Sie die Vierfeldertafel.

	ÖPNV	$\overline{\text{ÖPNV}}$	
PKW	54	6	60
$\overline{\text{PKW}}$	846	94	940
	900	100	1000

b) Ergänzen Sie die Wahrscheinlichkeiten der Ereignisse unter der Annahme, dass die Befragung repräsentativ ist.

Ereignis	Wahrscheinlichkeit
E_1: Ein Berufstätiger nutzt den PKW für den Weg zur Arbeit.	$P(E_1) = 0,06$
E_2: Ein Berufstätiger nutzt weder PKW noch ÖNPV für den Weg zur Arbeit.	$P(E_2) = 0,094$
E_3: Ein Berufstätiger, von dem man weiß, dass er den ÖPNV nutzt, gehört auch zu den PKW-Nutzern.	$P(E_3) = \frac{54}{900} = 0,06$
E_4: Ein Berufstätiger, von dem man weiß, dass er den PKW nutzt, gehört auch zu den ÖPNV-Nutzern.	$P(E_4) = \frac{54}{60} = 0,9$

c) Ergänzen Sie die Pfadwahrscheinlichkeiten an beiden Baumdiagrammen.

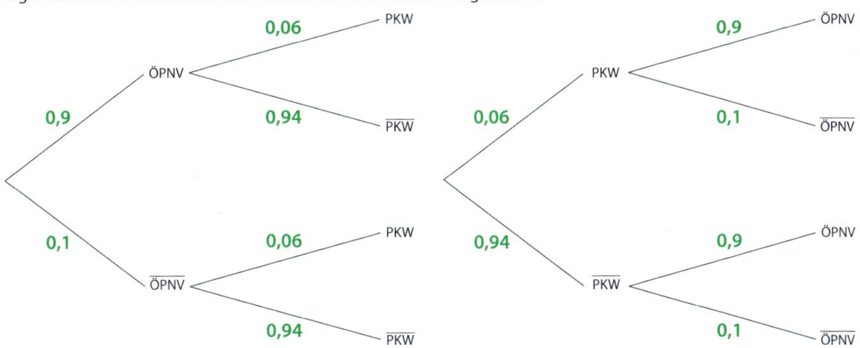

d) Geben Sie die bedingten Wahrscheinlichkeiten an.

$P_{ÖNPV}(PKW) = 0,06$ $\qquad P_{PKW}(\overline{ÖNPV}) = 0,1$ $\qquad P_{\overline{ÖNPV}}(\overline{PKW}) = 0,94$

e) Die Ereignisse ÖPNV und PKW sind stochastisch unabhängig. Geben Sie eine Begründung an.

$P(ÖPNV \cap PKW) = 0,054 = 0,9 \cdot 0,06 = P(ÖPNV) \cdot P(PKW)$

f) Ermitteln Sie die Wahrscheinlichkeit, dass der fünfte zufällig ausgewählte Befragte der erste ist, der sowohl den ÖPNV als auch den PKW für den Weg zur Arbeit nutzt.

$(1 - 0,54)^4 \cdot 0,54 \approx 0,0242$

2 Ein Ikosaederwürfel ist ein regelmäßiges Polyeder, bei dem die 20 zueinander kongruenten Seitenflächen mit den natürlichen Zahlen von 1 bis 20 beschriftet sind. Der Ikosaeder wird einmal geworfen.
Ermitteln Sie die Wahrscheinlichkeiten der Ereignisse A bis E.

A	Es wurde eine durch 3 teilbare Zahl geworfen.	$P(A) = \frac{6}{20} = \frac{3}{10}$
B	Es wurde eine durch 6 teilbare Zahl geworfen.	$P(B) = \frac{3}{20}$
C	Es wurde eine durch 6 teilbare Zahl geworfen, wenn man schon weiß, dass eine durch 3 teilbare Zahl geworfen wurde.	$P(C) = \frac{3}{6} = \frac{1}{2}$
D	Es wurde eine durch 6 teilbare Zahl geworfen, wenn man schon weiß, dass eine durch 3 oder durch 4 teilbare Zahl geworfen wurde.	$P(D) = \frac{3}{10}$
E	Es wurde eine durch 6 teilbare Zahl geworfen, wenn man schon weiß, dass eine durch 3 und durch 4 teilbare Zahl geworfen wurde.	$P(E) = 1$
F	Es wurde eine Primzahl geworfen.	$P(F) = \frac{8}{20} = \frac{2}{5}$
G	Es wurde eine gerade Zahl geworfen, wenn man schon weiß, dass eine Primzahl gefallen ist.	$P(G) = \frac{1}{8}$
H	Es wurde eine Zahl größer als 13 geworfen, wenn man schon weiß, dass eine Primzahl geworfen wurde.	$P(H) = \frac{1}{4}$

3 Betrachten Sie ein System aus zehn elektronischen Bauteilen, wenn diese in Reihe geschaltet sind und man voraussetzt, dass die Bauteile unabhängig voneinander funktionieren.

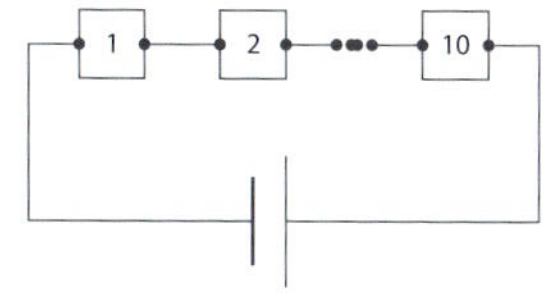

a) Mit welcher Wahrscheinlichkeit arbeitet ein solches System, wenn jedes Bauteil mit einer Zuverlässigkeit von 95% arbeitet?
Kreuzen Sie richtige Ergebnisse an.

☐ $0,05^{10}$ ☐ $1 - 0,05^{10}$ ☒ $(1 - 0,05)^{10}$ ☒ $\approx 60\%$

b) Wie groß muss die Zuverlässigkeit jedes der zehn Bauteile sein, damit ein solches System mit einer Wahrscheinlichkeit von mindestens 80% funktioniert?

Ansatz: $x^{10} \geq 0,80$ Umstellen: $x \geq \sqrt[10]{0,80}$ Ergebnis: $x \geq 0,978$

4 Aus einem Skatspiel mit 32 Karten werden nacheinander zwei Karten mit (ohne) Zurücklegen gezogen. Betrachten Sie das Ereignis, dass es sich bei den zwei gezogenen Karten um zwei der vier „Buben" handelt.

a) Ergänzen Sie die Übersicht rechts durch die Berechnung der Wahrscheinlichkeiten.

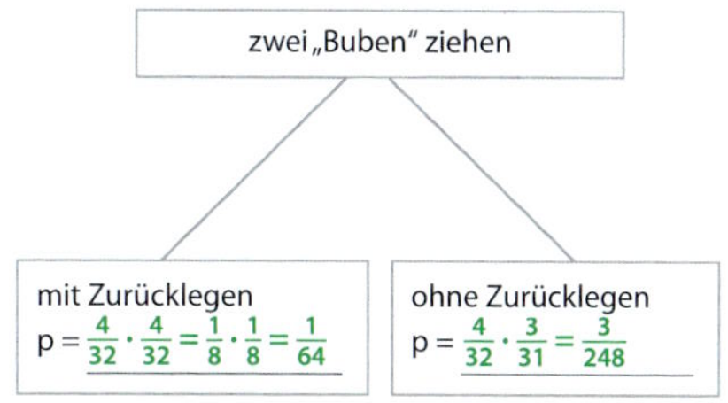

b) Erläutern Sie, bei welchem Vorgehen das Ergebnis „Bube im 2. Zug" unabhängig vom Ergebnis „Bube im 1. Zug" ist.

Beim Ziehen mit Zurücklegen ist das Ereignis „Bube im 2. Zug" unabhängig vom Ergebnis „Bube im 1. Zug", denn die Wahrscheinlichkeit des Ergebnisses beim zweiten Ziehen ändert sich nicht, wenn nach dem 1. Zug zurückgelegt wurde.

Basisaufgaben

1 ① (C) ② (D) ③ (A) ④ (B)

2 a) f: $m = 1$; g: $m = 0$ b) f: $m = -\frac{4}{3}$; g: $m = \frac{1}{2}$

3 a) $m = -9{,}76$ Mrd. TWh/Jahr
Zwischen 2010 und 2015 nahm der jährliche Verbrauch von Kernenergie in Deutschland im Mittel um 9,76 Mrd. TWh ab.

b) 1995 bis 2000: $m = 3{,}1$ Mrd. TWh/Jahr
2000 bis 2005: $m = -1{,}32$ Mrd. TWh/Jahr
2005 bis 2010: $m = -4{,}48$ Mrd. TWh/Jahr
2015 bis 2019: $m = -4{,}175$ Mrd. TWh/Jahr
Die stärkste Abnahme fand zwischen 2010 und 2015 statt, der stärkste (und einzige) Anstieg zwischen 1995 und 2000.

c) 2002 wurde in Deutschland erstmals der stufenweise Atomausstieg beschlossen, 2011 wurden nach der Nuklearkatastrophe von Fukushima gleich mehrere Atomkraftwerke abgeschaltet. Bis Ende 2022 sollten alle deutschen Atomkraftwerke abgeschaltet sein, dies wurde aufgrund der Folgen des russischen Angriffskriegs auf die Ukraine verschoben, Ziel war, dass Deutschland zumindest keine selbst erzeugte Kernenergie mehr verbrauchen könnte.

4 a) Nicht differenzierbar bei $x = 2$ und $x = 4$, da der Graph jeweils einen Knick hat.

b) Die Funktion kann an den Nahtstellen $x = 1$ und $x = 3$ differenzierbar sein, da der Graph dort keine Knicke hat.

c) Die Funktion kann bei $x = 0$ differenzierbar sein, nicht aber bei $x = 2$, denn bei $x = 2$ hat der Graph einen Knick, bei $x = 0$ dagegen nicht.

5 a)
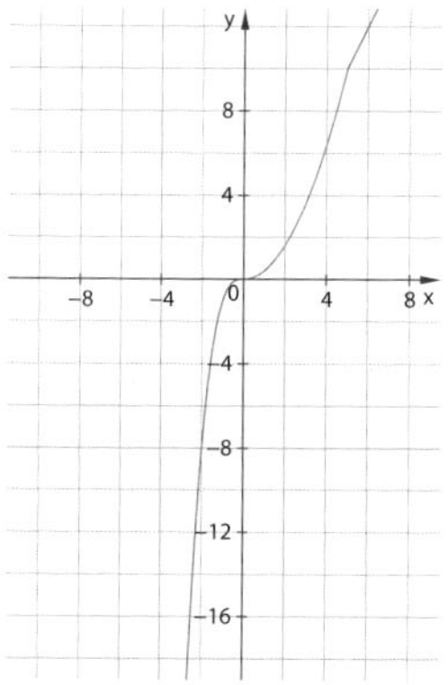

b)
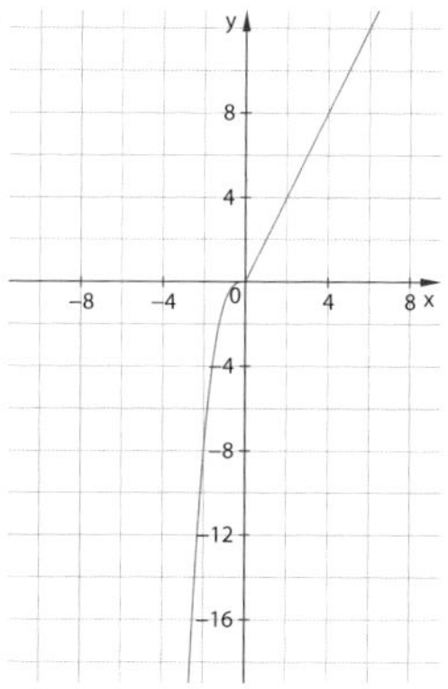

c)
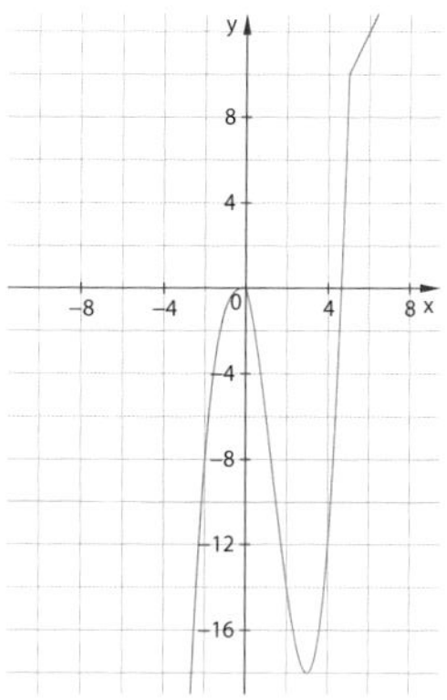

a) differenzierbar in $x = 0$ (kein Knick), nicht differenzierbar in $x = 5$ (Knick)
b) nicht differenzierbar in $x = 0$ (Knick), differenzierbar in $x = 5$ (kein Knick)
c) nicht differenzierbar in $x = 0$ und $x = 5$ (Knicke)

6 $v'(3) = 7{,}2$

7 a) $f'(x) = 4$ b) $f'(x) = -3$ c) $f'(x) = 14x$
d) $f'(x) = 4x - 3$ e) $f'(x) = -3x + 2$ f) $f'(x) = 3x^2 + 2x$

8 $f'(x) = 2x + 2$; $g'(x) = -4x + 3$, $f'(x) = g'(x)$ gilt für $x = \frac{1}{6}$, also haben die Graphen an der Stelle $x = \frac{1}{6}$ die gleiche Steigung.

9 a) $h'(x) = -x + 12$
$h'(x)$ gibt an, wie stark die Rakete in x Meter Entfernung vom Abschussort steigt.
b) $h'(8) = 4$: Also steigt die Rakete dort um 4 m.
c) Wegen $h(0) = 1{,}5$ beträgt die Abschusshöhe 1,5 m.
Der höchste Punkt liegt bei $x = 12$, also bei 12 m horizontaler Entfernung vom Abschussort (Scheitelpunkt der Parabel)
$h'(12) = 0$, denn im höchsten Punkt steigt die Rakete nicht mehr, sinkt aber auch noch nicht.

10 Die Funktion h kann nicht die Ableitungsfunktion von f sein, da sie z. B. für $x = -1{,}5$ einen positiven Funktionswert annimmt, obwohl f dort monoton fallend ist. Die Funktion g könnte die Ableitungsfunktion von f sein, da sie überall, wo f monoton fällt, negative Funktionswerte hat, und überall, wo f monoton steigt, positive Funktionswerte.

11 a) $f'(x) = 19x^{18}$ b) $f'(x) = 237x^{236}$ c) $g'(x) = 1423x^{1422}$
d) $f'(x) = (2k + 3)x^{2k+2}$ e) $s'(t) = 7nt^{7-1}$ f) $h'(t) = (6m - 5)t^{6m-6}$

12 a) $f(x) = \frac{1}{10}x^5$; $f'(x) = \frac{1}{2}x^4$ b) $f(x) = -\frac{4}{3}x^6$; $f'(x) = -8x^5$ c) $f(x) = 6x^4$; $f'(x) = 24x^3$
d) $f(x) = 8x^3$; $f'(x) = 24x^2$ e) $f(x) = \frac{5}{2}x^5$; $f'(x) = \frac{25}{2}x^4$ f) $f(x) = 6x^6$; $f'(x) = 36x^5$

13 a) $f(x) = 4x^2 + x^5$; $f'(x) = 8x + 5x^4$
b) $f(x) = x^3 - 3x^2 + x - 3$; $f'(x) = 3x^2 - 6x + 1$
c) $f(x) = x^6 - 4x^3 + 4$; $f'(x) = 6x^5 - 12x^2$
d) $f(x) = 2x^5 - 2x^3 + 4x^2 - 4$; $f'(x) = 10x^4 - 6x^2 + 8x$
e) $f(x) = -3x^7 + 12x^5 + 12x^4 - 12x^3 - 48x^2 + 48$; $f'(x) = -21x^6 + 60x^4 + 48x^3 - 36x^2 - 96x$
f) $f(x) = \frac{1}{4}x^{12} - \frac{3}{4}x^9 + \frac{3}{4}x^6 - \frac{1}{4}x^3$; $f'(x) = 3x^{11} - \frac{27}{4}x^8 + \frac{9}{2}x^5 - \frac{3}{4}x^2$

14 Tangente an der Stelle x_0 und ihre Schnittpunkte mit den Koordinatenachsen:
a) $t(x) = 73x - 250$, $S_x(3{,}42|0)$, $S_y(0|-250)$
b) $t(x) = -13x - 19$, $S_x(-1{,}46|0)$, $S_y(0|-19)$
c) $t(x) = 21x - 84$, $S_x(4|0)$, $S_y(0|-84)$
d) $t(x) = 20x - 35$, $S_x(1{,}75|0)$, $S_y(0|-35)$

15 a) $g(x) = 2x - 13$
b) $h(x) = 2x + 12{,}6$
h ist Tangente an den Graphen von f an der Stelle $x = -2$. Diese Tangente hat ebenfalls die Steigung 2.

16 a) $P(0|0)$; $Q\left(\frac{8}{3}\middle|-\frac{256}{135}\right)$
b) $g_1(x) = -x + \frac{2}{5}$ im Punkt $R\left(1\middle|-\frac{3}{5}\right)$ und $g_2(x) = -x + \frac{10}{27}$ im Punkt $S\left(\frac{5}{3}\middle|-\frac{35}{27}\right)$
c) $t(x) = \frac{11}{5}x + \frac{6}{5}$ im Punkt $B(-1|-1)$

17 a) $f'(x) = \frac{3}{4}x^2$; $m = 3$; $\alpha \approx 71{,}57°$ b) $f'(x) = -x + 1$; $m = -4$; $\alpha \approx -75{,}96°$
c) $f'(x) = 2x$; $m = -6$; $\alpha \approx -80{,}54°$ d) $f'(x) = \frac{1}{5}x^3 - \frac{1}{4}x^2 + \frac{1}{4}x$; $m = -3{,}1$; $\alpha \approx -72{,}12°$

Weiterführende Aufgaben

1 a) $g(x) = f'(a) \cdot x$ ist eine Gerade durch den Koordinatenursprung, die parallel zur Tangente an den Graphen von f an der Stelle $x = a$ verläuft. Wird sie in y-Richtung um $f(a)$ verschoben und um a in x-Richtung, so erhält man die Gerade t mit $t(x) = f'(a) \cdot (x - a) + f(a)$, t ist Tangente an f im Berührpunkt $B(a\,|\,f(a))$, denn $t(a) = f'(a) \cdot (a - a) + f(a) = f(a)$.

b) Es soll gelten, dass $a - 1$ Nullstelle der Tangente ist, also $t(a - 1) = 0$;
$t(a - 1) = f'(a) \cdot (a - 1 - a) + f(a) = -f'(a) + f(a) = 0$, d. h. der Funktionswert an der Stelle a ist identisch mit der Steigung an dieser Stelle.

2 a) Sekantensteigung im Intervall [a; b] ist $m_s = \frac{f(b) - f(a)}{b - a} = \frac{b^2 - a^2}{b - a} = \frac{(b - a)(b + a)}{b - a} = b + a$;
$f'(x) = 2x$; $f'(p) = m_s$, also $2p = b + a$, $p = \frac{b + a}{2}$: Die Stelle p liegt genau in der Mitte des Intervalls [a; b].

b) Beh.: $S(0\,|-a \cdot b)$ liegt auf der Sekante.
Beweis: Der Schnittpunkt der Sekante mit der y-Achse ist $S(0\,|\,d)$, die Sekante hat die Gleichung $s(x) = (a + b) \cdot x + d$ und an der Stelle b gilt:
$s(b) = (a + b) \cdot b + d = b^2 + ab + d$ sowie $s(b) = f(b) = b^2$.
Aus $b^2 + ab + d = b^2$ folgt $ab + d = 0$ bzw. $d = -a \cdot b$. q. e. d.

3 a) Die Funktion ist im gesamten Intervall [0; 2] definiert $\left(f(0) = \sqrt{0} = 0, f(2) = \sqrt{0} = 0\right)$. Für alle x mit $0 < x < 2$ hat die Steigung der Tangente eine reelle Zahl als Wert, aber an den Stellen $x = 0$ und $x = 2$ ist die Tangente eine Parallele zur y-Achse, der Differenzenquotient existiert nicht, daher ist die Funktion an den Intervallgrenzen nicht differenzierbar.

b) $g(x) = f(x + 1) = \sqrt{2 \cdot (x + 1) - (x + 1)^2} = \sqrt{2 \cdot x + 2 - x^2 - 2x - 1} = \sqrt{1 - x^2}$; wegen $g(-x) = \sqrt{1 - x^2} = g(x)$ ist der Graph von g symmetrisch zur y-Achse, folglich ist der Graph von f symmetrisch zur Geraden mit $x = 1$.

c) $f'\left(\frac{1}{5}\right) = \lim\limits_{x \to 0{,}2} \frac{f(x) - f(0{,}2)}{x - 0{,}2} = \lim\limits_{x \to 0{,}2} \frac{\sqrt{2x - x^2} - 0{,}6}{x - 0{,}2} = \frac{4}{3} = 1{,}\overline{3}$ und 100 % entspricht 1, $f'\left(\frac{1}{5}\right) > 1$.

d) An der Stelle $x = 1{,}8$ hat der zu $x = 1$ achsensymmetrische Halbkreis betragsmäßig die gleiche Steigung wie an der Stelle $x = 0{,}2$, nur das Vorzeichen ändert sich: $f'\left(\frac{9}{5}\right) = -\frac{4}{3}$.

4 Vorüberlegungen:
1. f ist auf ganz $\mathbb{R}$ definiert, also stetig, da $|x - 1| + |x| > 0$ für alle $x \in \mathbb{R}$ $(D = \mathbb{R})$.
2. Fallunterscheidung:
   - **a)** $x < 0$ und $x - 1 < 0$: $x < 0$ und $x < 1$: $x < 0$
   - **b)** $x > 0$ und $x - 1 > 0$: $x > 1$
   - **c)** $x > 0$ und $x - 1 < 0$: $0 \le x \le 1$
   - **d)** $x < 0$ und $x - 1 > 0$: $x < 0$ und $x > 1$: Widerspruch!
   - **e)** $f(x) = \begin{cases} \frac{(x-1)^2}{2x-1} & \text{für } x > 1 \\ (x-1)^2 & \text{für } 0 \le x \le 1 \\ \frac{(x-1)^2}{1-2x} & \text{für } x < 0 \end{cases}$ $\qquad f'(x) = \begin{cases} \frac{2(x-1)(2x-1) - 2(x-1)^2}{(2x-1)^2} & \text{für } x > 1 \\ 2(x-1) & \text{für } 0 \le x \le 1 \\ \frac{2(x-1)(1-2x) + 2(x-1)^2}{(1-2x)^2} & \text{für } x < 0 \end{cases}$

f ist in $x = 1$ differenzierbar, da $\lim\limits_{x \to 1} \frac{f(x) - f(1)}{x - 1} = 0$ gilt.

f ist in $x = 0$ nicht differenzierbar, da $\lim\limits_{x \to 0^+} \frac{f(x) - f(0)}{x - 0} = -2 \neq 0 = \lim\limits_{x \to 0^-} \frac{f(x) - f(0)}{x - 0}$ gilt.

5 Damit die Funktion an der Stelle 1 stetig ist, muss $b = a - 1$ gelten.
Für Differenzierbarkeit müssen die Ableitungen an der Stelle $a = 1$ übereinstimmen:
$\frac{1}{2 \cdot \sqrt{1}} = \frac{1}{2}$, $a - 2 \cdot b \cdot 1 = a - 2 \cdot (a - 1) = -a + 2 = \frac{1}{2}$, $a = \frac{3}{2}$

6 $f'(a) = \lim\limits_{x \to a} \frac{f(x) - f(a)}{x - a}$
$= \lim\limits_{x \to a} \frac{f(-a) - f(-x)}{x - a}$, da $f(-x) = -f(x)$
$= \lim\limits_{x \to -a} \frac{f(-a) - f(-x)}{-x - a}$, da $\lim\limits_{x \to a} g(x) = \lim\limits_{x \to -a} g(-x)$
$= \lim\limits_{x \to -a} \frac{f(x) - f(-a)}{x + a}$ (mit $\frac{-1}{-1} = 1$ multipliziert)
$= f'(-a)$

7 Die erste Winkelhalbierende ist $y = x$.
$f'_t(x) = 2x + 2t = 1 \Rightarrow x = \frac{1}{2} - t$
$f_t\left(\frac{1}{2} - t\right) = \left(\frac{1}{2} - t\right)^2 + 2t\left(\frac{1}{2} - t\right) + 2{,}25 = \frac{1}{2} - t$
$\Leftrightarrow \frac{1}{4} - t + t^2 + t - 2t^2 + 2{,}25 = \frac{1}{2} - t$
$\Leftrightarrow -t^2 + t + 2 = 0$
$\Rightarrow t = \frac{-1 \pm \sqrt{1 + 8}}{-2}$
$\Rightarrow t = -1$ (Berührpunkt $P(0{,}5\,|\,0{,}5)$) oder $t = 2$ (Berührpunkt $Q(-1{,}5\,|-1{,}5)$)

8 $f'_t(x) = 2x - t = -4 \Rightarrow x = \frac{t - 4}{2}$
$f_t\left(\frac{t-4}{2}\right) = \left(\frac{t-4}{2}\right)^2 - t \cdot \frac{t-4}{2} = -4\left(\frac{t-4}{2}\right) - 1$
$\Leftrightarrow \frac{t^2 - 8t + 16}{4} - \frac{t^2 - 4t}{2} = -2t + 8 - 1 \quad | \cdot 4$
$\Leftrightarrow t^2 - 8t + 16 - 2t^2 + 8t = -8t + 28 \quad | + 8t - 28$
$\Leftrightarrow -t^2 + 8t - 12 = 0$
$\Rightarrow t = \frac{-8 \pm \sqrt{64 - 48}}{-2}$
$\Rightarrow t = 2$ (x negativ) oder $t = 6$ (x positiv)

9

		(blau)	(rot)	(grün)	(orange)
		$g(x) = 1$	$h(x) = -x + 4$	$i(x) = 2x + 1$	$j(x) = -4x + 20$
a)	$f'(x) = \frac{1}{2}x$	–	Normale in $B(-2\,|\,6)$	–	–
b)	$f'(x) = \frac{1}{4}x - \frac{3}{4}$	–	–	–	Normale in $D(4\,|\,4)$
c)	$f'(x) = x + 1$	Tangente in $A(-1\,|\,1)$	–	Tangente in $C(1\,|\,3)$	–

10 a) $f'(x) = -\frac{1}{2}x \Rightarrow f'(2) = -1$
$n(x) = -\frac{1}{-1}(x - 2) + 6 = x + 4$

b) $f'(x) = x + 1 \Rightarrow f'(3) = 4$
$n(x) = -\frac{1}{4}(x - 3) + 9 = -\frac{1}{4}x + \frac{39}{4}$

c) $f'(x) = -\frac{1}{4}x - 1 \Rightarrow f'(-8) = 1$
$n(x) = -\frac{1}{1}(x + 8) - 3 = -x - 11$

Mittlere Änderung · Lokale Änderung

Grundlagentraining

1 Mittlere Änderungsrate: Ermitteln Sie zeichnerisch und rechnerisch die mittlere Änderungsrate m von f in den Intervallen.

Hilfe: Eine Gerade durch die Punkte A(a | f(a)) und B(b | f(b)) hat die Steigung $m = \frac{f(b)-f(a)}{(b-a)}$. Zeichnen Sie jeweils als Erstes die passende Sekante und ein Steigungsdreieck ein.

a) Intervall [−3; −2]
A(−3 | −2); B(−2 | 1) $m = \frac{1-(-2)}{-2-(-3)} = \frac{3}{1} = 3$

b) I = [−2; 2]
A(−2 | 1); B(2 | 4) $m = \frac{4-1}{2-(-2)} = \frac{3}{4} = 0{,}75$

c) I = [2; 6]
A(2 | 4); B(6 | 2) $m = \frac{2-4}{6-2} = \frac{-2}{4} = -0{,}5$

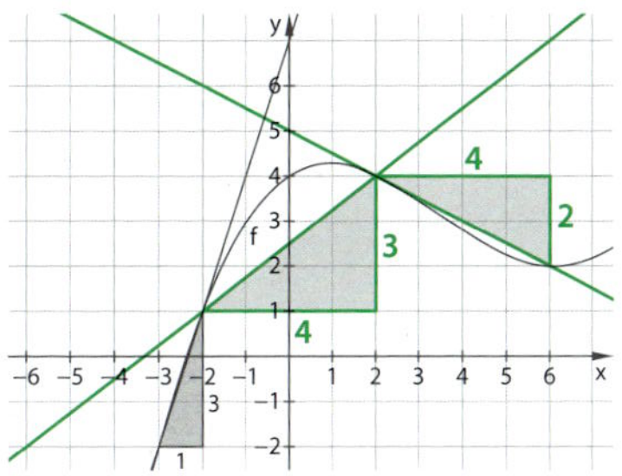

2 Berechnen Sie die mittlere Änderungsrate der Funktion f im Intervall [a; b] mit dem Differenzenquotienten $\frac{f(b)-f(a)}{(b-a)}$.

Hilfe: Berechnen Sie zuerst die y-Werte.

a) $f(x) = x^2 + 1$; I = [−2; 3] A(−2 | 5); B(3 | 10) $m = \frac{10-5}{3-(-2)} = \frac{5}{5} = 1$

b) $f(x) = 0{,}5\,x^2$; I = [−2; 3] A(−2 | 2); B(3 | 4,5) $m = \frac{4-2}{3-(-2)} = \frac{2{,}5}{5} = 0{,}5$

c) $f(x) = \sqrt{2^x}$; I = [−2; 4] P_1(−2 | 0,5); P_2(4 | 4) $m = \frac{4-0{,}5}{4-(-2)} = \frac{3{,}5}{6} = \frac{7}{12} \approx 0{,}58$

3 Die Grafik zeigt die Entwicklung der Geburten in Deutschland. Ergänzen Sie in den Tabellen die mittleren Änderungsraten der Geburten. Runden Sie auf Tausender.
Zusatzaufgabe: Veranschaulichen Sie Ihre Tabellen grafisch. Was fällt auf?

individuelle Lösung

Hinweis: Durch die Ungenauigkeit beim Ablesen können sich andere Werte ergeben, aber die Größenordnung und besonders das Vorzeichen müssen übereinstimmen.

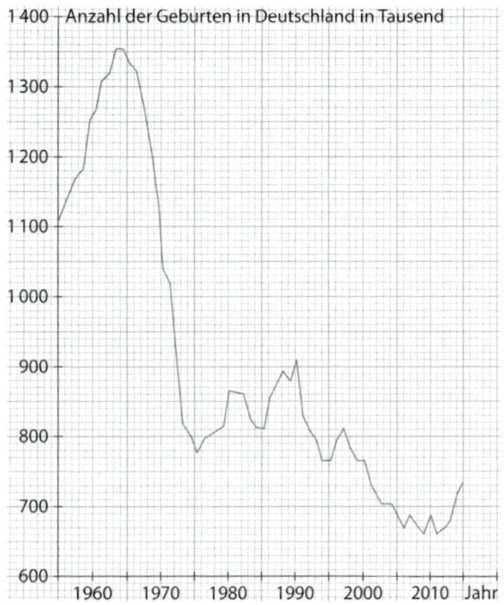

Zeitraum	1960 bis 1969	1970 bis 1979	1980 bis 1989	1990 bis 1999	2000 bis 2009
mittlere Änderungsrate	−10 000	−30 000	1 600	−16 100	−11 600

Zeitraum	1965 bis 1974	1975 bis 1984	1985 bis 1994	1995 bis 2004	2005 bis 2014
mittlere Änderungsrate	−58 800	2 700	−5 000	−6 600	3 300

4 Lokale Änderungsrate: Geben Sie näherungsweise die Ableitung der Funktion f an der Stelle x_0 an.

Hilfe: Die lokale Änderungsrate von f an der Stelle x_0 nennt man Ableitung $f'(x_0)$. Ergänzen Sie jeweils möglichst exakt die Tangente an der Stelle x_0 und geben Sie deren Steigung an.

a) $x_0 = 0$ A(0 | −4); B(4 | 0) $f'(0) = m = \frac{0-(-4)}{4-0} = \frac{4}{4} = 1$

b) $x_0 = 6$ A(6 | 4); B(10 | 8) $f'(6) = m = \frac{8-4}{10-6} = \frac{4}{4} = 1$

c) $x_0 = -6$ A(−6 | 0); B(−4 | −6) $f'(-6) = m = \frac{-6-0}{-4-(-6)} = \frac{-6}{2} = -3$

d) $x_0 = -2$ $A\left(-2 \mid -\frac{140}{27}\right)$; $B\left(0 \mid -\frac{134}{27}\right)$ $f'(-2) = m = \frac{1}{9}$

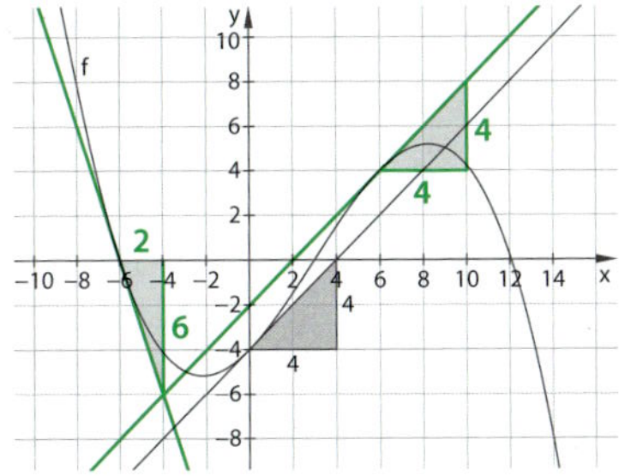

Aufbautraining

5 Es wird die Steigung des Graphen betrachtet.

a) Ergänzen Sie die passenden Punkte.

Die Steigung ist null in den Punkten C und E.

Die Steigung ist positiv in den Punkten B und D.

Die Steigung ist negativ in den Punkten A und F.

b) Ordnen Sie die Punkte nach der Steigung.
Beginnen Sie mit dem Punkt mit der geringsten Steigung.

A; F; C; E; B; D

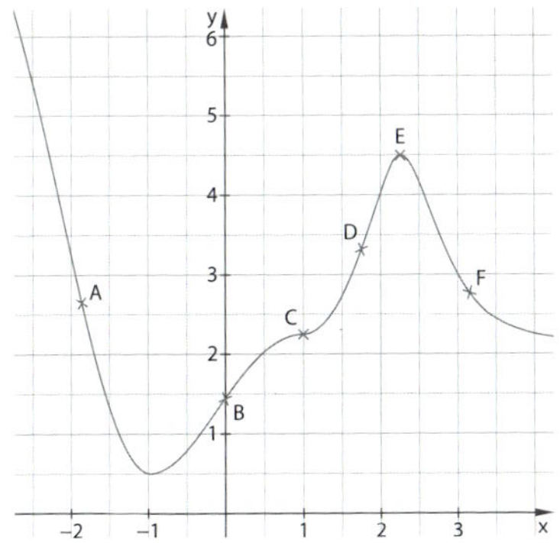

6 Bestimmen Sie näherungsweise die Ableitung der Funktion an der Stelle x_0.

a) $f(x) = x^2$; $x_0 = 3$ Vermutlich ist f′(3) = 6.

x	f(x)	$\frac{f(x)-f(x_0)}{x-x_0}$
3,1	9,61	$\frac{9{,}61-9}{3{,}1-3} \approx 6{,}1$
3,01	9,0601	$\frac{9{,}0601-9}{3{,}01-3} = 6{,}01$
3,001	9,006001	$\frac{9{,}006001-9}{3{,}001-3} \approx 6{,}001$
3,00001	9,00006	$\frac{9{,}00006-9}{3{,}00001-3} = 6{,}00001$

b) $f(x) = x^4$; $x_0 = 2$ Vermutlich ist f′(2) = 32.

x	f(x)	$\frac{f(x)-f(x_0)}{x-x_0}$
2,1	19,4481	$\frac{19{,}4481-16}{2{,}1-2} \approx 34{,}481$
2,01	16,322408	$\frac{16{,}322408-16}{2{,}01-2} \approx 32{,}24$
2,001	16,032024	$\frac{16{,}032024-16}{2{,}001-2} \approx 32{,}024$
2,0001	16,00320024	$\frac{16{,}00320024-16}{2{,}0001-2} \approx 32{,}0024$

7 Kreuzen Sie an, welcher der Werte am ehesten dem Wert der 1. Ableitung der Funktion f an der Stelle x_0 entspricht.

Hilfe: Rechnen Sie wie in der Tabelle bei Aufgabe 6.

a)	$f(x) = x^3$;	$x_0 = 2$	☐ f′(2) = 0	☐ f′(2) = 1	☒ f′(2) = 12	☐ f′(2) = −20
b)	$f(x) = 0{,}02x^5$;	$x_0 = 5$	☐ f′(5) = 0	☒ f′(5) = 62,5	☐ f′(5) = 1	☐ f′(5) = −1
c)	$f(x) = \frac{2}{5}x^3$;	$x_0 = \frac{1}{2}$	☐ $f'\left(\frac{1}{2}\right) = 0$	☒ $f'\left(\frac{1}{2}\right) = 0{,}3$	☐ $f'\left(\frac{1}{2}\right) = 0{,}03\ldots$	☒ $f'\left(\frac{1}{2}\right) = \frac{3}{10}$
d)	$f(x) = x^3 - 2x^2$	$x_0 = 1$	☒ f′(1) = −1	☐ f′(1) = 0	☐ f′(1) = 1	☐ f′(1) = 2

Grundlagentraining

1 Ergänzen Sie die Anwendungen zum Begriff **1. Ableitung einer Funktion f an einer Stelle x_0**.

Hilfe: $f'(x_0) = \lim\limits_{h \to 0} \frac{f(x_0 + h) - f(x_0)}{h}$

a) Wenn sich der Differenzenquotient $\frac{f(x_0) - f(x)}{x_0 - x}$ einer Funktion f bei Annäherung an die Stelle x_0 von links oder rechts **immer ein und demselben Wert annähert, so gibt dieser Wert** die 1. Ableitung $f'(x_0)$ der Funktion f an der Stelle x_0 an.

b) Ist f(t) die Weg-Zeit-Funktion der geradlinigen Bewegung eines Massepunktes, dann gibt $f'(t_0)$ **die Momentangeschwindigkeit des Massepunktes zum Zeitpunkt t_0** an.

c) Die 1. Ableitung einer Funktion f an einer Stelle x_0 gibt die Steigung **der Tangente an den Graphen der Funktion f an der Stelle x_0** an.

d) Beschreibt die Funktion f das Wachstum einer Bakterienkultur in Abhängigkeit von der Zeit x, so gibt $f'(x_0)$ die **momentane** Wachstumsrate **zum Zeitpunkt x_0** an.

2 Behauptung: Die Funktion $f(x) = |x - 1|$ ist an der Stelle $x_0 = 1$ nicht differenzierbar.

a) Zeichnen Sie den Graphen der Funktion f mindestens im Intervall $-2 \le x \le 3$.

b) Beschreiben Sie mit Worten, woran man anhand des Graphen einer Funktion erkennen kann, ob die Funktion an einer Stelle nicht differenzierbar ist.

c) Füllen Sie die Lücken im rechnerischen Nachweis der Behauptung.

$|a| = \begin{cases} a; a \ge 0 \\ -a; a < 0 \end{cases}$

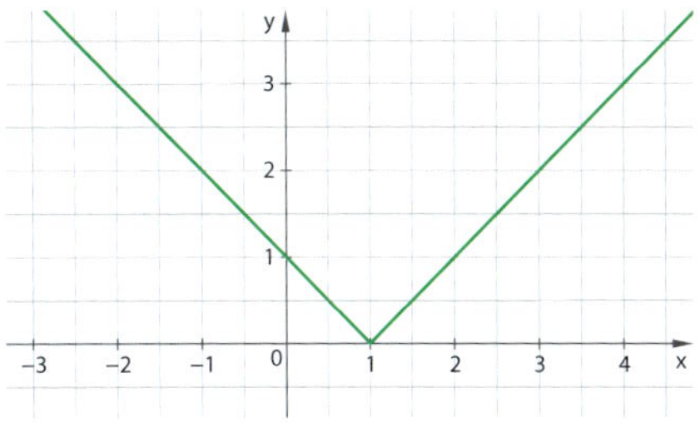

Beschreibung: **Wenn der Graph einer Funktion f an einer Stelle einen Knick aufweist, dann ist f an dieser Stelle nicht differenzierbar, weil dort eine Tangente an den Graphen nicht eindeutig bestimmt ist.**

Annäherung an die Stelle $x_0 = 1$ von rechts: $\lim\limits_{\substack{h \to 0 \\ h>0}} \frac{|1+h-1| - |1-1|}{h} = \lim\limits_{\substack{h \to 0 \\ h>0}} \frac{|h|}{h} = \lim\limits_{\substack{h \to 0 \\ h>0}} \frac{h}{h} = 1$

Annäherung an die Stelle $x_0 = 1$ von links: $\lim\limits_{\substack{h \to 0 \\ h<0}} \frac{|1+h-1| - |1-1|}{h} = \lim\limits_{\substack{h \to 0 \\ h<0}} \frac{|h|}{h} = \lim\limits_{\substack{h \to 0 \\ h<0}} \frac{-h}{h} = -1 \neq 1$

3 Behauptung: Die Funktion $f(x) = \begin{cases} x^2; x \le 2 \\ 4; x > 2 \end{cases}$ ist an der Stelle $x_0 = 2$ nicht differenzierbar.

a) Zeichnen Sie den Graphen der Funktion f mindestens im Intervall $-2 \le x \le 4$.

b) Führen Sie einen rechnerischen Nachweis der Behauptung.

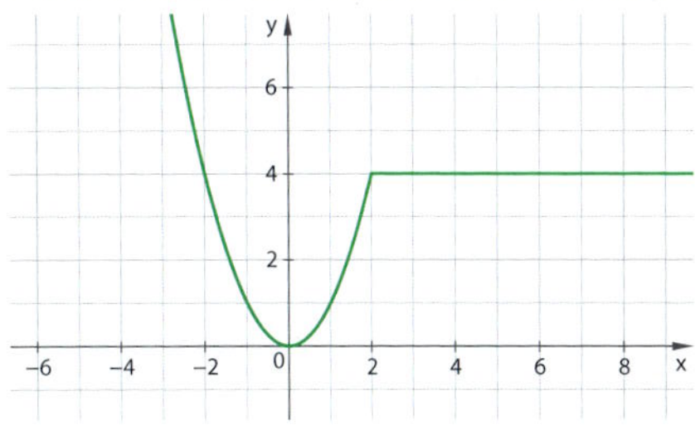

$\lim\limits_{\substack{h \to 0 \\ h<0}} \frac{(2+h)^2 - 2^2}{h} = \lim\limits_{\substack{h \to 0 \\ h<0}} \frac{4h + h^2}{h} = \lim\limits_{\substack{h \to 0 \\ h<0}} (4 + h) = 4$

$\lim\limits_{\substack{h \to 0 \\ h>0}} \frac{4-4}{h} = \lim\limits_{\substack{h \to 0 \\ h>0}} \frac{0}{h} = 0 \neq 4$

Der links- und rechtsseitige Grenzwert stimmen nicht überein: Die Behauptung gilt.

Aufbautraining

4 Die Funktion $h(x) = \frac{1}{2}x^2$ ist an jeder Stelle x differenzierbar, die Funktion $g(x) = |x|$ ist an der Stelle $x_0 = 0$ nicht differenzierbar.

a) Ordnen Sie die Funktionen f_1, f_2 und f_3 durch Verbindungslinien den Graphen zu.

$f_1(x) = h(x) \cdot g(x)$ $f_2(x) = h(x) + g(x)$ $f_3(x) = h(x) - g(x)$

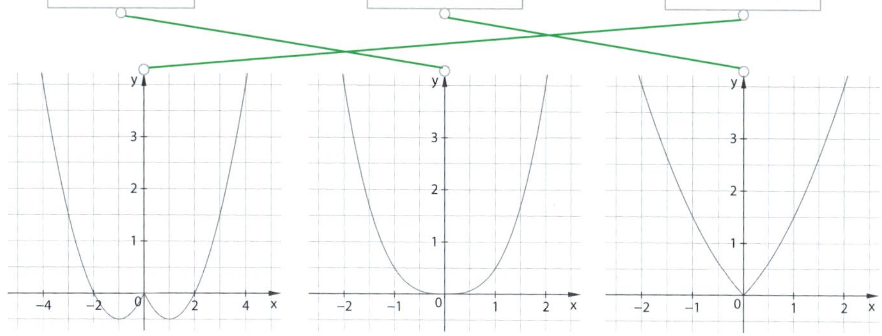

b) Entscheiden Sie, ob f_1, f_2 und f_3 an der Stelle $x_0 = 0$ differenzierbar sind. Geben Sie den Wert der 1. Ableitung an, falls die Funktion dort differenzierbar ist.

An der Stelle $x_0 = 0$ nicht differenzierbar sind f_2 und f_3, hingegen ist f_1 dort differenzierbar und hat die Ableitung $f_1'(0) = 0$.

c) Behauptung: f_4 mit $f_4(x) = \frac{h(x)}{g(x)}$ ist an der Stelle $x_0 = 0$ weder differenzierbar noch stetig. Ergänzen Sie die Begründung dieser Behauptung.

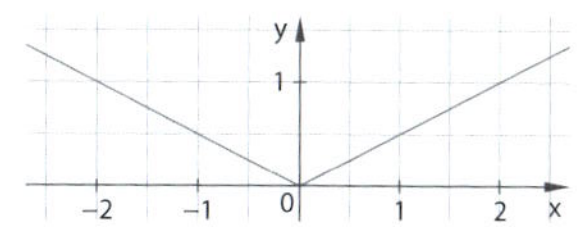

Begründung: $f_4(x) = \frac{\frac{1}{2}x^2}{|x|} = \frac{\frac{1}{2} \cdot |x| \cdot |x|}{|x|} = \frac{1}{2} \cdot |x|$ mit $x \neq 0$. Wegen **der (hebbaren) Definitionslücke** bei $x = 0$ ist f_4 mit $f_4(x) = \frac{h(x)}{g(x)}$ nicht stetig.

Annäherung an die Stelle $x_0 = 0$ von rechts: $\lim\limits_{\substack{h \to 0 \\ h>0}} \frac{\frac{1}{2} \cdot |0 + h| - \frac{1}{2} \cdot |0|}{h} = \lim\limits_{\substack{h \to 0 \\ h>0}} \frac{1}{2} \cdot \frac{|h|}{h} = \lim\limits_{\substack{h \to 0 \\ h>0}} \frac{1}{2} \cdot \frac{h}{h} = \frac{1}{2}$

und von links: $\lim\limits_{\substack{h \to 0 \\ h<0}} \frac{\frac{1}{2} \cdot |0 + h| - \frac{1}{2} \cdot |0|}{h} = \lim\limits_{\substack{h \to 0 \\ h<0}} \frac{1}{2} \cdot \frac{|h|}{h} = \lim\limits_{\substack{h \to 0 \\ h<0}} \frac{1}{2} \cdot \frac{-h}{h} = -\frac{1}{2} \neq \frac{1}{2}$

Der linksseitige Grenzwert des Differenzenquotienten an der Stelle $x_0 = 0$ und der rechtsseitige Grenzwert sind **nicht gleich**, deshalb ist $f_4(x)$ hier nicht differenzierbar.

5 Mit einer Mathematiksoftware wurde die 1. Ableitung von f mit $f(x) = x$ und $0 \le x \le 4$ berechnet. Kreuzen Sie an, wer recht hat.

f(x):=x|0≤x≤4	Fertig
$\frac{d}{dx}(f(x))$	{1,0<x<4

☐ Andrea: Die Software macht einen Fehler, denn die 1. Ableitung wird nur für das Intervall $0 < x < 4$ angegeben, aber f(x) ist definiert für $0 \le x \le 4$.

☒ Bea: Die Software macht keinen Fehler, denn an den Intervallgrenzen lassen sich nur einseitige Grenzwerte des Differenzenquotienten berechnen. Damit existiert die 1. Ableitung weder für $x = 0$ noch für $x = 4$ im definierten Sinne.

Grundlagentraining

1 Ableitung an einer Stelle: Berechnen Sie die 1. Ableitung der Funktion f an der Stelle x_0 als Grenzwert des Differenzenquotienten.

$f'(x) = \lim\limits_{h \to 0} \frac{f(x) - f(x_0)}{x - x_0} = \lim\limits_{h \to 0} \frac{f(x_0 + h) - f(x_0)}{h}$

a) $f(x) = 0{,}25x^2;\ x_0 = 2$

1. Einsetzen von x_0 in den Differenzenquotienten mit h

$\frac{f(x_0+h) - f(x_0)}{h}$

$= \frac{0{,}25(2+h)^2 - (0{,}25 \cdot 2^2)}{h}$

2. Umformen mit dem Ziel, h aus dem Nenner zu kürzen

$= \frac{0{,}25(4 + 4h + h^2) - 1}{h} = \frac{1 + h + 0{,}25h^2 - 1}{h}$

$= \frac{h + 0{,}25h^2}{h} = \frac{h(1 + 0{,}25h)}{h} = 1 + 0{,}25h$

3. Ermitteln des Grenzwerts für $h \to 0$

$f'(2) = \lim\limits_{h \to 0}(1 + 0{,}25h) = 1$

b) $f(x) = 0{,}5x^2 - 1;\ x_0 = -1$

$\frac{f(x_0+h) - f(x_0)}{h}$

$= \frac{0{,}5(-1+h)^2 - 1 - (0{,}5 \cdot (-1)^2 - 1)}{h}$

$= \frac{0{,}5(1 - 2h + h^2) - 1 - (-0{,}5)}{h} = \frac{0{,}5 - h + 0{,}5h^2 - 1 + 0{,}5}{h}$

$= \frac{-h + 0{,}5h^2}{h} = \frac{h(-1 + 0{,}5h)}{h} = -1 + 0{,}5h$

$f'(1) = \lim\limits_{h \to 0}(-1 + 0{,}5h) = -1$

2 Ergänzen Sie die Tabelle.

Funktion f und Stelle x_0	Differenzenquotient mit h als einziger Variable	Limes für h gegen 0
$f(x) = 5x^2;\ x_0 = 3$	$\frac{5(3+h)^2 - (5 \cdot 3^2)}{h}$	$f'(3) = \lim\limits_{h \to 0}(30 + 5h) = 30$
$f(x) = 4x^2 - 6;\ x_0 = 5$	$\frac{4(5+h)^2 - 6 - ((4 \cdot 5^2) - 6)}{h}$	$f'(5) = \lim\limits_{h \to 0}(40 + 4h) = 40$
$f(x) = (x-1)^3 \quad x_0 = 1$	$\frac{((1+h)-1)^3 - (1-1)^3}{h}$	$f'(1) = \lim\limits_{h \to 0}(h^2) = 0$

Zusatzaufgabe: Formen Sie den Differenzenquotienten so um, dass h nicht im Nenner steht. **individuelle Lösung**

3 Ableitungsfunktionen und Ableitungen an der Stelle x: Tragen Sie die gegebenen Ableitungsfunktionen und Ableitungen an der Stelle x ein. Rechnen Sie, wenn nötig, auf einem zusätzlichen Blatt Papier.

$f'(x) = 2x$ | $f'(x) = 2x + 2$ | $f'(x) = -14x - 2$ | $f'(x) = 14x$ | $f'(-1) = 12$ | $f'(x) = -2x - 2$

$f'(2) = 6$ | $f'(x) = -2x + 2$ | $f'(6) = 12$ | $f'(10) = -18$ | $f'(0{,}5) = 7$ | $f'(2) = -6$

Funktion f	Ableitungsfunktion f′	Ableitung an der Stelle x
$f(x) = x^2$	$f'(x) = 2x$	$f'(6) = 12$
$f(x) = 7x^2$	$f'(x) = 14x$	$f'(0{,}5) = 7$
$f(x) = x^2 + 5$	$f'(x) = 2x$	$f'(6) = 12$
$f(x) = x^2 + 2x$	$f'(x) = 2x + 2$	$f'(2) = 6$
$f(x) = -x^2 + 2x$	$f'(x) = -2x + 2$	$f'(10) = -18$
$f(x) = -x^2 + 2x - 7$	$f'(x) = -2x + 2$	$f'(10) = -18$
$f(x) = -x^2 - 2x - 0{,}75$	$f'(x) = -2x - 2$	$f'(2) = -6$
$f(x) = -7x^2 - 2x - 4$	$f'(x) = -14x - 2$	$f'(-1) = 12$

4 Ableitungsfunktion: Betrachten Sie den Graphen von f mit $f(x) = x^3 - 6x^2 + 9x$ im Intervall $-0{,}1 < x < 4$.

Hilfe: Der Funktionswert der Ableitungsfunktion f′ an der Stelle x entspricht der Steigung von f an dieser Stelle.

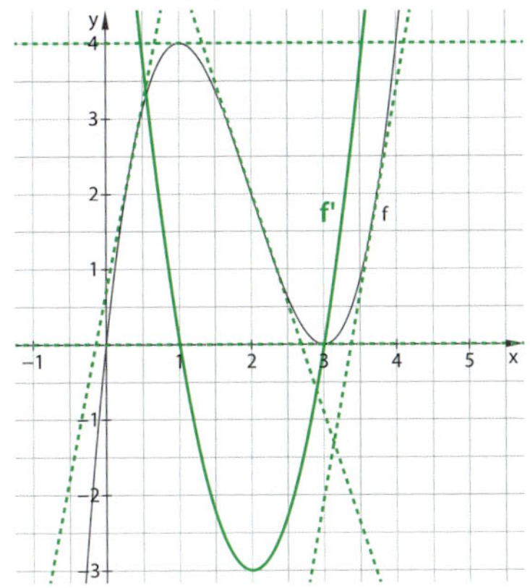

a) Ergänzen Sie die Zahlen und skizzieren Sie passende Tangenten am Graphen f.

① zur x-Achse parallele Tangenten

$f'(1) = 0$ $f'(3) = 0$

Hochpunkt **Tiefpunkt**

② Tangenten mit positiver Steigung

$f'(x) > 0$ für $-0{,}1 < x < 1$ und $3 < x < 4$

③ Tangenten mit negativer Steigung

$f'(x) < 0$ für $1 < x < 3$

b) Skizzieren Sie die Ableitungsfunktion f′ mit $f'(x) = 3(x-2)^2 - 3$ mit $S(2|-3)$. Nutzen Sie Ihre Ergänzungen bei Teilaufgabe a.

5 In dem Koordinatensystem ist der Graph einer Funktion f abgebildet.

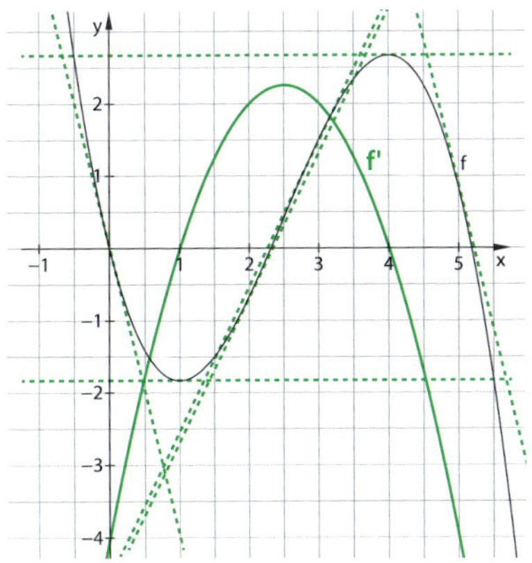

a) Ergänzen Sie ganze Zahlen in der Tabelle.

Hilfe: Zeichnen Sie passende Tangenten an den Graphen von f.

x	0	1	2	3	4	5
f′(x)	−4	0	2	2	0	−4

b) Geben Sie passende Teilintervalle für den Graphen im Intervall $0 < x < 5$ an.

$f'(x) > 0$ für $1 < x < 4$

$f'(x) < 0$ für $0 < x < 1$ und $4 < x < 5$

c) Skizzieren Sie den Graphen der Ableitungsfunktion f′ im Intervall $0 < x < 5$.

6 Eigenschaften einer Funktion und ihrer Ableitungsfunktion: Verbinden Sie zusammenpassende Paare mit Linien.

Der Graph von f …	Der Graph von f′ …
ist fallend (Steigung m mit m ≤ 0)	schneidet die x-Achse
parallel zur x-Achse	verläuft unterhalb der x-Achse
fällt am steilsten ab	verläuft entlang der x-Achse
ist steigend (Steigung m mit m ≥ 0)	hat einen Hochpunkt
hat einen Extrempunkt	verläuft oberhalb der x-Achse
ist eine Gerade	hat einen Tiefpunkt
steigt am steilsten an	ist parallel zur x-Achse

Aufbautraining

7 Der Graph der Funktion f stellt die Fahrt einer S-Bahn zwischen den Haltestellen „H_1" und „H_2" dar.

a) Ergänzen Sie die Sätze zu wahren Aussagen.

① Die Steigung der Sekante s entspricht der **Durchschnittsgeschwindigkeit im Intervall [0; 1,25].**

② Die Steigung der Tangente t entspricht der **Momentangeschwindigkeit zum Zeitpunkt t = 0,625.**

b) Berechnen Sie mithilfe der Graphik die Durchschnittsgeschwindigkeit $\overline{v}$ der S-Bahn zwischen den Haltestellen H_1 und H_2 sowie die Momentangeschwindigkeit v(0,5).

$\overline{v} = \frac{1125\,m}{1{,}25\,min} = 900\,\frac{m}{min} = 54\,\frac{km}{h}$

$v(0{,}625) \approx \frac{562{,}5\,m}{0{,}375\,min} = 1500\,\frac{m}{min} = 90\,\frac{km}{h}$

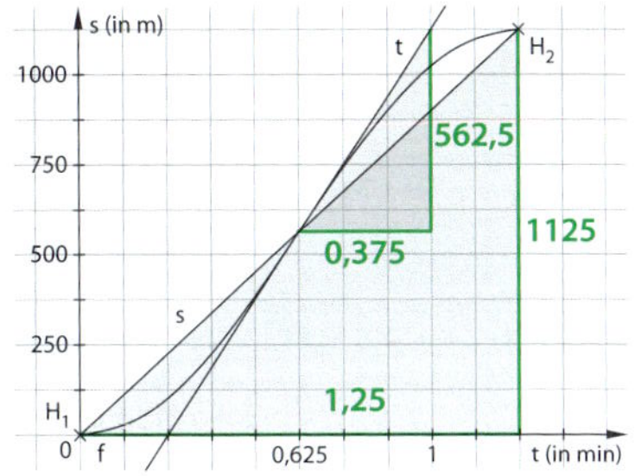

8 Paula erfasste alle fünf Minuten die Temperatur des beim Mittagessen übrig gebliebenen Eintopfs.

Zeit in min	0	5	10	15	20	25	30	35	40	45
Temperatur in °C	45	41	37,6	34,8	32,4	30,4	28,7	27,3	26,2	25,2

a) Veranschaulichen Sie die Temperaturen im Koordinatensystem.

b) Geben Sie die kleinste und die größte mittlere Änderungsrate der Temperatur in den betrachteten 5-Minuten-Intervallen an. Was fällt Ihnen auf?

größte mittlere Änderungsrate: $\frac{41-45}{5-0} = -0{,}8$

kleinste mittlere Änderungsrate: $\frac{25{,}2-26{,}2}{45-40} = -0{,}2$

Die Beträge der Änderungsraten werden mit der Zeit geringer.

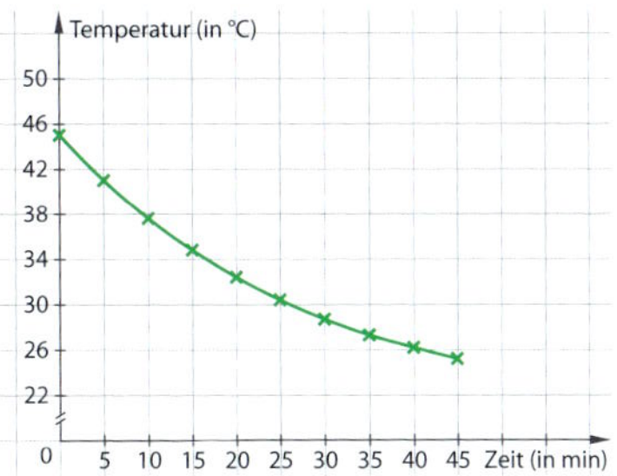

9 Die Abbildung zeigt den Pegelverlauf der Ems bei Rheine.

a) Berechnen Sie die mittlere Änderungsrate pro Tag vom 10. bis 18. 12. 2017. Runden Sie sinnvoll.

$\frac{570-320}{18-10} \approx 30$ **Um ca. 30 cm stieg das Wasser pro Tag.**

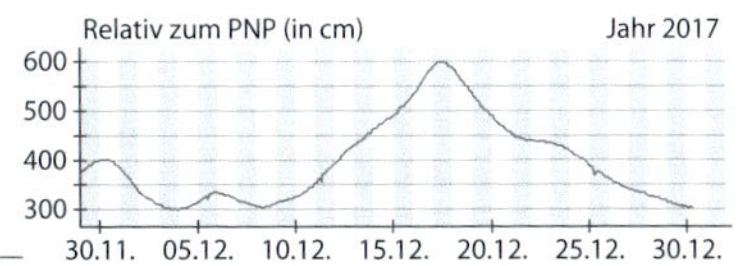

b) Erläutern Sie, dass die mittlere Änderungsrate pro Tag vom 1. bis 25. 12. 2017 keine sinnvolle Information über die tatsächliche Entwicklung liefert.

Am 1. und 25. 12. 2017 waren die Pegelstände fast identisch, somit ist die berechnete Änderungsrate pro Tag ca. 0. Die Schwankungen des Pegels zwischen dem 1. und 25. 12. 2017 um ca. 2,5 m haben keinen Einfluss auf das Ergebnis. Tritt im betrachteten Intervall entweder nur Zunahme oder nur Abnahme auf, dann liefert die mittlere Änderungsrate sinnvollere Information über die tatsächliche Entwicklung (z. B.: Anstieg um 30 cm pro Tag vom 10. bis 18. 12. 2017.)

10 Graphen von Funktionen und Ableitungsfunktionen:
Ordnen Sie dem Graphen der Funktion den der Ableitungsfunktion zu.
Beschriften Sie dazu die Graphen mit f, g, h, k bzw. f', g', h', k'.
Markieren Sie die für Ihre Entscheidung maßgeblichen Punkte auf den Graphen.
Zusatzaufgabe: Begründen Sie Ihre Zuordnungen.

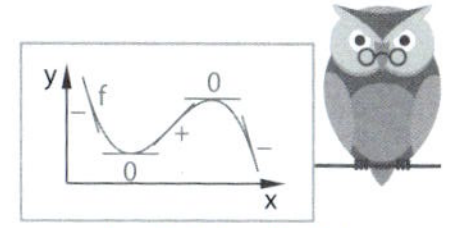

individuelle Lösung

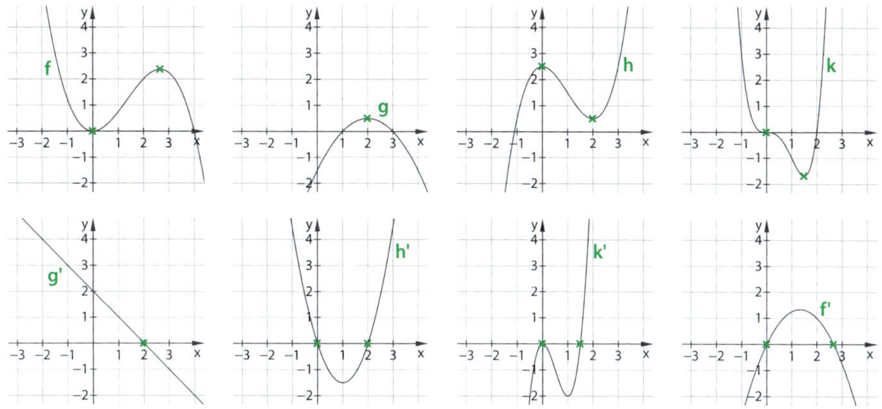

11 Die Abbildung zeigt das Weg-Zeit-Diagramm einer Autofahrt. Auf der Strecke besteht eine Geschwindigkeitsbegrenzung von 60 $\frac{km}{h}$.

a) Berechnen Sie die Durchschnittsgeschwindigkeit im abgebildeten Intervall in Kilometern pro Stunde.

$\overline{v} = \frac{10\,km}{12\,min} = 50\,\frac{km}{h}$

b) Ermitteln Sie die Steigung des Graphen in $\frac{km}{min}$, die einer Momentangeschwindigkeit von 60 $\frac{km}{h}$ entspricht.

$\frac{60\,km}{1\,h} = \frac{60\,km}{60\,min} = 1\,\frac{km}{min}$

c) Markieren Sie die Teile des Graphen, bei denen die Höchstgeschwindigkeit von 60 $\frac{km}{h}$ überschritten wird.

Markierte Intervalle: [3; 6] und [8; 10].

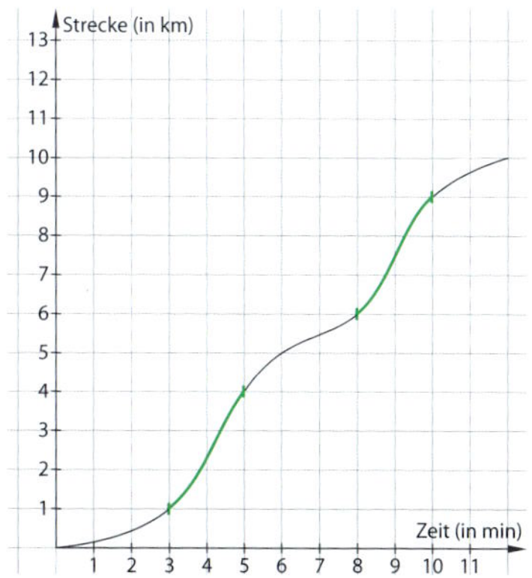

12 Ergänzen Sie zu wahren Aussagen.

Wenn der Graph von f' oberhalb der x-Achse verläuft, dann ist die Steigung von f **positiv.**

Wenn der Graph von f' unterhalb der x-Achse verläuft, dann ist die Steigung von f **negativ.**

Wenn der Graph von f' die x-Achse schneidet, dann hat f an der Stelle **einen Hoch- oder Tiefpunkt.**

Wenn der Graph von f' eine Parabel ist, dann ist f **eine Funktion dritten Grades.**

Wenn der Graph von f eine Gerade ist, dann verläuft der Graph von f' **parallel zur x-Achse.**

Betrachtet man die Funktion g = –f, dann gilt für g': **g' = –f'.**

Wenn der Graph von f' die x-Achse berührt, dann hat f an der Stelle **keinen** Hochpunkt **und keinen** Tiefpunkt.

Grundlagentraining

1 **Potenzregel:** Kreuzen Sie die Ableitungsfunktion der Potenzfunktion mit natürlichen Exponenten an.

Hilfe: Wenn $f(x) = x^n$ $(n \in \mathbb{N})$, dann gilt $f'(x) = n \cdot x^{n-1}$.

a) $f(x) = x^6$	☐ $f'(x) = 6x^6$	☒ $f'(x) = 6x^5$	☐ $f'(x) = 5x^6$
b) $g(x) = x^{13}$	☐ $g'(x) = 13x^{13}$	☒ $g'(x) = 13x^{12}$	☐ $g'(x) = 12x^{13}$
c) $h(x) = x$	☐ $h'(x) = -x$	☐ $h'(x) = x^{-1}$	☒ $h'(x) = 1$

2 Geben Sie die Gleichung der Ableitungsfunktion f′ an.

a) $f(x) = x^4$ — $f'(x) =$ **$4x^3$**

b) $f(x) = x^{14}$ — $f'(x) =$ **$14x^{13}$**

c) $f(x) = x^{44}$ — $f'(x) =$ **$44x^{43}$**

d) $f(x) = x^{77}$ — $f'(x) =$ **$77x^{76}$**

3 Verbinden Sie jede Funktion und der Ableitungsfunktion.

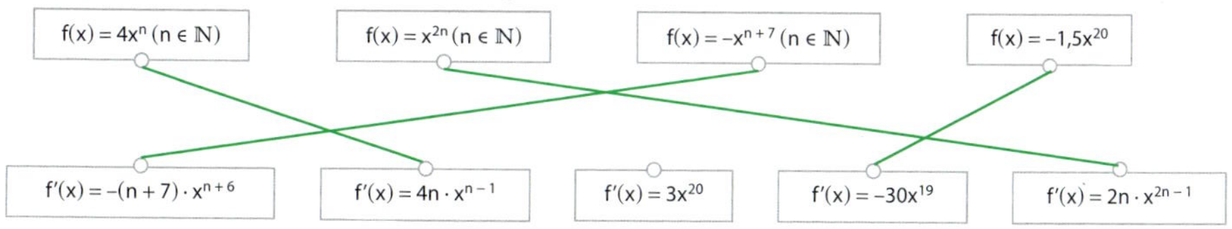

Zusatzaufgabe: Eine Ableitungsfunktion f′ bleibt übrig. Geben Sie dazu die Gleichung einer zugehörigen Funktion f an.

$f(x) = \frac{1}{7}x^{21}$

4 **Summenregel:** Leiten Sie die Funktion ab.
Multiplizieren Sie, wenn nötig, den Funktionsterm aus.

Hilfe: Wenn $f(x) = g(x) + k(x)$, dann gilt $f'(x) = g'(x) + k'(x)$.

a) $f(x) = x^3 + x^{17}$

$f'(x) =$ **$3x^2 + 17x^{16}$**

b) $f(x) = x^4 + 4x^2$

$f'(x) =$ **$4x^3 + 8x$**

c) $f(x) = 8x^5 + 4x^{-4}$

$f'(x) =$ **$40x^4 - 16x^{-5}$**

d) $f(x) = 7x^5 - 6x^3 + 7x - 4$

$f'(x) =$ **$35x^4 - 18x^2 + 7$**

e) $f(x) = \frac{(x+4)^2}{2} =$ **$0{,}5x^2 + 4x + 8$**

$f'(x) =$ **$x + 4$**

f) $f(x) = \frac{1}{x}(3x^5 - 2x^4 + x^2) =$ **$3x^4 - 2x^3 + x \quad (x \neq 0)$**

$f'(x) =$ **$12x^3 - 6x^2 + 1$**

g) $f(x) = x^2(4x - 7) =$ **$4x^3 - 7x^2$**

$f'(x) =$ **$12x^2 - 14x$**

h) $f(x) = r(sx^2 - tx + u) =$ **$rsx^2 - rtx + ru$**

$f'(x) =$ **$2rsx - rt$**

5 Ordnen Sie jeder Funktion ihre Ableitungsfunktion zu.

A $f(x) = 3x^4 + 2x^3 + x^2$	**B** $f(x) = 3x^4 - 3x^2 + 2x$	**C** $f(x) = x^{-1}(3x^4 + 2x^2 + x^3)$	**D** $f(x) = x(3x^3 + 2x^2 - x^{-2})$

A4, B7, C5, D1

1 $f'(x) = 12x^3 + 6x^2 + x^{-2}$	**2** $f'(x) = 12x^3 + 6x^2 - 2x$	**3** $f'(x) = 12x^2 + 4x + 3$	**4** $f'(x) = 12x^3 + 6x^2 + 2x$
5 $f'(x) = 9x^2 + 2x + 2$	**6** $f'(x) = 15x^4 + 4x^3 + 6x^2$	**7** $f'(x) = 12x^3 - 6x + 2$	**8** $f'(x) = 12x^3 + 3x^2$

6 Die Ableitungen sind fehlerhaft. Korrigieren Sie zuerst die Ableitung.
Geben Sie eine mögliche Fehlerursache an.

$f(x) = x^r$	$f'(x) = r \cdot x^{r-1}$
$g(x) = c$	$g'(x) = 0$

a) $f(x) = 3x^2(x - 4)$ — $f'(x) = 9x^2 - 8x$ — $f'(x) =$ **$9x^2 - 24x$**

z. B. Beim Ausmultiplizieren wurde einmal der Faktor 3 vergessen ($f(x) = 3x^3 - 12x^2$).

b) $f(x) = (x + 2)(x + 6)$ — $f'(x) = 2x + 20$ — $f'(x) =$ **$2x + 8$**

z. B. Beim Ableiten wurde die Konstante „mitgenommen" ($f(x) = x^2 + 8x + 12$).

c) $f(x) = 5(x^2 - 2)(x^2 + 2)^2$ — $f'(x) = 5(6x^6 + 24x^4 + 24x^2)$ — $f'(x) =$ **$5(6x^5 + 8x^3 - 8x)$**

z. B. Beim Multiplizieren wurde das Minus vergessen, beim Ableiten die Exponenten

$f(x) = 5(x^6 + 2x^4 - 4x^2 - 8)$.

7 **Ableitung an einer Stelle:** Bestimmen Sie die Ableitung (Steigung) an der Stelle.

a) $f(x) = 0{,}1x^5$

$f'(x) =$ **$0{,}5x^4$**

$f'(0) =$ **$0{,}5 \cdot 0^4 = 0$**

$f'(2) =$ **$0{,}5 \cdot 2^4 = 8$**

b) $f(x) = 6x^3 + 3x - 7$

$f'(x) =$ **$18x^2 + 3$**

$f'(0) =$ **$18 \cdot x^0 + 3 = 3$**

$f'(2) =$ **$18 \cdot 2^2 + 3 = 75$**

8 Markieren Sie alle zu einer Funktion passenden Karten mit der gleichen Farbe (oder dem gleichen Symbol).

$f(x) = 2x^3$ **A**	$f(x) = 2x^3 - x$ **B**	$f(x) = 2x^3 + x^2$ **C**	$f(x) = 3$ **G**
$f(x) = -3x^2$ **D**	$f(x) = 3x^2 + 3x$ **E**	$f(x) = 3x^2 + 3x^3$ **F**	$f(x) = 5 - x$ **H**
$f'(x) = 6x^2$ **A**	$f'(x) = 0$ **G**	$f'(x) = 6x^2 + 2x$ **C**	$f'(x) = 6x^2 - 1$ **B**
$f'(x) = -6x$ **D**	$f'(x) = 6x + 9x^2$ **F**	$f'(x) = 6x + 3$ **E**	$f'(x) = -1$ **H**

$f'(-4) = -21$ **E**	$f'(5) = 255$ **F**	$f'(4) = 96$ **A**	$f'(5) = 149$ **B**	$f'(-2) = 0$ **G**	
$f'(-5) = 195$ **F**	$f'(-5) = -1$ **H**	$f'(-5) = 149$ **B**	$f'(-5) = 30$ **D**	$f'(4) = 104$ **C**	$f'(1) = 8$ **C**

Aufbautraining

9 Bestimmen Sie die Ableitung.
Bringen Sie dazu zuerst die Funktionsterme in eine geeignete Form.

$f(x) = \frac{1}{x} \cdot (x - 1) \cdot (x^2 + 3x) \qquad (x \neq 0)$

$f(x) = \frac{1}{x} \cdot ($ **$x^3 + 3x^2 - x^2 - 3x$** $) =$ **$x^2 + 2x - 3$**

$f'(x) =$ **$2x + 2$**

10 Wird der Graph einer Funktion f um a nach rechts in Richtung der x-Achse verschoben, so entsteht der Graph einer neuen Funktion g mit dem Funktionsterm $g(x) = f(x - a)$.

a) Gilt für die Ableitungsfunktion von g: $g'(x) = f'(x - a)$? Begründen Sie Ihre Meinung.

Ja. Wenn der Graph von f um a in Richtung der x-Achse verschoben wird, gilt dies auch für die Tangenten an den Graphen von f, wobei sich die Steigung nicht ändert.

b) Zeigen Sie die Gültigkeit der neuen Ableitungsregel aus **a** am Beispiel der Funktion f mit $f(x) = 3x^2$.
Leiten Sie dazu die um 5 Einheiten nach rechts in Richtung der x-Achse verschobene Funktion zuerst mit der neuen Regel aus **a** und danach mit den vorher bekannten Regeln ab.

Ableitungsregel aus a: $f'(x) = 6 \cdot x$ $\quad g'(x) = f'(x-5) = 6 \cdot (x-5) = 6x - 30$

mit vorher bekannten Regeln: $g(x) = f(x-5) = 3 \cdot (x-5)^2 = 3 \cdot (x^2 - 10x + 25) = 3 \cdot x^2 - 30 \cdot x + 75$

$g'(x) = 3 \cdot 2x - 30 = 6x - 30$

c) Der Graph von f mit $f(x) = x^2 - 2x - 3$ wird an der x-Achse gespiegelt.
Geben Sie an, in welchen Intervallen bzw. an welchen Stellen der Graph von f sowie der Graph der gespiegelten Funktion fallende, steigende bzw. waagerechte Tangenten hat.

	$f(x) = x^2 - 2x - 3$	an x-Achse gespiegelter Graph
fallende Tangenten	$x < 1$	$x > 1$
steigende Tangenten	$x > 1$	$x < 1$
waagerechte Tangenten	$x = 1$	$x = 1$

d) Der Graph von f mit $f(x) = x^2 - 2x - 3$ wird an der y-Achse gespiegelt.
Geben Sie an, in welchen Intervallen bzw. an welchen Stellen der Graph von f sowie der Graph der gespiegelten Funktion fallende, steigende ist bzw. waagerechte Tangenten hat.

	$f(x) = x^2 - 2x - 3$	an y-Achse gespiegelter Graph
fallende Tangenten	$x < 1$	$x < -1$
steigende Tangenten	$x > 1$	$x > -1$
waagerechte Tangenten	$x = 1$	$x = -1$

e) Der Graph von f mit $f(x) = x^2 - 2x - 3$ wird so verschoben und gespiegelt, dass für den neuen Graphen von g Folgendes gilt: Für $x < 0$ hat der Graph steigende, für $x > 0$ fallende Tangenten und für $x = 0$ eine waagerechte Tangente. Skizzieren Sie die beiden Graphen und erläutern Sie Ihre Wahl.

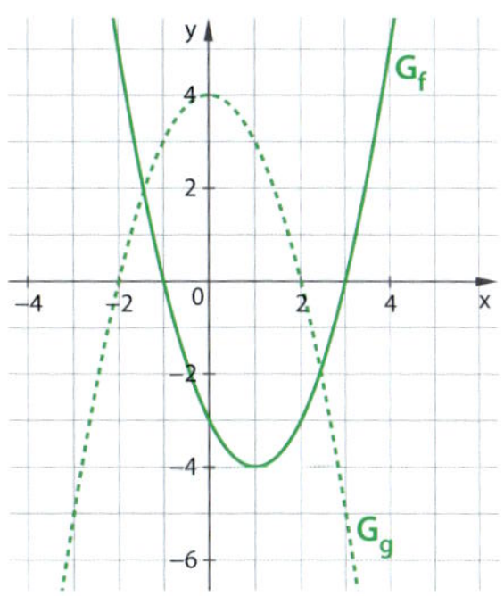

Verschiebt man den Scheitelpunkt S(1 | −4) der Parabel um eine Einheit nach links, liegt S' bei x = 0 (waagerechte Tangente): aus f(x) wird h(x) = f(x + 1). Der Graph von h ist nach oben geöffnet, hat für x < 0 fallende und für x > 0 steigende Tangenten. Da das Monotonieverhalten aber gerade entgegen gesetzt sein soll, wird der Graph von h noch an der x-Achse gespiegelt: $g(x) = -f(x+1) = -x^2 + 2x + 3$.

11 Kreuzen Sie an, an welcher Stelle x_0 die Funktion f den Anstieg m hat ($a \neq 0$).

a) $f(x) = 2x^3$; $m = 24$	☐ $x_0 = 3$	☒ $x_0 = 2$	☐ $x_0 = 12$	☒ $x_0 = -2$
b) $f(x) = a \cdot x^2$; $m = a$	☐ $x_0 = \frac{a}{2}$	☒ $x_0 = 0{,}5$	☒ $x_0 = \frac{1}{2}$	☐ $x_0 = \frac{1}{a}$
c) $f(x) = a^2 \cdot x^2 + a$; $m = 2a$	☐ $x_0 = \frac{a}{2}$	☒ $x_0 = \frac{1}{a}$	☐ $x_0 = -\frac{1}{a}$	☒ $x_0 = a^{-1}$

12 Ergänzen Sie die zu den Ableitungen f' von ganzrationalen Funktionen f die zugehörige Funktionsterme von f.
Begründen Sie, weshalb jeder dieser Funktionsterme von f auch einen beliebigen konstanten Summanden c enthält.

$f'(x) = 2x^2 - x + 1$ → $f(x) = \frac{2}{3}x^3 - \frac{1}{2}x^2 + x + c$

$f'(x) = 2x^3 - 2x - 3$ → $f(x) = \frac{1}{2}x^4 - x^2 - 3x + c$

$f'(x) = -x^5 - 3x^3 - x^2$ → $f(x) = -\frac{1}{6}x^6 - \frac{3}{4}x^4 - \frac{1}{3}x^3 + c$

Begründung: **Beim Ableiten von f wird ein konstanter Summand zu null.**

13 Gesucht sind Stellen mit vorgegebenen Anstiegen.

a) Ermitteln Sie diese näherungsweise anhand des Graphen von f für
$m_1 = 0$; $m_2 = 1$ und $m_3 = -\frac{1}{2}$.

$m_1 = 0$: $\quad x_{11} \approx$ **−0,8** ; $x_{12} \approx$ **2,2**

$m_2 = 1$: $\quad x_{21} \approx$ **−1,6** ; $x_{22} \approx$ **3**

$m_3 = -\frac{1}{2}$: $\quad x_{31} \approx$ **1**

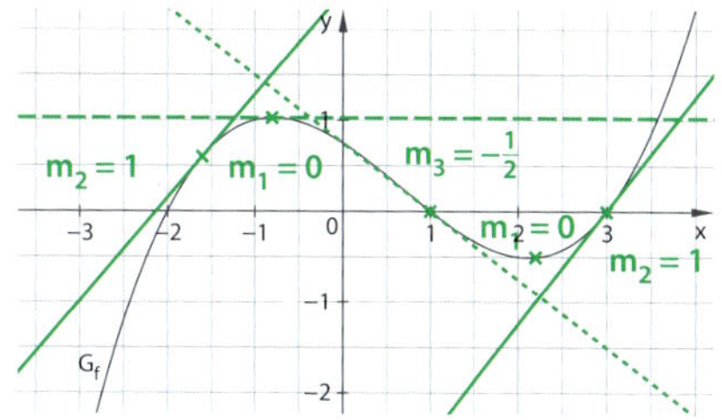

b) Tragen Sie die zugehörigen Punkte in die Abbildung ein.

c) Erläutern Sie Ihren Lösungsweg.

Man legt ein Lineal tangential an den Graphen und schätzt ab, an welchen Stellen der geforderte Tangentenanstieg näherungsweise erreicht wird.

14 Betrachten Sie den Text unter der Eule.

a) Erläutern Sie, welchen geometrischen Zusammenhang er beschreibt.

b) Geben Sie dafür eine Formel an.

c) Bilden Sie die 1. Ableitung dieser Formel und deuten Sie das Ergebnis geometrisch.

„Bedächtig kommt einhergeschritten, vier Drittel Pi mal r zur Dritten."

a) Der Text beschreibt die Berechnung des Kugelvolumens: $V(r) = \frac{4}{3}\pi \cdot r^3$

b) $V'(r) = 4\pi \cdot r^2$

c) Die Ableitungsfunktion gibt eine Formel an für die Berechnung der Kugeloberfläche.

Grundlagentraining

1 **Tangentengleichung:** Gegeben ist Funktion f mit $f(x) = -0{,}25x^3 + 1$. Bestimmen Sie die Gleichung der Tangente t an den Stellen $x_1 = 2$ und $x_2 = 0$ zeichnerisch und rechnerisch. $(f'(x) = -0{,}75x^2)$

Tangente t an der Stelle $x_1 = 2$:

$m = f'(2) = -3$

$f(2) = -0{,}25 \cdot 2^3 + 1 = -1$ $\quad T_1(2\,|\,-1)$

$-1 = -3 \cdot 2 + b,$ somit gilt $b = 5.$ $\quad t_1(x) = -3x + 5$

Tangente t an der Stelle $x_2 = 0$:

$m = f'(0) = 0$

$f(0) = -0{,}25 \cdot 0^3 + 1 = 1$ $\quad T_2(0\,|\,1)$

$1 = -3 \cdot 0 + b,$ somit gilt $b = 1.$ $\quad t_2(x) = 1$

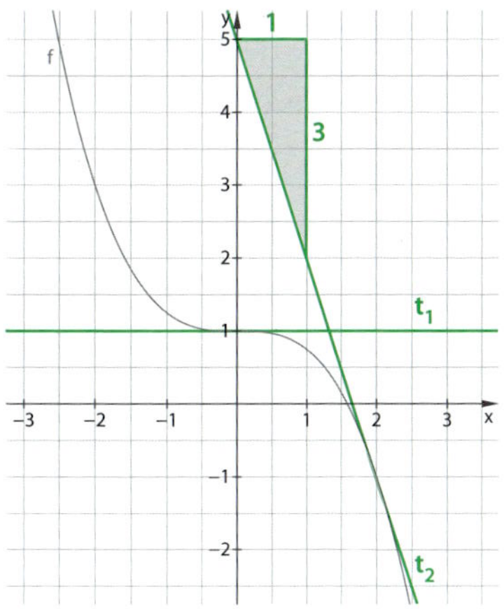

2 Die Parabel $f(x) = \frac{1}{2}x^2 - 2$ wird von der Geraden g in den Punkten $A(-2\,|\,f(-2))$ und $B(4\,|\,f(4))$ geschnitten. Es gibt genau eine Tangente t an den Graphen von f, die parallel zur Geraden g verläuft.

a) Geben Sie in der Zeichnung die Steigung m der Geraden g an.

b) Ermitteln Sie die Koordinaten des Berührpunktes $P(x_p\,|\,y_p)$ von t an den Graphen von f und eine Gleichung der Tangente t. Zeichnen Sie die Tangente t ins Koordinatensystem ein.

$t(x_P) = mx_P + b$ bei $P(x_P\,|\,f(x_P))$
1. $m = f'(x_P)$ $\quad \to m = \ldots$
2. $f(x_P) = m \cdot x_P + b$ $\quad \to b = \ldots$

Gerade g und Tangente t haben **die gleiche Steigung,** da beide zueinander parallel verlaufen. **(m = 1)**

Es gilt $f'(x) = x,$ somit gilt $f'(x_p) = x_p.$

Es gilt $f'(x_p) = m = 1,$ also gilt $x_p = 1.$

Damit ist $y_p = f(x_p) = \frac{1}{2}\ 1^2 \ -2 = -\frac{3}{2}.$

Es gilt $t(1) = 1 \cdot 1 + b = -\frac{3}{2},$ also gilt $b = -\frac{5}{2}.$

$t(x) = x - \frac{5}{2}$

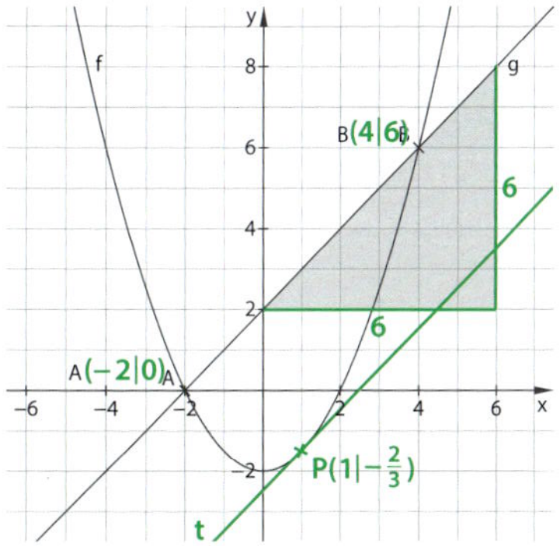

3 **Steigungswinkel:** Berechnen Sie mithilfe der 1. Ableitung die Steigungen des Graphen von f in den markierten Punkten sowie die Größe des Steigungswinkels. Zusatzaufgabe: Prüfen Sie mithilfe der Zeichnung, ob ihre Ergebnisse stimmen können.

$f'(x) = 2x$

Punkt	Steigung	Steigungswinkel
$A(-2\,|\,0)$	−4	−76,0°
$B(-1\,|\,3)$	−2	−63,4°
$C(0\,|\,-4)$	0	0°
$D(1{,}8\,|\,-0{,}76)$	3,6	74,5°

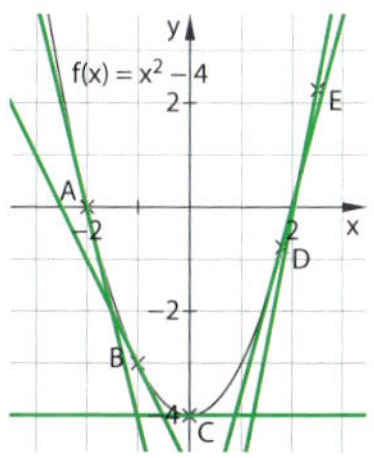

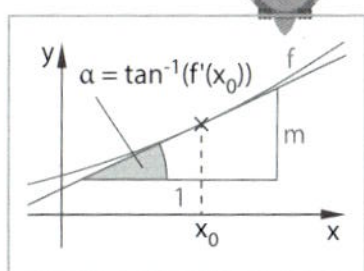

$\alpha = \tan^{-1}(f'(x_0))$

4 Ein maximales Gefälle von 15 Prozent, 18 Kurven, 122 Meter Höhenunterschied auf einer Länge von 1413 Metern: das sind die Kennzeichen der Bobbahn in Altenberg. Sie gilt als die schwierigste Kunsteisbahn der Welt.

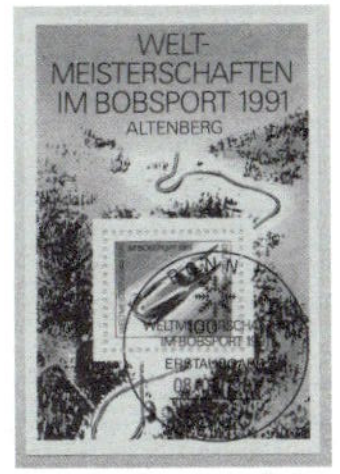

a) Schätzen Sie den größten Steigungswinkel dieser Bobbahn. Kreuzen Sie an.
☐ 3° ☐ 6° ☒ 9° ☐ 12° ☐ 15° ☐ 18°

b) Berechnen Sie den größten Steigungswinkel dieser Bobbahn.

$\alpha = \tan^{-1}\left(\frac{15}{100}\right)$, somit gilt $\alpha \approx 8{,}53°$.

5 **Schnittwinkel:** Ordnen Sie den Schnittwinkeln deren Berechnung zu. Ermitteln Sie die fehlenden Winkelgrößen.

Hilfe: Sind α und β die Steigungswinkel der Funktionen f und g an deren Schnittstelle x_0, so ist der Schnittwinkel von f und g der kleinere der beiden Winkel $|\alpha - \beta|$ und $180° - |\alpha - \beta|$.

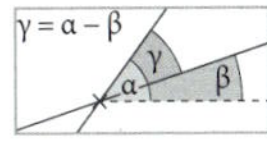

Schnittwinkel von …	Winkelberechnung:
f und x-Achse	$\tan^{-1}(4) \approx 76{,}0°$
g und y-Achse	$180° - \|90° - (-11{,}3°)\| = 78{,}7°$
h und x-Achse	$\tan^{-1}(-1{,}25) \approx 51{,}3°$
f und g	$\|76{,}0° - (-11{,}3°)\| = 87{,}3°$
h und g	$\|-11{,}5° - (-51{,}3°)\| = 40{,}0°$
h und f	$180° - \|76{,}0° - (-11{,}3°)\| = 52{,}7°$

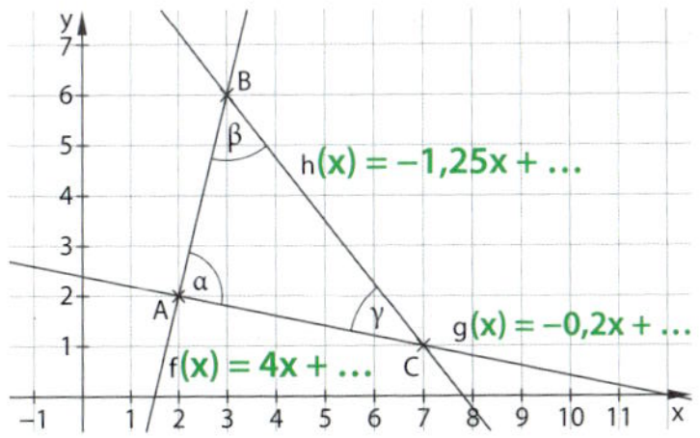

Aufbautraining

6 Ein Schiff fährt von A aus in Richtung B einen geradlinigen Kurs. Im Punkt B wird ein SOS-Ruf aufgenommen, der vom Punkt C kommt. Ermitteln Sie, um wie viel Grad das Schiff den Kurs ändern sollte, um von B nach C auf geradem Wege zu kommen.

Kurs von A nach B: $m = \frac{9-3}{9-11} = -3$ $\quad \alpha = \tan^{-1}(-3)$ $\quad \alpha \approx -71{,}57°$

Kurs von B nach C: $m = \frac{11-9}{1-9} = -\frac{1}{4}$ $\quad \beta = \tan^{-1}(-0{,}25)$ $\quad \beta \approx -14{,}04°$

Kursänderung: $\gamma = |\alpha - \beta| = |-71{,}57° - (-14{,}04°)| = -57{,}53°$

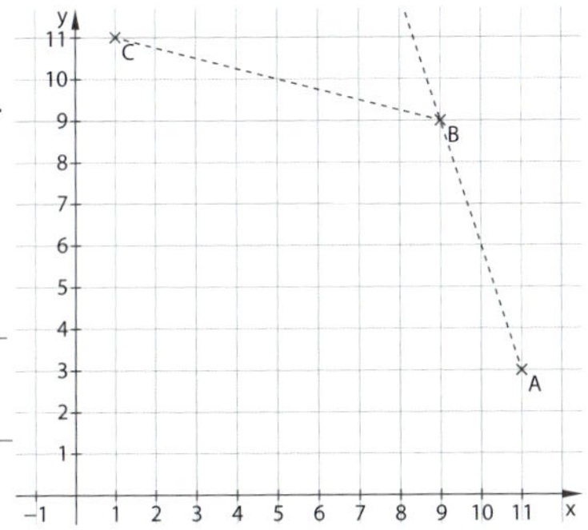

7 Ordnen Sie jeder Funktion f die passende Normale n an der Stelle $x_0 = 1$ zu.

Hilfe: Für die Steigung der Normalen gilt: $m = -\frac{1}{f'(x_0)}$

f	n
$f(x) = x^2 - 3$	$n(x) = -\frac{1}{2}x - \frac{3}{2}$
$f(x) = x^3 - 2$	$n(x) = -\frac{1}{3}x - \frac{2}{3}$
$f(x) = x^2 + x - 2$	$n(x) = -\frac{1}{3}x + \frac{1}{3}$
$f(x) = -x^2$	$n(x) = 0{,}5x - 1{,}5$
$f(x) = 1 - x^2$	$n(x) = \frac{1}{2}x - 0{,}5$

1 Kreuzen Sie die passenden Ableitungsfunktionen an.

a) $f(x) = x^{11}$ ☐ $f'(x) = x^{10}$ ☐ $f'(x) = x^{12}$ ☐ $f'(x) = 11x$ ☒ $f'(x) = 11x^{10}$

b) $f(x) = \frac{1}{2}x^3 - \frac{1}{4}x^2 + 1$ ☒ $f'(x) = \frac{3}{2}x^2 - \frac{1}{2}x$ ☐ $f'(x) = \frac{3}{2}x^2 - \frac{1}{2}$ ☒ $f'(x) = 1{,}5x^2 - 0{,}5x$ ☒ $f'(x) = \frac{1}{2}x \cdot (3x^2 - 1)$

c) $f(x) = (0{,}2x^2 - x) \cdot (x - 0{,}2)$ ☐ $f'(x) = 0{,}2x^3 - 1{,}06x^2 + 0{,}2x$ ☒ $f'(x) = 0{,}6x^2 - 2{,}08x + 0{,}2$ ☐ $f'(x) = (0{,}4x - 1) \cdot (1 - 0)$ ☒ $f'(x) = \frac{x}{25} \cdot (15x - 52) + \frac{1}{5}$

d) $f(x) = \frac{x^6 - x^{-6}}{6}$ ☒ $f'(x) = x^5 + x^{-7}$ ☐ $f'(x) = x^5 - x^{-5}$ ☐ $f'(x) = \frac{x^5 - x^{-7}}{6}$ ☐ $f'(x) = \frac{6x^5 - 6x^{-7}}{6}$

e) $f(x) = x + 1$ ☒ $f'(x) = 1$ ☐ $f'(x) = 0{,}5x$ ☐ $f'(x) = x$ ☐ $f'(x) = 2$

2 Gegeben ist die Funktion f mit $f(x) = x^3 + 1$. Es sind Intervalle von f und mittlere Änderungsraten gegeben. Verbinden Sie zusammenpassende Karten.

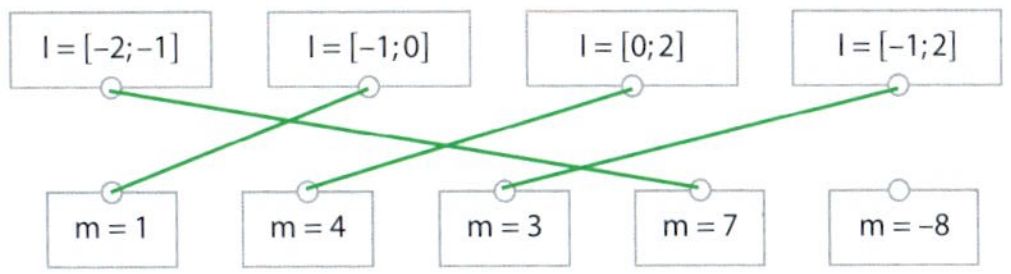

3 Kreuzen Sie alle Ergänzungen an, durch die man wahre Aussagen erhält. Gegeben sind die Punkte $A(a \mid f(a))$, $B(b \mid f(b))$ und $P(x \mid f(x))$.

Der Differenzenquotient $\frac{f(b) - f(a)}{b - a}$ der Funktion f im Intervall [a; b] gibt … an.

- ☐ die lokale Änderungsrate
- ☒ die mittlere Änderungsrate
- ☐ die Steigung der Passante durch A und B
- ☐ die Steigung der Tangenten von A und B
- ☒ die Steigung der Sekante durch A und B

Der Wert des Differenzenquotienten $\frac{f(x) - f(x_0)}{x - x_0}$ für $x \to x_0$ gibt … an.

- ☒ die lokale Änderungsrate an der Stelle x_0
- ☐ die lokale Änderungsrate an der Stelle x
- ☐ die mittlere Änderungsrate im Intervall $[x; x_0]$
- ☒ die Steigung der Tangente im Punkt $P(x_0 \mid f(x_0))$
- ☐ die Steigung der Sekante durch x

4 Gegeben ist der Graph der Funktion f mit $f(x) = x^2 - 3x$. Kreuzen Sie Zutreffendes an und zeichnen Sie passende Geraden im Koordinatensystem ein.

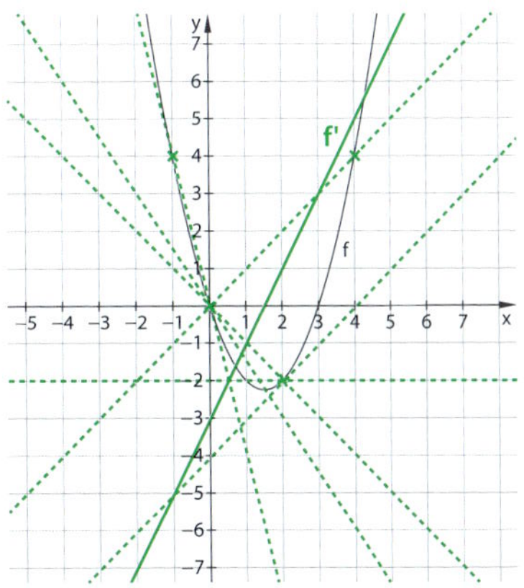

a) Die mittlere Änderungsrate ist −4 im Intervall …
☒ [−1; 0] ☐ [0; 1,5] ☐ [1,5; 3] ☐ [3; 4]

b) Die mittlere Änderungsrate m ist im Intervall [0; 4] …
☐ m = 0 ☐ m = −1 ☒ m = 1 ☐ m = 4

c) Der Steigungswinkel von f an der Stelle $x_0 = -1$ ist α mit ….
☒ α ≈ −78° ☐ α ≈ −68° ☐ α ≈ 68° ☐ α ≈ 78°

d) Die lokale Änderungsrate ist 0 an der Stelle …
☐ x = 0 ☒ x = 1,5 ☐ x = 3 ☐ x = 4,2

e) Die lokale Änderungsrate ist 1 an der Stelle …
☐ x = −1 ☐ x = 0 ☐ x = 1 ☒ x = 2

f) Der Schnittwinkel von t mit $t(x) = -x$ und g mit $g(x) = 4x$ ist β
☐ β ≈ 45° ☒ β ≈ 59° ☐ β ≈ 76° ☐ β ≈ 124°

g) Die Steigung der Sekante durch die Punkte P(3 | 0) und Q(−1 | 4) kann berechnet werden mit …
☐ $\frac{3-(-1)}{0-4}$ ☐ $\frac{-1-3}{4-0}$ ☒ $\frac{4-0}{-1-3}$ ☒ $\frac{0-4}{3-(-1)}$

5 Ergänzen Sie die Tabelle.

Funktion	$f(x) = -1$	$g(x) = \lvert x \rvert$	$h(x) = 4x^2 + 7x$	$k(x) = 0{,}5x^4 + x^3$
Ableitungsfunktion	$f'(x) = 0$	$g'(x) = \begin{cases} -1; & x < 0 \\ 1; & x > 0 \end{cases}$	$h'(x) = 8x + 7$	$k'(x) = 2x^3 + 3x^2$
Ableitung an der Stelle x = 0	$f'(0) = 0$	existiert nicht	$h'(0) = 7$	$k'(0) = 0$
Ableitung an der Stelle x = 2	$f'(2) = 0$	$g'(2) = 1$	$h'(2) = 23$	$k'(2) = 28$

6 Gegeben ist die Funktion f mit $f(x) = \frac{1}{3}x^3 - 3x^2 + 5x$.

a) Geben Sie zuerst die Ableitungsfunktion f′ an. Ermitteln Sie danach eine Gleichung der Tangente t_A von f im Punkt A(0 | 0).

$f'(x) = x^2 - 6x + 5$ $m = f'(0) = 5$, somit gilt $t_A(x) = 5x$.

b) Die Tangente t_B hat die gleiche Steigung wie die Tangente t_A im Punkt A(0 | 0). Ermitteln Sie den Berührpunkt B und eine Gleichung von t_B.

$f'(x) = 5$, also gilt $x^2 - 6x + 5 = 5$. $x^2 - 6x = 0$ hat die Lösungen $x_1 = 6$ und $x_2 = 0$.

$f(6) = \frac{1}{3} \cdot 6^3 - 3 \cdot 6^2 + 5 \cdot 6 = -6$ $B(6 \mid -6)$; $t_B(6) = 5 \cdot 6 + b = -6$, somit gilt $b = -36$ und $t_B(x) = 5x - 36$.

c) Es gibt genau eine Stelle, an der der Graph von f die Steigung −4 hat. Bestimmen Sie eine Gleichung der zugehörigen Tangente t.

$f'(x) = -4$, also gilt $x^2 - 6x + 5 = -4$. $x^2 - 6x + 5 = -4$ hat die Lösung $x = 3$ (da $x^2 - 6x + 9 = (x-3)^2$).

$f(3) = \frac{1}{3} \cdot 3^3 - 3 \cdot 3^2 + 5 \cdot 3 = -3$ $B(3 \mid -3)$; $t_B(3) = -4 \cdot 3 + b = -3$, somit gilt $b = 9$ und $t_B(x) = -4x + 9$.

d) Bestimmen Sie die x-Koordinaten der Punkte des Graphen von f, in denen der Graph Tangenten besitzt, die parallel zur x-Achse verlaufen.

$f'(x) = 0$, also gilt $x^2 - 6x + 5 = 0$. $0 = x^2 - 6x + 5 = (x-1)(x-5)$ hat die Lösungen $x_1 = 1$ und $x_2 = 5$.

7 Das Kreisviadukt von Brusio in der Schweiz hat einen Maximalanstieg von 7 %, damit die eingesetzten Züge den „Aufstieg" schaffen können. Anstieg von 7 % bedeutet, dass je 100 m horizontaler Entfernung 7 m in vertikaler Entfernung zurückgelegt werden.

a) Gedankenexperiment: Stellen Sie sich eine Bahntrasse mit einem Anstieg von 7 % als Gerade in einem Koordinatensystem vor. Geben Sie die Steigung m und den Steigungswinkel α der Geraden an.

$m = \frac{7}{100} = 0{,}07$ und $0{,}07 = \tan(\alpha)$, somit gilt $\alpha \approx 4°$.

b) Stellen Sie sich vor, dass eine Bahntrasse mit einer Maximalsteigung von 7 % zu bauen ist. Die Funktionsgleichungen f_1, f_2 und f_3 beschreiben für x > 0 vorhandene Höhenunterschiede. Ermitteln Sie rechnerisch, bei welcher Variante die Bedingung am längsten erfüllt ist.

Variante ①: $f_1(x) = 0{,}00005x^2$
Variante ②: $f_2(x) = 0{,}000005x^3 + 7$
Variante ③: $f_3(x) = 0{,}0000005x^3 + 0{,}05x^2$

$f'_1(x) = 0{,}0001x$ $0{,}0001x \le 0{,}07$ gilt für $x \le 700$
$f'_2(x) = 0{,}000015x^2$ $0{,}000015x^2 \le 0{,}07$ gilt für $x^2 \le 4666{,}\overline{6}$ also $x \le 68{,}31$
$f'_3(x) = 0{,}0000015x^2 + 0{,}1x$ $0{,}0000015x^2 + 0{,}1x \le 0{,}07$ $0 = x^2 + 66666{,}\overline{6}x - 46666{,}\overline{6}$
also gilt $x_1 = 0{,}699$ und $x_2 \approx -66667$, also $x \le 0{,}699$.

Bei Variante ① ist die Bedingung am längsten erfüllt.

Basisaufgaben

1 a) $f'(x) = 2{,}5 > 0$: f ist streng monoton steigend für alle x aus $\mathbb{R}$.
b) $f'(x) = -4x$, Nullstelle $x = 0$.
$f'(-1) = 4 > 0$, also ist f streng monoton steigend für $x \le 0$.
$f'(1) = -4 < 0$, also ist f streng monoton fallend für $x \ge 0$.
c) $f'(x) = 3x^2 - 3 = 3(x^2 - 1)$, Nullstellen $x_1 = -1$ und $x_2 = 1$.
$f'(-2) = 9 > 0$, also ist f streng monoton steigend für $x \le -1$.
$f'(0) = -3 < 0$, also ist f streng monoton fallend für $-1 \le x \le 1$.
$f'(2) = 9 > 0$, also ist f streng monoton steigend für $x \ge 1$.
d) $f'(x) = -6x^2 + 12x = 6x(-x + 2)$, Nullstellen $x_1 = 0$ und $x_2 = 2$.
$f'(-1) = -18 < 0$, also ist f streng monoton fallend für $x \le 0$.
$f'(1) = 6 > 0$, also ist f streng monoton steigend für $0 \le x \le 2$.
$f'(3) = -18 < 0$, also ist f streng monoton fallend für $x \ge 2$.
e) $f'(x) = 4x^3 - 8x = 4x(x^2 - 2)$, Nullstellen $x_1 = -\sqrt{2}$, $x_2 = 0$, $x_3 = \sqrt{2}$.
$f'(-2) = -16 < 0$, also ist f streng monoton fallend für $x \le -\sqrt{2}$.
$f'(-1) = 4 > 0$, also ist f streng monoton steigend für $-\sqrt{2} \le x \le 0$.
$f'(1) = -4 < 0$, also ist f streng monoton fallend für $0 \le x \le \sqrt{2}$.
$f'(2) = 16 > 0$, also ist f streng monoton steigend für $x \ge \sqrt{2}$.
f) $f'(x) = -4x^3 + 16x = 4x(-x^2 + 4)$, Nullstellen $x_1 = -2$, $x_2 = 0$, $x_3 = 2$.
$f'(-3) = 60 > 0$, also ist f streng monoton steigend für $x \le -2$.
$f'(-1) = -12 < 0$, also ist f streng monoton fallend für $-2 \le x \le 0$.
$f'(1) = 12 > 0$, also ist f streng monoton steigend für $0 \le x \le 2$.
$f'(3) = -60 < 0$, also ist f streng monoton fallend für $x \ge 2$.

2 a) ① streng monoton fallend auf ganz $\mathbb{R}$ ② streng monoton steigend auf ganz $\mathbb{R}$
③ streng monoton fallend für $-2 \le x \le -1$ und für $x \ge 1$;
streng monoton steigend für $x \le -2$ und $-1 \le x \le 1$
b) Individuelle Lösungen, z. B.:

①
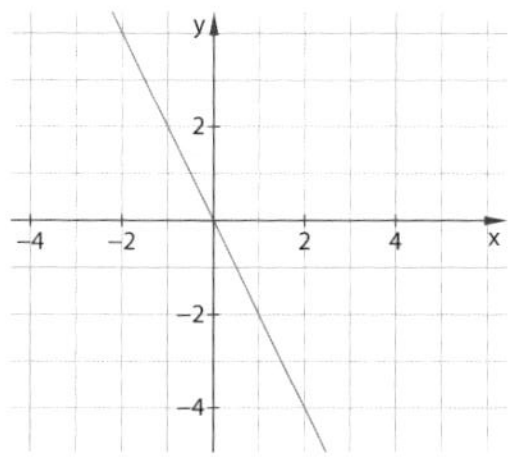

②
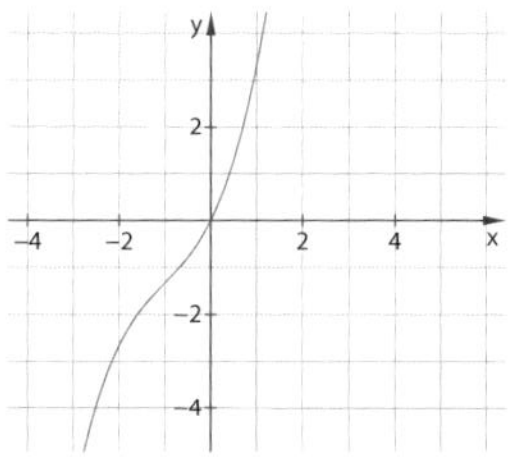

③
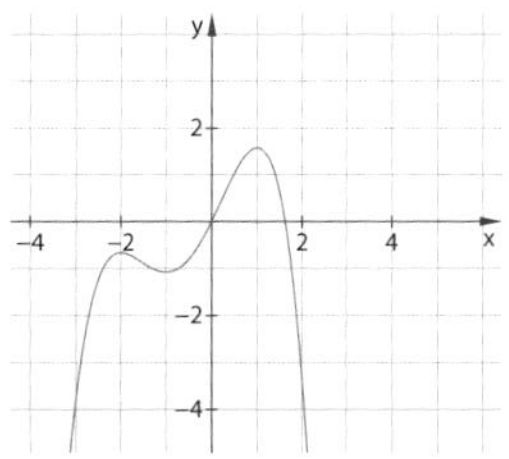

3 a) H(1|3), kein Tiefpunkt, globales Maximum: 3, kein globales Minimum
b) H(−3|9), T(0|0), kein globales Maximum oder Minimum
c) $H_1(-1|5)$, T(1|−3), $H_2(3|5)$, globales Maximum: 5, kein globales Minimum

4 a) f hat einen lokalen Hochpunkt in (0|1).
b) Das globale Minimum von f ist −2.
c) Die Extremstellen von f sind −4, 0 und 4.
d) f hat drei lokale Extrema: 2 Maxima und 1 Minimum.

5 Individuelle Lösungen, z. B.:
a) streng monoton steigend: $-2 \le x \le 0$,
f' positiv für $-2 < x < 0$
streng monoton fallend: $x \le -2$, $x \ge 0$,
f' negativ für $x < -2$ und $x > 0$
b) streng monoton steigend: $-3 \le x \le 0$ und $x \ge 3$,
f' positiv für $-3 < x < 0$ und $x > 3$
streng monoton fallend: $x \le -3$ und $0 \le x \le 3$,
f' negativ für $x < -3$ und $0 < x < 3$

6 a) $f'(x) = -3x^2 + 12x - 12$
$f'(2) = 0$, $f'(0) = -12 < 0$, $f'(3) = -3 < 0$, also kein Vorzeichenwechsel, also liegt bei x_S ein Terrassenpunkt; S(2|3)
b) $f'(x) = 4x^3 - 48x^2 + 180x - 200$
$f'(5) = 0$; $f'(4) = 8 > 0$, $f'(6) = 16 > 0$, also kein Vorzeichenwechsel, also liegt bei x_S ein Terrassenpunkt; S(5|4)

7 a) linksgekrümmt auf ganz $\mathbb{R}$
b) rechtsgekrümmt für $x \le 2$, linksgekrümmt für $x \ge 2$
c) linksgekrümmt für $x \le 2$ und $x \ge 6$, rechtsgekrümmt auf $2 \le x \le 6$

8 a) $f'(x) = 4x^3 - 12x$; $f''(x) = 12x^2 - 12$; Nullstellen von f'': $x_1 = -1$, $x_2 = 1$
Der Graph von f ist linksgekrümmt für $x \le -1$ und $x \ge 1$ und rechtsgekrümmt für $-1 \le x \le 1$.
b) $f'(x) = x^4 - 4x$; $f''(x) = 4x^3 - 4$; Nullstelle von f'': $x = 1$
Der Graph von f ist linksgekrümmt für $x \ge 1$ und rechtsgekrümmt für $x \le 1$.
c) $f'(x) = 14x - 13$; $f''(x) = 14$; f'' hat keine Nullstelle und nimmt nur positive Werte an
Der Graph von f ist auf ganz $\mathbb{R}$ linksgekrümmt.

9 a) $W_1(-2|-1)$, kein Terrassenpunkt, lokal maximale Steigung;
$W_2(2|-1)$, kein Terrassenpunkt, lokal minimale Steigung
b) $W_1(0|0)$, Terrassenpunkt, lokal minimale Steigung
$W_2(2|1)$, kein Terrassenpunkt, lokal maximale Steigung
$W_3(4|2)$, Terrassenpunkt, lokal minimale Steigung
c) W(3|−2), kein Terrassenpunkt, lokal minimale Steigung

10 a) Wendestelle x = 2, Übergang von Rechts- zu Linkskrümmung
b) Wendestelle x = 0, Übergang von Rechts- zu Linkskrümmung
Wendestelle x = 3, Übergang von Links- zu Rechtskrümmung
c) Wendestelle x = −1, Übergang von Rechts- zu Linkskrümmung
Wendestelle x = 1, Übergang von Links- zu Rechtskrümmung
Wendestelle x = 4, Übergang von Rechts- zu Linkskrümmung

11 a) t = 16: Die meisten User loggen sich um 16 Uhr ein.
b) f'(16) = 108: Der stärkste Anstieg beträgt 108 User pro Stunde.

12 $x_1 \approx 2{,}6$; $x_2 \approx 2{,}3$

13 $f'(x) = 5x^4 + 6x^2 \ge 0$ für alle $x \ne 0$, also ist f streng monoton steigend und hat somit höchstens eine Nullstelle.
Startwert: $x_0 = -1$, denn $f(-1) = -1$ und $f(0) = 2$: $x_1 \approx -0{,}91$; $x_2 \approx -0{,}89$; $x_3 \approx -0{,}89$

14 a) $x_1 \approx -1{,}881$
b) $x_1 \approx -0{,}819$; $x_2 \approx 1{,}380$
c) $x \approx 0{,}894$
d) $x_1 \approx -1{,}618$; $x_2 \approx -1{,}00$; $x_3 \approx 0{,}618$

Weiterführende Aufgaben

1 $f_a(x) = a \cdot x^2 - a \cdot x$, $a > 0$ $f_a'(x) = 2 \cdot a \cdot x - a$, $f_a''(x) = 2 \cdot a$ Für einen lokalen Tiefpunkt gilt:
$f_a'(x_E) = 0$ $\quad 2 \cdot a \cdot x - a = 0$ $\quad a \cdot (2x - 1) = 0$ $\quad x = \frac{1}{2}$ (alternativ: Extremum in der Mitte zwischen den Nullstellen 0 und 1) und $f_a''(x) = 2 \cdot a \ne 0$, $a \ne 0$
$f_a\left(\frac{1}{2}\right) = a \cdot \left(\frac{1}{2}\right)^2 - a \cdot \frac{1}{2} = a \cdot \left(\frac{1}{4} - \frac{1}{2}\right) = -\frac{1}{4} \cdot a$ Der lokale Tiefpunkt soll auf y = −1 liegen:
$-\frac{1}{4} \cdot a = -1$, folglich muss gelten: a = 4, T(0,5|4)

2 $f(x) = x^3 - x^2 + x + 1$; $f'(x) = 3x^2 - 2x + 1$; $f''(x) = 6x - 2$

a) Für jeden Wendepunkt muss gelten: $f''(x_W) = 0 \quad 6x_W - 2 = 0 \quad x_W = \frac{1}{3}$ ist die einzige mögliche Lösung, da $0 < \frac{1}{3} < 1$ und $f''(0) < 0$, $f''(1) > 0$ liegt an dieser Stelle tatsächlich ein Wendepunkt vor und mit $f\left(\frac{1}{3}\right) = \frac{34}{27}$ ergibt sich $W\left(\frac{1}{3} \middle| \frac{34}{27}\right)$ als der einzige Wendepunkt.

Symmetrie: Der Graph von g mit $g(x) = f\left(x + \frac{1}{3}\right) - \frac{34}{27}$ ist gegenüber dem Graphen von f um $\frac{1}{3}$ LE nach links und um $\frac{34}{27}$ LE nach unten verschoben.

$g(x) = \left(x + \frac{1}{3}\right)^3 - \left(x + \frac{1}{3}\right)^2 + \left(x + \frac{1}{3}\right) + 1 - \frac{34}{27} = x^3 + \frac{2}{3}x$. Da g eine Potenzfunktion mit ausschließlich ungeraden Exponenten ist, ist der Graph von g punktsymmetrisch zum Koordinatenursprung O.

Bei Verschiebung um $\frac{1}{3}$ LE nach rechts und um $\frac{34}{27}$ LE nach oben, wird O auf $W\left(\frac{1}{3} \middle| \frac{34}{27}\right)$ abgebildet, und der Graph von g auf den Graphen von f. Folglich ist der Graph von f punktsymmetrisch zu W.

b) Sei $f(x) = ax^3 + bx^2 + cx + d$ eine allgemeine Funktion dritten Grades ($a \neq 0$, $a, b, c, d \in \mathbb{R}$). Dann gilt $f'(x) = 3ax^2 + 2bx + c$, $f''(x) = 6ax + 2b$, $f'''(x) = 6a \neq 0$ für $a \neq 0$. Für jeden Wendepunkt gilt:
$f''(x_W) = 0$, $6ax_W + 2b = 0$, $x_W = -\frac{b}{3a}$, $y_W = a\left(-\frac{b}{3a}\right)^3 + b\left(-\frac{b}{3a}\right)^2 + c\left(-\frac{b}{3a}\right) + d = \frac{2b^3}{27a^2} - \frac{bc}{3a} + d$,

es gibt jeweils nur genau einen Wendepunkt $W\left(-\frac{b}{3a} \middle| \frac{2b^3}{27a^2} - \frac{bc}{3a} + d.\right)$

Die Funktion, deren Graph gegenüber dem Graphen von f um x_W LE nach rechts (für $x_W > 0$) bzw. nach links (für $x_W < 0$) und um y_W LE nach unten (für $y_W > 0$) bzw. nach oben (für $y_W < 0$) verschoben ist, ist g mit $g(x) = f(x + x_W) - y_W = \frac{3a^2x^3 - (b^2 + 3ac)x}{3a}$,
g ist eine Potenzfunktion mit ausschließlich ungeraden Exponenten, punktsymmetrisch zum Koordinatenursprung. Folglich ist der Graph von f punktsymmetrisch zum Wendepunkt.

3 $f(x) = x^3 - \frac{a}{2}x^2 + a$, $\quad f'(x) = 3x^2 - ax$, $\quad f''(x) = 6x - a$, $\quad f'''(x) = 6 \neq 0$

a)

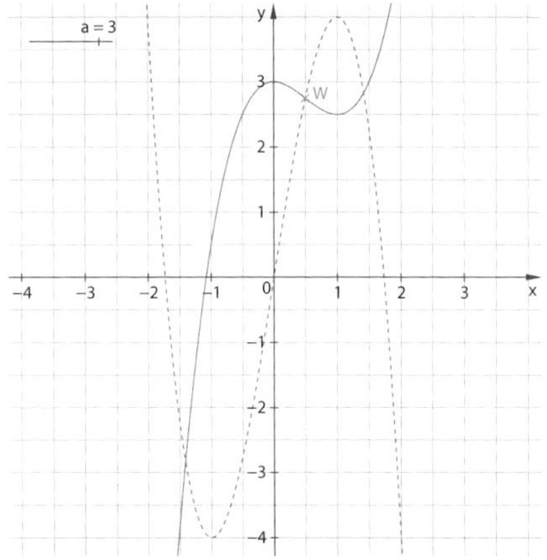

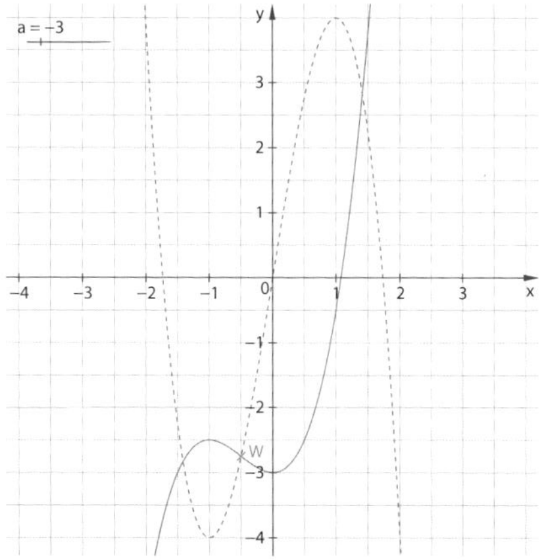

b) Wendepunkt: $f''(x_W) = 0 \quad 6x_W - a = 0 \quad x_W = \frac{a}{6}\, f\left(\frac{a}{6}\right) = \left(\frac{a}{6}\right)^3 - \frac{a}{2} \cdot \left(\frac{a}{6}\right)^2 + a = a - \frac{1}{108}a^3$

$W_a\left(\frac{1}{6a} \middle| a - \frac{a^3}{108}\right) \quad g(x) = 6x - 2x^3 \quad g(x_W) = g\left(\frac{a}{6}\right) = a - \frac{a^3}{108} = y_W$

c) $g'(x) = 6 - 6x^2$, $g'(x) = 0$ für $x_{1,2} = \pm 1$, $g(1) = 4$, $g(-1) = 4$, $W_1(1|4)$, $W_1(-1|-4)$,
$d = \sqrt{(1-(-1))^2 + (4-(-4))^2} = \sqrt{68} = 2\sqrt{17} \approx 8{,}25$ (in LE)

4 $f(x) = x^{80}$, $f'(x) = 80 \cdot x^{79}$, $f''(x) = 80 \cdot 79 \cdot x^{78}$, $f'''(x) = 80 \cdot 79 \cdot 78 \cdot x^{77}$ usw.: $f^{(80)}(x) = 80! \cdot x^0 = 80! \approx 7 \cdot 10^{118}$

5 $f_a(x) = \frac{1}{2a} \cdot x^3 - x$; $f_a'(x) = \frac{3}{2a} \cdot x^2 - 1$; $f_a''(x) = \frac{3}{a} \cdot x$

$f_a'\left(\frac{5}{2}\right) = 0, \quad \frac{3}{2a} \cdot \frac{25}{4} - 1 = 0, \quad \frac{75 - 8 \cdot a}{8 \cdot a} = 0, 75 - 8 \cdot a = 0, a = \frac{75}{8}$ und $f_a''\left(\frac{75}{8}\right) = \frac{3}{a} \cdot \frac{75}{8} > 0$

6 $f(x) = -x^4 - \frac{4}{3}x^3 + 4x^2 - \frac{17}{3} \qquad f'(x) = -4x^3 - 4x^2 + 8x = -4x(x^2 + x - 2)$
$f''(x) = -12x^2 - 8x + 8 = -4(3x^2 + 2x - 2)$
$f'(x_E) = 0$, $-4x_E(x_E^2 + x_E - 2) = 0$, $x_{E1} = 0$, $x_{E2} = 1$, $x_{E3} = -2$
$f(0) = -\frac{17}{3}$, $f(1) = -4$, $f(-2) = 5$

	$x < -2$	$x = -2$	$-2 < x < 0$	$x = 0$	$0 < x < 1$	$x = 1$	$x > 1$
$f'(x)$	> 0	$= 0$	< 0	$= 0$	> 0	$= 0$	< 0
G_f	↗	→	↘	→	↗	→	↘

globaler Hochpunkt $(-2|5)$, lokaler Tiefpunkt $\left(0\middle|-\frac{17}{3}\right)$, lokaler Hochpunkt $(1|-4)$: Man kann die Schnittpunkte des Graphen von f mit der Parallelen zur x-Achse mit $y = a$ und die Anzahl der Schnittpunkte betrachten, diese entspricht der Anzahl der Lösungen der Gleichung.

Für $a < -\frac{17}{3}$ gibt es 2 Lösungen, für $-\frac{17}{3} < a \leq -4$ gibt es 3 Lösungen, für $-4 < a < 5$ gibt es 2 Lösungen, für $a = 5$ genau eine Lösung, für $a > 5$ gibt es 0 Lösungen.

7 $f(x) = \frac{1}{2}x^3$, $g(x) = \frac{4}{x^2 + 1}$, $g'(x) = \frac{-8x}{(x^2+1)^2}$.

a) $f(0) = 0$, $g(0) = 4$, Schnittpunkte mit der y-Achse: $S_f(0|0)$, $S_g(0|4)$. Für $x > 0$ gilt $f'(x) = \frac{3}{2}x^2 > 0$, f streng monoton steigend; $g'(x) = \frac{-8x}{(x^2+1)^2} < 0$, g streng monoton fallend.

b) Da $f(0) < g(0)$ und für $x > 0$ f streng monoton steigend und g streng monoton fallend ist, muss es genau einen Schnittpunkt der beiden Graphen geben. Zur Bestimmung des ganzzahligen Intervalls, in dem die Schnittstelle liegt: $f(1) = \frac{1}{2} < g(1) = 2$, $f(2) = 4 > g(2) = \frac{4}{5}$, also liegt x_S im Intervall $(1; 2)$.
Für die Differenzfunktion d mit $d(x) = g(x) - f(x) = \frac{4}{x^2+1} - \frac{1}{2}x^3$ wird $x_{n+1} = x_n - \frac{f(x_n)}{f'(x_n)}$ bestimmt,
$x_0 = 2$, $x_1 = 2$, $x_2 = \frac{126}{83}$, $x_3 = x_4 \approx 1{,}3951$, ... $x_S \approx 1{,}3951$

8 **a)** In einer kleinen Umgebung um $a = 0$ scheinen die Minima von fa auf dem Graphen von g zu liegen (bei einer Genauigkeit von zwei Nachkommastellen liegt dieser Bereich zwischen $a = -0{,}2$ und $a = 0{,}2$).
Rein visuell beschreibt der Verlauf von g grob die Kurve der Tiefpunkte der Funktionenschar. Bei näherem Hinsehen fällt allerdings ein Abstand vom Tiefpunkt von *fa* zum Graphen von g auf, der sich auch rechnerisch bestätigt, wenn man betragsmäßig größere Werte von a betrachtet.

a	$f_a(x) = 6ax^3 + 5(x-a)^2 - 1$	x_{min}	$f_a(x_{min})$	$g(x_{min})$	$f_a(x_{min}) = g(x_{min})$
−10	$f_{-10}(x) = -60x^3 + 5(x+10)^2 - 1$	−0,72	451,99	23,68	Nein
−1	$f_{-1}(x) = -6x^3 + 5(x+1)^2 - 1$	−0,52	1	2,46	Nein
−0,1	$f_{-0,1}(x) = -0{,}6x^3 + 5(x+0{,}1)^2 - 1$	−0,1	−1	−1	Ja
0	$f_0(x) = 5x^2 - 1$	0	−1	−1	Ja
0,1	$f_{0,1}(x) = 0{,}6x^3 + 5(x-0{,}1)^2 - 1$	0,1	−1	−1	Ja
1	$f_1(x) = 6x^3 + 5(x-1)^2 - 1$	0,52	1	2,46	Nein
10	$f_{10}(x) = 60x^3 + 5(x-10)^2 - 1$	0,72	451,99	23,68	Nein

9 **a)** Das Newtonverfahren liefert auf Basis eines Näherungswertes für eine Nullstelle einen besseren Näherungswert. Leos Startwerte nähern sich alle der größten Nullstelle der Funktion $(\sqrt{3})$, die aber nicht die einzige ist.

b) Leonie wählt Startwerte, die alle am nächsten an der kleinsten Nullstelle $(-\sqrt{3})$, liegen.

c) Für Startwerte zwischen −5 und 5 lassen sich weitere Nullstellen finden ($-\sqrt{2}$, $\frac{\pi}{4}$ und $\sqrt{2}$).

d) Auch wenn man so näherungsweise den Wert $\frac{\pi}{4}$ (als eine Nullstelle der Funktion) bestimmen kann, ist dies nicht das beste Verfahren zur Bestimmung des Flächeninhalts eines Viertelkreises mit dem Radius $r = 1$.

e) Besser lassen sich $-\sqrt{3}$, $-\sqrt{2}$, $\frac{\pi}{4}$, $\sqrt{2}$ und $\sqrt{3}$ z. B. mit $g(x) = (x^2 - 2)$, $h(x) = (x^2 - 3)$ und $i(x) = \left(x - \frac{\pi}{4}\right)$ bestimmen.

Grundlagentraining

1 Monotonie einer Funktion: Betrachten Sie den Graphen der Funktion f im Intervall $-3 < x < 3$.

Hilfe: f heißt streng monoton fallend, wenn für alle $x_1 < x_2$ gilt: $f(x_1) > f(x_2)$.
f heißt streng monoton steigend, wenn für alle $x_1 < x_2$ gilt: $f(x_1) < f(x_2)$.

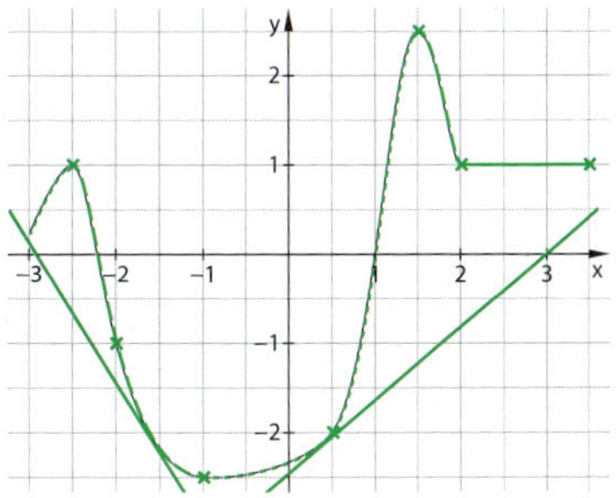

a) Färben Sie Teile des Graphen passend ein.
☐ f ist streng monoton steigend. ---------
☐ f ist streng monoton fallend. ––––

b) Geben Sie alle passenden Intervalle an.
① f ist streng monoton steigend für **−3** < x < **−2,5** und **−1 < x < 1,5.**

② f ist streng monoton fallend für **−2,5 < x < −1 und 1,5 < x < 2.**

c) Zeichnen Sie Tangenten ein und kreuzen Sie Zutreffendes an.

Teile der Tangente am Graphen der Funktion f verlaufen sowohl durch den I. als auch den III. Quadranten, somit ist f an der Stelle streng monoton steigend. ☒ wahr ☐ falsch

Teile der Tangente am Graphen der Funktion f verlaufen sowohl durch den II. als auch den IV. Quadranten, somit ist f an der Stelle streng monoton fallend. ☒ wahr ☐ falsch

2 Monotonieintervalle und Kriterium für Monotonie: Gegeben sind Graphen.

Hilfe: Die Nullstellen der Ableitungsfunktion f′ unterteilen den Definitionsbereich von f in Monotonieintervalle.
Wenn f′(x) > 0 für alle x aus dem Intervall I, dann ist die Funktion f streng monoton steigend auf I.
Wenn f′(x) < 0 für alle x aus dem Intervall I, dann ist die Funktion f streng monoton fallend auf I.

a) Markieren Sie zuerst durch zur y-Achse parallele Geraden die Wechsel von streng monoton fallend zu steigend und die Wechsel von streng monoton steigend zu fallend am Graphen der Funktion f.
Färben Sie danach auf der x-Achse die Intervalle, in denen die Ableitungsfunktion f′ nur positive bzw. nur negative Werte annimmt, unterschiedlich ein.

☐ f′(x) > 0 und f ist streng monoton steigend. --------- ☐ f′(x) < 0 und f ist streng monoton fallend. ––––

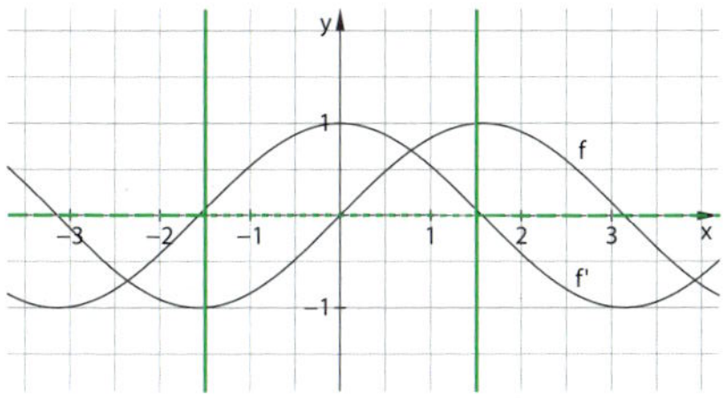
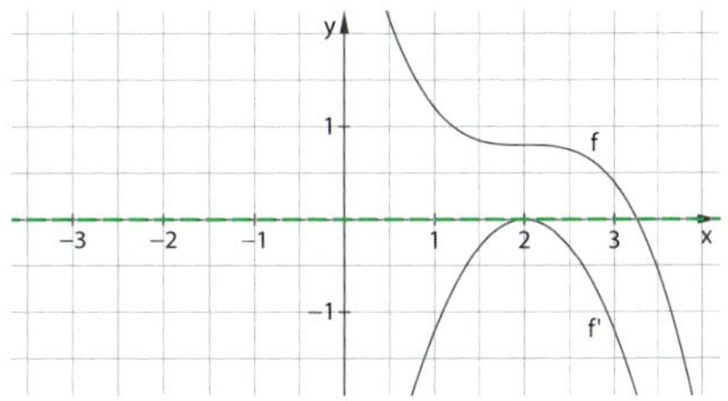

b) Einer der Graphen gehört zur Funktion f. Beschriften Sie diesen mit f.

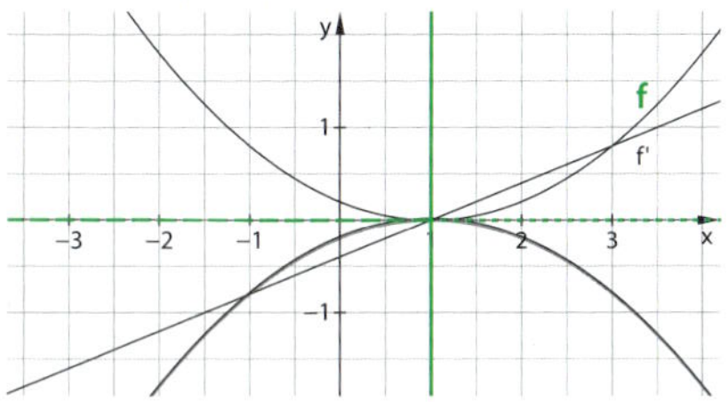
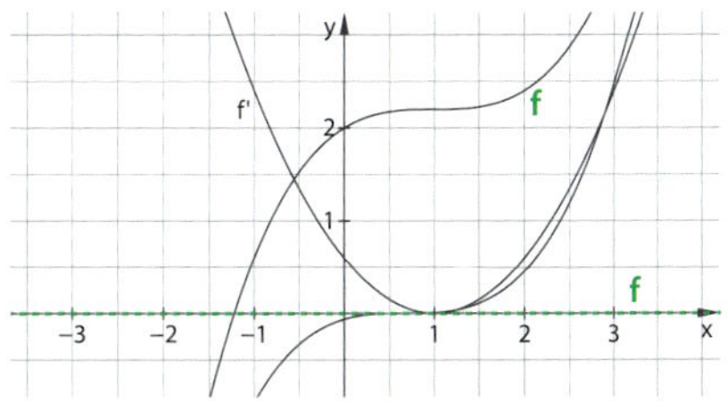

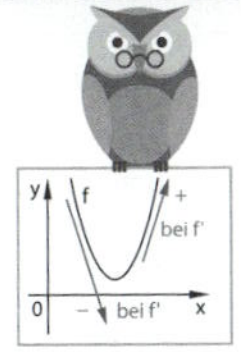

3 Untersuchen Sie die Funktion mithilfe der Ableitung auf Monotonie.

a) $f(x) = 0{,}25x^4 + 2x^3 + 2{,}5x^2 + 1$

1. Ermitteln der Ableitung von f′

$f'(x) = $ **$x^3 + 6x^2 + 5x$**

2. Ermitteln der Nullstellen von f′

$0 = $ **$x^3 + 6x^2 + 5x$**

$0 = x \cdot ($ **$x^2 + 6x + 5$** $)$, also ist $x_1 =$ **0.**

$x_2 = $ **$-3 + \sqrt{3^2 - 5} = -1$**

$x_3 = $ **$-3 - \sqrt{3^2 - 5} = -5$**

b) $g(x) = -0{,}75x^4 + 4x^3 + 31{,}5x^2 + 6$

$g'(x) = $ **$-3x^3 + 12x^2 + 63x$**

$0 = $ **$-3x^3 + 12x^2 + 63x$**

$0 = -3x \cdot (x^2 - 4x - 21)$, also ist $x_1 = 0$.

$x_2 = $ **$2 + \sqrt{2^2 + 21} = 7$**

$x_3 = $ **$2 - \sqrt{2^2 + 21} = -3$**

3. Ermitteln des Vorzeichens (VZ) von f′(x) für eine Teststelle aus jedem Monotonieintervall und angeben, ob f auf I streng monoton steigt (↗) oder fällt (↘)

Monotonie-intervall	Test-stelle	VZ von f′(x)	Monotonieverhalten von f
x < −5	−10	−	↘
−5 < x < **−1**	−2	**+**	**↗**
−1 < x < 0	−0,5	**−**	**↘**
0 < x	**1**	+	**↗**

Monotonie-intervall	Test-stelle	VZ von g′(x)	Monotonie-verhalten von g
x < −3	**−5**	+	**↗**
−3 < x < 0	**−1**	**−**	**↘**
0 < x < 7	**1**	**+**	**↗**
7 < x	**10**	−	**↘**

Zusatzaufgabe: Skizzieren Sie einen möglichen Verlauf der Graphen f und g. **individuelle Lösung**

Aufbautraining

4 Den Temperaturverlauf von 6:00 Uhr bis 21:00 Uhr an einem Sommertag beschreibt der Graph der Funktion f mit
$f(t) = -\frac{1}{100} \cdot t^3 + \frac{23}{100} \cdot t^2 + 10$.

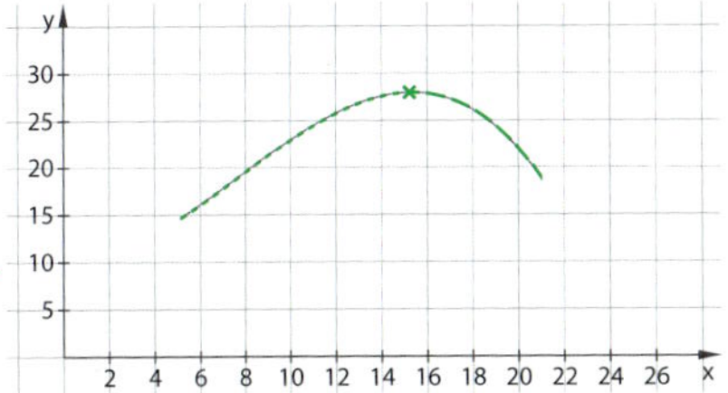

a) Markieren Sie die Bereiche, in denen die Temperatur steigt bzw. fällt, mit unterschiedlichen Farben.
☐ Temperatur steigt --------- ☐ Temperatur fällt ––––

b) Berechnen Sie den Zeitpunkt, an dem sich das Monotonieverhalten ändert, auf die Minute genau.
$f'(t) = $ **$-\frac{3}{100}t^2 + \frac{46}{100}t$**

Nullstelle von f′:

$-\frac{3}{100}t^2 + \frac{46}{100}t = 0 \quad | \cdot 100$

$-3t^2 + 46t = 0$

$-3t \cdot \left(t - \frac{46}{3}\right) = 0$ **(t = 0 gehört nicht zum Bereich von 6 bis 21.)**

$t = \frac{46}{3} = 15\frac{1}{3}$ **Im betrachteten Bereich liegt nur diese Lösung.**

Das Monotonieverhalten ändert sich um 15:20 Uhr.

Extrempunkte Terrassenpunkte

Grundlagentraining

1 Extrempunkte (Hoch- und Tiefpunkte): Gegeben ist der Graph der Funktion f.
a) Ergänzen Sie die Tabelle zum Graphen der Funktion f.
b) Skizzieren Sie je eine Tangente links und rechts in der Umgebung der Extrempunkte. Geben Sie dort die Vorzeichen der Ableitung am Graphen an.

Extremstelle	x = 1	x = 2	x = 3	x = 5
Hochpunkt	$H_1(1\mid2)$	–	$H_2(3\mid1{,}5)$	–
lokales Maximum	y = 2	–	y = 1,5	–
Tiefpunkt	–	$T_1(2\mid0{,}5)$	–	$T_2(5\mid-1)$
lokales Minimum	–	y = 0,5	–	y = –1

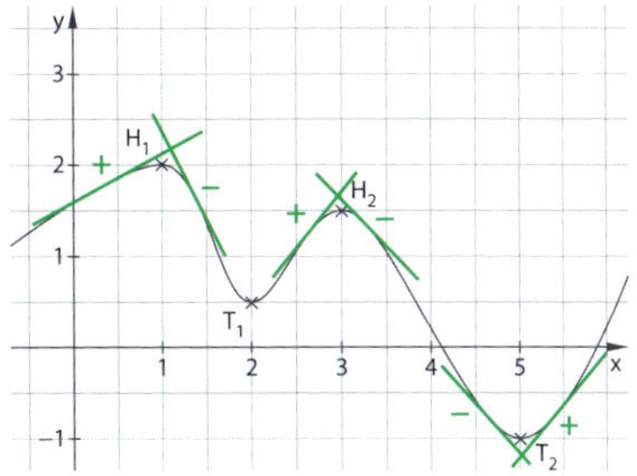

2 Notwendige Bedingung für lokale Extrempunkte: Berechnen Sie mithilfe der Ableitungsfunktion f′, g′, h′ bzw. i′ die Stellen, die als Extremstellen infrage kommen.
Hilfe: Wenn der Graph einer Funktion f an der Stelle x_E einen Hochpunkt oder Tiefpunkt hat, dann gilt $f'(x_E) = 0$.

a) $f(x) = x^2 - 4x + 4$

$f'(x) = 2x - 4$
$0 = 2x - 4$
$x = 2$

x = 2 kommt als Extremstellen infrage.

b) $g(x) = -x^3 + 3x^2 + 2$

$g'(x) = -3x^2 + 6x$
$0 = -3x^2 + 6x$
$0 = -x^2 + 2x = -x(x-2)$

$x_1 = 0 \quad x_2 = 2$
$x_1 = 0$ und $x_2 = 2$ kommen als Extremstellen infrage.

c) $h(x) = 0{,}25x^4 + \frac{1}{3}x^3 - x^2$

$h'(x) = x^3 + x^2 - 2x$
$0 = x^3 + x^2 - 2x$
$0 = x(x^2 + x - 2) = x(x-1)(x+2)$

$x_1 = 0 \quad x_2 = 1 \quad x_2 = -2$

$x_1 = 0$, $x_2 = 1$ und $x_3 = -2$ kommen als Extremstellen infrage.

d) $i(x) = x^3 + 3{,}5x^2 + 3{,}5x + 1$

$i'(x) = 3x^2 + 7x + 3{,}5$
$0 = x^2 + \frac{7}{3}x + \frac{7}{6}$

$x_1 = -\frac{7}{6} + \sqrt{\left(\frac{7}{6}\right)^2 - \frac{7}{6}} \approx -0{,}73$

$x_2 = -\frac{7}{6} - \sqrt{\left(\frac{7}{6}\right)^2 - \frac{7}{6}} \approx -1{,}61$

In der Nähe von $x_1 = -0{,}73$ und $x_2 = -1{,}61$ könnten Extremstellen liegen.

Zusatzaufgabe: Prüfen Sie, ob die berechneten Stellen Extrempunkte (keine Terrassenpunkte) sein können.

3 Ordnen Sie jedem Extrempunkt genau eine Funktion und ihre Ableitungsfunktion zu.
Achtung, einer der Punkte ist ein Terrassenpunkt. $T(0\mid0)$ ist Terrassenpunkt von $f(x) = 0{,}25x^4 - 3x^3$.

$P(1\mid-2)$ | $Q(-1\mid0)$ | $R(-1\mid2)$ | $S(0\mid1)$ | $T(0\mid0)$ | $U(9\mid-546{,}75)$ | $V(1\mid0)$

$f(x) = 9x + 10$ | $f(x) = 9x^2$ | $f(x) = x^3 - 3x$ | $f(x) = x^4 - 2x^2 + 1$ | $f(x) = 0{,}25x^4 - 3x^3$

$f'(x) = 9$ | $f'(x) = x^3 - 9x^2$ | $f'(x) = 18x$ | $f'(x) = 4x^3 - 4x$ | $f'(x) = 3x^2 - 3$

4 Hinreichende Bedingung für lokale Extrempunkte: Entscheiden Sie mithilfe des Vorzeichenwechsels (VZW) von f′, ob an der Stelle x_E ein lokales Minimum oder ein lokales Maximum vorliegt.
Füllen Sie die Lücken aus und kreuzen Sie Zutreffendes an.
Hilfe: Tiefpunkt an der Stelle x_E: $f'(x_E) = 0$ und das Vorzeichen von f′ wechselt an der Stelle x_E von – nach +.
Hochpunkt an der Stelle x_E: $f'(x_E) = 0$ und das Vorzeichen von f′ wechselt an der Stelle x_E von + nach –.

a) $f(x) = x^3 + 10{,}5x^2 + 18x \quad f'(x) = 3x^2 + 21x + 18 \quad x_1 = -1$ und $x_2 = -6$ sind vermutlich Extremstellen.

x	–2	–1	0
f′(x)	– (↘)	0	+ (↗)

x	–10	–6	–5
f′(x)	+ (↗)	0	– (↘)

- [x] VZW von – nach + (Tiefpunkt bei – 1)
- [ ] VZW von + nach – (Hochpunkt bei – 1)
- [ ] VZW von – nach + (Tiefpunkt bei – 6)
- [x] VZW von + nach – (Hochpunkt bei – 6)

b) $g(x) = x^5 - 1{,}25x^4 \quad g'(x) = 5x^4 + 5x^3 = 5x^3(x-1) \quad x_1 = 0$ und $x_2 = 1$ sind vermutlich Extremstellen.

x	–1	0	0,5
f′(x)	+ (↗)	0	– (↘)

x	0,5	1	2
f′(x)	– (↘)	0	+ (↗)

- [ ] VZW von – nach + (Tiefpunkt bei 0)
- [x] VZW von + nach – (Hochpunkt bei 0)
- [x] VZW von – nach + (Tiefpunkt bei 1)
- [ ] VZW von + nach – (Hochpunkt bei 1)

5 Extrem- und Terrassenpunkte: Vergleichen Sie die Vorzeichenwechsel (VZW) von f′.
a) Geben Sie die Extrem- und Terrassenpunkte in der Tabelle an.
b) Schreiben Sie die Vorzeichen der Ableitung links und rechts in der Umgebung der Punkte an den Graphen.
Ergänzen Sie in der Tabelle die letzte Zeile zum VZW.

Hochpunkte	Tiefpunkte	Terrassenpunkte
$H_1(0{,}5\mid2{,}5)$	$T_1(1{,}5\mid0{,}5)$	$S_1(1\mid1{,}5)$
$H_2(2{,}5\mid1)$	$T_2(4\mid-1{,}5)$	$S_2(3{,}5\mid-1)$
–	–	$S_3(5\mid1)$
VZW von + nach –	VZW von – nach +	VZW Gibt es nicht.

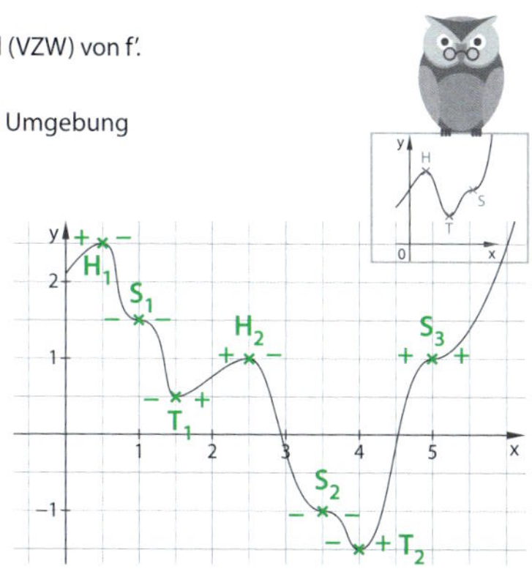

Zusatzaufgabe: Erläutern Sie mithilfe der Abbildung den Vorzeichenwechsel (VZW) an Extrem- und Terrassenpunkten.
individuelle Lösung

6 Hinreichende Bedingung für Terrassenpunkte: Entscheiden Sie mithilfe des Vorzeichenwechsels von f′, ob x_S Terrassenstelle ist. Zusatzaufgabe: Geben Sie gegebenenfalls den Terrassenpunkt S an.
Hilfe: x_S ist Terrassenstelle, wenn $f'(x_S) = 0$ ist und das Vorzeichen von f′ an der Stelle x_S nicht wechselt.

a) $f(x) = x^5 + 9 \quad f'(x) = 5x^4 \quad S(0\mid9)$

x	–1	0	1
f′(x)	+ (↗)	0	+ (↗)

b) $f(x) = 0{,}5x^3 - 1{,}5x^2 + 1{,}5x \quad f'(x) = 1{,}5x^2 - 3x + 1{,}5$

x	0	1	2
f′(x)	+ (↗)	0	+ (↗)

$S(1\mid0)$

7 Geben Sie eine Funktion mit dem Terrassenpunkt $S(0\mid1)$ an.
z. B.: $f(x) = -x^3 + 1 \quad (f(x) = ax^n + 1$ mit $n \in \mathbb{N}$, n ungerade, $a \neq 0)$

8 Entscheiden Sie, ob an den Nullstellen von f' ein Hoch-, Tief- oder Terrassenpunkt bei f vorliegt.
$f'(x) = 5x \cdot (x-3) \cdot (x+8) \cdot (x-1)^2$

Faktor	(x + 8)	5x	$(x-1)^2$	(x − 3)
Nullstelle	−8	0	1	3
VZW bei f' an der Nullstelle	von − nach +	von + nach −	Gibt es nicht (von − nach −).	von − nach +
Art des Punktes	Tiefpunkt	Hochpunkt	Terrassenpunkt	Tiefpunkt

9 Beschriften Sie die Graphen passend mit f, f', g, g', h, h', i und i'.
Markieren Sie die dabei hilfreichen Punkte, Stellen … in den Koordinatensystemen.

Graphen von Ableitungsfunktionen:

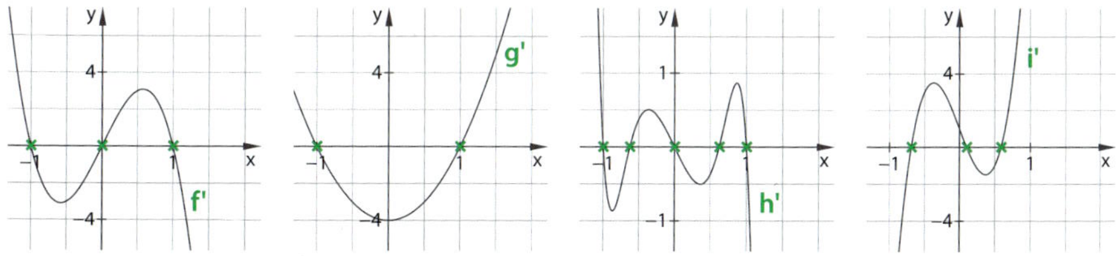

Graphen von Funktionen:

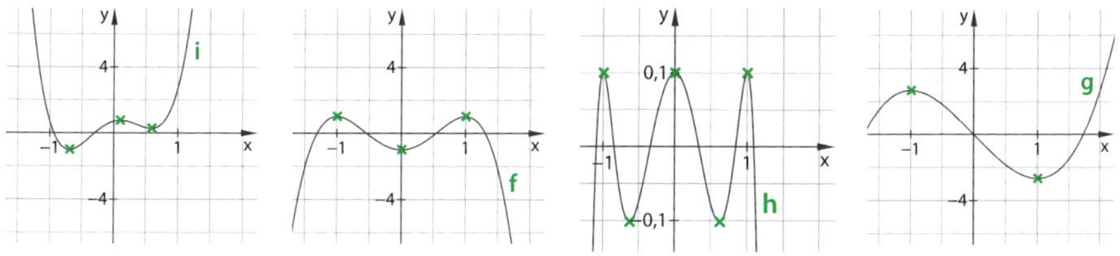

10 Berechnen Sie zuerst alle Extrem- und Terrassenpunkte des Graphen von f mit $f(x) = 3x^4 - 8x^3 + 6x^2$.
Skizzieren Sie danach mithilfe Ihrer Ergebnisse den Graphen von f.

$f'(x) = 12x^3 - 24x^2 + 12x = 12x \cdot (x^2 - 2x + 1) = 12x \cdot (x-1)^2$
f' besitzt die Nullstellen $x_1 = 0$ und $x_2 = 1$.

Vorzeichenwechsel

x	−1	0	0,5	1	2
f'(x)	− (↘)	0	+ (↗)	0	+ (↗)

f'(0) = 0 und es gibt einen Vorzeichenwechsel von − nach +, somit erhält man den Tiefpunkt T(0|0) (f(0) = 0).

f'(1) = 0 und es gibt keinen Vorzeichenwechsel, somit erhält man den Terrassenpunkt S(1|1) (f(1) = 1).

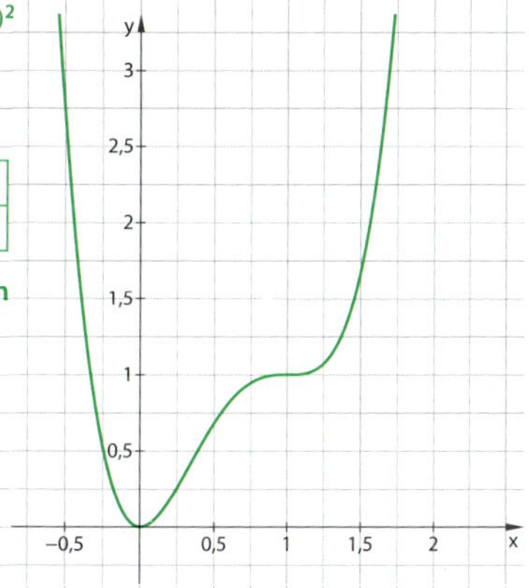

Aufbautraining

11 Gegeben sind Graphen von Ableitungsfunktionen f'. Überlegen Sie zuerst, welche Punkte des Graphen von f' beim Skizzieren des Graphen der Funktion f besonders hilfreich sind.
Skizzieren Sie danach den Graphen der Funktion f so, dass er durch den Punkt (0|1) verläuft.

a)

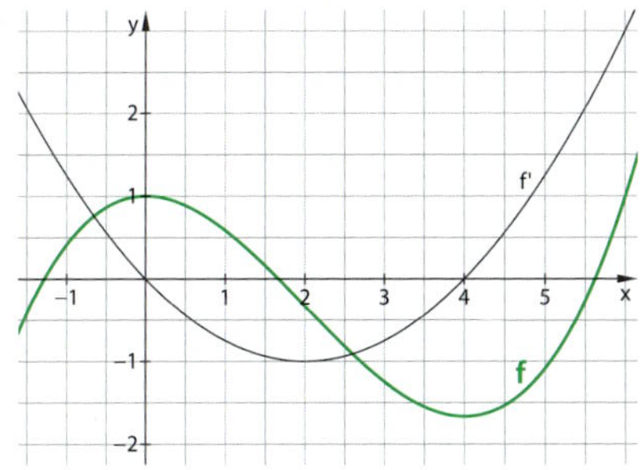

b)

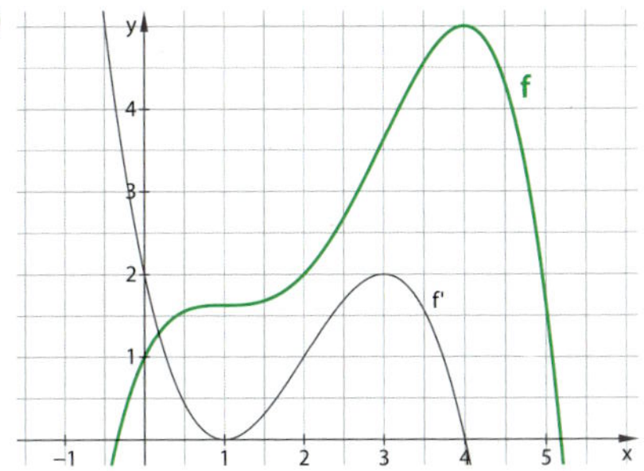

12 Die Funktion f mit $f(t) = -2t^3 + 75t^2 - 864t + 3159$ beschreibt für $9 \leq t \leq 19{,}5$ näherungsweise die Besucherzahl einer Ausstellung von 09:00 Uhr bis 19:30 Uhr; t gibt die Uhrzeit in Stunden an.
Berechnen Sie den Zeitpunkt, zu dem die Besucheranzahl am größten war. Geben Sie diese Anzahl an.

$f'(t) = -6t^2 + 150t - 864 = -6(t^2 - 25t + 144) = -6(t-9) \cdot (t-16)$
$f''(t) = -12t + 150$
Nullstellen von f': $t_1 = 9$ und $t_2 = 16$
$f''(9) = 42 > 0$ (Minimum) und $f''(16) = -42 < 0$ (Maximum)
$f(16) = 343$ $f(9) = 0, f(9{,}5) = 5 < f(16)$

Die Anzahl der Besucher war um 16:00 Uhr am größten. Sie betrug 343.

Zusatzaufgabe: Begründen Sie, warum die Modellierung der Besucheranzahl durch die Funktion f sinnvoll sein kann.
f hat die Nullstellen 9 und 19,5. Die Funktionswerte zwischen den beiden Stellen sind positiv.

13 Gegeben ist die Funktion f mit $f(x) = (x-2)(0{,}5x^2 - 3{,}5x + 5)$.

a) Berechnen Sie die Koordinaten der Schnittpunkte des Graphen von f mit den Koordinatenachsen.

$0 = 0{,}5x^2 - 3{,}5x + 5 \quad | \cdot 2$ $\qquad x_1 = \frac{7}{2} + \sqrt{\left(\frac{7}{2}\right)^2 - 10} = 5$ $\qquad x_2 = \frac{7}{2} - \sqrt{\left(\frac{7}{2}\right)^2 - 10} = 2$

$0 = x^2 - 7x + 10$ $\qquad f(x) = 0{,}5(x-2)^2(x-5)$ $\qquad f(0) = -10$

Die Schnittpunkte mit der x-Achse sind $S_{x_1}(5|0)$ und $S_{x_2}(2|0)$ und mit der y-Achse $S_y(0|-10)$.

b) Berechnen Sie die Koordinaten der Extrempunkte des Graphen von f.

$f(x) = (x-2)(0{,}5x^2 - 3{,}5x + 5) = 0{,}5x^3 - 4{,}5x^2 + 12x - 10$
$f'(x) = 1{,}5x^2 - 9x + 12 = 1{,}5(x^2 - 6x + 8) = 1{,}5(x-2)(x-4)$

Vorzeichenwechsel

x	1	2	3	4	5
f'(x)	+ (↗)	0	− (↘)	0	+ (↗)

$f(2) = 0$ und $f(4) = -2$

Extrempunkte des Graphen von f sind der Hochpunkt H(2|0) und der Tiefpunkt T(4|−2).

Krümmung

Grundlagentraining

1 Links- und Rechtskurven: Markieren Sie unterschiedlich die Bereiche, in denen die Lok eine Links- bzw. Rechtskurve durchfährt.

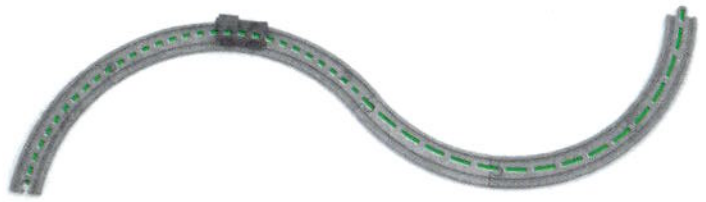

- ☐ Linkskurve (linksgekrümmt) - - - -
- ☐ Rechtskurve (rechtsgekrümmt) -------

Zusatzaufgabe: Ein Streckenabschnitt hat die Form: Linkskurve – Rechtskurve – Linkskurve. Mit welchem Buchstaben kann er beschrieben werden? **W**

2 Graphen von f, f′ und f″: Gegeben sind die Graphen von Funktionen und deren ersten beiden Ableitungen.

① 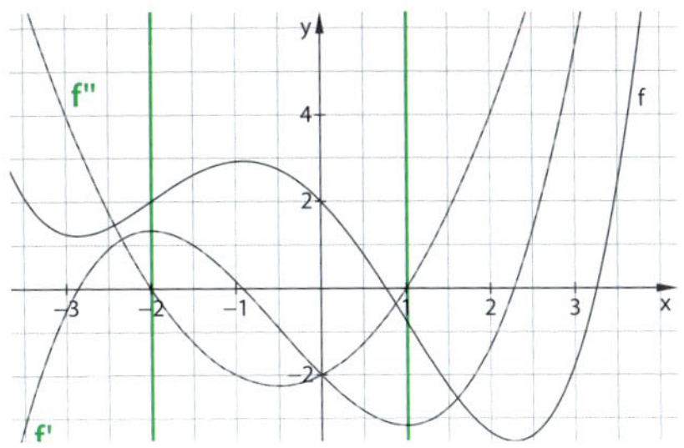

② 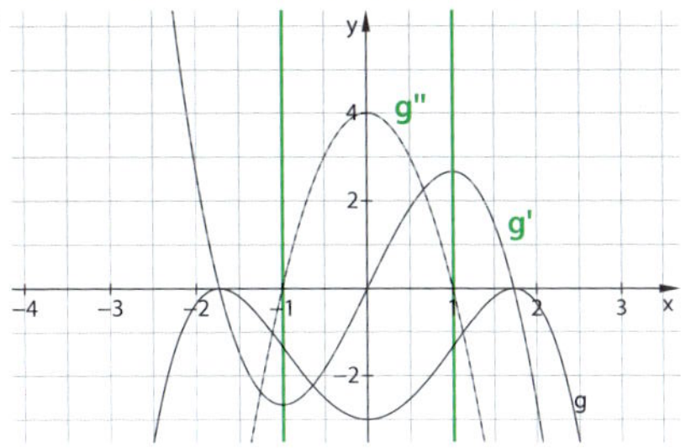

a) Beschriften Sie die Graphen der Ableitungsfunktionen.

b) Markieren Sie mit senkrechten Geraden alle passenden Stellen.

☐ bei f und g	Wechsel des Krümmungsverhaltens (Links- bzw. Rechtskrümmung)
☐ bei f′ und g′	Wechsel des Monotonieverhaltens (streng monoton steigend bzw. fallend)
☐ bei f″ und g″	Wechsel des Vorzeichens der Funktionswerte (positive bzw. negative Funktionswerte)

Was fällt Ihnen auf?
Es sind jeweils die gleichen Stellen.

c) Ergänzen Sie die Sätze zur Krümmung von f und g.

Der Graph von f ist linksgekrümmt für **$x < -2$ und $x > 1$.** Er ist rechtsgekrümmt für **$-2 < x < 1$.**

Der Graph von g ist linksgekrümmt für **$-1 < x < 1$.** Er ist rechtsgekrümmt für **$x < -1$ und $x > 1$.**

3 Krümmungsverhalten: Geben Sie an, auf welchen Intervallen der Graph von f links- bzw. rechtsgekrümmt ist. Belegen Sie Ihre Entscheidung mithilfe von Funktionswerten zu Teststellen aus den Intervallen.

Hilfe: Wenn $f''(x) < 0$ für alle x aus dem Intervall I, dann ist der Graph der Funktion f auf I rechtsgekrümmt.
Wenn $f''(x) > 0$ für alle x aus dem Intervall I, dann ist der Graph der Funktion f auf I linksgekrümmt.

a) $f''(x) = -x + 4$

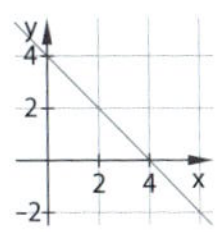

Linkskrümmung des Graphen von f für:
$x < 4$ $f''($ **0** $) =$ **4**

Rechtskrümmung des Graphen von f für:
$x > 4$ $f''($ **6** $) =$ **−2**

b) $f''(x) = 2x + 2$

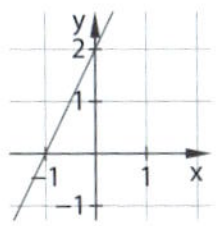

Linkskrümmung des Graphen von f für:
$x > -1$ $f''($ **0** $) =$ **2**

Rechtskrümmung des Graphen von f für:
$x < -1$ $f''($ **−2** $) =$ **−2**

4 Untersuchen Sie mithilfe der zweiten Ableitung das Krümmungsverhalten.
Hilfe: Die Nullstellen von f″ sind die Grenzen von Krümmungsintervallen.

a) $f(x) = 2x^3 - 3x^2 + 4x + 5$

$f'(x) =$ **$6x^2 - 6x + 4$**

$f''(x) =$ **$12x - 6$**

$0 =$ **$12x - 6$,** also ist $x =$ **0,5.**

Linkskrümmung für: **$x > 0{,}5$** $f''($ **1** $) =$ **6**

Rechtskrümmung für: **$x < 0{,}5$** $f''($ **0** $) =$ **−6**

b) $g(x) = -x^3 - 2x + 6$

$g'(x) = -3x^2 - 2$

$g''(x) = -6x$

$0 =$ **$-6x$,** also ist $x =$ **0.**

Linkskrümmung für: **$x < 0$** $f''($ **−1** $) =$ **6**

Rechtskrümmung für: **$x > 0$** $f''($ **1** $) =$ **−6**

Aufbautraining

5 Ermitteln Sie die Hoch- und Tiefpunkte mithilfe von Ableitungen.
Hilfe: Wenn $f''(x_E) > 0$, dann liegt ein Tiefpunkt vor.
In diesem Fall gilt: Wenn $f''(x_E) < 0$, dann liegt ein Hochpunkt vor.
Eine hinreichende Bedingung für eine lokale Extremstelle x_E einer Funktion f ist: $f'(x_E) = 0$ und $f''(x_E) \neq 0$.

a) $f(x) = \frac{1}{3}x^3 - 3x^2 + 2$

$f'(x) =$ **$x^2 - 6x$** **$f'(x) = x(x - 6)$**

$f''(x) =$ **$2x - 6$**

Nullstellen von f′ sind $x_1 = 0$ und $x_2 =$ **6.**

$f''(0) =$ **$-6 < 0$** und $f(0) = 2$, somit

gibt es bei $x_1 = 0$ den Hochpunkt $H(0|2)$.

$f''($ **6** $) =$ **$6 > 0$** und $f($ **6** $) =$ **−34,** somit

gibt es bei $x_2 =$ **0** den **Tiefpunkt $H(6|-34)$.**

b) $g(x) = x^3 + 1{,}5x^2 - 6x + 4$

$g'(x) = 3x^2 + 3x - 6 = 3(x - 1)(x + 2)$

$g''(x) = 6x + 3$

Nullstellen von g′ sind $x_1 =$ **1** und $x_2 =$ **−2.**

$g''($ **1** $) =$ **$9 > 0$** und $g($ **1** $) =$ **0,5,** somit

gibt es bei $x_1 =$ **1** den **Tiefpunkt $H(1|0{,}5)$.**

$g''($ **−2** $) =$ **$-9 < 0$** und $g($ **−2** $) =$ **14,** somit

gibt es bei $x_2 =$ **−2** den **Hochpunkt $H(-2|14)$.**

6 Die Funktion h mit $h(t) = -\frac{1}{3}t^3 + 2t^2 + 21t + 10$ beschreibt ab dem Kaufdatum für einige Wochen die Höhe einer Pflanze; t steht für die Wochen nach diesem Zeitpunkt und h(t) für die jeweilige Höhe der Pflanze in Zentimetern.

a) Ermitteln Sie den Zeitpunkt, ab dem sich das Wachstum der Pflanze verlangsamt.

$h'(t) = -t^2 + 4t + 21$

$h''(t) = -2t + 4$; $h''(2) = 0$; $h''(x) > 0$ für $x < 2$ und $h''(x) < 0$ für $x > 2$

Nach der zweiten Woche verlangsamt sich das Wachstum der Pflanze.

b) Untersuchen Sie, bis zu welcher Woche die Funktion h das Wachstum relativ gut beschreiben könnte.

$h'(t) = -t^2 + 4t + 21 = -(t - 7)(t + 3)$

Nullstellen von h′ sind $x_1 = 7$ und $x_2 = -3$ (x_2 ohne praktische Bedeutung).

$h''(7) < 0$ $t = 7$ ist die Maximumstelle. Die Pflanze ist nach 7 Wochen ausgewachsen.

Bis zur siebten Woche könnte die Funktion das Wachstum beschreiben.

Grundlagentraining

1 Wendepunkte von Funktionen und Graphen von Ableitungsfunktionen: Gegeben sind die Graphen von Funktionen und die der ersten beiden Ableitungen.

①.
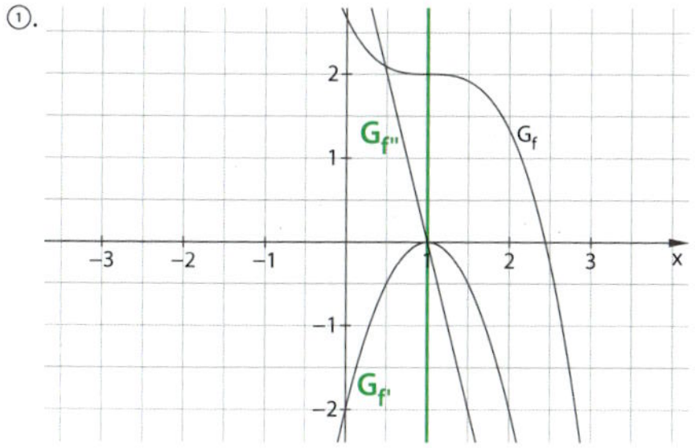

②.
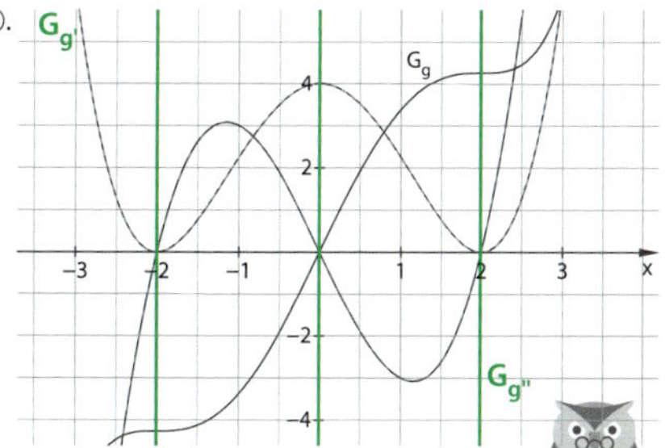

a) Markieren Sie die Wendepunkte der Funktionen f und g in den Zeichnungen.
Hilfe: Wendepunkte mit einer waagerechten Tangente sind Terrassenpunkte.
Am Wendepunkt ändert sich das Krümmungsverhalten.

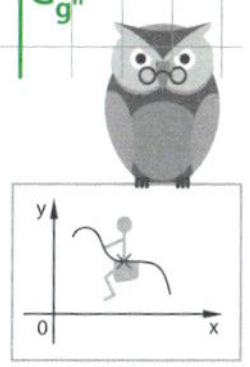

b) Beschriften Sie zuerst die Graphen der Ableitungsfunktionen mit f′, f″, f‴ bzw. g′, g″, g‴.
Markieren Sie danach mit senkrechten Geraden alle passenden Stellen.

- ☐ Wendestellen der Funktion f
- ☐ Nullstellen der zweiten Ableitungsfunktion f″
- ☐ Extremstellen der ersten Ableitungsfunktion f′
- ☐ Terrassenstellen der Funktion f

Zusatzaufgabe: Was fällt Ihnen auf? **Es sind jeweils die gleichen Stellen.**

2 Hinreichende Bedingungen für Wendepunkte: Graphen von f mit $f(x) = -0{,}5x^4 + x^3$ und g mit $g(x) = 0{,}5x^4 - 2x^3 + 6$.

a) Ermitteln Sie mithilfe von Ableitungen die Wendestellen. Prüfen Sie, ob es sich um eine Terrassenstelle handelt.
Hilfe: Wenn $f''(x_w) = 0$ und $f'''(x_w) \neq 0$, dann ist x_w Wendestelle. Wenn zusätzlich $f'(x_w) = 0$, dann ist x_w Terrassenstelle.

$f(x) = -0{,}5x^4 + x^3$
$f'(x) = -2x^3 + 3x^2$
$f''(x) = -6x^2 + 6x = 6x(1 - x)$
$f'''(x) = -12x + 6$

Nullstellen von f″ sind $x_1 = 0$ und $x_2 = 1$.
$f'''(0) = 6 \neq 0$ und $f'''(1) = -6 \neq 0$.
Bei $x_1 = 0$ und $x_2 = 1$ gibt es Wendestellen.
$f'(0) = 0$, also ist bei $x_1 = 0$ eine Sattelstelle.
$f'(1) = 1 \neq 0$, also ist bei $x_2 = 1$ keine Sattelstelle.

$g(x) = 0{,}5x^4 - 2x^3 + 6$
$g'(x) = 2x^3 - 6x^2$
$g''(x) = 6x^2 - 12x = 6x(x - 2)$
$g'''(x) = 12x - 12$

Nullstellen von g″ sind $x_1 = 0$ und $x_2 = 2$.
$g'''(0) = -12 \neq 0$ und $g'''(2) = 12 \neq 0$.
Bei $x_1 = 0$ und $x_2 = 2$ gibt es Wendestellen.
$g'(0) = 0$, also ist bei $x_1 = 0$ eine Sattelstelle.
$g'(2) = -8 \neq 0$, also ist bei $x_2 = 2$ keine Sattelstelle.

Hinweis: Terrassenstellen (Terrassenpunkte) werden auch als Sattelstellen (Sattelpunkte) bezeichnet.

b) Untersuchen Sie mithilfe der Tabellen, ob das Vorzeichen (VZ) von f″ an der Stelle x_w wechselt.
Hilfe: Wenn $f''(x_w) = 0$ und das Vorzeichen von f″ an der Stelle x_w wechselt, dann existiert bei x_w ein Wendepunkt.

x	−1	0	0,5	1	2
f″(x)	−12	0	1,5	0	−12
VZ	−		+		−

x	−1	0	1	2	3
g″(x)	18	0	−6	0	18
VZ	+		−		+

3 Welche Teilaussagen kommen in den notwendigen oder hinreichenden Bedingungen für die Aussagen ① bis ③ vor? Ordnen Sie diese zu.

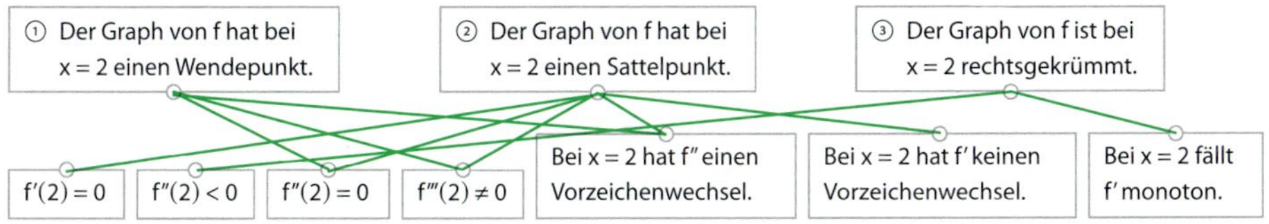

4 Berechnen Sie die Wendepunkte der Funktion f mit $f(x) = -\frac{1}{24}x^4 + \frac{1}{6}x^3 + 2$.
Untersuchen Sie auch, ob Terrassenpunkte vorliegen.

$f'(x) = -\frac{1}{6}x^3 + \frac{1}{2}x^2$ Nullstellen von f″ sind $x_1 = 0$ und $x_2 = 2$.

$f''(x) = -\frac{1}{2}x^2 + x = -\frac{1}{2}x(x - 2)$ $f'''(0) = 1 \neq 0$ und $f'(0) = 0$ **$x_1 = 0$ ist Wende- und Terrassenstelle.**
$f'''(2) = 1 \neq 0$ und $f'(2) \neq 0$ **$x_2 = 2$ ist Wendestelle.**

$f'''(x) = -x + 1$ $f(0) = 2$ $f(2) = 2\frac{2}{3}$

Wendepunkte sind $A(0|2)$ und $B\left(2\,|\,2\frac{2}{3}\right)$. Der Wendepunkt $A(0|2)$ ist ein Terrassenpunkt.

Aufbautraining

5 Beurteilen Sie die unten stehenden Aussagen.
Schreiben Sie die Nummern der passenden Begründungen auf.

① $f'(x_0) = 0$ an der Stelle x_0.
② $f''(x_0) \neq 0$ an der Stelle x_0.
③ $f''(x_0) = 0$ an der Stelle x_0.
④ $f'(x_0) < 0$ an der Stelle x_0.
⑤ $f'''(x_0) \neq 0$ an der Stelle x_0.
⑥ $f'(x_0) \neq 0$ an der Stelle x_0.

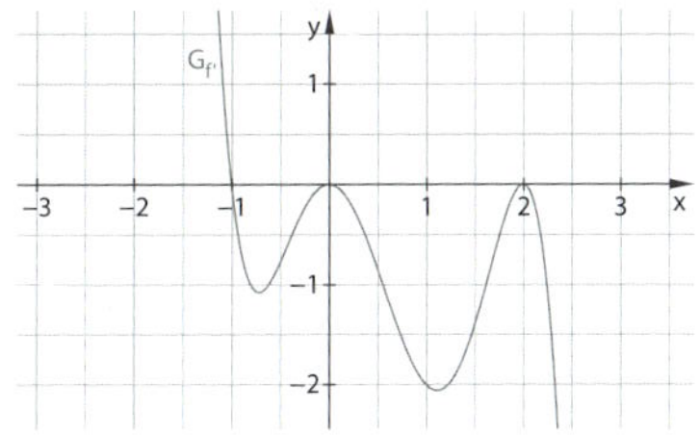

Aussage	wahr	falsch	Begründung
Der Graph von f ist an der Stelle $x_0 = 1{,}5$ monoton steigend.	☐	☒	④
Der Graph von f hat an der Stelle $x_0 = 2$ eine Terrassenstelle.	☒	☐	①, ③
An der Stelle $x_0 = 1$ ist das notwendige Kriterium für ein Extremum erfüllt.	☐	☒	⑥
Der Graph von f hat an der Stelle $x_0 = -1$ ein Extremum.	☒	☐	①, ②
Der Graph von f hat an der Stelle $x_0 = 0$ eine Wendestelle.	☒	☐	③, ⑤
An der Stelle $x_0 = 0$ ist das notwendige Kriterium für ein Extremum erfüllt.	☒	☐	①, ②

6 Ermitteln Sie die Gleichung der Wendetangente der Funktion f mit $f(x) = x^3 - 6x^2 + 9x - 4$.

$f'(x) = 3x^2 - 12x + 9$ $f''(x) = 6x - 12$
Nullstelle von f″ ist $x = 2$. Es gibt bei $x = 2$ einen Vorzeichenwechsel ($f''(1) = -6$; $f''(3) = 6$).
Wendepunkt ist demzufolge der Punkt $W(2|-2)$.
($f'''(x) = 6$, also ungleich null, auch damit ist es ein Wendepunkt.)
$f'(2) = -3$ $-2 = -3 \cdot 2 + b$ gilt für $b = 4$.
Die Tangente durch den Wendepunkt hat die Gleichung $t_w(x) = -3x + 4$.

Grundlagentraining

1 Ergänzen Sie die Beschreibung des Newtonverfahrens anhand der Abbildung:
Gesucht ist **die Nullstelle x_N** einer Funktion f. Man sucht sich eine in der Nähe der vermuteten Nullstelle x_N gelegene Stelle x_0, legt dort **die Tangente an den Graphen von f** und bestimmt **die Nullstelle x_1** dieser Tangente. An der Stelle x_1 wird wieder **eine Tangente an den Graphen von f** gelegt, welche die x-Achse an einer **Stelle x_2** schneidet. Dieses Verfahren wird so lange fortgeführt, bis die beiden letzten benachbarten Tangentennullstellen einen vorher definierten Abstand ε **unterschreiten**.

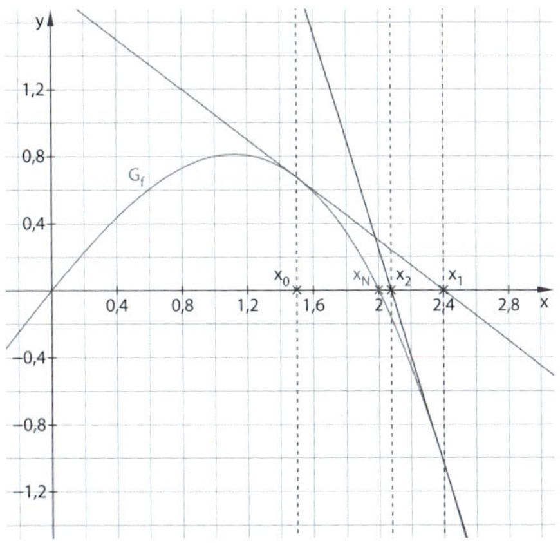

2 Die Berechnung der positiven Nullstelle von $f(x) = x^2 - 3$ soll mit dem Newtonverfahren auf Hundertstel genau ($|x_{k+1} - x_k| \leq \varepsilon = 0{,}01$) erfolgen: Vervollständigen Sie die fehlenden Rechenschritte.

$x_{k+1} = x_k - \frac{f(x_k)}{f'(x_k)}$

- Es ist f(1) = **−2** und f(2) = **1**. Wegen des Vorzeichenwechsels liegt eine Nullstelle im Intervall **1** < x < **2**. Als Startwert kann z. B. die Intervallmitte gewählt werden: $x_0 = 1{,}5$.
- Wegen f′(x) = **2x** ist f′(1,5) = **3** ≠ 0, also ist $x_0 = 1{,}5$ ein geeigneter Startwert.
- $x_1 = x_0 - \frac{f(x_0)}{f'(x_0)} = 1{,}5 - \frac{-0{,}75}{3} = 1{,}75$
- $x_2 = x_1 - \frac{f(x_1)}{f'(x_1)} = 1{,}75 - \frac{\mathbf{0{,}0625}}{\mathbf{3{,}5}} = 1{,}732142857$
- $x_3 = x_2 - \frac{f(x_2)}{f'(x_2)} = 1{,}732142857 - \frac{\mathbf{0{,}000318878}}{\mathbf{3{,}464285714}} = \mathbf{1{,}732050081}$
- Abbruchbedingung prüfen: Die dritte Nachkommastelle ist schon bei x_3 „stabil".
  Es ist $|x_3 - x_2| = |$ **1,732050081 − 1,732142857** $| = |-0{,}00092047| < \varepsilon$
- Näherungswert für die Nullstelle $x_N \approx 1{,}73$.

3 Realisieren Sie das Newton-Verfahren für die negative Nullstelle von $f(x) = 0{,}3x^4 - 1{,}04x - 1$. Nutzen Sie die Konstantenautomatik Ihres Taschenrechners für eine effektive Rechnung:
- Mithilfe einer grafischen Darstellung oder einer Wertetabelle erkennt man, dass zwischen −1 und 0 eine negative Nullstelle liegt. Startwert z. B.: $x_0 = -1$.
- Wenn Ihr Taschenrechner über eine ANS-Taste verfügt, dann gehen Sie so vor:

① Startwert eingeben und mit • (oder =) bestätigen.
② Die Formel für das Newtonverfahren unter Verwendung der ANS-Taste eingeben.
③ Wiederholt • (oder =) drücken, bis die geforderte Genauigkeit erreicht ist.

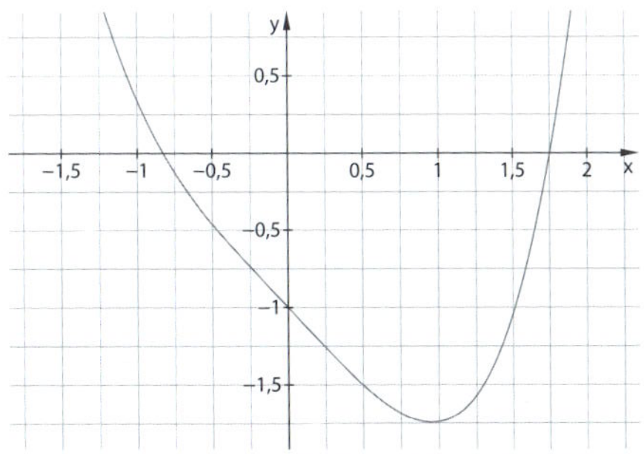

$\text{ans} - \frac{0.3 \cdot \text{ans}^4 - 1.04 \cdot \text{ans} - 1}{1.2 \cdot \text{ans}^3 - 1.04}$

Vollziehen Sie dieses Verfahren nach und ermitteln Sie so einen Näherungswert für die gesuchte Nullstelle auf Tausendstel genau: $x_0 \approx$ **−0,827**

4 Ermitteln Sie die Nullstelle x_N der nebenstehend abgebildeten Funktion mithilfe des Newtonverfahrens.

Geben Sie die Werte des Iterationsfolge mit dem Startwert 1,5 an, bis sich die Nachkommastellen nicht mehr ändern.

$x_0 = 1{,}5$; x_1 = **1,48296837** x_2 = **1,482772733**

x_3 = **1,482772707** x_4 = **1,482772707**

x_N = **1,482772707**

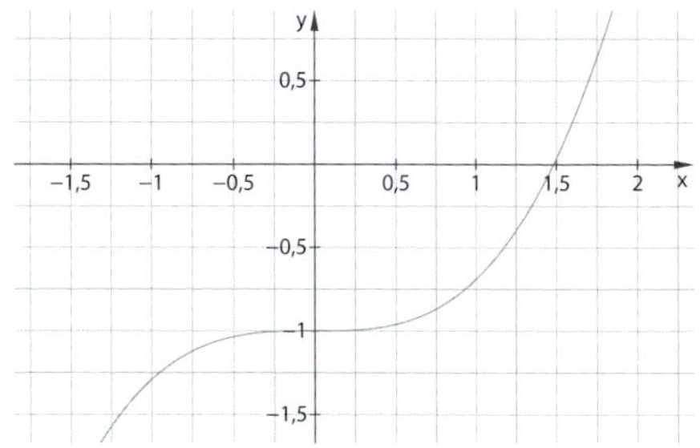

Aufbautraining

5 Erläutern Sie, weshalb beim Anwenden des Newtonverfahrens auf die Berechnung der Nullstellen von $f(x) = 5 - x^2$ der Startwert $x_0 = 0$ ausgeschlossen werden muss.

Begründung: **Die Funktion $f(x) = 5 - x^2$ hat einen Scheitelpunkt bei $x_0 = 0$. Dort ist die Tangente an den Graphen von f parallel zur x-Achse und somit ist f′(0) = 0. Die Iterationsvorschrift ist dann wegen Division durch Null nicht anwendbar.**

6 Für das algorithmische Vorgehen beim Newtonverfahren ist auch eine Tabellenkalkulation gut zu verwenden. Im Folgenden ist eine solche einfache Umsetzung des Newton-Algorithmus' für die Bestimmung einer der Nullstellen der Funktion $f(x) = x^5 - 2x^2 + 1$ mit einer TK abgebildet.

	A	B
1	1	−0,5
2	= A1 + 1	$= B1 - \frac{B1^5 - 2 \cdot B1^2 + 1}{5 \cdot B1^4 - 4 \cdot B1}$
3	= A2 + 1	$= B2 - \frac{B2^5 - 2 \cdot B2^2 + 1}{5 \cdot B2^4 - 4 \cdot B2}$
4	= A3 + 1	$= B3 - \frac{B3^5 - 2 \cdot B3^2 + 1}{5 \cdot B3^4 - 4 \cdot B3}$
5	= A4 + 1	$= B4 - \frac{B4^5 - 2 \cdot B4^2 + 1}{5 \cdot B4^4 - 4 \cdot B4}$
6	usw.	usw.

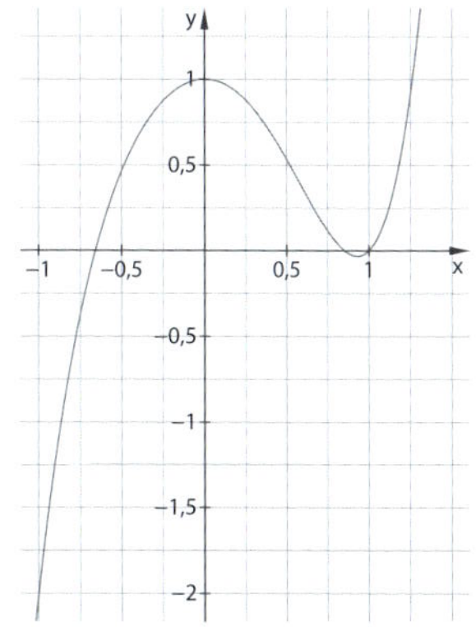

a) Erläutern Sie diese Realisierung.
Spalte A liefert **die fortlaufende Nummerierung der Iterationsschritte.**
Spalte B ergibt **die Folge der Iterationen mit $x_{k+1} = x_k - \frac{f(x_k)}{f'(x_k)} = x_k - \frac{x_k^5 - 2 \cdot x_k^2 + 1}{5 \cdot x_k^4 - 4 \cdot x_k}$.**

b) Bestimmen Sie mit dem Newtonverfahren Näherungswerte der Nullstellen von f auf Hundertstel genau. Geben Sie auch jeweils den Startwert an.

Startwert	Näherungswert
x_0 = **−0,5**	x_N = **−0,66**
x_0 = **0,5**	x_N = **0,84**
x_0 = **1,1**	x_N = **1,00**

7 Begründen Sie, weshalb sich die Nullstelle der Funktion $f(x) = x^3 - 2x + 2$ mit dem Startwert x = 0 durch das Newtonverfahren nicht ermitteln lässt.
Begründung: **Die Tangente an den Graphen von f bei x = 0 schneidet die x-Achse bei x = 1, die Tangente bei x = 1 schneidet die x-Achse bei x = 0, also wieder beim Startwert. So entsteht eine zyklische Zahlenfolge {0; 1; 0; 1; 0; 1; …}, die nicht konvergiert.**

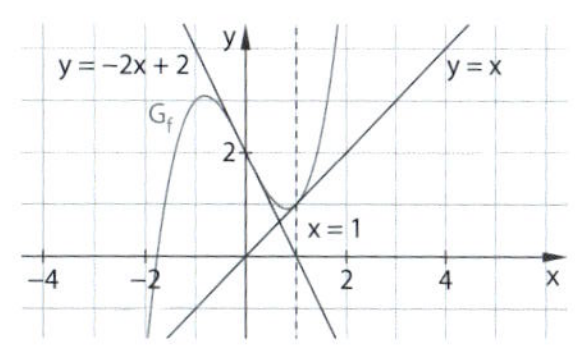

1 Auf dem Graphen der Funktion f sind Punkte markiert.

a) Ergänzen Sie zu wahren Aussagen und zeichnen Sie den Graphen mit den passenden Farben nach.

☐ $f'(x) > 0$ für alle x aus dem Intervall, demzufolge ist f streng monoton **steigend auf I.** -------

☐ $f'(x) < 0$ für alle x aus dem Intervall, demzufolge ist f streng monoton **fallend auf I.** _ _ _ _

☐ $f'(x) = 0$ **in A, B, C, D, E, H**

Hinweis: Die ☐ sind für die Farben da.

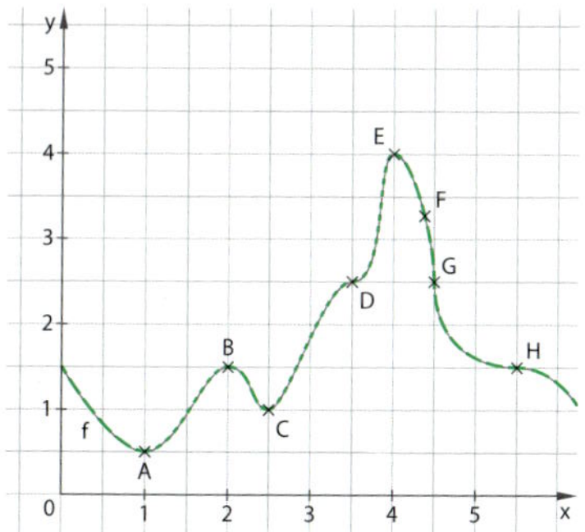

b) Kreuzen Sie Zutreffendes an.

	A	B	C	D	E	F	G	H
Extrempunkte sind die Punkte …	☒	☒	☒	☐	☒	☐	☐	☐
Wendepunkte sind die Punkte …	☐	☐	☐	☒	☐	☐	☒	☒
Hochpunkte sind die Punkte …	☐	☒	☐	☐	☒	☐	☐	☐
Tiefpunkte sind die Punkte …	☒	☐	☒	☐	☐	☐	☐	☐
Sattelpunkte sind die Punkte …	☐	☐	☐	☒	☐	☐	☐	☒
Bei … ist der Graph der Funktion linksgekrümmt.	☒	☐	☒	☐	☐	☐	☐	☐

2 Kreuzen Sie alle zu f mit $f(x) = \frac{1}{720}x^6 - \frac{1}{120}x^5 + \frac{1}{24}x^4 + \frac{5}{6}x^3 - \frac{7}{2}x^2 + 1984x - \pi$ passenden Ableitungen an.

☒ 0 **(7. und höher)** ☒ $0{,}5x^2 - x + 1$ **(4.)** ☐ $0{,}3x^3 - 0{,}5x^2 + x$ ☒ $x - 1$ **(5.)**

$\frac{1}{6}x^3 - 0{,}5x^2 + x + 5$ (3.)

3 Auf Notizzetteln stehen Schrittfolgen. Vervollständigen Sie die passenden Überschriften.

Ermitteln von
Hoch- und Tiefpunkten von f

1. Ermitteln von f′
2. Ermitteln der Nullstellen von f′
3. Untersuchen des Vorzeichenwechsels von f′ oder Prüfen, ob $f''(x) < 0$ oder $f''(x) > 0$

Ermitteln von
Wendestellen von f

1. Ermitteln von f′, f″ und f‴
2. Ermitteln der Nullstellen von f″
3. Untersuchen des Vorzeichenwechsels von f″ oder Berechnen der dritten Ableitung an der potentiellen Stelle

4 Kreuzen Sie die wahren Aussagen an.
Der Graph einer ganzrationalen Funktion ohne Definitionslücke …

☒ besitzt mindestens einen Wendepunkt, wenn er einen Hoch- und einen Tiefpunkt hat.
☐ besitzt mindestens einen Hoch- und einen Tiefpunkt, wenn er einen Wendepunkt hat.
☐ besitzt mindestens einen Tiefpunkt, wenn er einen Hoch- und einen Wendepunkt hat.
☒ besitzt keinen weiteren Extrempunkt, wenn er einen Extrempunkt und keine Wendepunkte hat.
☐ besitzt mehrere Extrempunkte, wenn er mehrere Wendepunkte hat.

5 Ergänzen Sie in der Funktionsgleichung alle natürlichen Zahlen von 4 bis 9, so dass gilt:
Die Funktion ist punktsymmetrisch zum Ursprung und für $x \to -\infty$ gilt $f(x) \to \infty$.

z. B. $f(x) = 8x^7 - 6x^9 + 4x^5$

ungerade Exponenten und „-" bei der x^9

6 Untersuchen Sie die Funktion f mit $f(x) = 0{,}125x^4 - 0{,}5x^3$ mithilfe der Ableitungen.

a) Monotonie **streng monoton fallend auf I: $f'(x) < 0$ streng monoton steigend auf I: $f'(x) > 0$**

$f'(x) = 0{,}5x^3 - 1{,}5x^2$
$0 = 0{,}5x^3 - 1{,}5x^2 = 0{,}5x^2(x - 3)$
$x_1 = 0$ $x_2 = 3$

Teststellen:
$f'(-1) = 0{,}5 \cdot (-1)^3 - 1{,}5 \cdot (-1)^2 < 0$ (↘)
$f'(1) = 0{,}5 \cdot 1^3 - 1{,}5 \cdot 1^2 < 0$ (↘)
$f'(4) = 0{,}5 \cdot 4^3 - 1{,}5 \cdot 4^2 > 0$ (↗)

f ist monoton steigend für **$x > 3$.** f ist monoton fallend für **$x < 3$.**

b) Krümmung **linksgekrümmt auf I: $f''(x) > 0$ rechtsgekrümmt auf I: $f''(x) < 0$**

$f''(x) = 1{,}5x^2 - 3x$
$0 = 1{,}5x^2 - 3x = x(1{,}5x - 3)$
$x_1 = 0$ $x_2 = 2$

Teststellen:
$f''(-1) = 1{,}5 \cdot (-1)^2 - 3 \cdot (-1) > 0$
$f''(1) = 1{,}5 \cdot 1^2 - 3 \cdot 1 < 0$
$f''(4) = 1{,}5 \cdot 4^2 - 3 \cdot 4 > 0$

Der Graph ist für **$x < 0$ und $x > 2$** linksgekrümmt. Der Graph ist für **$0 < x < 2$** rechtsgekrümmt.

c) Extrempunkte **$f'(x_E) = 0$ und $f''(x_E) \neq 0$ (Minimumstelle: $f''(x_E) > 0$; Maximumstelle: $f''(x_E) < 0$)**

$f'(x) = 0{,}5x^3 - 1{,}5x^2$ **$x_1 = 0$ $x_2 = 3$**
$f''(0) = 1{,}5 \cdot 0^2 - 3 \cdot 0 = 0$ **Es ist keine Aussage zu Extrema möglich. Eventuell liegt ein Terrassenpunkt vor.**
$f''(3) = 1{,}5 \cdot 3^2 = 4{,}5 > 0$ **Tiefpunkt T(3 | −3,375)** **($f(3) = 0{,}125 \cdot 3^4 - 0{,}5 \cdot 3^3 = -3{,}375$)**

Es gibt nur einen Extrempunkt, den Tiefpunkt T(3 | −3, 375). **(siehe Hinweis unter d)**

d) Wendepunkte **$f''(x_W) = 0$ und $f'''(x_W) \neq 0$ (Terrassenpunkt: $f'(x_W) = 0$)**

$f''(x) = 1{,}5x^2 - 3x$ **$x_1 = 0$ $x_2 = 2$**
$f'''(x) = 3x - 3$
$f'''(0) = 3 \cdot 0 - 3 = -3 \neq 0$ **Terrassenpunkt** **$W_1(0|0)$** **($f(0) = 0{,}125 \cdot 0^4 - 0{,}5 \cdot 0^3 = 0$)**
$f'''(2) = 3 \cdot 2 - 3 = 3 \neq 0$ **Wendepunkt** **$W_2(2|-2)$** **($f(2) = 0{,}125 \cdot 2^4 - 0{,}5 \cdot 2^3 = -2$)**

Wendepunkte sind die Punkte $W_1(0|0)$ und $W_2(2|-2)$; $W_1(0|0)$ ist ein Terrassenpunkt.

e) Kreuzen Sie die Zeichnung an, die den Graphen von f enthält. Zeichnen Sie beide Koordinatenachsen ein.

☐ ☐ ☒ ☐

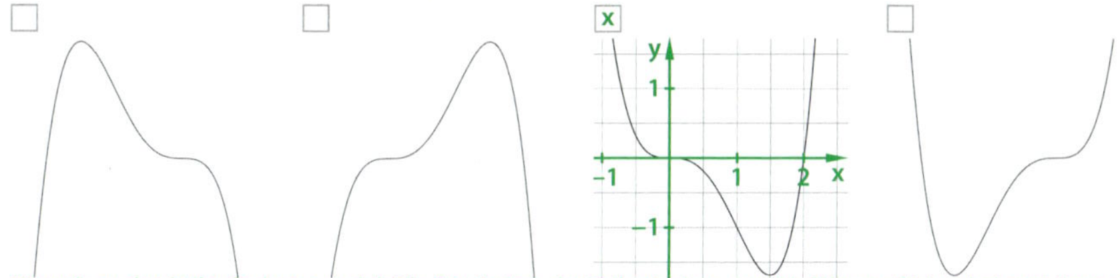

Hinweis zu den Teilaufgaben c und d: Die Ergebnisse der Teilaufgaben a und b führen effizient(er) zur Lösung. Aus $f(0) = 0$ und $f(3) = -3{,}375$ folgt, dass T(3 | −3, 375) Tiefpunkt und S(0 | 0) Sattelpunkt des Graphen ist.

7 Der Wasserstand in einem Regenwasserspeicher kann in den ersten drei Regenstunden durch die Funktion f mit $f(t) = -\frac{1}{32}t^3 + \frac{3}{16}t^2 + 3{,}74$ modelliert werden. Berechnen Sie, wann der Wasserstand am stärksten anstieg.

$f''(t) = -\frac{3}{16}t + \frac{3}{8}$ $f'''(t) = -\frac{3}{16}$ $f''(2) = 0$ und $f'''(2) = -\frac{3}{16} < 0$, also ist W(2 | 4,24) Wendepunkt mit lokal maximaler Steigung. Der stärkste Anstieg erfolgte nach 2 Stunden.

Inhaltsverzeichnis

Wo stehe ich?

Nutzen Sie die Aufgaben auf den nächsten drei Seiten, um zu sehen, wo Sie stehen.
Füllen Sie die Tabelle zur Selbsteinschätzung unten aus.
Verwenden Sie die Aufgaben auf den angegebenen Seiten in diesem Heft, um zu üben.

☺ Die Aufgabe kann ich sicher lösen.

😐 Die Aufgabe kann ich mit Nachschlagen lösen.

☹ Die Aufgabe kann ich nicht lösen, hier brauche ich Hilfe.

	Ich kann…	☺	😐	☹	Basisaufgaben (Weiterführende Aufgaben)	Hier kannst du üben.
1.1	… Funktionen anhand ihrer Eigenschaften bzw. ihres Graphen der richtigen Funktionsklasse zuordnen.				1, 2,3, 4	
1.2	… Funktionen auf Konvergenz, bestimmte Divergenz und unbestimmte Divergenz untersuchen. … Grenzwerte von Funktionen bestimmen.				5, 6, 7, 8 (W1, W10)	S.8–9
1.3	… Funktionsgraphen auf Symmetrien zum Koordinatensystem untersuchen.				9, 10, 11 (W2, W3, W4, W9, W10, W11)	S.10–11
1.4	… Funktionsgraphen entlang der Koordinatenachsen verschieben und passende Funktionsterme dazu aufstellen. … Funktionsgraphen bezüglich der Koordinatenachsen strecken und passende Funktionsterme dazu aufstellen.				12, 13, 14 (W7)	S.12–15
1.5	… Verschiebungen und Streckungen eines Funktionsgraphen in der richtigen Reihenfolge ausführen.				15, 16 (W8)	
1.6	… Funktionen grafisch auf Stetigkeit untersuchen.				17 (W5, W6)	S.16–17

Basisaufgaben

1 Ordnen Sie jedem Graphen eine passende Funktionsklasse zu. Begründen Sie Ihre Entscheidung. Wählen Sie auch den passenden Funktionsterm aus.

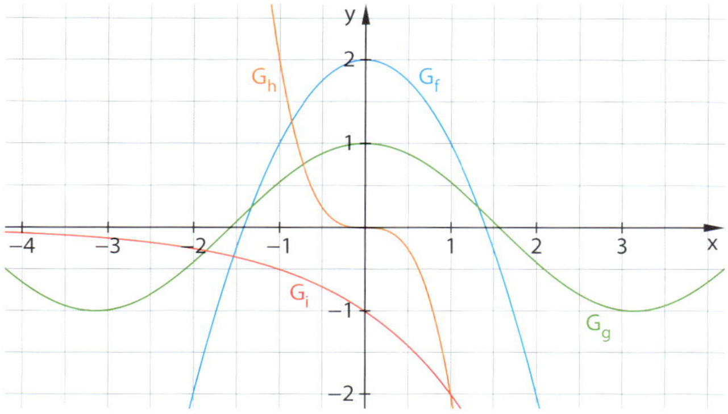

$x^2 + 2$	$\sin(x)$	$-2x^3$
2^x	$2x^3$	$\cos(x)$
$(x+2)^2$	$-x^2 + 2$	-2^x

2 Ordnen Sie die Funktion f einer Funktionsklasse zu. Skizzieren Sie den Verlauf des Graphen von f anhand seiner wichtigsten Eigenschaften. Beschreiben Sie den Verlauf des Graphen mit Fachbegriffen.

a) $f(x) = -(x+2)^2 + 3$ **b)** $f(x) = \sin(2x+1)$ **c)** $f(x) = 4x^6$
d) $f(x) = 2 \cdot 5^{-x}$ **e)** $f(x) = \frac{2}{x-3} + 1$ **f)** $f(x) = 2\cos(x) - 1$

3 Geben Sie den Funktionsterm einer Funktion mit maximaler Definitionsmenge an, die die gegebene Eigenschaft erfüllt. Prüfen Sie Ihr Ergebnis mit einem Funktionenplotter.

a) $W =]-\infty; 2]$ **b)** $W =]-\infty; 0[$ **c)** $W = [1; 3]$ **d)** $W = \mathbb{R} \setminus \{-1\}$

4 Bestimmen Sie die Nullstellen von f, f(0) und das Vorzeichen von f für sehr große und kleine Werte von x.

a) $f(x) = \frac{1}{2}(x-1)x(x+3)$ **b)** $f(x) = \frac{1}{3}(x-6)(x-3)^3$
c) $f(x) = -\frac{1}{4}(x-2)^3(x+2)^3$ **d)** $f(x) = \frac{1}{3}(x-1)^2(x+1)^2(x+3)^2$

5 Bestimmen Sie den Grenzwert der Funktion f für $x \to +\infty$ und für $x \to -\infty$.

a) $f(x) = -\frac{2}{x} + 6$ **b)** $f(x) = \frac{1}{x+3} - 4$ **c)** $f(x) = 5 - \frac{3}{x-2}$

6 Die Funktion f mit $f(x) = -x^3$ divergiert bestimmt für $x \to +\infty$. Bestimmen Sie den Wert x, ab dem der zugehörige Funktionswert kleiner ist als −50 (als −200; als −10 000).

7 Untersuchen Sie, ob f für $x \to +\infty$ und für $x \to -\infty$ konvergiert, bestimmt divergiert oder unbestimmt divergiert. Nutzen Sie ggf. die Limes-Schreibweise.

a) $f(x) = \cos(2x)$ **b)** $f(x) = \frac{2}{x+3} + 4$ **c)** $f(x) = x^7 - x + 2$ **d)** $f(x) = 2 - 1{,}2^x$

8 Geben Sie die Gleichung einer Funktion f an, die folgende Eigenschaften hat.

a) f konvergiert für $x \to -\infty$ gegen 1 und divergiert für $x \to +\infty$ bestimmt.
b) f divergiert für $x \to -\infty$ und $x \to +\infty$ bestimmt gegen $-\infty$.
c) f divergiert für $x \to -\infty$ bestimmt gegen $-\infty$ und für $x \to +\infty$ bestimmt gegen $+\infty$. Außerdem gilt $f(1) = -2$.

9 Untersuchen Sie rechnerisch, ob der Graph der Funktion f achsensymmetrisch zur y-Achse oder punktsymmetrisch zum Ursprung ist.

a) $f(x) = x^4 - x^2$ **b)** $f(x) = \sin(2x)$ **c)** $f(x) = \cos(x) + 1$
d) $f(x) = \frac{4}{x}$ **e)** $f(x) = \frac{2}{x^3} + \frac{3}{x}$ **f)** $f(x) = x^3 \cdot x^5$

10 Entscheiden Sie, ob der Graph von f achsensymmetrisch zur y-Achse, punktsymmetrisch zum Ursprung oder keins von beidem ist. Formen Sie zunächst den Funktionsterm um, falls nötig.

a) $f(x) = x^2(x^2 + 1)$ **b)** $f(x) = (x - 2)(x + 3) - x$ **c)** $f(x) = \frac{2x^2 + 4x}{3x^2}$

d) $f(t) = \frac{2\pi}{t^2} + 1$ **e)** $f(x) = 2^x \cdot 3^{x+1} + 3 \cdot 6^{-x}$ **f)** $f(x) = \frac{1}{x} + \frac{1}{x^2} \cdot \sin(x)$

11 Vervollständigen Sie die Wertetabelle für den Fall, dass f

a) achsensymmetrisch zur y-Achse, **b)** punktsymmetrisch zum Ursprung ist.

	x	−10	−5	−1	0	1	5	10
a)	**f(x)**	24	−8			−2		
b)	**f(x)**	24	−8			−2		

12 Der Graph von f wird um 2 Einheiten nach links und 5 Einheiten nach unten verschoben. Geben Sie eine Funktionsgleichung für den neuen Graphen an.

a) $f(x) = x^4 + x^3$ **b)** $f(x) = \frac{2}{x} + 1$ **c)** $f(x) = 3 \cdot 4^x$ **d)** $f(x) = 2\cos(x) + x$

e) $f(x) = (x - 3)^3 - 1$ **f)** $f(x) = 3^{x+1}$ **g)** $f(x) = (x + 4)(x - 1)$ **h)** $f(x) = x \cdot \sin(x)$

13 Gegeben ist die Funktion f mit $f(x) = a \cdot 2^x$. Bestimmen Sie einen passenden Wert für den Faktor a.

a) Der Punkt $(3|40)$ liegt auf dem Graphen von f.

b) Der Graph von f schneidet die y-Achse bei $y = 8$.

c) Es gilt $f(1) - f(3) = 42$.

14 Geben Sie an, wie sich die Periode von $f(x) = \cos(x)$ verändert, abhängig vom Streckfaktor entlang der x-Achse.

15 Der Graph der Funktion g geht aus dem Graphen von f mit $f(x) = \frac{1}{x}$ hervor. Geben Sie eine Funktionsgleichung von g an, wenn der Graph von f

a) mit dem Faktor $\frac{1}{2}$ in x-Richtung gestreckt und anschließend um 3 Einheiten nach rechts verschoben wird,

b) mit dem Faktor 3 in y-Richtung gestreckt, an der y-Achse gespiegelt und anschließend um 2 Einheiten nach links und 4 Einheiten nach unten verschoben wird,

c) mit dem Faktor 2 in x-Richtung und dem Faktor 4 in y-Richtung gestreckt und anschließend um 7 Einheiten nach rechts verschoben wird.

16 Der Graph von g entsteht aus dem Graphen der Funktion f durch Strecken in y-Richtung und Verschieben. Zusätzlich kann eine Spiegelung an der x-Achse vorliegen. Bestimmen Sie eine Funktionsgleichung von g.

a) $f(x) = \frac{1}{x}$

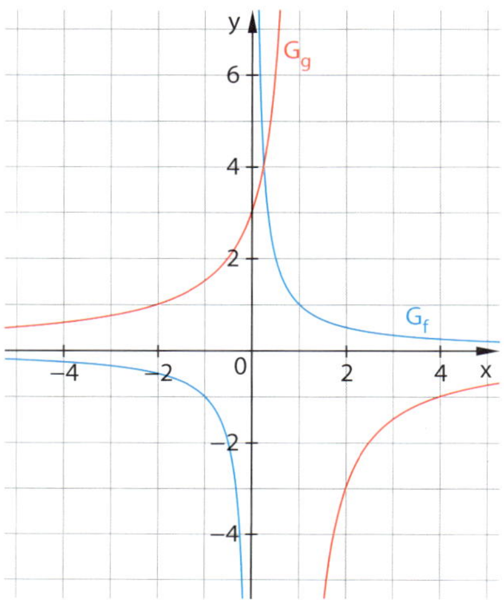

b) $f(x) = 0{,}5^x$

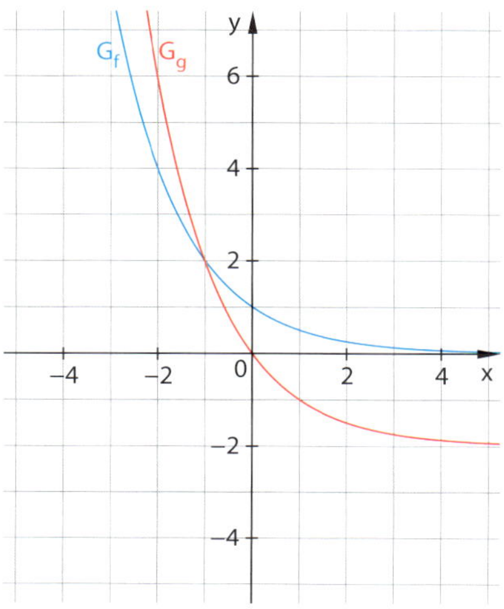

c) $f(x) = 2(x - 1)^3$

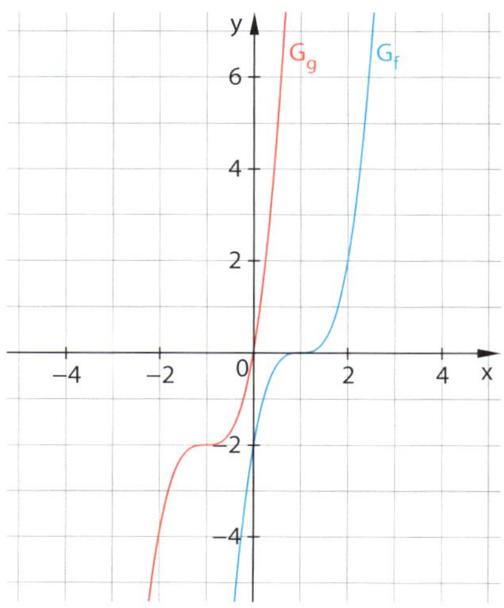

17 Begründen Sie anhand des Graphen, ob die Funktion f an den Nahtstellen stetig ist.

a)

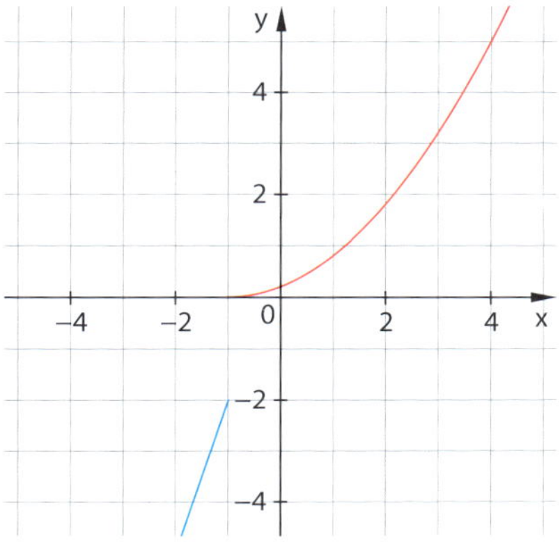

b)

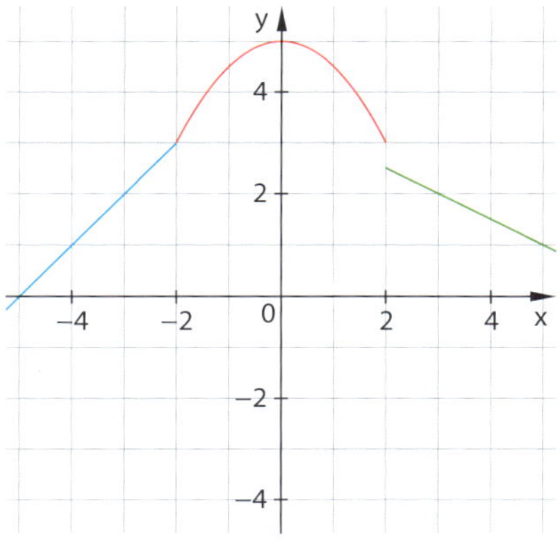

c)

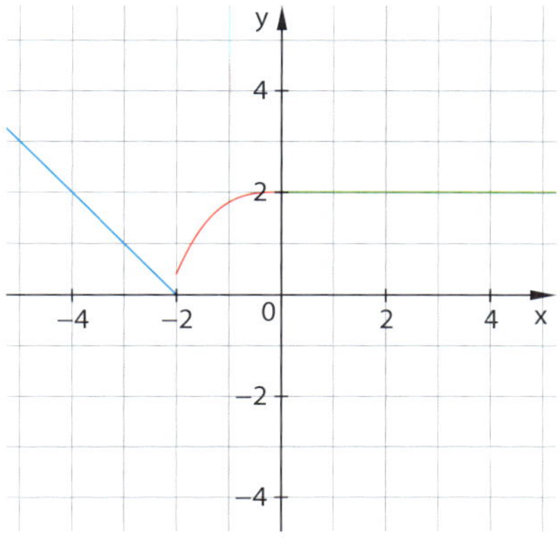

Weiterführende Aufgaben

1 Geben Sie in Abhängigkeit von $n \in \mathbb{N}$ das Verhalten für x gegen $+\infty$ von p mit $p(x) = 6x^4 - x^n$ an.

2 Begründen Sie, ob die Aussage wahr oder falsch ist:
Wenn für eine Funktion f für alle $n \in \mathbb{N}$ $f(-n) = f(n)$ gilt, dann kann der Graph nicht ungerade sein.

3 Die folgende Polynomfunktion p kann je nach Wert von a gerade, ungerade oder keines davon sein. Leiten Sie für die jeweiligen Fälle die entsprechenden Werte von a her für $p(x) = (a^2 - 1)x^3 + (a^2 + 4a - 12)x^2$.

4 Begründen Sie, dass, wenn $x = a$ die Nullstelle der ungeraden Funktion f ist, dann auch $x = -a$ eine Nullstelle von f sein muss.

5 Leiten Sie her, für welches b die Funktion f an der Stelle b stetig ist:

$$f(x) = \begin{cases} x\sqrt{x} & \text{für } 0 < x \le b \\ x + 0{,}25x^2 & \text{für } x > b \end{cases}$$

6 Erläutern Sie die graphische Bedeutung: Für eine stetige Funktion f gilt für alle $x < z$: $f\left(\frac{x+z}{2}\right) < \frac{f(x)+f(z)}{2}$.
Verwenden Sie eine Skizze und das Beispiel $f(x) = x^2$.

7 Zeichnen Sie den Graphen von f und dazu jeweils in der vorgegebenen Farbe:

① $f(x+2) - 4$: grün; ② $-f(-(x-2)) + 3$: rot; ③ $\frac{1}{2}f\left(\frac{1}{2}x\right)$: blau; ④ $-(f(-x-4)) + 2$: orange.

Dabei sei $f(x) = \begin{cases} 2 + \frac{2}{3}x \text{ für } -3 \le x \le 0 \\ 2 - \frac{3}{2}x \text{ für } 0 < x \le 2 \\ -3 + x \text{ für } 2 < x \le 3 \end{cases}$

8 Beschreiben Sie die Veränderungen in der richtigen Reihenfolge und finden Sie heraus, welche Funktion f war, so dass g eine gestreckte Normalparabel ist, und geben Sie den Scheitelpunkt von f an: $g(x) = \frac{1}{3}f(-x+2) + 4 = 5x^2$

9 Leiten Sie her, dass $f(x) = 0$ als einzige Funktion sowohl gerade als auch ungerade ist.

10 Bestimmen Sie das Verhalten im Unendlichen, abhängig vom Wert von a und von n: $f_{a,n}(x) = \frac{1}{2a}x^3 - x^n$.

11 Betrachten Sie die Funktion f mit $f(x) = \frac{3^x + 3^{-x}}{x^3}$.

a) Leiten Sie rechnerisch eine eventuell vorhandene Symmetrieeigenschaft der Funktion f her.

b) Begründen Sie anhand der Ränder des Definitionsbereiches, ob der abgebildete Graph grundsätzlich zur Funktion f passt.

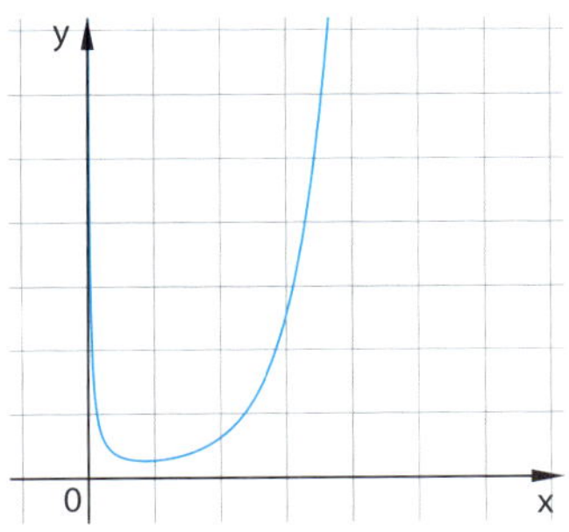

Symmetrie

Grundlagentraining

1 Kreuzen Sie die zugehörigen Funktionsklassen an.
A: lineare Funktion; B: quadratische Funktion; C: Potenzfunktion; D: ganzrationale Funktion;
E: elementare gebrochen-rationale Funktion; F: Exponentialfunktion; G trigonometrische Funktion

f(x)	A	B	C	D	E	F	G
$f(x) = x^2 - 2x - 3$							
$f(x) = 2^{-x-1} + 2$							
$f(x) = x^{-1} - 1$							
$f(x) = 2 \cdot \sin(x - \pi)$							
$f(x) = x \cdot (x^3 - 2x)$							
$f(x) = 3 - 2x$							

2 Vervollständigen Sie die Tabelle mit den Eigenschaften der Funktionen, deren Graphen dargestellt sind.

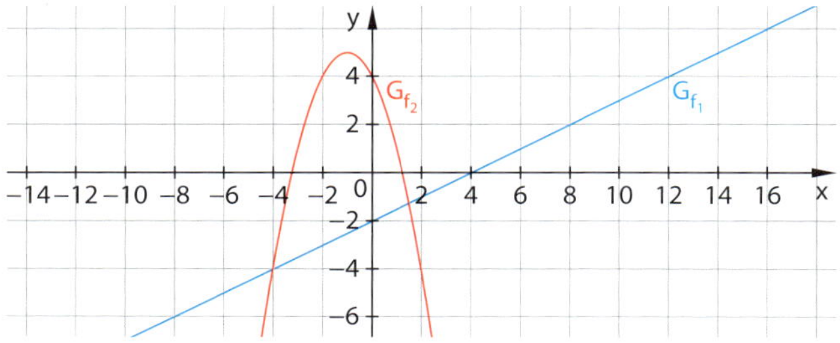

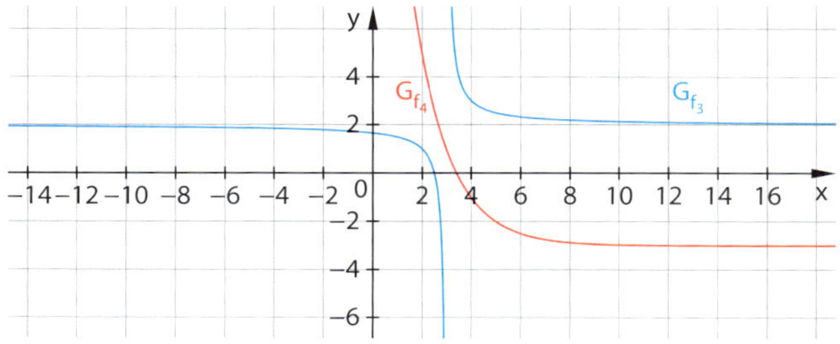

	f_1	f_2	f_3	f_4
Funktionsterm	$0{,}5x - 2$	$-x(x + 2) + 4$	$\frac{1}{x-3} + 2$	$2^{-(x-5)} - 3$
Definitionsbereich				
Wertebereich				
Monotonie				
Symmetrie				

3 **Funktionsgleichungen zu Graphen:** Kreuzen Sie alle passenden Funktionsgleichungen an.

- ☐ $f(x) = (x + 2)^{-1}$
- ☐ $f(x) = 2^{1-x}$
- ☐ $f(x) = \frac{2}{2^x}$
- ☐ $f(x) = 2^{x-1}$

- ☐ $g(x) = -x^{-2} - 1$
- ☐ $g(x) = -1 + \frac{1}{x^2}$
- ☐ $g(x) = -(x - 1)^{-2}$
- ☐ $g(x) = 1 - x^2$

- ☐ $h(x) = 2 \cdot \cos(x)$
- ☐ $h(x) = 2 \cdot \sin\left(x + \frac{\pi}{2}\right)$
- ☐ $h(x) = 2 \cdot \cos(x + 2\pi)$
- ☐ $h(x) = -x^2 + (-x)^2 + (-x^2)$

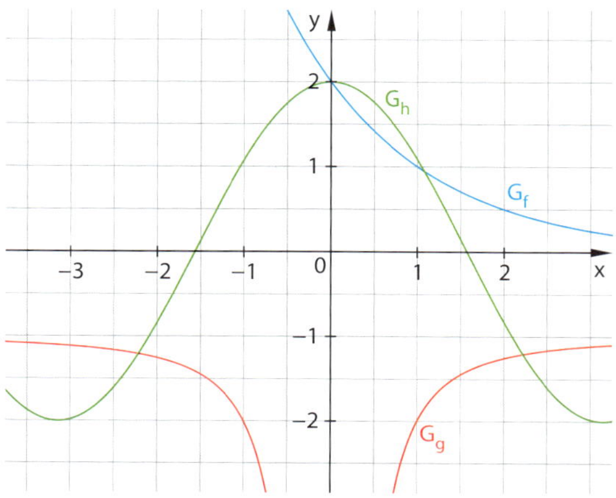

Zusatzaufgabe: Geben Sie den zum Graphen passenden Funktionstypen an.

4 Funktionsgleichungen zu Wertetabellen: Geben Sie je drei verschiedenartige passende Funktionsgleichungen an.

a)

x	−1	0	1
y	1	0	1

$f(x) =$ ____
$g(x) =$ ____
$h(x) =$ ____

b)

x	−1	0	1
y	−1	0	1

$f(x) =$ ____
$g(x) =$ ____
$h(x) =$ ____

c)

x	−1	0	1
y	−1	0	−1

$f(x) =$ ____
$g(x) =$ ____
$h(x) =$ ____

d)

x	−1	0	1
y	1	0	−1

$f(x) =$ ____
$g(x) =$ ____
$h(x) =$ ____

Zusatzaufgabe: Geben Sie fünf Funktionsgleichungen an.
Überprüfen Sie Ihre Ergebnisse mit einem GTR.

5 Geben Sie eine Funktionsgleichung an, die zur Wertetabelle passt.

Exponenten: −3; 0,5; 4; 5
Streckfaktoren: −1; 0,5; 1; 10
Verschiebungen: −1; 10

a)

x	−2	−1	0	1	2
y	8	0,5	0	0,5	8

$f(x) =$ ____ $\cdot x^{\square}$

b)

x	−2	−1	0	1	2
y	−17	−1,5	−1	−0,5	15

$f(x) =$ ____ $\cdot x^{\square}$ ____

c)

x	−2	−1	0	1	2
y	0,125	1	–	−1	−0,125

$f(x) =$ ____ $\cdot x^{\square}$

d)

x	0	4	9	16	25
y	0	−2	−3	−4	−5

$f(x) =$ ____ $\cdot x^{\square}$

e)

x	$-\pi$	$-\frac{1}{2}\pi$	0	$\frac{1}{2}\pi$	π
y	10	9	10	11	10

$f(x) = \sin(x)$ ____

f)

x	-2π	$-\pi$	0	π	2π
y	10	−10	10	−10	10

$f(x) =$ ____ $\cdot \cos$ ____

Zusatzaufgabe: Überprüfen Sie Ihre Ergebnisse mit einem GTR.

Aufbautraining

6 Ermitteln Sie eine Funktionsgleichung der Form $f(x) = a \cdot \sin(b \cdot (x - c)) + d$ mit $f(0) = 1$ und $1 \le y \le 3$.
$1 \le y \le 3$ ist der Wertebereich, somit gilt: $d =$ ____ und $|a| =$ ____

$f(0) = 1$, d. h., $1 =$ ________________________________

____

7 Beschreiben Sie Gemeinsamkeiten und Unterschiede der Graphen von f_a mit $f_a(x) = a \cdot x^2 - a \cdot x$ für $a \in \mathbb{R}, a \neq 0$.

____

____

____

Grundlagentraining

1 Gegeben ist die Funktion f mit $f(x) = \frac{1}{x+1} - 1$.

a) Vervollständigen Sie die Wertetabelle für f und skizzieren Sie den Graphen im Intervall $-5 \le x \le 4$.

x	−1000	−10	−5	−2	−1
f(x)					
x	0	2	4	10	100
f(x)					

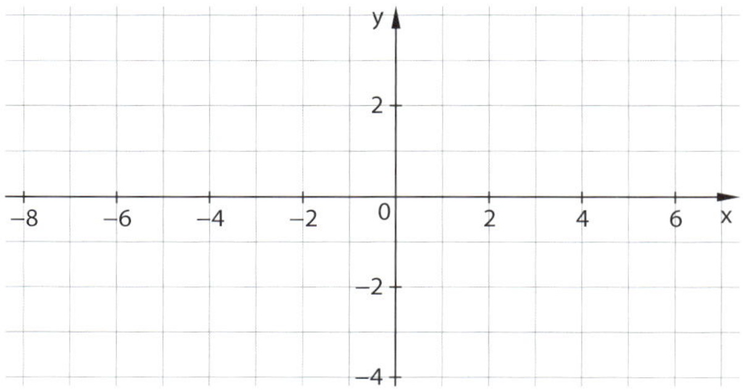

b) Ergänzen Sie die Beschreibung für den Verlauf des Graphen von f.

Für $x \to -\infty$ ist der Graph streng monoton ____________, niemals erreichen bzw. überschreiten die Funktionswerte den Wert ____________.

Für $x \to \infty$ ist der Graph streng monoton ____________, niemals erreichen bzw. unterschreiten die Funktionswerte den Wert ____________.

Die Gerade ____________ ist eine ________________ Asymptote an den Graphen von ____________.

c) Berechnen Sie die kleinste natürliche Zahl x, für die die Differenz zwischen Funktionswert f(x) und Asymptote erstmals kleiner als ein Tausendstel ist.

____

Ergebnis: x = ____________

Zusatzaufgabe: Kreuzen Sie Funktionen an, bei denen unbestimmte Divergenz vorliegt: ☐ f
☐ g mit $g(x) = -x^2 + 2^x$ ☐ h mit $h(x) = 3\cos(x-1) + 1$ ☐ i mit $i(x) = -(x+3) \cdot x^{-2}$

2 Kreuzen Sie Zutreffendes an.

$f_1(x) = 0{,}5x^3 - 2x^2 - 2$ | $f_2(x) = 2x^4 - 2x^2 + x + 1$ | $f_3(x) = -x^5 + 2x^4 - x$ | $f_4(x) = -0{,}2x^6 + 0{,}1x^5 + 3$

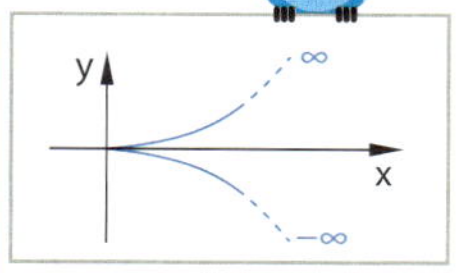

Funktion	**Grad n der Funktion**		**a_n**		**Verhalten für $x \to \infty$**		**Verhalten für $x \to -\infty$**	
	gerade	**ungerade**	**positiv**	**negativ**	**$f(x) \to \infty$**	**$f(x) \to -\infty$**	**$f(x) \to \infty$**	**$f(x) \to -\infty$**
f_1								
f_2								
f_3								
f_4								

Zusatzaufgabe: Formulieren Sie zwei Aussagen zum Globalverhalten einer Funktion mit $g(x) = a_n x^n$.

____

____

____

Aufbautraining

3 Gegeben ist die Funktion f mit $f(x) = \frac{2x+3}{x}$.

a) Vervollständigen Sie die Wertetabelle für f und skizzieren Sie den Graphen im Intervall $-4 \leq x \leq 5$.

x	−1000	−10		−1	−0.5
f(x)			1		
x	0		4		100
f(x)		3,5		2,3	

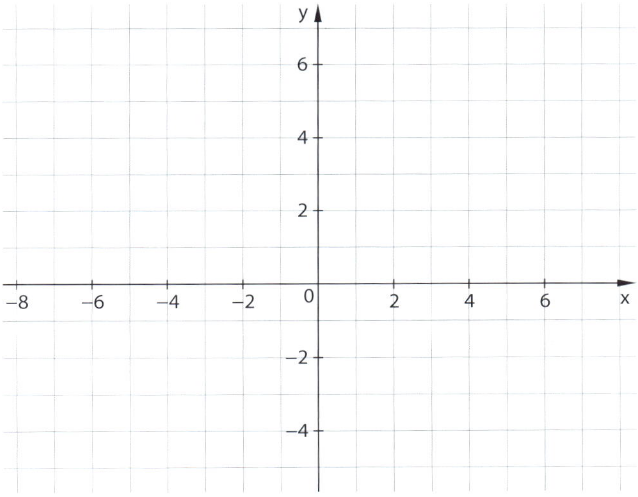

b) Wandeln Sie den Funktionsterm in die Form $f(x) = \frac{a}{x-b} + c$ um, und untersuchen Sie damit das Konvergenzverhalten von f für sehr große und sehr kleine x-Werte.

$f(x) =$ ______ $\lim\limits_{x \to \infty} f(x) =$ ______ $\lim\limits_{x \to -\infty} f(x) =$ ______

c) Zeichnen Sie die waagerechte Asymptote ein.

4 Globalverhalten: Ordnen Sie den Funktionen f mithilfe des vermutlichen Globalverhaltens Graphen zu. Geben Sie je eine Funktion g mit $g(x) = a_n x^n$ an, die das gleiche Globalverhalten wie f hat.

Hilfe: Der Graph einer ganzrationalen Funktion f mit $f(x) = a_n x^n + a_{n-1} x^{n-1} + \dots + a_1 x + a_0$ mit $a_n \neq 0$ verhält sich für $x \to +\infty$ und $x \to -\infty$ wie der Graph von g mit $g(x) = a_n x^n$.

$f(x) = x^3 - 3x - 1$ | $f(x) = 0{,}1x^6 - 0{,}2x - 1$ | $f(x) = -0{,}01x^5 + 0{,}2x^2 - 1$ | $f(x) = x - x^4 - 1$

①

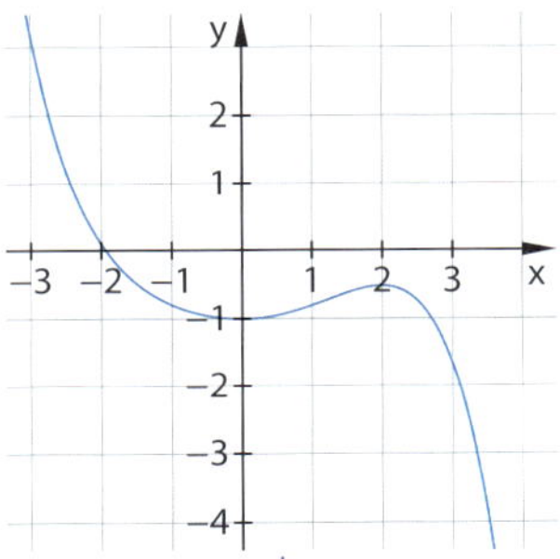

Für $x \to -\infty$ gilt $f(x) \to \infty$. | Für $x \to \infty$ gilt $f(x) \to -\infty$.

f(x) = ______

g(x) = ______

②

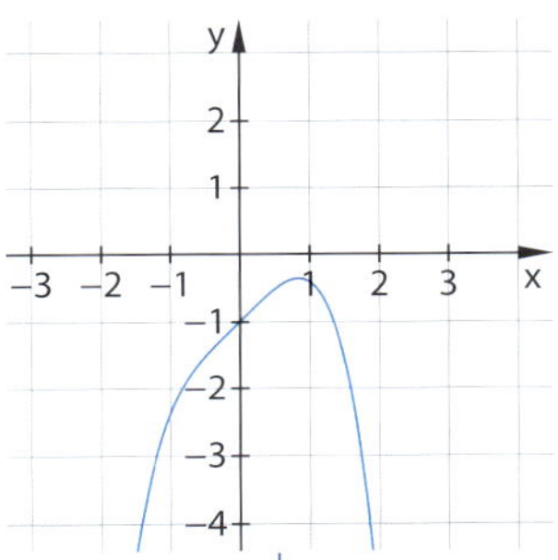

Für $x \to -\infty$ gilt $f(x) \to -\infty$. | Für $x \to \infty$ gilt $f(x) \to -\infty$.

f(x) = ______

g(x) = ______

③

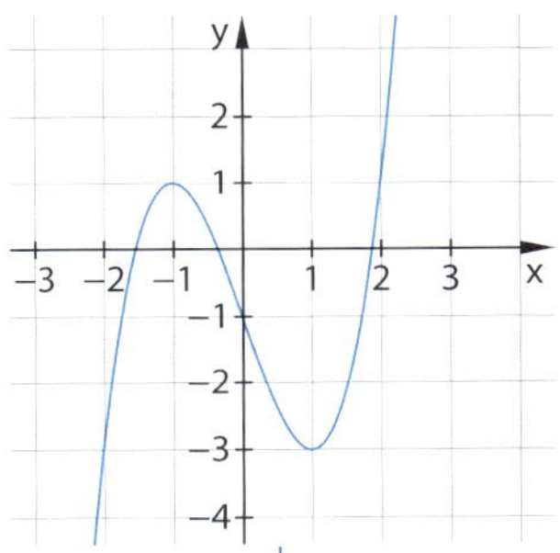

Für $x \to -\infty$ gilt $f(x) \to -\infty$. | Für $x \to \infty$ gilt $f(x) \to \infty$.

f(x) = ______

g(x) = ______

④

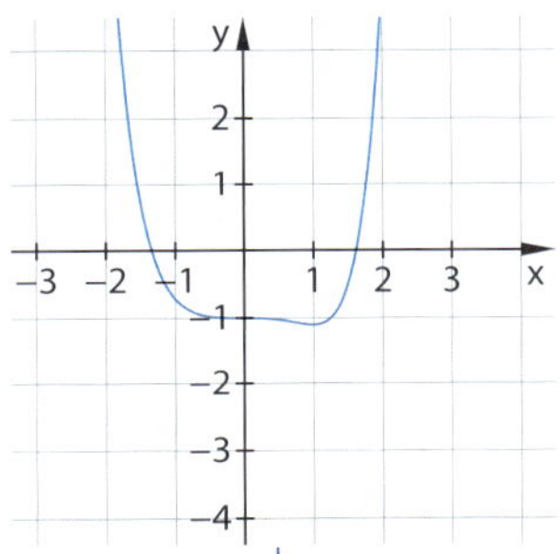

Für $x \to -\infty$ gilt $f(x) \to \infty$. | Für $x \to \infty$ gilt $f(x) \to \infty$.

f(x) = ______

g(x) = ______

5 Linda betrachtet den Graphen der Funktion f mit $f(x) = -0{,}02x^3 + 0{,}98x^2 + 1{,}04x - 2$. Sie stellt fest: „Für $x \to +\infty$ und $x \to -\infty$ gehen die Funktionswerte gegen ∞."
Nennen Sie mögliche Fehlerquellen für Lindas Aussage.

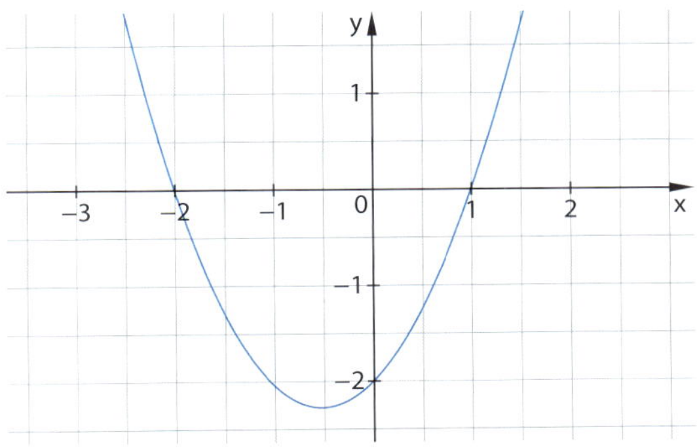

______

______

______

______

Grundlagentraining

1 Achsensymmetrie zur y-Achse: Untersuchen Sie, ob der Graph achsensymmetrisch zur y-Achse ist.

Hilfe: Der Graph einer ganzrationalen Funktion f ist genau dann achsensymmetrisch zur y-Achse, wenn der Funktionsterm von f nur gerade Exponenten hat. Es gilt $f(-x) = f(x)$.

a) Kreuzen Sie alle Funktionen an, die achsensymmetrisch zur y-Achse sind.

☐ $f(x) = x^8$	☐ $g(x) = 7x^8$	☐ $h(x) = 7x^8 - 9$	☐ $i(x) = 7x^8 - 9x$
☐ $j(x) = -7x^8 - 11x^6$	☐ $k(x) = -1 - 7x^8 + 0{,}5x^4$	☐ $l(x) = 7x^8 - 9x^3 + x^2$	☐ $m(x) = (x-2)x^8$
☐ $n(x) = \cos(x)$	☐ $o(x) = x \cdot (x-1) \cdot (x+1)$	☐ $p(x) = \frac{x^2 - x}{x}$	☐ $q(x) = \frac{2x^4 + x^2}{x^2}$

b) Prüfen Sie, ob gilt $f(-x) = f(x)$ und somit Achsensymmetrie zur y-Achse vorliegt.

$f(x) = x^4 - x^2$ $\quad f(-x) = (-x)^4 - (\_\_\_)^2 = \_\_\_ - \_\_\_ = f(x)$,

demzufolge liegt ______________________________

$g(x) = x^6 - 0{,}3x^4 - 2x^2$ $\quad g(-x) = (\_\_\_)^6 -$ ______________________________

demzufolge liegt ______________________________

$h(x) = x^4 - x$ $\quad h(-x) =$ ______________________________

demzufolge liegt ______________________________

2 Punktsymmetrie zum Ursprung: Untersuchen Sie, ob der Graph punktsymmetrisch zum Ursprung ist.

Hilfe: Der Graph einer ganzrationalen Funktion f ist genau dann punktsymmetrisch zum Ursprung, wenn der Funktionsterm von f nur ungerade Exponenten hat. Es gilt $f(-x) = -f(x)$.

a) Kreuzen Sie alle Funktionen an, die punktsymmetrisch zum Ursprung sind.

☐ $f(x) = x^9$	☐ $g(x) = 6x^9$	☐ $h(x) = 6x^9 - 7$	☐ $i(x) = 6x^9 - 11x$
☐ $j(x) = -7x^9 - 11x^{15}$	☐ $k(x) = -1 - 7x^9 + 0{,}5x^7$	☐ $l(x) = (7x^9 - 9x^7) \cdot x$	☐ $m(x) = (x-2)x^8$

b) Prüfen Sie, ob gilt $f(-x) = -f(x)$ und somit der Graph der Funktion f punktsymmetrisch zum Ursprung ist.

$f(x) = x^3 - x$ $\quad f(-x) = (\_\_\_)^3 - (\_\_\_) = -x^3 \_\_\_ = -(x^3 \_\_\_) = -f(x)$,

demzufolge liegt ______________________________

$g(x) = -x^5 + 2x^3 - 5x$ $\quad g(-x) = -(\_\_\_)^5 +$ ______________________________

demzufolge liegt ______________________________

$h(x) = 7x^5 - 8$ $\quad h(-x) =$ ______________________________

demzufolge liegt ______________________________

3 Entscheiden Sie, welche Eigenschaft der Graph der Funktion aufweist:
- achsensymmetrisch zur y-Achse (a),
- punktsymmetrisch zum Ursprung (p)
- oder nichts von beidem (n) ist.

$f(x) = 3x(x^{11} - 4x) - 2$ ___	$g(x) = -3x(x^7 - 5x)$ ___
$h(x) = (x+1)(x^3 - x)$ ___	$i(x) = x^3 - 5x$ ___
$j(x) = (x-5)^2$ ___	$k(x) = (2-x)^3$ ___
$l(x) = (x^3)^2 - 5x$ ___	$m(x) = (7x^2)^7 + x^2$ ___

Aufbautraining

4 Ergänzen Sie die Exponenten in den Funktionsgleichungen. Tragen Sie jede der gegebenen Zahlen genau einmal ein.

2 3 3 4 5 6 7

$f(x) = x^{\_\_} - x^2$	$f(x) = x^{\_\_} + x^{\_\_}$	$f(x) = x^{\_\_} - x^{\_\_}$	$f(x) = x^{\_\_} + x^{\_\_}$
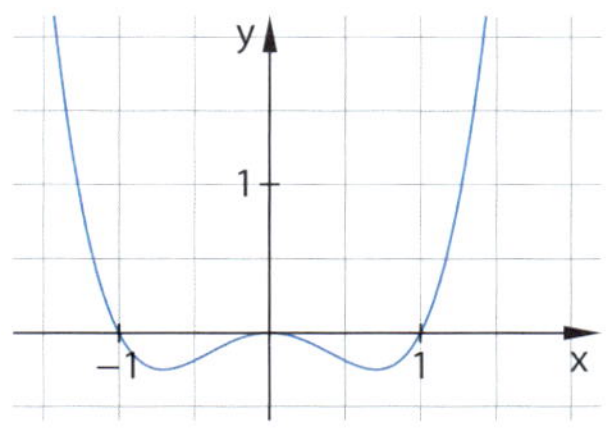	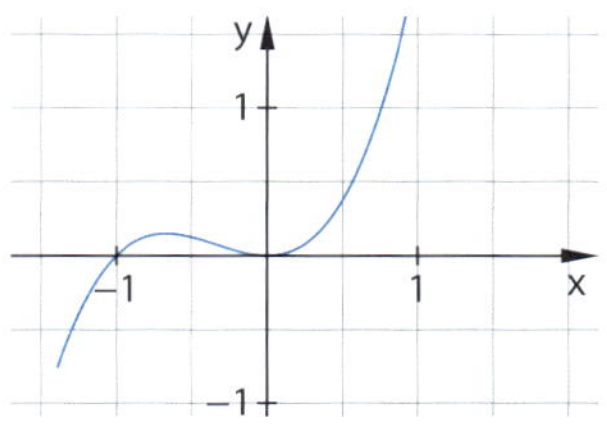	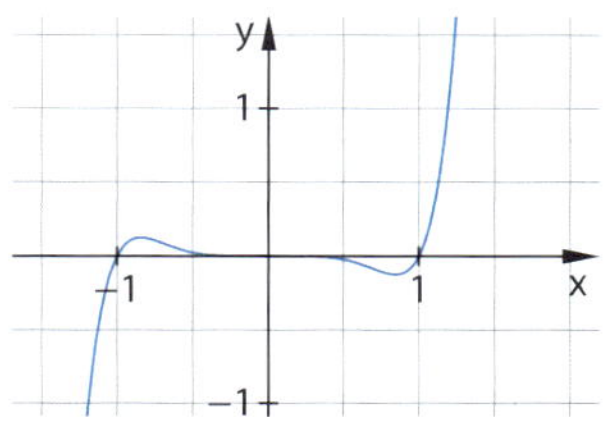	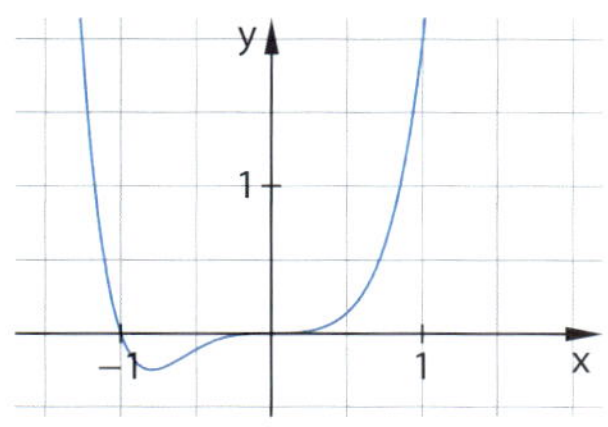

5 Vervollständigen Sie die Wertetabellen.

a) f ist achsensymmetrisch zur y-Achse.

x	−5	−2	2	5
y	−629	−20		

b) f ist punktsymmetrisch zum Ursprung.

x	−3	−2	2	3
y	−243	−32		

6 Ergänzen Sie die Tabelle. Skizzieren Sie die Graphen.

	$f(x) = -x^2 + 4$	$f(x) = -\frac{1}{x} \cdot (x^2 + 1)$	$f(x) = \frac{5}{x} \cdot \sin(2x)$
Für $x \to +\infty$ gilt			
Für $x \to -\infty$ gilt			
Symmetrie			
Graph (Skizze)	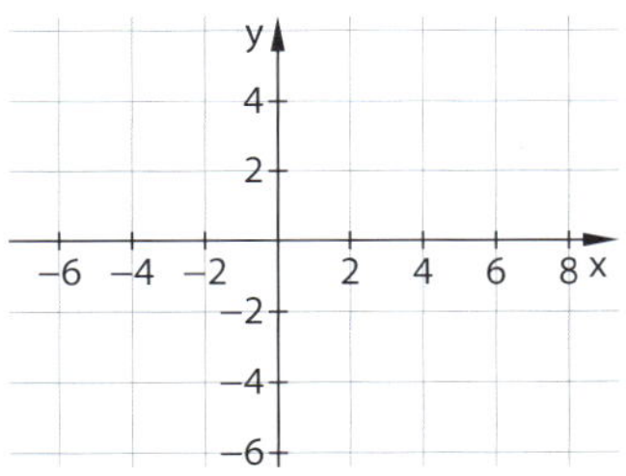	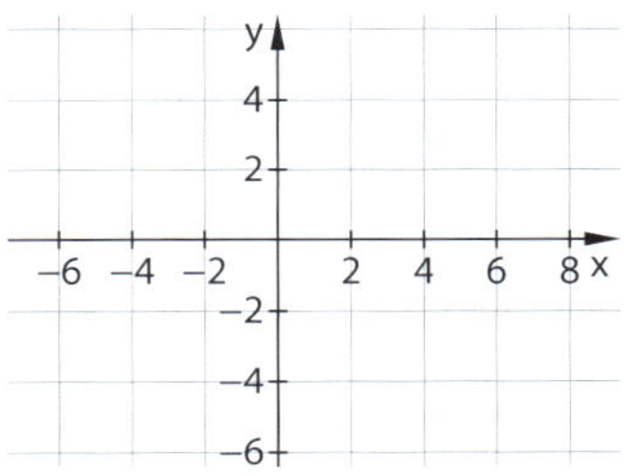	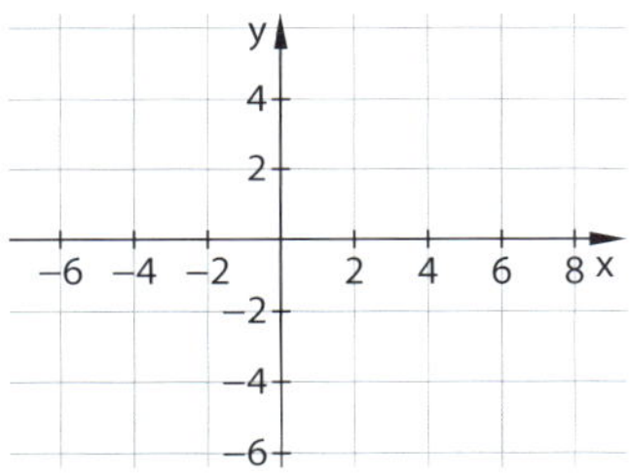

7 Betrachten Sie die Funktion $f(x) = x + 1$ für $0 < x \leq 1$.
Schreiben Sie die Geschichte zu Ende. Nutzen Sie dabei nur wahre Aussagen.

„Ha", ruft der x-Wert x = 1, „ich bin der Größte, denn unter euch anderen x-Werten aus unserem Intervall gibt es keinen, der einen Funktionswert hat, der größer ist als meiner. Aber du, mein Freund x = 0, hast es schlecht getroffen, denn du besitzt den kleinsten aller unserer Funktionswerte."
Darauf entgegnet der x-Wert x = 0: ______________________________

____

____

____

____

____

____

Grundlagentraining

1 Verschieben in x-Richtung: Graph, Funktionsgleichung und Wertetabelle

Hilfe: Der Graph g mit $g(x) = f(x - c)$ geht aus dem Graphen f durch Verschieben um c-Einheiten in x-Richtung hervor. Wenn $c > 0$ ist, dann wird nach rechts verschoben. Wenn $c < 0$ ist, dann wird nach links verschoben.

a) Beschriften Sie die Graphen.
Skizzieren Sie beide fehlenden Graphen.

$f(x) = x^4$ $g(x) = (x + 2)^4$ $h(x) = (x + 3)^4$

$i(x) = x^5$ $j(x) = (x - 1)^5$ $k(x) = (x - 2{,}5)^5$

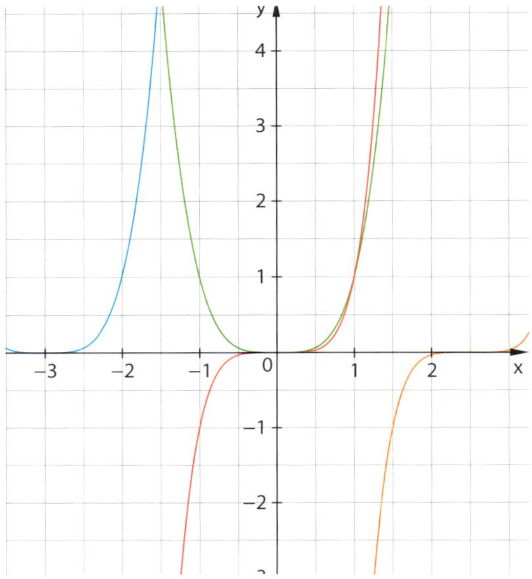

b) Vervollständigen Sie die Tabelle.

	x = −3	x = −1	x = 0	x = 1	x = 4
$l(x) = x^3$					
$m(x) = (\quad)^3$	−1000				−27
$n(x) = (\quad)^3$	64				1331

Zusatzaufgabe: Zeichnen Sie die Graphen mit einem GTR.

2 Verschieben in y-Richtung: Graph, Funktionsgleichung und Wertetabelle

Hilfe: Der Graph g mit $g(x) = f(x) + d$ geht aus dem Graphen f durch Verschieben um d-Einheiten in y-Richtung hervor. Wenn $d > 0$ ist, dann wird nach oben verschoben. Wenn $d < 0$ ist, dann wird nach unten verschoben.

a) Beschriften Sie die Graphen.
Skizzieren Sie beide fehlenden Graphen.

$f(x) = x^6$ $g(x) = x^6 + 1$ $h(x) = x^6 - 2$

$i(x) = x^7$ $j(x) = x^7 - 1$ $k(x) = = x^7 - 3$

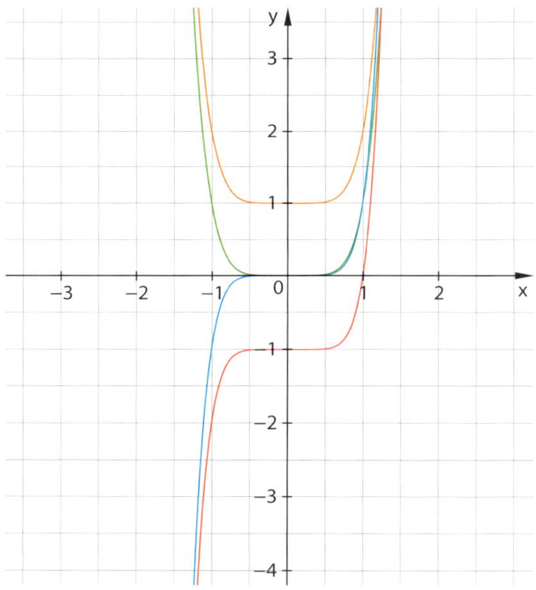

b) Vervollständigen Sie die Tabelle nur mithilfe der Vorgaben.

	x = −5	x = −1	x = 0	x = 1	x = 5
$l(x) = x^{-2}$	0,04	1	–		
$m(x) = x^{-2} - 10$	−9,96				
$n(x) = x^{-2} +$	5,04	6			5,04

Zusatzaufgabe: Zeichnen Sie die Graphen mit einem GTR.

3 Geben Sie die Funktionsgleichung des entstandenen Graphen an.

Hilfe: Den Graphen von $g(x) = x^2$ nennt man Normalparabel.

a) Die Normalparabel wird 11 Einheiten nach unten verschoben. f(x) = ______

b) Die Normalparabel wird 13 Einheiten nach links verschoben. f(x) = ______

c) Die Normalparabel wird 7 Einheiten nach links und 9 Einheiten nach oben verschoben. f(x) = ______

d) Die Normalparabel wird 17 Einheiten nach oben und 3 Einheiten nach rechts verschoben. f(x) = ______

4 Strecken und Stauchen in y-Richtung: Graph, Funktionsgleichung und Wertetabelle

Hilfe: Der Graph g mit $g(x) = a \cdot f(x)$ geht aus dem Graphen f durch Strecken bzw. Stauchen mit dem Streckfaktor a $(a \neq 0)$ in y-Richtung hervor. Wenn $|a| > 1$ ist, dann wird gestreckt. Wenn $|a| < 1$ ist, dann wird gestaucht.

a) Beschriften Sie die Graphen.
Skizzieren Sie beide fehlenden Graphen.

$f(x) = x^{-6}$ $g(x) = 2x^{-6}$ $h(x) = 0{,}2x^{-6}$
$i(x) = x^{8}$ $j(x) = 2x^{8}$ $k(x) = 0{,}2x^{8}$

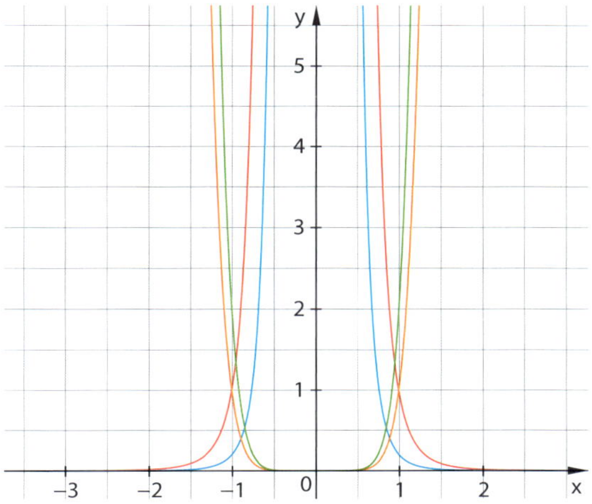

b) Vervollständigen Sie die Tabelle nur mithilfe der Vorgaben.

	$x = -1{,}3$	$x = -1$	$x = 0$	$x = 1$	$x = 1{,}3$
$l(x) = x^{-5}$	−0,269	−1	–	1	0,269
$m(x) = 10x^{-5}$					
$n(x) = 0{,}1x^{-5}$					

Zusatzaufgabe: Zeichnen Sie die Graphen mit einem GTR.

5 Spiegeln an der x-Achse: Graph, Funktionsgleichung und Wertetabelle

Hilfe: Der Graph g mit $g(x) = -f(x)$ geht aus dem Graphen f durch Spiegeln an der x-Achse hervor.

a) Beschriften Sie die Graphen.
Skizzieren Sie beide fehlenden Graphen.

$f(x) = x^{3}$ $g(x) = x^{-3}$ $h(x) = x^{-6}$
$i(x) = -x^{3}$ $j(x) = -x^{-3}$ $k(x) = -x^{-6}$

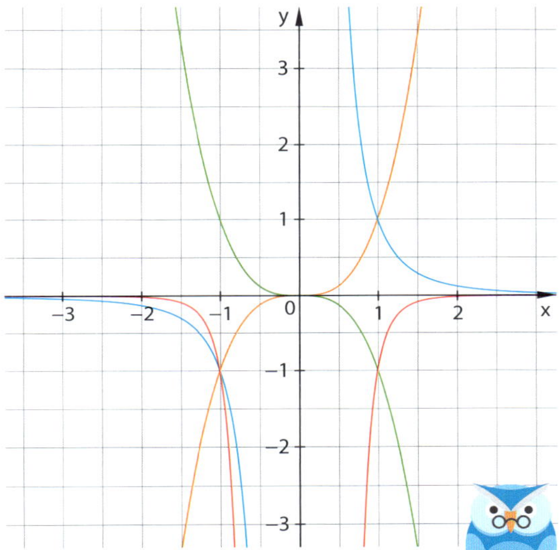

b) Vervollständigen Sie die Tabelle nur mithilfe der Vorgaben.

	$x = -2$	$x = -1$	$x = 0$	$x = 1$	$x = 2$
$l(x) = x^{4}$	16	1	0		
$m(x) =$	−16	−1			
$n(x) = x^{-4}$					

Zusatzaufgabe: Zeichnen Sie die Graphen mit einem GTR.

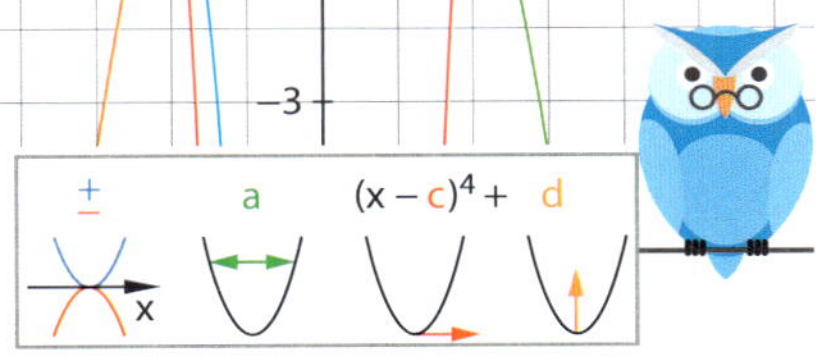

6 Der Graph f der Funktion $f(x) = -(x-2)^3 - 1$ ging aus dem Graphen g von $g(x) = x^3$ hervor.
Geben Sie die Veränderungen an.

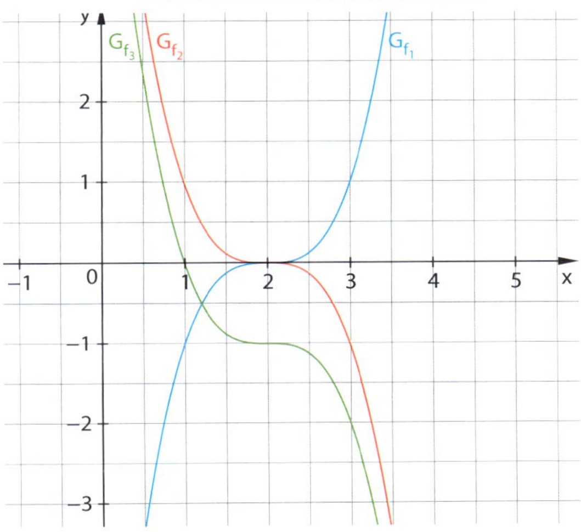

Parameter

1 Strecken und Stauchen in x-Richtung: Graph, Funktionsgleichung und Wertetabelle

Hilfe: Der Graph g mit $g(x) = f(b \cdot x)$ mit $b \neq 0$ geht aus dem Graphen f durch Strecken bzw. Stauchen mit dem Streckfaktor $\frac{1}{b}$ in x-Richtung hervor. Wenn $|b| > 1$ ist, dann wird der Graph gestaucht. Wenn $|b| < 1$ ist, dann wird gestreckt. Ist $b < 0$, wird der Graph zusätzlich an der y-Achse gespiegelt.

a) Beschriften Sie die Graphen.
Skizzieren Sie beide fehlenden Graphen.

$f(x) = x^5$ $g(x) = (0{,}5x)^5$ $h(x) = (-0{,}5x)^5$

$i(x) = x^{-4}$ $j(x) = (0{,}5x)^{-4}$ $k(x) = (-1{,}2x)^{-4}$

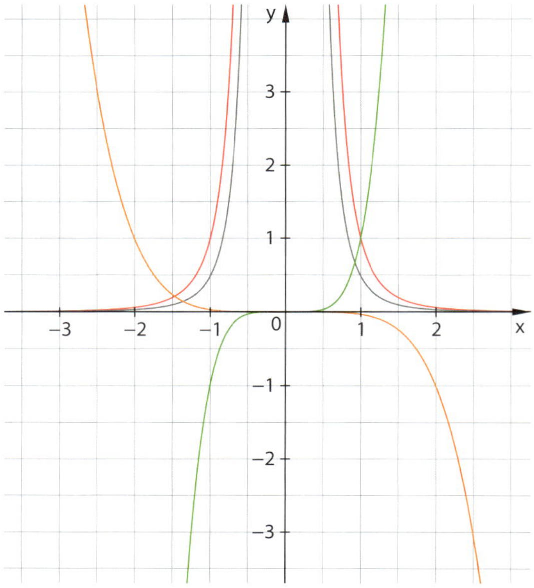

b) Vervollständigen Sie die Tabelle nur mithilfe der Vorgaben.

	x = −5	x = −1	x = 0	x = 1	x = 5
$l(x) = 2x^{-4}$	0,0032	2			
$m(x) = \ \ \cdot x^{-4}$	0,0128	8			
$n(x) = -4x^{-4} - 1$					

Zusatzaufgabe: Zeichnen Sie die Graphen mit einem GTR.

2 Spiegeln an der y-Achse: Graph, Funktionsgleichung und Wertetabelle

Hilfe: Der Graph g mit $g(x) = f(-x)$ geht aus dem Graphen von f durch Spiegelung an der y-Achse hervor.

a) Beschriften Sie die Graphen.
Geben Sie die Funktionsgleichungen zu den gespiegelten Graphen an.

$f(x) = x^2 + 2x + 1 = (x+1)^2$ $g(x) = (-x)^2$ ______________

$h(x) = x^3 + 1$ $i(x) =$ ______________

$j(x) = 0{,}5x^4 - 2x$ $k(x) =$ ______________

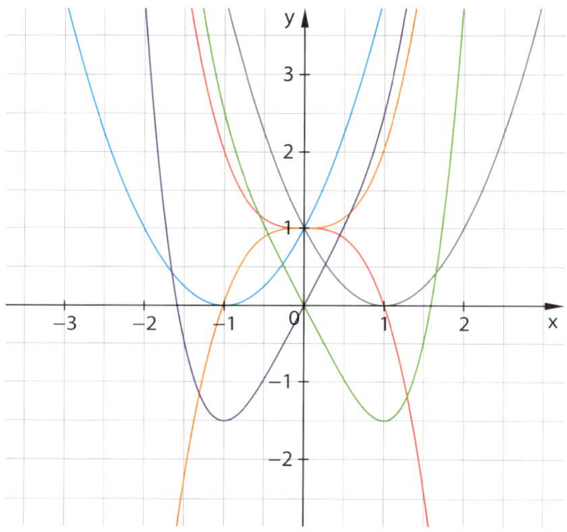

b) Vervollständigen Sie die Tabelle zu gespiegelten Graphen.

	x = −3	x = −1	x = 0	x = 1	x = 3
$l(x) = (x+1)^{-4}$	0,0625	–	1	0,0625	0,0039
$m(x) =$		0,0625	1		0,0625

Zusatzaufgabe: Zeichnen Sie die Graphen mit einem GTR.

3 Der Graph der Funktion $g(x) = a \cdot (x - d)^n + e$ geht aus dem Graphen von $f(x) = x^n$ durch Transformationen hervor. Markieren Sie zusammengehörige Karten mit der gleichen Farbe.

Streckung in y-Richtung | Stauchung in y-Richtung | Spiegelung an der x-Achse

Verschiebung in negative x-Richtung | Verschiebung in positive x-Richtung

Verschiebung in negative y-Richtung | Verschiebung in positive y-Richtung

$|a| > 1$ | $a = -1$ | $d > 0$ | $|a| < 1$ | $n > 0$ | $e < 0$ | $d < 0$ | $e > 0$

Aufbautraining

4 Entwickeln Sie schrittweise aus dem Graphen der Funktion $f(x) = x^{-1}$ den Graphen von $i(x) = -(x + 1)^{-1} - 2$.

	1. Verschiebung um	2. Spiegelung an der	3. Verschiebung um
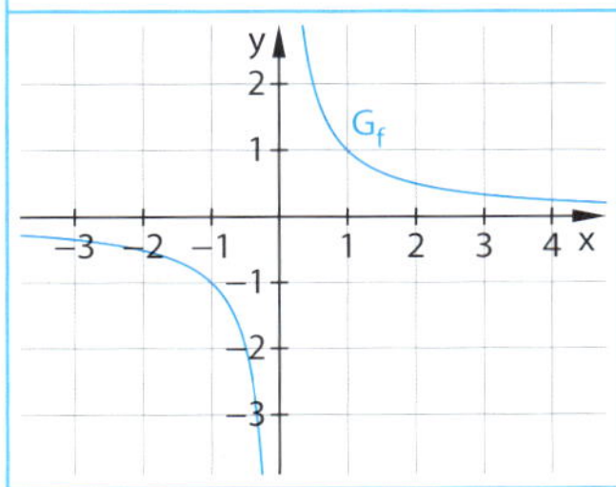	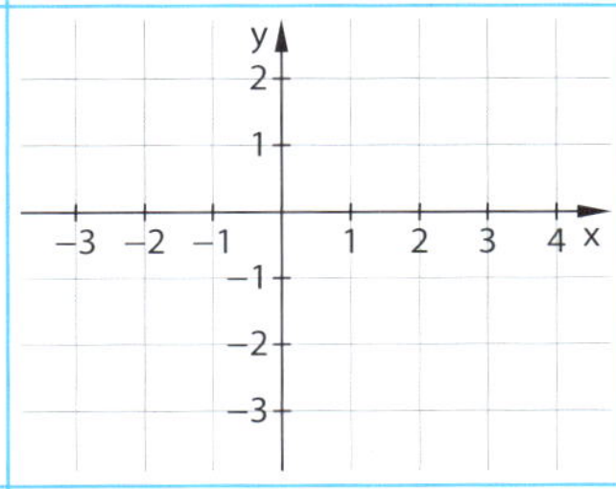	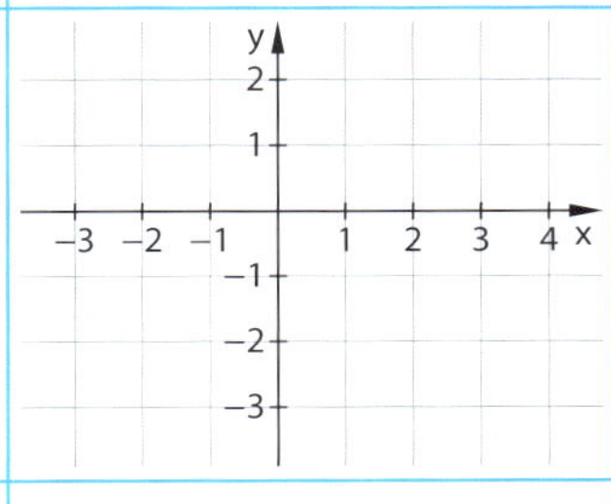	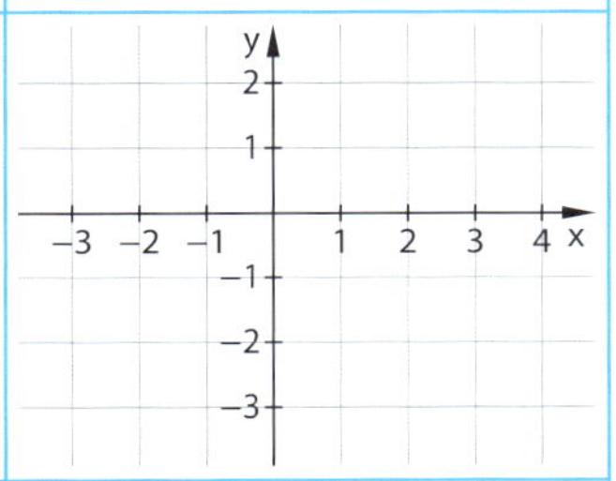
$f(x) = x^{-1}$	$g(x) =$	$h(x) =$	$i(x) =$

Zusatzaufgabe: Zeichnen Sie die Asymptoten ein. Hinweis: Es gibt zwei Lösungen.

5 Die Graphen der Funktionen $h(x)$ und $k(x)$ sind entstanden aus den Graphen von $f_1(x) = x^3$ bzw. $f_2(x) = x^{-2}$.
Geben Sie jeweils eine Gleichung für h, k und die Asymptoten von h an.

$h(x) =$ ____________________

$k(x) =$ ____________________

Asymptoten von h: ____________________

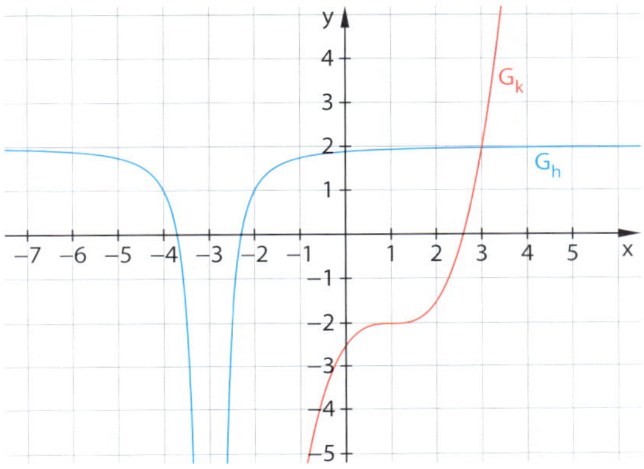

6 Geben Sie die jeweils passende Funktionsgleichung an.

Der Graph der Funktion $f(x) = x^{-1}$ wird nacheinander:

verschoben um 4 Einheiten in positiver x-Richtung	$g(x) =$ ____________________
gespiegelt an der x-Achse	$h(x) =$ ____________________
gestreckt mit dem Faktor 2 in y-Richtung	$i(x) =$ ____________________
verschoben um eine Einheit in positiver y-Richtung	$j(x) =$ ____________________

7 Graphen wurden an $f(x) = x$ für $x \geq 0$ gespiegelt.
Beschriften Sie die Graphen g, h, k und l.
Geben Sie, wenn möglich, die fehlende Koordinate an.

$g(x) = x^{\frac{1}{2}}$	A(1 | ___)	B(36 | ___)
$h(x) = x^{\frac{1}{3}}$	H(1 | ___)	I(27 | ___)
$k(x) = x^{\frac{1}{4}}$	J(1 | ___)	K(16 | ___)
$l(x) = x^{\frac{1}{5}}$	L(1 | ___)	M(32 | ___)

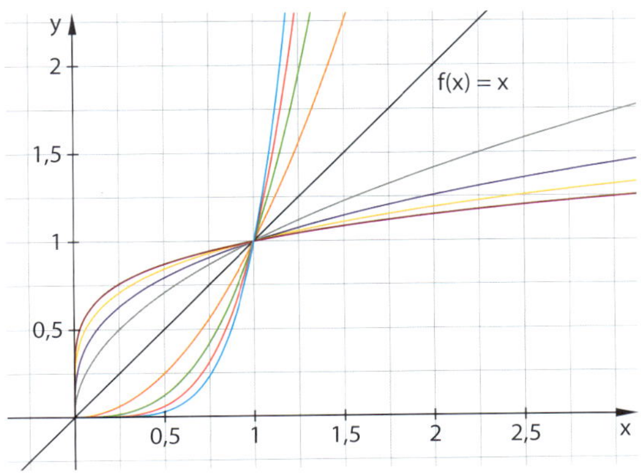

Grundlagentraining

1 Zeichnen Sie den Graphen der abschnittsweise definierten Funktion. Kreuzen Sie an, ob die Funktion an der Stelle $x_0 = \mathbf{1}$ stetig ist.

$f(x) = \begin{cases} x+1; & x>1 \\ x^2; & x \le 1 \end{cases}$	$g(x) = \begin{cases} -(x-1)^2+2; & x>1 \\ x^3+1; & x \le 1 \end{cases}$
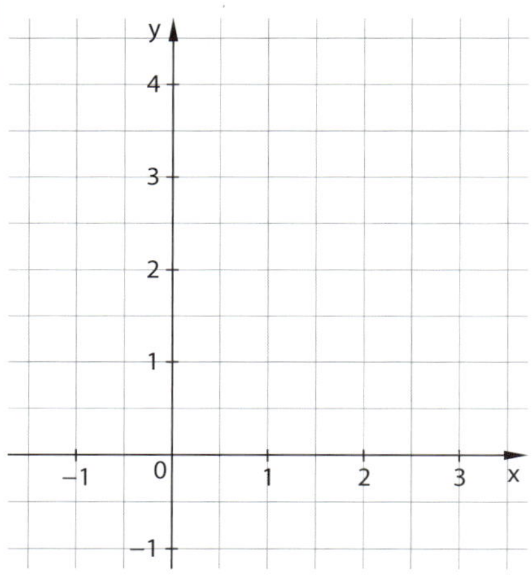	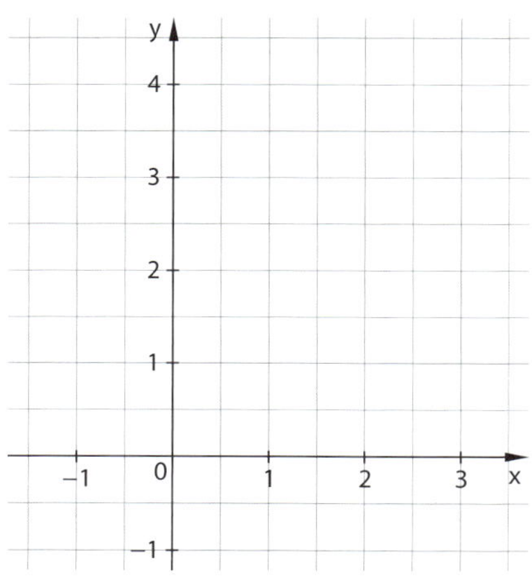
f ist stetig: ☐ wahr/ ☐ falsch	g ist stetig: ☐ wahr/ ☐ falsch

Stetigkeit: „Stift beim Zeichnen nicht absetzen."

2 Geben Sie die Gleichungen der linearen bzw. quadratischen Funktionen an, aus denen der Graph abschnittsweise zusammengesetzt ist.
Geben Sie an, ob die Funktion stetig ist.

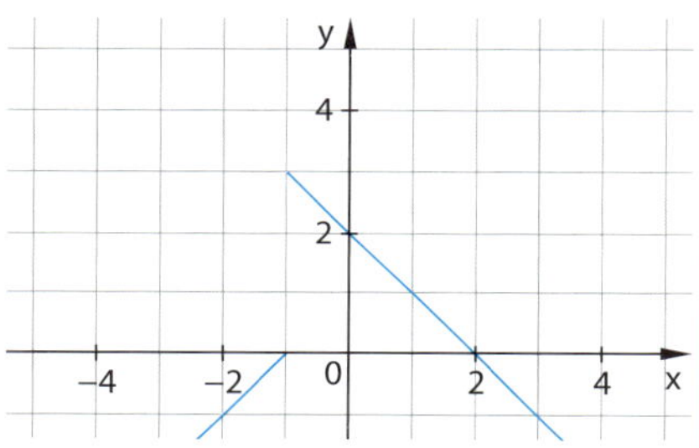	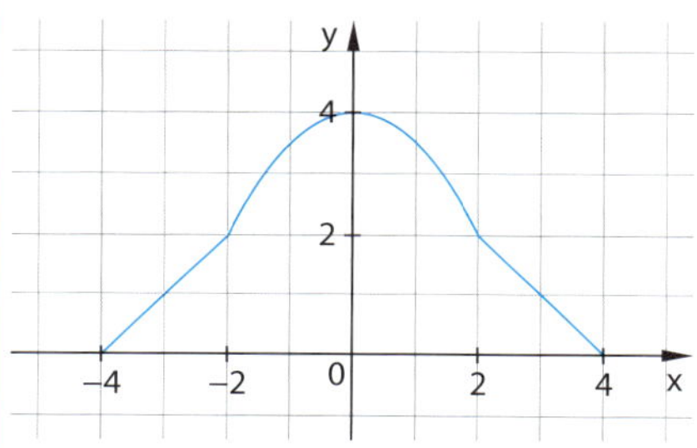	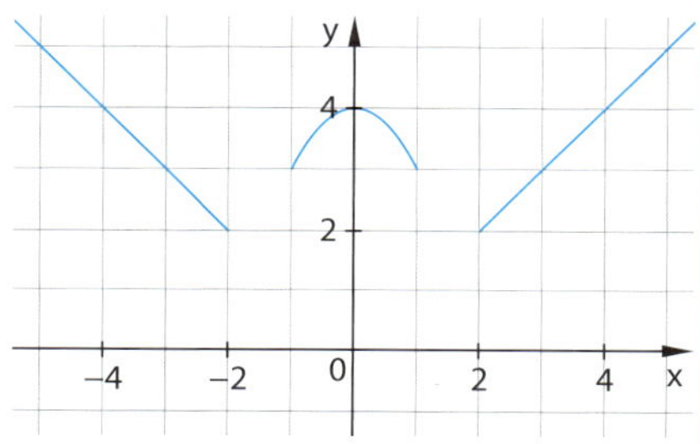

3 Beurteilen Sie, ob die Funktion f an der Stelle x_0 stetig ist.

Funktion	**Stelle x_0**	**Stetig bei x_0?**
$f(x) = \begin{cases} \sin(x); x < 1 \\ 2^x - 1; x \ge 1 \end{cases}$	$x_0 = 1$	
$f(x) = \begin{cases} \frac{1}{2}x^4; x < -1 \\ 2^x; x \ge -1 \end{cases}$	$x_0 = -1$	
$f(x) = \frac{1}{x-1}; x \neq 1$	$x_0 = -1$	

$f(x) = \frac{1}{x}$ ist stetig, denn Stetigkeit kann nur auf dem Definitionsbereich einer Funktion untersucht werden.

Aufbautraining

4 Wählen Sie den Parameter a so, dass die Funktion an der Stelle $\mathbf{x_0 = 0}$ stetig ist.

a) $f(x) = \begin{cases} -x^2 + a; x < 0 \\ -x + 12; x \geq 0 \end{cases}$

b) $f(x) = \begin{cases} 2\cos(x); x < 0 \\ (x+1)\,(x-a); x \geq 0 \end{cases}$

Ergebnis: a = ______

a = ______

5 Untersuchen Sie die Funktion $f(x) = \frac{x}{2} - \text{sign}(x)$ auf Stetigkeit an der Stelle $x_0 = 0$. Zeichnen Sie den Graphen von f. Füllen Sie dazu die Wertetabelle aus.

Hinweis: $\text{sign}(x) = \begin{cases} -1; x < 0 \\ 0; x = 0 \\ 1; x > 0 \end{cases}$

x	−2	−1	0	1	2
y					

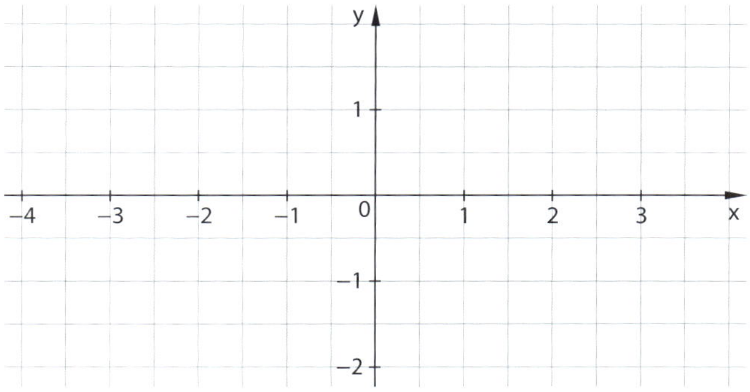

Die Funktion f ist an der Stelle $x_0 = 0$ ______

6 Die Gebühren in einem Parkhaus werden nach folgender Vorschrift erhoben:

- Für die beiden ersten Stunden jeweils 2,00 Euro
- Für jede weitere angefangene Stunde 1,00 Euro
- 24-Stunden-Ticket 10,00 Euro

a) Zeichnen Sie den Graphen der Funktion, die der Parkdauer die Parkgebühren für den Zeitraum der ersten neun Stunden des Parkens zuordnet.

b) Beschreiben Sie Besonderheiten des Graphen.

______

______

______

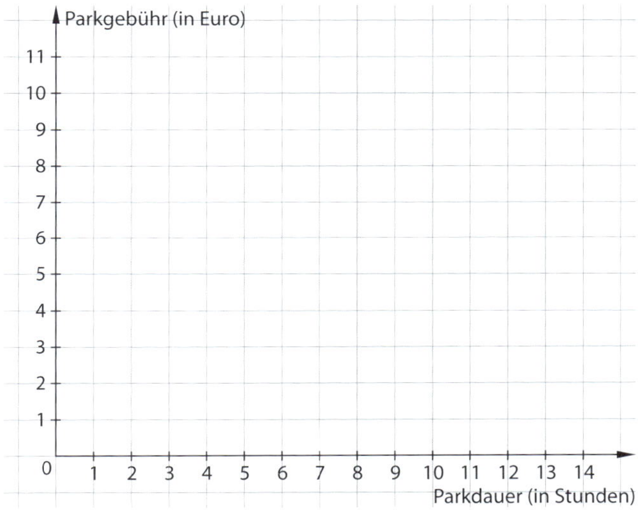

c) Frau Müller muss 8,00 Euro bezahlen. Geben Sie den Zeitraum an, in dem sie das Parkhaus verlassen hat, wenn sie um 07:30 Uhr mit dem Parken begonnen hat.

______

______

d) Ab welcher Parkdauer lohnt sich ein 24-Stunden-Ticket?

______

______

______

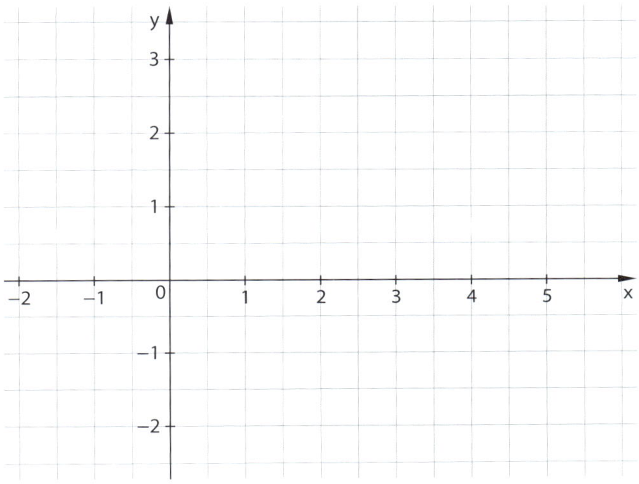

Zusatzaufgabe: Für eine reelle Zahl x ist $\lfloor x \rfloor$ die größte ganze Zahl, die kleiner oder gleich x ist. Zeichnen Sie den Graphen der Funktion f mit $f(x) = 2 \cdot \lfloor x - 1 \rfloor$ im Intervall $0 \leq x < 3$.
Hinweis: Rechnerbefehl für die Gaußklammerfunktion $\lfloor x \rfloor$: floor(x).

1 Kreuzen Sie die Funktionsgleichungen an, wenn die Eigenschaft auf die Funktion zutrifft.

Der Graph hat an der Stelle $x = 1$ den Funktionswert $y = -1$.	☐ $f(x) = -x$	☐ $g(x) = -2^{x-1}$	☐ $h(x) = x^2 - 2$
Der Wertebereich enthält nur reelle Zahlen $y \geq 2$.	☐ $f(x) = \sin(x) + 3$	☐ $g(x) = x^2 - 4x + 6$	☐ $h(x) = -x^{-1} + 2$
Der Graph ist symmetrisch zur y-Achse.	☐ $f(x) = x^4 - x^2 - 1$	☐ $g(x) = x^2 - 4x + 4$	☐ $h(x) = \cos(x - \pi)$
Der Graph ist symmetrisch zum Ursprung.	☐ $f(x) = x \cdot (x^2 - 1)$	☐ $g(x) = 0{,}001x$	☐ $h(x) = 0{,}2 \cdot 2^{-x}$
Für $x \to +\infty$ gilt $y \to +\infty$.	☐ $f(x) = x^5 - x^2$	☐ $g(x) = 0{,}1 \cdot 5^x - 1$	☐ $h(x) = 2 \cdot \sin(3x)$
Der Graph ist an der Stelle $x = 1$ nicht stetig.	☐ $f(x) = \begin{cases} -x, & x \leq 1 \\ x^2, & x > 1 \end{cases}$	☐ $g(x) = \begin{cases} x, & x \leq 1 \\ x^2, & x > 1 \end{cases}$	☐ $h(x) = \begin{cases} 2^{-x}, & x \leq 1 \\ x^2, & x > 1 \end{cases}$
Die Funktionswerte konvergieren für $x \to +\infty$ gegen 1.	☐ $f(x) = -\frac{1}{x^2} + 1$	☐ $g(x) = 10^{-x} + 2^0$	☐ $h(x) = x^{-1} + 1$

2 Wird eine Tasse mit heißem Kaffee gefüllt, so kühlt dieser unter bestimmten Umständen nach der Formel $T(t) = 70 \cdot 0{,}95^t + 20$ ab. Dabei beschreibt T die Temperatur in Grad Celsius t Minuten nach dem Einfüllen.

a) Stellen Sie die Funktion T(t) im Intervall $0 \leq t \leq 100$ grafisch dar. Berechnen Sie dazu die fehlenden Werte in der Tabelle.

t (in Min.)	0	5	10	40	80	100
T (in °C)						

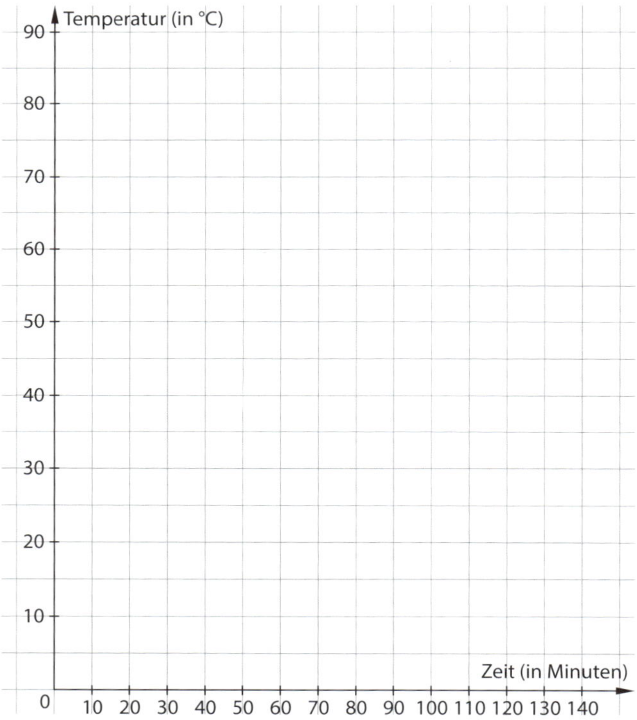

b) Geben Sie die Bedeutung von $\lim\limits_{t \to \infty} T(t)$ im Sachzusammenhang an.

____

____

3 Gegeben ist eine Funktion f mit $f(x) = x^2 - 2x - 3$.
Berechnen Sie b, wenn Folgendes gilt:

a) $f(b) = 0$ ________________

b) $f(b + 1) = -1$ ________________

c) $f(b + c) = f(b - c)$ ________________

d) Die Abbildung zeigt den Graphen von f. Zeichnen Sie den Graphen von g mit $g(x) = -f(x - 1) + 3$ dazu.

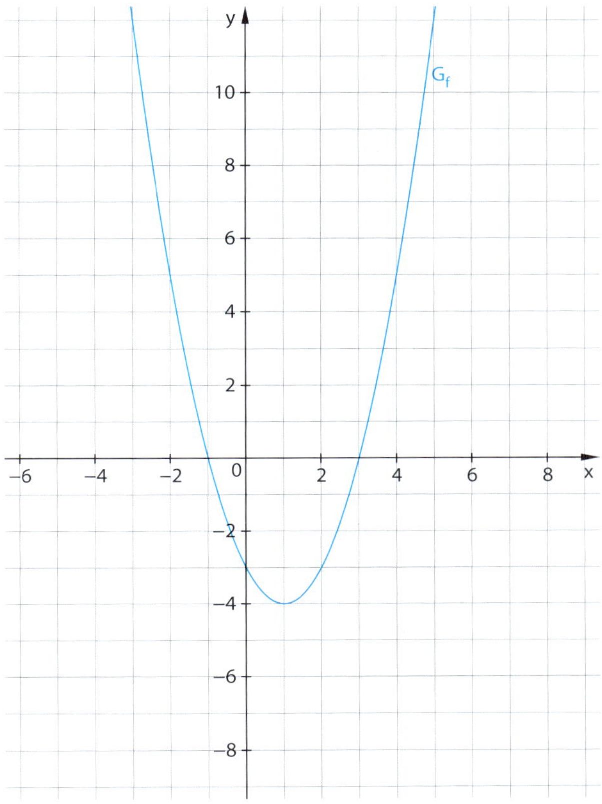

4 Gegeben sind die Funktionen $f(x) = -x^2$ und $g(x) = 2^{-x}$.
Kreuzen Sie alle wahren Aussagen an.
Funktionsterm von $f(g(x))$ ist

☐ 2^{-2x} ☐ $-\left(\frac{1}{4}\right)^x$ ☐ -4^{-x} ☐ $-(2^{-x})^2$

Funktionsterm von $f(g(x + 1))$ ist

☐ $\frac{-2^{-2x}}{4}$ ☐ -2^{-2x+2} ☐ -4^{1-x} ☐ $-\left(\frac{1}{4}\right)^{x+1}$

Funktionsterm von $2 \cdot g(f(x))$ ist

☐ $2 \cdot 2^{x^2}$ ☐ $\frac{1}{2} \cdot 4^x$ ☐ 2^{1+x^2} ☐ $2 \cdot (2^x)^2$

5 Gegeben ist der Graph einer Funktion f_1 mit
$f_1(x) = 3 \cdot (x^2 - x^4)$ mit $-1 \leq x \leq 1$.

a) Begründen Sie, dass der Graph der Funktion f_2 durch $f_2(x) = f_1(x - 4) + 3$ erzeugt werden kann.

____

____

____

____

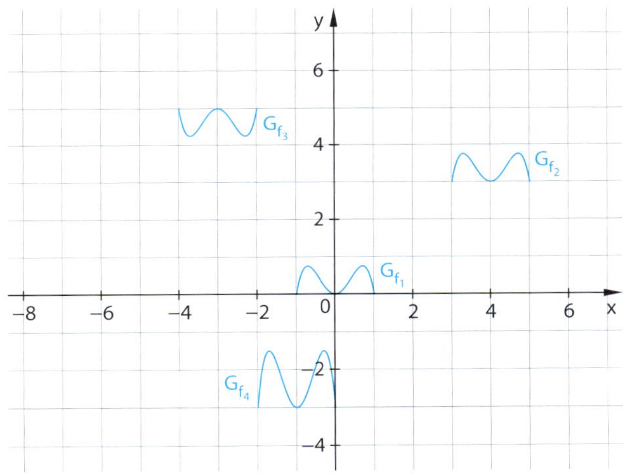

b) Vervollständigen Sie Funktionsgleichungen zu den Graphen f_3 und f_4 unter Verwendung von f_1.
$f_3(x) =$ ____________ $f_4(x) =$ ____________

6 Eine ganzrationale Funktion f dritten Grades hat die Nullstellen $x_1 = 2$, $x_2 = -2$ und $x_3 = 1$.

a) Kreuzen Sie an, alle Terme an, die zur Funktion f gehören können.

☐ $f(x) = 2 \cdot (x^2 - 4) \cdot (x + 1)$ ☐ $f(x) = (x + 2) \cdot (x - 2) \cdot (x - 1)$

☐ $f(x) = x^3 - x^2 - 4x + 4$ ☐ $f(x) = 0{,}5x^3 - 0{,}5x^2 - 2x + 2$

Zusatzaufgabe: Geben Sie zwei weitere mögliche Funktionsterme an.

____

b) Der Graph der Funktion f soll in Richtung der x-Achse so verschoben werden, dass die mittlere der drei Nullstellen im Ursprung liegt. Geben Sie eine Gleichung der verschobenen Funktion an.

____

Beurteilen Sie, ob der Graph der verschobenen Funktion punktsymmetrisch zum Ursprung ist.

____

____

Wo stehe ich?

Nutzen Sie die Aufgaben auf den nächsten drei Seiten, um zu sehen, wo Sie stehen.
Füllen Sie die Tabelle zur Selbsteinschätzung unten aus.
Verwenden Sie die Aufgaben auf den angegebenen Seiten in diesem Heft, um zu üben.

☺ Die Aufgabe kann ich sicher lösen.

😐 Die Aufgabe kann ich mit Nachschlagen lösen.

☹ Die Aufgabe kann ich nicht lösen, hier brauche ich Hilfe.

	Ich kann…	☺	😐	☹	Basisaufgaben (Weiterführende Aufgaben)	Hier können Sie üben
2.1	… Nullstellen und Definitionslücken einfacher gebrochen-rationaler Funktionen bestimmen. … Polstellen und Gleichungen senkrechter Asymptoten bestimmen.				1, 3 (W6)	S.24–27
2.2	… Gleichungen von waagerechten und schrägen Asymptoten bestimmen.				2, 5, 6, 7 (W2, W7)	S.28–31
2.3	… zwischen einfachen und doppelten Pol- und Nullstellen unterscheiden. … aus dem Graphen auf den Term einer gebrochen-rationalen Funktion schließen und umgekehrt.				4, 8, 9, 10 (W3, W4, W8)	S.32–35
2.4	… Schnittpunkte von Graphen gebrochen-rationaler Funktionen bestimmen.				11, 12 (W1, W5)	S.36–37

Basisaufgaben

1 Bestimmen Sie die Definitionsmenge und die Nullstellen der Funktion f, sofern vorhanden.

a) $f(x) = \frac{x-1}{x^2-4}$ b) $f(x) = \frac{x^2-1}{x-4}$ c) $f(x) = \frac{x^2+1}{x^2-6x+9}$

d) $f(x) = \frac{x^2-3x}{x^2+x+2}$ e) $f(x) = \frac{x^2-6x+8}{x^2+6x+10}$ f) $f(x) = \frac{x^2-4x+10}{2x^2-6x+4}$

2 Geben Sie jeweils Definitionsmenge, Polstellen, deren Art und die links- und rechtsseitigen Grenzwerte sowie eine Gleichung der senkrechten Asymptote an. (Gehen Sie davon aus, dass es keine hebbaren Definitionslücken gibt.)

a)
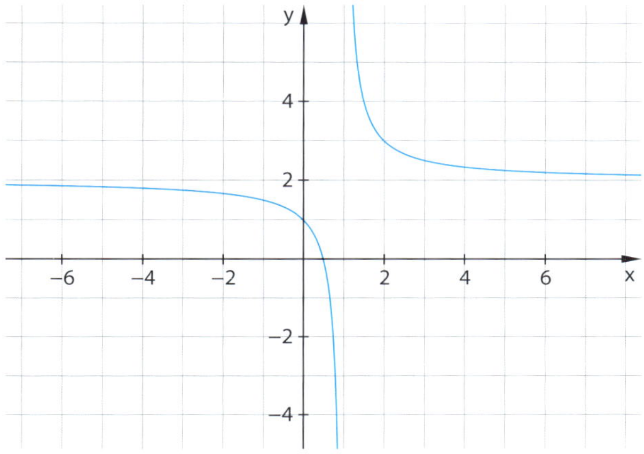

b)
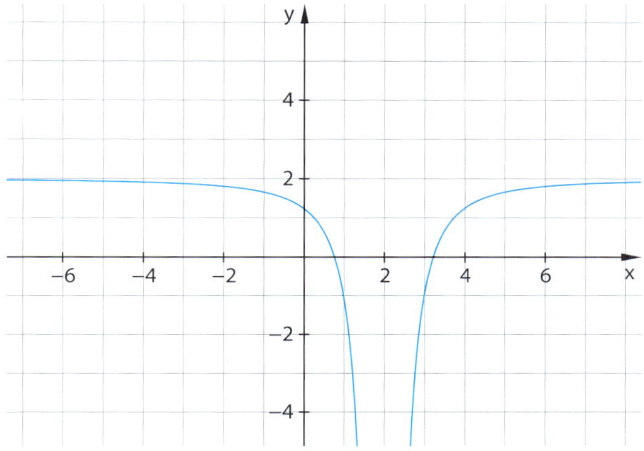

c)
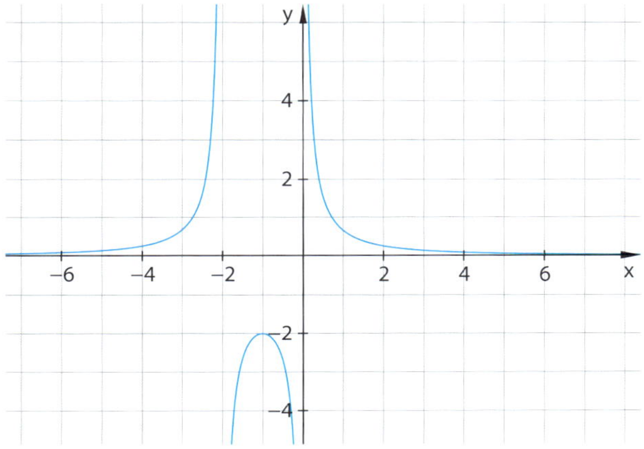

d)
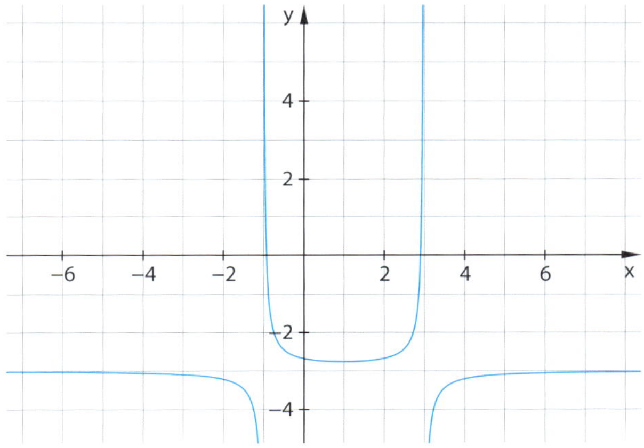

3 Entscheiden Sie mit dem Polstellenkriterium, ob die angegebenen Stellen Polstellen der Funktion f sind.

a) $f(x) = \frac{x-2}{(3x-9)(x-5)}$; a = 2, b = 3 b) $f(x) = \frac{4x-12}{(x+3)(x-3)}$; a = −3, b = 3

c) $f(x) = \frac{x^2-4}{(x+2)(x-1)}$; a = −2, b = 1 d) $f(x) = \frac{x^2+2x+1}{(x^2-6x+9)(x^2-25)}$; a = −5, b = 3

4 Ordnen Sie dem Graphen einen passenden Term zu. Begründen Sie dies mithilfe des Verhaltens im Unendlichen.

① $f(x) = \frac{2x}{3x^2+1}$ ② $f(x) = \frac{2x^2}{3x+1}$ ③ $f(x) = \frac{6x^2+x-2}{2x^2-4x+1}$ ④ $f(x) = \frac{4x-7}{5-2x}$

A
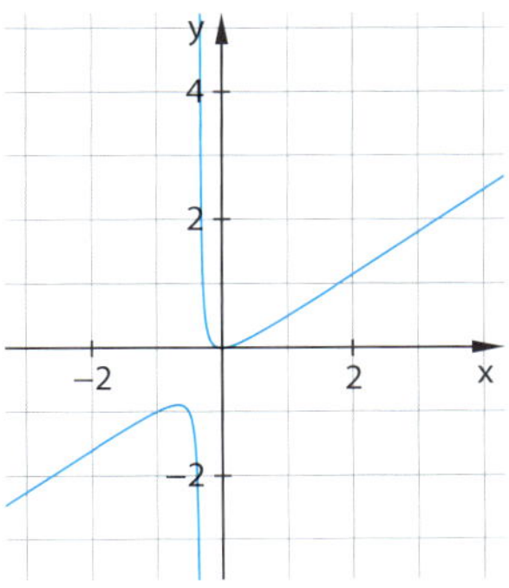

B
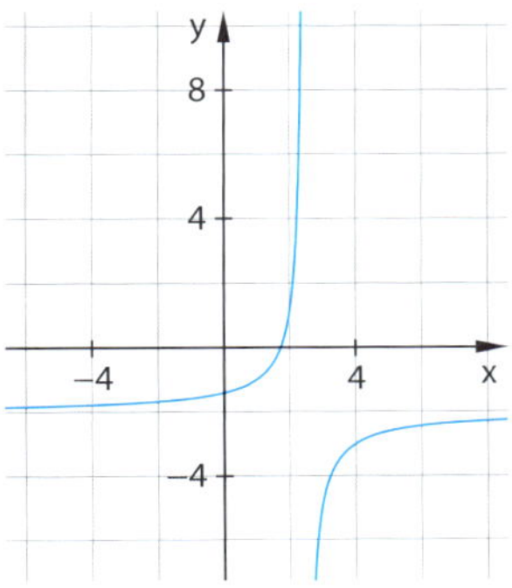

C
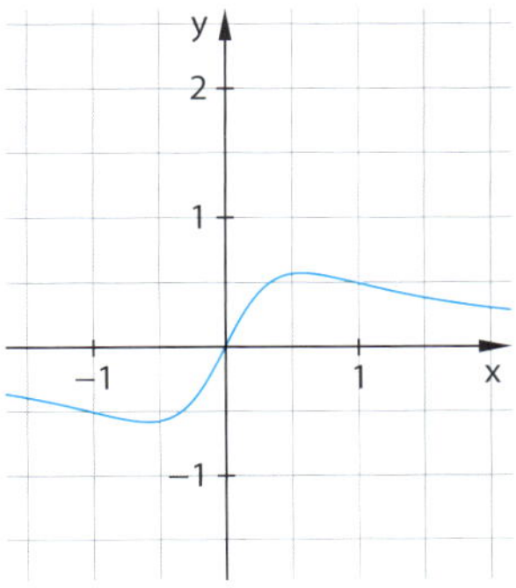

D
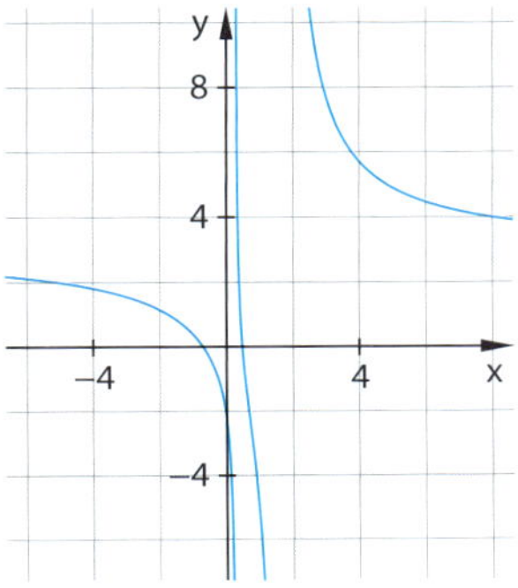

5 Geben Sie die Polstellen und die Gleichungen der waagerechten Asymptoten an.

a) $f(x) = \frac{7}{x-11}$ b) $f(x) = \frac{5x-9}{2x-6}$ c) $f(x) = \frac{4x-11}{(x-3)(x+5)}$

d) $f(x) = \frac{2x-5}{x^2-7x+12}$ e) $f(x) = \frac{2x^2+3}{5x^2-20}$ f) $f(x) = \frac{x^2+5x}{(2x+4)(10-4x)}$

6 Entscheiden Sie anhand des Funktionsterms, ob der Graph der Funktion eine schräge Asymptote hat. Falls ja, bestimmen Sie eine Gleichung der schrägen Asymptote.

a) $f(x) = \frac{3x^2-5x}{x}$ b) $f(x) = \frac{x^2+5x+1}{3x^2-2x}$ c) $f(x) = \frac{-6x^2+4x+3}{2x}$ d) $f(x) = \frac{2x-1}{x^2+6x}$

7 Geben Sie die Definitionsmenge der Funktion f an und bestimmen Sie eine Gleichung der schrägen Asymptote des Graphen von f.

a) $f(x) = \frac{7x^2-5}{x}$ b) $f(x) = \frac{2x^2-6x+5}{2x}$ c) $f(x) = \frac{5(x-3)(x+1)+3}{x-3}$

d) $f(x) = \frac{2x^2+10x-2}{4x}$ e) $f(x) = \frac{2(x^2-1)+3}{x+1}$ f) $f(x) = \frac{3x^2-12x+15}{x-2}$

8 Bestimmen Sie alle Nullstellen und Polstellen von f. Geben Sie an, ob es sich um Polstellen mit oder ohne Vorzeichenwechsel handelt bzw. ob der Graph die x-Achse bei den Nullstellen schneidet oder berührt.

a) $f(x) = \frac{x-2}{x-5}$ b) $f(x) = \frac{x^2}{x-3}$ c) $f(x) = \frac{2x+7}{x^2-16}$

d) $f(x) = \frac{x^2-10}{x^2}$ e) $f(x) = \frac{x^2-6x+9}{2x^2+8x+8}$ f) $f(x) = \frac{(x-2)(x-7)}{0{,}1x^2-2x+10}$

9 Bestimmen Sie die Pol- und Nullstellen der Funktion f und geben Sie ihre Vielfachheit sowie den Schnittpunkt des Graphen mit der y-Achse an, falls vorhanden. Skizzieren Sie damit den Graphen von f.

a) $f(x) = \frac{x-2}{x+2}$ b) $f(x) = \frac{x+1}{(x-2)(x-5)}$ c) $f(x) = \frac{(x-3)^2}{x^2-4}$

d) $f(x) = \frac{x+3}{x(x-4)}$ e) $f(x) = x + \frac{2}{x-3}$ f) $f(x) = \frac{x^2-6x+9}{x^2-5x+4}$

10 Bestimmen Sie einen möglichen Term zum Graphen. Zähler- und Nennergrad sind höchstens 2.

a)
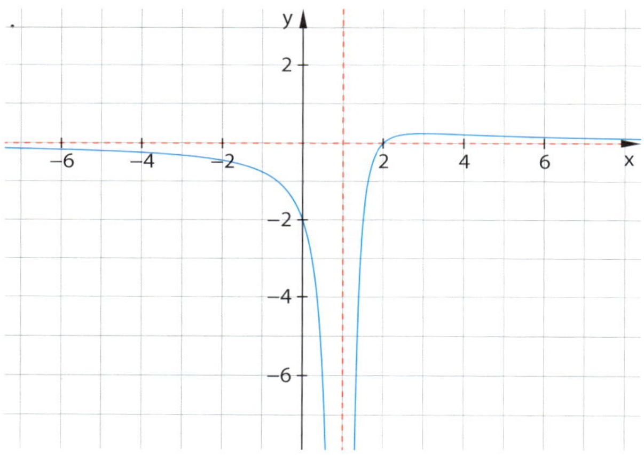

b)
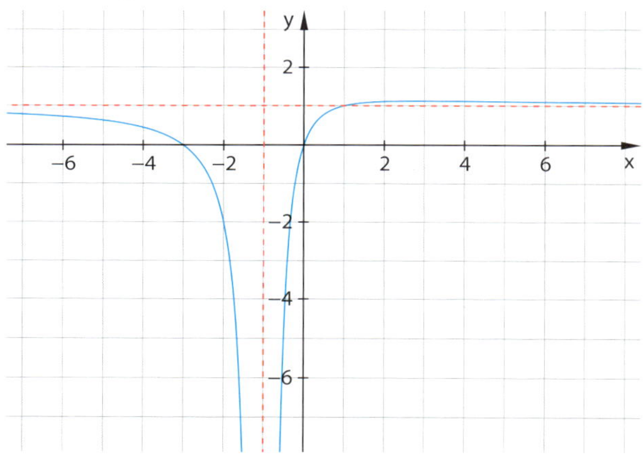

c)
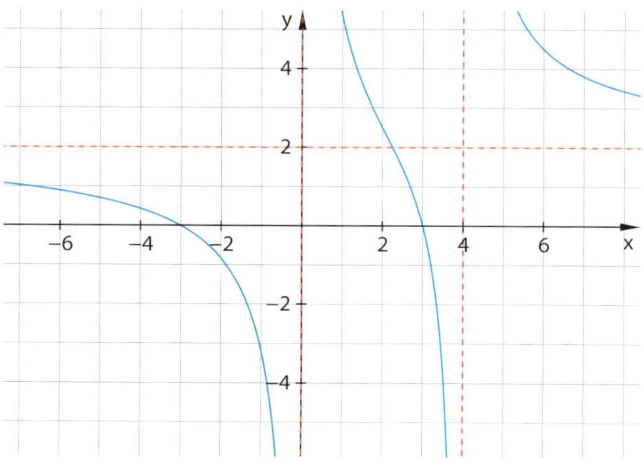

d)
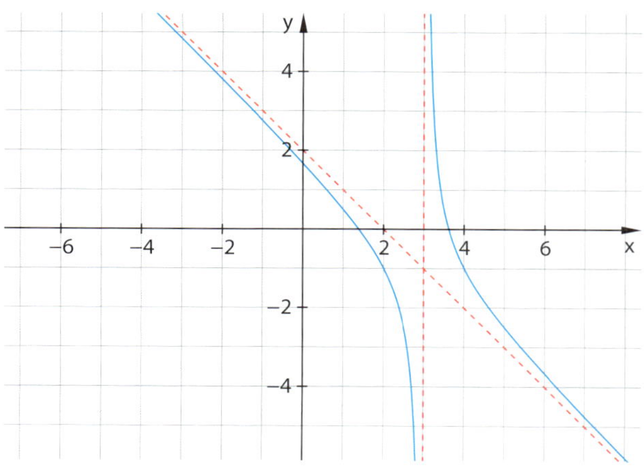

11 Ermitteln Sie rechnerisch die Schnittstellen der Graphen der gegebenen Funktionen.

a) $f(x) = \frac{5}{x-3}$ und $g(x) = x + 1$

b) $f(x) = \frac{-3x+2}{x-4}$ und $g(x) = -2x + 4$

c) $f(x) = \frac{x+2}{x+4}$ und $g(x) = \frac{5}{2x-10}$

d) $f(x) = \frac{x+2}{-x-1}$ und $g(x) = \frac{-4}{x+2}$

12 Die Grafik zeigt die Graphen zweier Funktionen.
Geben Sie die ganzzahligen Koordinaten der Schnittpunkte an.
Ermitteln Sie Terme für beide Funktionen und überprüfen Sie die Schnittpunkte rechnerisch.

a)

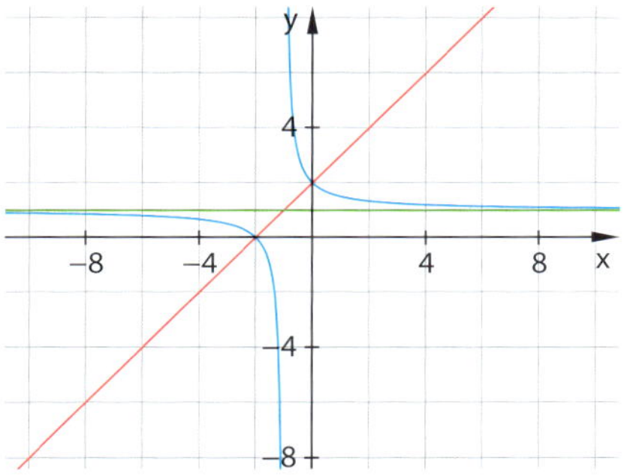

b)

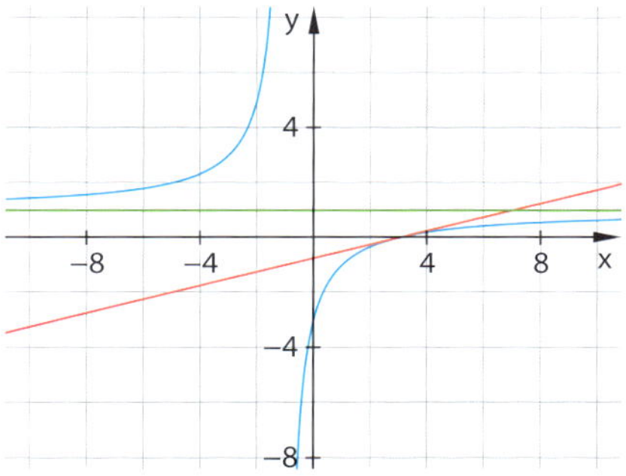

c)

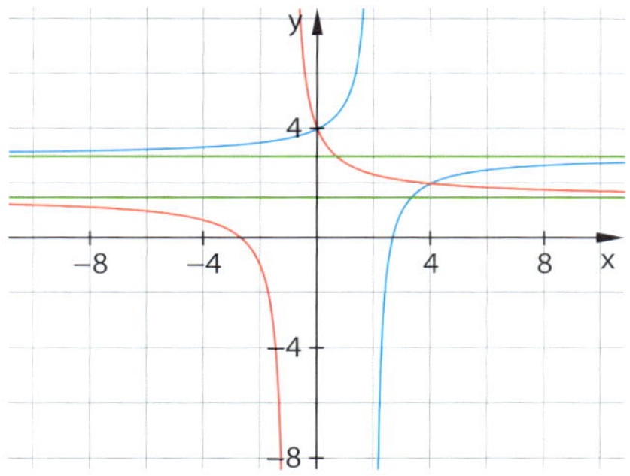

Weiterführende Aufgaben

1 Bestimmen Sie den Schnittpunkt und Schnittwinkel der Asymptoten von f mit $f(x) = -x + 8 + \frac{1}{x-4}$.

2 Gegeben ist f mit $f(x) = \frac{-4x^2 + 2x}{2x + 5}$. Ermitteln Sie rechnerisch diejenigen Stellen, an welchen der senkrechte Abstand zwischen dem Graphen und seiner Asymptote 2 beträgt.

3 Gegeben ist der rechts abgebildete Graph der Funktion f. Stellen Sie nachvollziehbar eine passende Funktionsgleichung dazu auf.

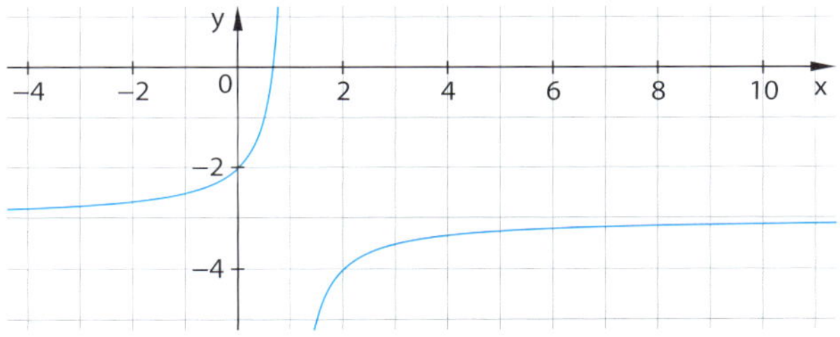

4 Gegeben sei g_a mit $g_a = \frac{(x+a)^2}{x(x+1)}$ mit $a \in \mathbb{R}$. Charakterisieren Sie die Definitionslücken in Abhängigkeit von a.

5 Die Anzahl der Fehler, die ein Musiker beim n-ten Üben eines Musikstückes spielt, wird durch die Funktion f mit $f(n) = \frac{2n + 76}{2n + 4}$ modelliert.

a) Beschreiben Sie die Bedeutung der Gleichung $f(2) = 10$ im Sachzusammenhang.

b) Beurteilen Sie, ob der Musiker das Stück nach diesem Modell jemals fehlerfrei durchspielen kann.

6 Geben Sie alle Werte von m, t und k so an, dass f mit $f(x) = \frac{mx + t}{x^2 + k}$ symmetrisch zum Koordinatenursprung ist.

7 Bestimmen Sie a und b so, dass sich die Asymptoten von f mit $f(x) = ax + b + \frac{1}{-2x+1}$ rechtwinklig in $(1\,|\,-1)$ schneiden.

8 Einer der wichtigsten Nährstoffe für Pflanzen ist Stickstoff, der üblicherweise in Form von Dünger zugegeben wird. Der durch die Zugabe von Dünger zusätzlich entstehende Getreideertrag in t/ha lässt sich wie folgt darstellen:
$f(x) = \frac{mx}{10x^2 + k}$.

a) Zeigen Sie, dass sehr wenig Düngereinsatz zu wenig Ertrag führt, und dass sehr viel Düngereinsatz ebenfalls zu sehr wenig Ertrag führt.

b) Experimente zeigten, dass $f(100) = 2{,}5$ und $f(600) = 2$ gilt. Deuten Sie dies im Sachzusammenhang. Bestimmen Sie dann m und k.

c) Ein Landwirt möchte eine Ertragssteigerung von 1,5 t pro ha erzielen. Berechnen Sie, bei welchem Düngereinsatz diese Ertragssteigerung erwartet werden kann. Prüfen Sie, ob es mehr als einen passenden Wert gibt, und begründen Sie dann, welchen Düngereinsatz Sie empfehlen würden.

Grundlagentraining

1 Gegeben ist die Funktion $f(x) = \frac{x+1}{x-1}$.

a) Berechnen Sie die Funktionswerte in der Tabelle, falls möglich.

x	−10	−2	0	0,9
f(x)				
x	1	1,1	2	10
f(x)				

$f(x) = \frac{p(x)}{q(x)}$

b) Ermitteln Sie alle Nullstellen von f.

____

c) Begründen Sie, weshalb f für x = 1 nicht definiert ist.

____

d) Äußern Sie Vermutungen bezüglich des Verhaltens der Funktionswerte von f:

Annäherung an x = 1 von links: ______________________________

Annäherung an x = 1 von rechts: ______________________________

2 Betrachtet wird die Funktion f mit $f(x) = \frac{p(x)}{q(x)}$. Ordnen Sie Zugehöriges durch Einzeichnen von Pfeilen zu:

- f heißt gebrochen-rationale Funktion, wenn
- Ist x_0 eine Nullstelle von q,
- Nullstellen von f sind diejenigen Nullstellen von p, die
- Ist x_0 eine Definitionslücke von f und es gilt $\lim\limits_{\substack{x \to x_0 \\ x < x_0}} f(x) = \pm\infty$ bzw. $\lim\limits_{\substack{x \to x_0 \\ x > x_0}} f(x) = \pm\infty$,
- Eine Definitionslücke x_0 ist genau dann eine Polstelle von f, wenn
- Ist die Zahl x_0 nach dem vollständigen Kürzen des Terms $\frac{p(x)}{q(x)}$ keine Nullstelle der Nennerfunktion q mehr,
- Ist x_0 Nullstelle von p und von q,
- Ist der Grad von p 2 und der Grad von q 1,

- so heißt x_0 Definitionslücke von f.
- keine Nullstellen von q sind.
- so ist x_0 Polstelle von f. Die Gerade $x = x_0$ ist senkrechte Asymptote des Graphen von f.
- p und q ganzrationale Funktionen sind und q mindestens den Grad 1 hat.
- so heißt x_0 hebbare Definitionslücke von f.
- sie auch nach dem vollständigen Kürzen des Bruchterms eine Nullstelle von q ist.
- so hat f maximal zwei Nullstellen.
- so ist x_0 eine hebbare Definitionslücke von f.

3 Kreuzen Sie an, welche der Funktionen gebrochen-rationale Funktionen sind.
Hilfe: Nennerpolynom hat mindestens Grad 1.

☐ $s(t) = \frac{t^2 - t + 1}{2}$ ☐ $f(x) = \frac{x^2 - 1}{x}$ ☐ $f(x) = \frac{\sin(x)}{\cos(x)}$ ☐ $h(x) = 2 - x^{-2}$

☐ $f(t) = \frac{t - 1}{t + 1}$ ☐ $f(x) = x^2$ ☐ $f(x) = \frac{x^2}{\sqrt{x}}$ ☐ $g(a) = \frac{(a-2)\cdot(a+2)}{a^2 - 1}$

4 Vervollständigen Sie die Tabelle.

Funktion	$f(x) = \frac{(x+3)\cdot(x-2)}{x+2}$	$f(x) = \frac{(x+3)\cdot(x-2)}{x-2}$
Definitionslücken		
Nullstellen		
Kürzung des Funktionsterms		
Polstellen x_p		
Verhalten links von x_p		
Verhalten rechts von x_p		
hebbare Definitionslücken		

5 Ordnen Sie den Funktionsgleichungen die Eigenschaften der Funktion zu.
Begründen Sie Ihre Zuordnung.

$f(x) = \frac{x - 2}{x + 2}$

$f(x) = \frac{2 - x}{x + 2}$

$f(x) = \frac{(2-x)\cdot(2+x)}{x + 2}$

f hat eine Nullstelle bei $x = 2$ und die senkrechte Asymptote $x = -2$.
Es gilt $\lim\limits_{\substack{x \to -2 \\ x < -2}} f(x) = -\infty$ und $\lim\limits_{\substack{x \to -2 \\ x > -2}} f(x) = \infty$.
Begründung:

____

____

f hat eine Nullstelle bei $x = 2$ und eine hebbare Definitionslücke bei $x = -2$.
Begründung:

____

____

f hat eine Nullstelle bei $x = 2$ und die senkrechte Asymptote $x = -2$.
Es gilt $\lim\limits_{\substack{x \to -2 \\ x < -2}} f(x) = \infty$ und $\lim\limits_{\substack{x \to -2 \\ x > -2}} f(x) = -\infty$.
Begründung:

____

____

Aufbautraining

6 Ordnen Sie zu, welche Zahlen der Menge $M = \{-3, -2, -1, 0, 1, 2, 3\}$ Nullstellen und welche Definitionslücken der Funktionen g bzw. f sind.

Funktion $g(x) = \frac{x^2 - x - 6}{x^2 - x - 2}$ Nullstellen: ______ Definitionslücken: ______

Funktion $f(x) = \frac{x^2 - 2x}{x^2 - 2x + 1}$ Nullstellen: ______ Definitionslücken: ______

7 Vervollständigen Sie die Tabelle.

Funktion	**Nullstellen**	**Polstellen**
$f(x) = \frac{1}{x}$		
$f(x) = \frac{x^2 - 2}{x^2 + 1}$		
$f(x) = \frac{x^2 - 2x + 1}{2x^2 - 3x - 5}$		
$f(x) = \frac{x^2 - 2x}{x^2 - 16}$		
$f(x) = \frac{1}{x^2} - 4$		
z. B. $f(x) =$	$x = 5$ und $x = -3$	$x = 2$ und $x = 1$

8 Agnes und Bea untersuchen f mit $f(x) = \frac{(x-1)\cdot(x+1)}{x}$. Beide behaupten, dass $x = 0$ eine Polstelle von f ist.
Sie untersuchen das Verhalten der Funktionswerte in der Umgebung von $x = 0$.
Agnes formt den Funktionsterm um und betrachtet Grenzwerte:

Viele Taschenrechner können Wertetabellen erstellen.

$$f(x) = \frac{(x-1)\cdot(x+1)}{x} = \frac{x^2-1}{x} = x - \frac{1}{x}$$

$$\lim_{\substack{x\to 0\\ x<0}}\left(x - \frac{1}{x}\right) = \lim_{\substack{x\to 0\\ x<0}}(x) - \lim_{\substack{x\to 0\\ x<0}}\left(\frac{1}{x}\right) = 0 - (-\infty) = +\infty$$

$$\lim_{\substack{x\to 0\\ x>0}}\left(x - \frac{1}{x}\right) = \lim_{\substack{x\to 0\\ x>0}}(x) - \lim_{\substack{x\to 0\\ x>0}}\left(\frac{1}{x}\right) = 0 - (+\infty) = -\infty$$

Bea nutzt eine Wertetabelle für eine Umgebung von $x = 0$:

x	−0,1	−0,01	0	0,01	0,1
f(x)	9,9	99,99	n.d.	−99,99	−9,9

Sie schließt daraus auf $\lim_{\substack{x\to 0\\ x<0}} f(x) = +\infty$, $\lim_{\substack{x\to 0\\ x>0}} f(x) = -\infty$.
Beurteilen Sie die Behauptungen und Vorgehensweisen.
Skizzieren Sie den Graphen der Funktion f.

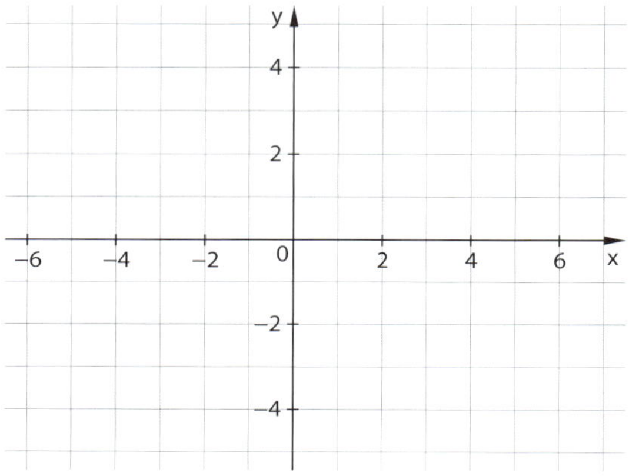

9 Die Abbildung zeigt zwei zur Normalparabel kongruente Parabeln p und q. Ergänzen Sie die Angaben zur Funktion f mit $f(x) = \frac{p(x)}{q(x)}$ und skizzieren Sie den Graphen von f.

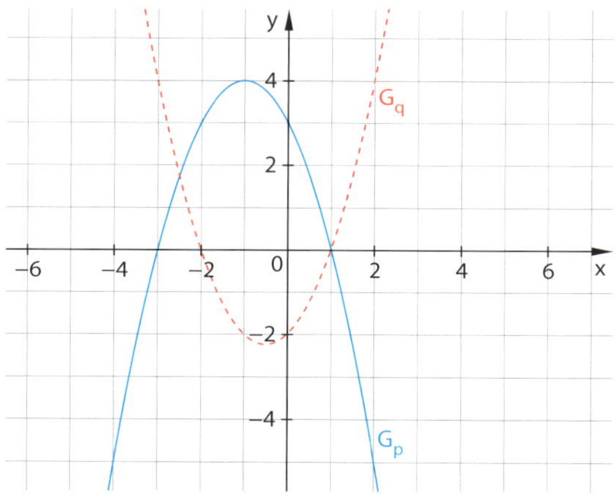

Definitionslücken: ______

Nullstellen: ______ Polstellen: ______

10 Die Graphen gehören zu Funktionen des Typs $f(x) = \frac{(x-a)\cdot(x-b)}{(x-c)\cdot(x-d)}$ mit $a, b, c, d \in \mathbb{Z}$, $-10 \le a, b, c, d \le 10$.
Geben Sie jeweils eine passende Funktionsgleichung an.

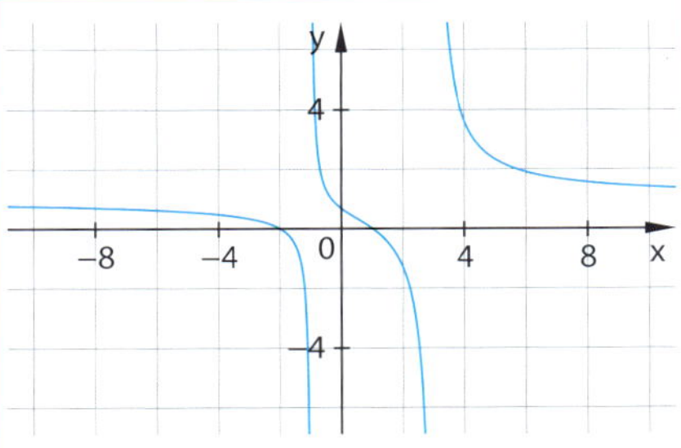	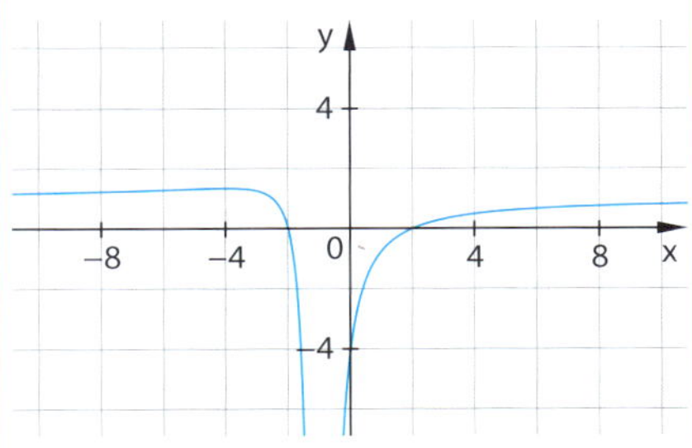	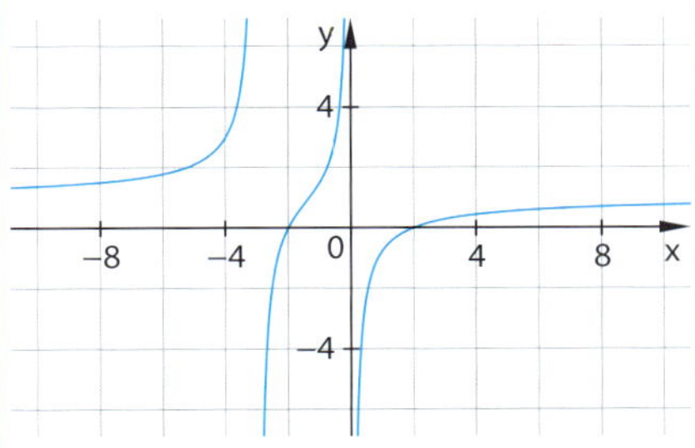
$f(x) =$	$f(x) =$	$f(x) =$

11 Geben Sie jeweils mindestens ein Beispiel für eine passende Gleichung einer gebrochen-rationalen Funktion an.

a)	Nullstelle bei $x = 5$, senkrechte Asymptote $x = -1$.	
b)	Polstelle mit Vorzeichenwechsel bei $x = 2$, Definitionslücke, aber keine Polstelle bei $x = 1$.	
c)	Polstelle ohne Vorzeichenwechsel bei $x = 2$, Definitionslücke, aber keine Polstelle bei $x = 1$.	

12 Ermitteln Sie Nullstellen und Polstellen der Funktion f mit
$f(x) = \frac{x^2 + 2x - 8}{2x^2 - 8x + 6}$.

Zeichnen Sie den Graphen von f und die senkrechten Asymptoten.

Nullstellen des Zählers: ____________________

Nullstellen des Nenners: ____________________

____

____

Nullstellen von f: ____________________

Polstellen von f: ____________________

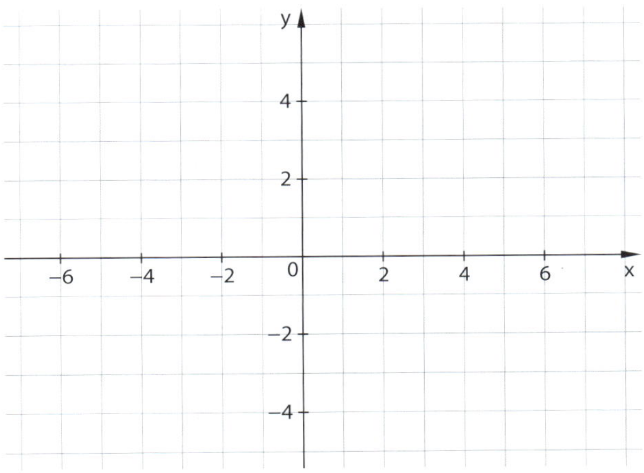

13 Stellen Sie mit einem Funktionenplotter Graphen dar, die zur Funktionenschar f_a mit $f_a(x) = \frac{(x-a)(x+4)}{(x-2a)(x+1)}$ für $a \in R$ gehören. Verwenden Sie einen Schieberegler zum Variieren des Parameters a. Begründen Sie die besondere Form der Graphen für $a \in \{-2; -1, 0\}$.

Begründung: ____________________

____

____

____

____

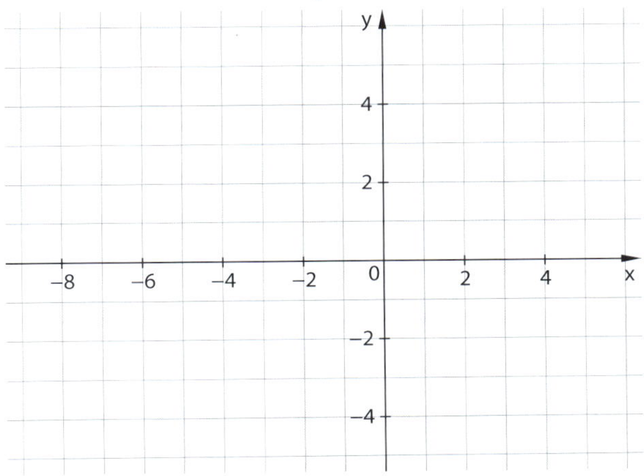

Grundlagentraining

1 Gegeben sind die Funktionen f, g und h mit $f(x) = \frac{1}{x}$, $g(x) = \frac{x+1}{x}$ und $h(x) = \frac{x^2-1}{x}$.

a) Berechnen Sie die Funktionswerte (auf zwei Stellen gerundet) und skizzieren Sie die Graphen der Funktionen.

x	−6	−2	−1	−0,5	0	0,5	1	2	6
f(x)									
g(x)									
h(x)									

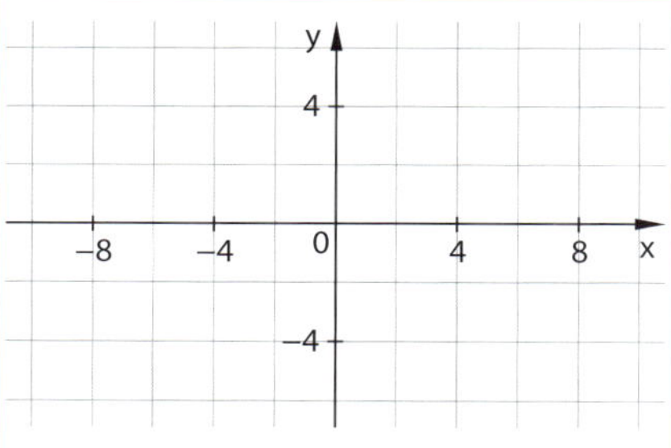

$f(x) = \frac{1}{x}$

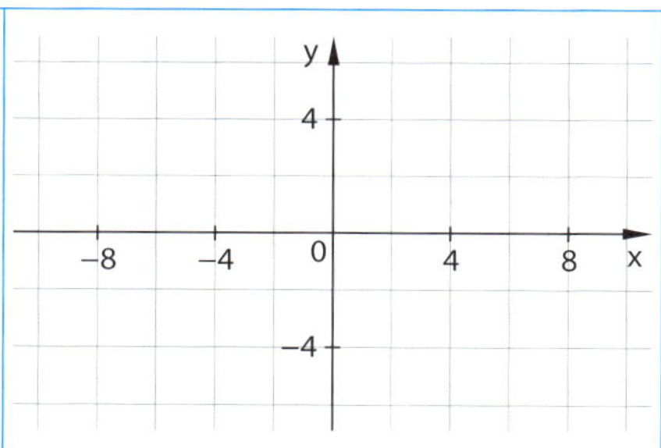

$g(x) = \frac{x+1}{x}$

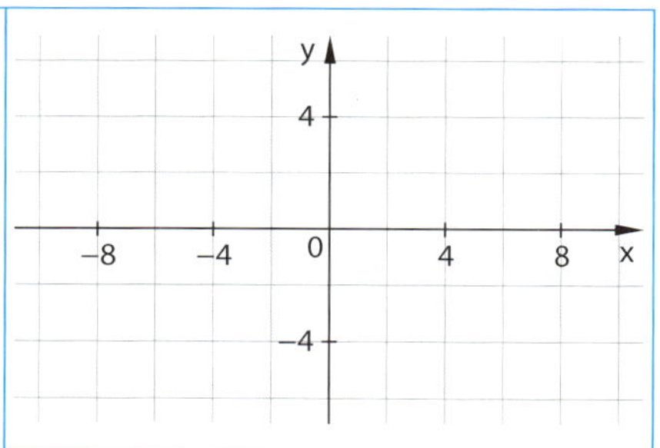

$h(x) = \frac{x^2-1}{x}$

b) Ergänzen Sie: $\lim\limits_{x \to \infty} f(x) = \lim\limits_{x \to \infty} \left(\frac{1}{x}\right) =$ ______

$\lim\limits_{x \to \infty} g(x) = \lim\limits_{x \to \infty} \left(\frac{x+1}{x}\right) = \lim\limits_{x \to \infty} (1) + \lim\limits_{x \to \infty} \left(\frac{1}{x}\right) =$ ______ $=$ ___

$\lim\limits_{x \to \infty} h(x) = \lim\limits_{x \to \infty} \left(\frac{x^2+1}{x}\right) = \lim\limits_{x \to \infty} (x) + \lim\limits_{x \to \infty} \left(\frac{1}{x}\right) =$ ______ $=$ ___

2 Ergänzen Sie zu wahren Aussagen für eine gebrochen-rationale Funktion f für den jeweiligen Fall:

Zählergrad < Nennergrad	**Zählergrad = Nennergrad**	**Zählergrad > Nennergrad**
$\lim\limits_{x \to \pm\infty} f(x) =$ ______	$\lim\limits_{x \to \pm\infty} f(x) =$ ______	$\lim\limits_{x \to \pm\infty} f(x) =$ ______
Der Graph hat ______ als waagerechte Asymptote.	Der Graph hat ______ als waagerechte Asymptote.	Der Graph hat ______ ______

3 Zeichnen Sie alle Asymptoten ein. Geben Sie deren Gleichung an.

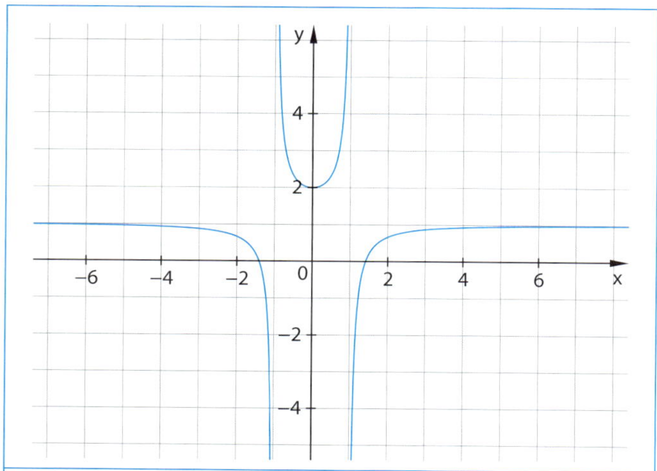

$f(x) = \frac{x^2-2}{x^2-1}$ Asymptoten: ______

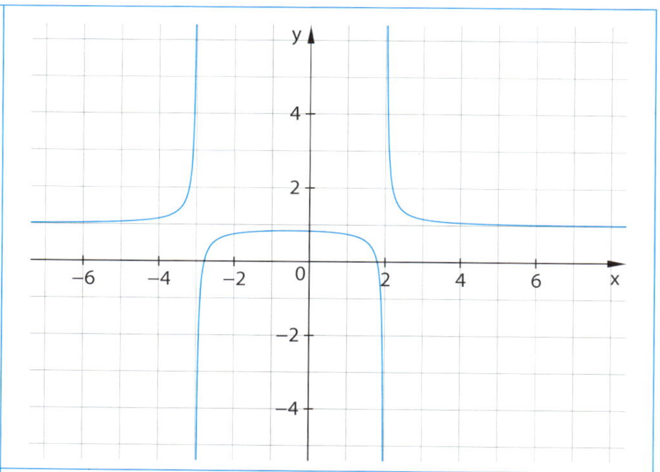

$f(x) = \frac{x^2+x-5}{x^2+x-6}$ Asymptoten: ______

4 Schrittweise Bestimmung der waagerechten Asymptote: Eine Gleichung der waagerechten Asymptote bestimmt man, indem man die höchste Potenz von x im Nenner ausklammert und damit den Funktionsterm kürzt. Dann bildet man die Grenzwerte für $x \to +\infty$ und $x \to -\infty$.
Vervollständigen Sie die Tabelle nach dem Muster in der ersten Zeile.

Funktion	$f(x) = \frac{(x-4)\cdot(x+1)}{x^2-1}$	$f(x) = \frac{3x}{(x+2)\cdot(x+3)}$
Zähler und Nenner ggf. ausmultiplizieren	$f(x) = \frac{x^2-3x-4}{x^2-1}$	
höchste Potenz von x im Nenner ausklammern	$f(x) = \frac{x^2-3x-4}{x^2\cdot\left(1-\frac{1}{x^2}\right)}$	
Term kürzen, d.h. alle Summanden im Zähler durch die ausgeklammerte Potenz von x dividieren	$f(x) = \frac{1-\frac{3}{x}-\frac{4}{x^2}}{\left(1-\frac{1}{x^2}\right)}$	
Grenzwert für $x \to +\infty$ bilden	$\lim\limits_{x \to +\infty} \frac{1-\frac{3}{x}-\frac{4}{x^2}}{\left(1-\frac{1}{x^2}\right)} = \frac{1-0-0}{1-0} = 1$	
Grenzwert für $x \to -\infty$ bilden	$\lim\limits_{x \to -\infty} \frac{1-\frac{3}{x}-\frac{4}{x^2}}{\left(1-\frac{1}{x^2}\right)} = \frac{1-0-0}{1-0} = 1$	
Gleichung der Asymptote angeben	$y = 1$	

5 Ordnen Sie den Funktionen die zugehörigen waagerechten und senkrechten Asymptoten zu.

Funktionen	Asymptoten
$f(x) = \frac{2x^2-3x+6}{(x-1)\cdot(x+2)}$	$x = 1$
	$y = 2$
$g(x) = \frac{(x-1)\cdot(x+2)}{2x^2-3x+6}$	$y = 0{,}5$
	$x = -3$
	$y = 0$
$h(x) = \frac{(2x-3)}{2x^2+4x-6}$	$x = -2$
$i(x) = 0{,}5 + \frac{x+3}{(x+2)^2}$	$x = 5$
$j(x) = 1 + \frac{x}{(x-5)}$	$y = 5$
$k(x) = \frac{5}{x}$	$x = 0$

6 Geben Sie zu den Asymptoten $y = 3$ und $x = 5$ jeweils eine passende Funktionsgleichung an.

Beispiele: $y = 3$ für $f(x) =$ ________ und $x = 5$ für $f(x) =$ ________

Aufbautraining

7 Der Graph von f mit $f(x) = \frac{4x^2 - 2}{5x}$ unterscheidet sich für $x \to \pm\infty$ immer weniger von der Geraden $y = g(x) = 0{,}8x$.

a) Begründen Sie diese Aussage durch eine Grenzwertbetrachtung des Betrages der Differenz der beiden Funktionen.

$\lim\limits_{x \to \pm\infty} |f(x) - g(x)| = \lim\limits_{x \to \pm\infty} |$ ________ $| = \lim\limits_{x \to \pm\infty}$ ________ $= \lim\limits_{x \to \pm\infty}$ ________

____

b) Veranschaulichen Sie diesen Sachverhalt durch eine grafische Darstellung beider Funktionen.

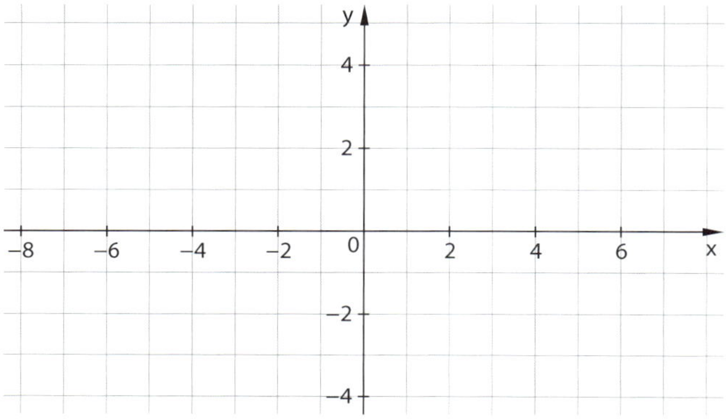

8 Vervollständigen Sie den Satz zu einer wahren Aussage: Ist bei einer gebrochen-rationalen Funktion f mit $f(x) = \frac{p(x)}{q(x)}$ der Grad des Zählerpolynoms p um ________ als ______________________, so nähert sich der Graph von f für $x \to \pm\infty$ einer schrägen Asymptote mit der Gleichung $y = m \cdot x + t$; $m \neq 0$.

9 Bestimmen Sie eine Gleichung der schrägen Asymptote des Graphen von f.

$f(x) = \frac{2}{x} + 3x$	$f(x) = 1 - x + \frac{1}{x}$	$f(x) = \frac{x^2 - x}{x + 1}$	$f(x) = \frac{2x^3 - 4x^2}{2 - x^2}$

$f(x) = 1 + x - \frac{1}{2x}$	$f(x) = -\frac{2x^2 + 1}{x}$	$f(x) = \frac{3x^2 - 3}{2x}$	$f(x) = \frac{x^2 - 1}{x + 2}$

10 Geben Sie zu den Asymptoten $y = x - 1$ und $x = -1$ jeweils eine passende Funktionsgleichung an.
Beispiele zu $y = x - 1$: ________________ zu $x = -1$: ____________

11 Geben Sie an, für welchen Wert von a die Funktion f mit $f(x) = \frac{x^2 + 2ax + a^2}{x + a}$ die Asymptote $y = x + 3$ hat:

a) $f(x) = \frac{x^2 + 2ax + a^2}{x + a}$ **b)** $f(x) = \frac{x^2 + 3x - ax - a}{x - a}$

Begründen Sie Ihre Antwort.

____

____

____

____

____

12 Ordnen Sie äquivalente Terme durch Pfeile einander zu. Ermitteln Sie jeweils eine Gleichung für jede Asymptote.

$f_1(x) = x + 2 - \frac{5}{2x-5}$	$g_1(x) = \frac{2x+2}{2x-5}$
$f_2(x) = \frac{2}{2x-5} + \frac{4x}{4x-10}$	$g_2(x) = \frac{4x^2 - x - 14}{4x - 10}$
$f_3(x) = \frac{1}{2}x + \frac{x^2-2}{2x-5} + 1$	$g_3(x) = \frac{2x^2 - x - 15}{2x-5}$

Asymptoten:

$f_1(x)$: ______ und ______ $f_2(x)$: ______ und ______ $f_3(x)$: ______ und ______

13 Geben Sie an, für welche Werte des reellen Parameters a der Graph von f mit $f(x) = \frac{x^2-1}{x^2-a^2}$ die folgenden Graphen annimmt. Zeichnen Sie alle Asymptoten ein und geben Sie deren Gleichungen an.

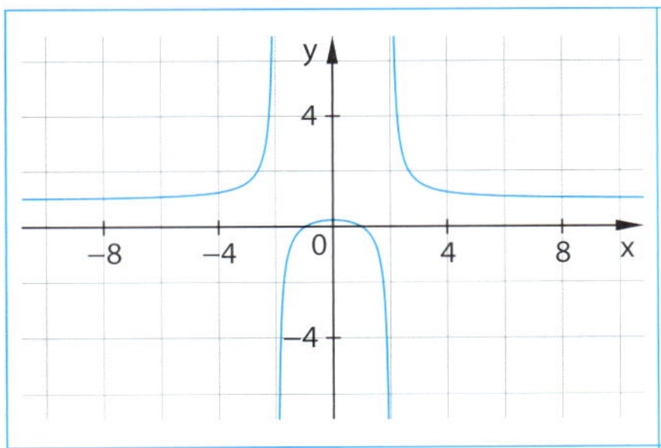	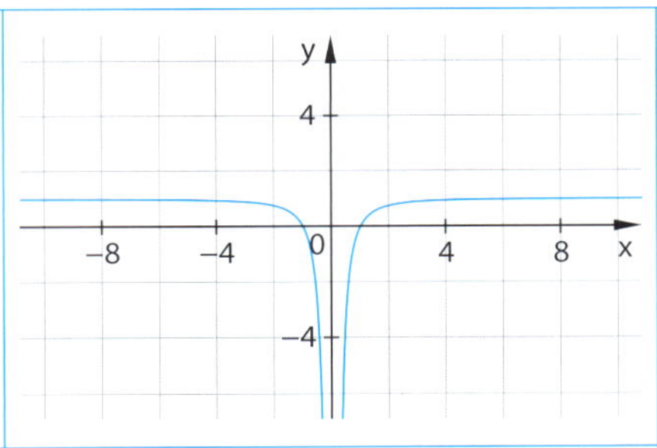	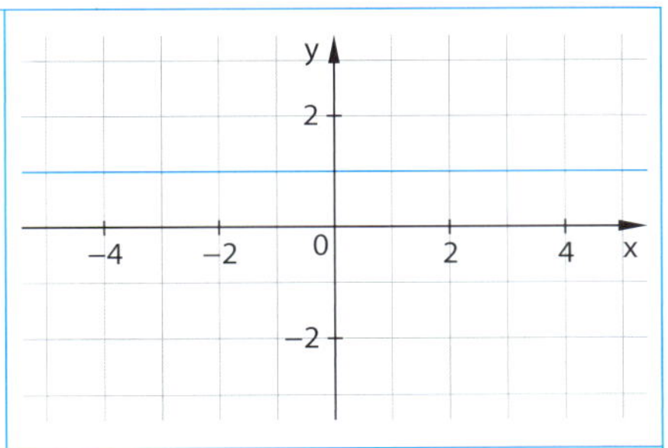
a = ______	a = ______	a = ______

14 Gegeben ist die Funktion f mit $f(x) = x + 1 + \frac{1}{x-1}$.

a) Stellen Sie die Funktion und ihre Asymptoten im Intervall $-4 \leq x \leq 4$ grafisch dar.

b) Berechnen Sie, für welche x-Werte der Betrag der Differenz der Funktionswerte von f und ihrer schrägen Asymptote kleiner als 0,01 ist.

Betragsungleichung verlangt Fallunterscheidung

a)

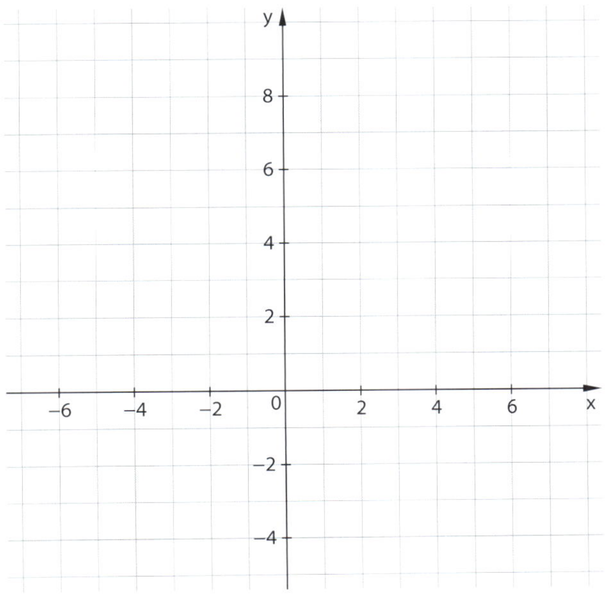

b)

Senkrechte Asymptote: ______

Schräge Asymptote: $g(x) =$ ______

1. Fall: $x > 1$ $f(x) - g(x) <$ ______

______

______

2. Fall: $x < 1$ $f(x) - g(x) <$ ______

______

______

Grundlagentraining

1 Eine der Funktionen $f(x) = \frac{x-1}{x}$ und $g(x) = \frac{(x-1)^2}{x}$ hat eine „einfache Nullstelle", die andere eine „doppelte Nullstelle". Ordnen Sie den Funktionen f(x) und g(x) den richtigen Graphen zu. Beschreiben Sie, woran man an der Gleichung bzw. am Graphen erkennt, dass eine einfache bzw. eine doppelte Nullstelle vorliegt.

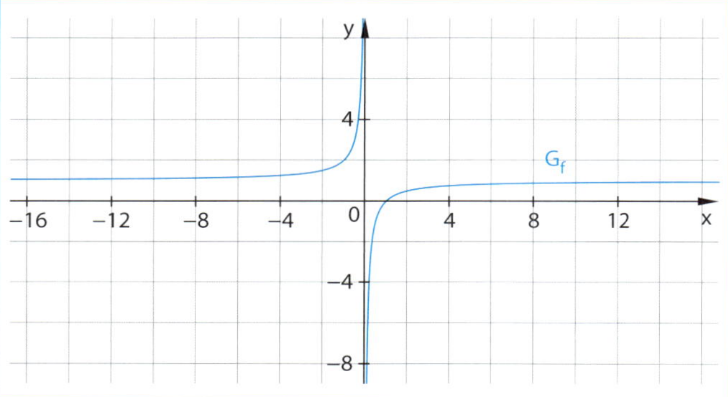

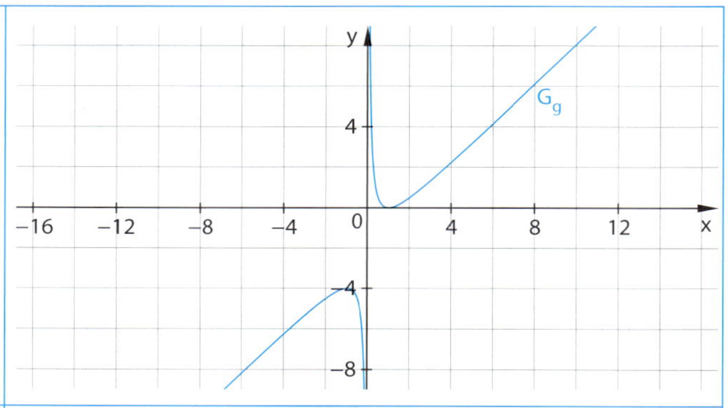

Funktionsgleichung: ________ Nullstelle x = 1 Die Zählerfunktion enthält den Linearfaktor (x − 1) bei vollständig gekürztem Funktionsterm ________ . Der Graph der Funktion ________ die x-Achse bei der Nullstelle. Die Funktionswerte ________ das Vorzeichen in der Umgebung der Nullstelle.	Funktionsgleichung: ________ Nullstelle x = 1 Die Zählerfunktion enthält den Linearfaktor (x − 1) bei vollständig gekürztem Funktionsterm ________ . Der Graph der Funktion ________ die x-Achse bei der Nullstelle. Die Funktionswerte ________ das Vorzeichen in der Umgebung der Nullstelle

2 Vervollständigen Sie den Text:
Es sei x_p eine Polstelle einer gebrochen-rationalen Funktion f, die nach dem vollständigen Kürzen die Form $f(x) = \frac{p(x)}{q(x)}$ hat. Dann gilt: Ist x_p eine

- einfache Nullstelle des Nenners q, dann ist x_p eine Polstelle ________ Vorzeichenwechsel,
- doppelte Nullstelle des Nenners q, dann ist x_p eine Polstelle ________ Vorzeichenwechsel.

Ordnen Sie mit Pfeilen jedem Graphen die richtige Eigenschaft zu.

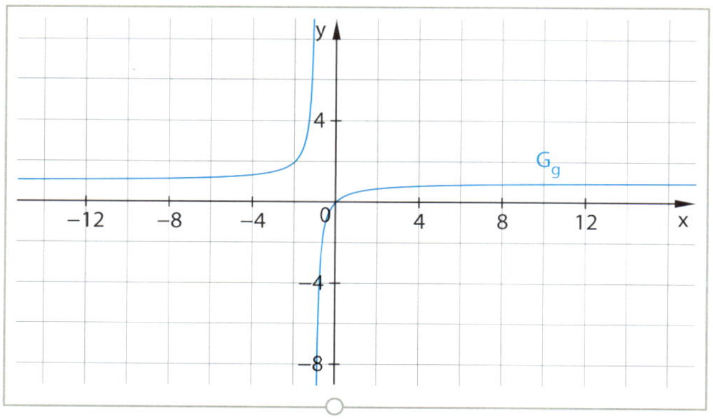

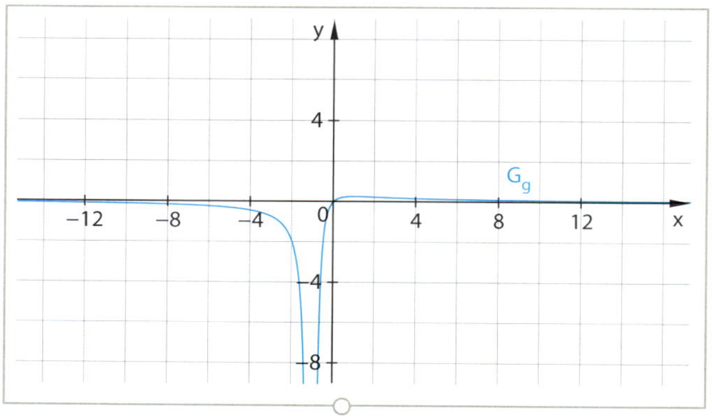

doppelte Polstelle	einfache Polstelle
$x_p =$	$x_p =$

3 Kreuzen Sie Zutreffendes an. (NST: Nullstelle; PST: Polstelle)

f(x)	einfache NST	doppelte NST	einfache PST	doppelte PST
$f(x) = \frac{x+2}{x-2}$				
$f(x) = \frac{x-\pi}{(x+2)^2}$				
$f(x) = \frac{x^2-4x+4}{x+3}$				
$f(x) = \frac{x^2-6x+9}{x^2-3x-10}$				

4 Die Funktion f hat eine doppelte Nullstelle bei $x = 3$, eine einfache Polstelle bei $x = 1$. Skizzieren Sie die Graphen zweier Funktionen mit dieser Eigenschaft.

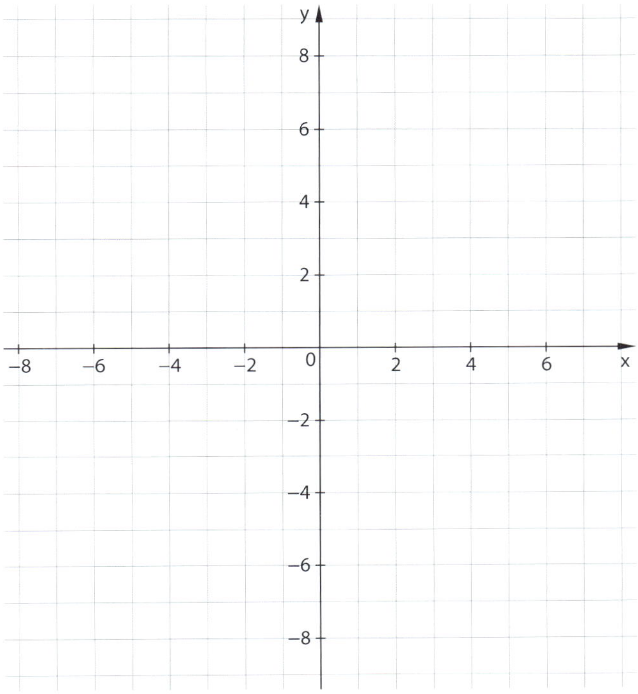

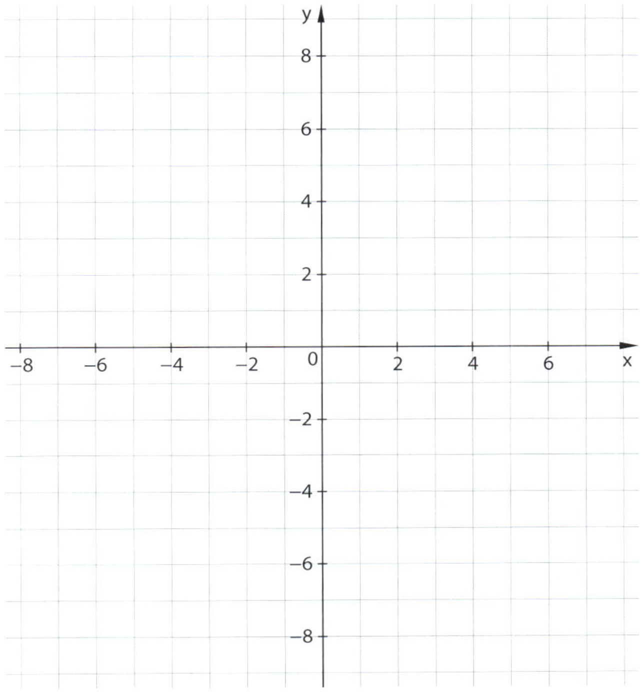

5 Geben Sie Polstellen mit Vorzeichenwechsel (PST mit VZW) bzw. Nullstellen mit Vorzeichenwechsel (NST mit VZW) an.
Zusatzaufgabe: Korrigieren Sie bei Bedarf.

f(x)	Polstelle mit VZW	Nullstelle mit VZW
$f(x) = \frac{(x-3{,}2)^2}{x+1{,}7}$		
$f(x) = \frac{1}{x^2-2x+1}$		
$f(x) = \frac{x^2-9}{x+3}$		
$f(x) = \frac{x^2-x-12}{(x+2)^2}$		

6 Stellen Sie eine Gleichung einer Funktion auf, die eine Polstelle a) mit (b) ohne) Vorzeichenwechsel besitzt bei $x = 1$ und deren Graph die x-Achse in den Punkten $P(-4|0)$ und $Q(2|0)$ schneidet.

Beispiel: a) $f(x) =$

b) $f(x) =$

Aufbautraining

7 Geben Sie Null- und Polstellen der Funktionen und deren Vielfachheit an. Bestimmen Sie die Gleichungen aller Asymptoten und die Koordinaten des Schnittpunktes mit der y-Achse. Skizzieren Sie den Funktionsgraphen.

Funktionsterm	NST	PST	Schnittpunkt mit y - Achse	Asymptoten
$f(x) = \frac{2}{x-1}$				
$g(x) = \frac{(x+2)^2}{x^2-1}$				
$h(x) = \frac{(x-3)(x+2)}{x^2+1}$				

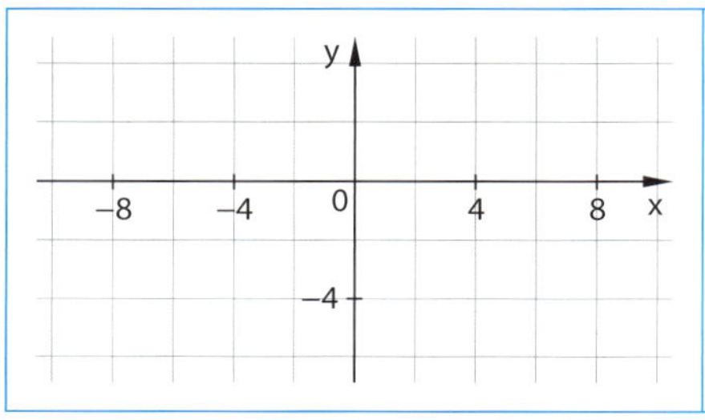

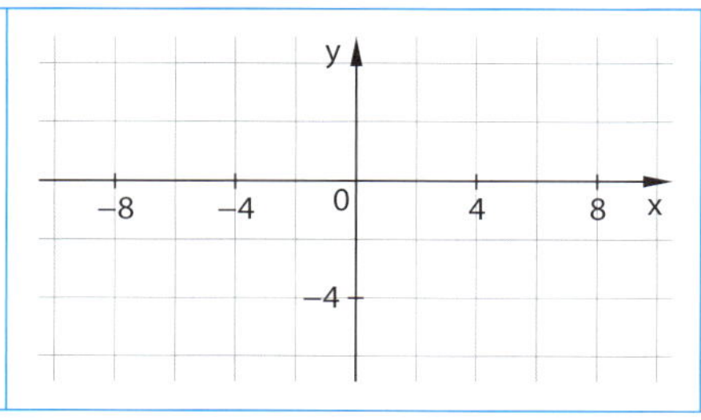

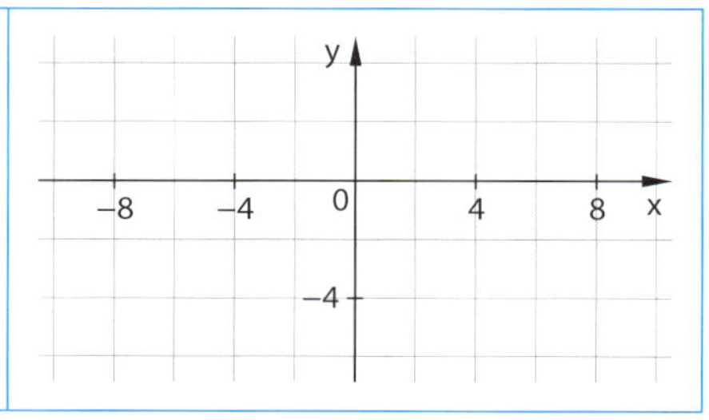

8 Gegeben sind die Funktionsgleichung $f(x) = x - \frac{2}{x-1}$ und ein Funktionsgraph (in der Abbildung rechts).

a) Nennen Sie mindestens zwei Gründe, weshalb der rechts abgebildete Graph nicht zur Funktion f(x) gehören kann.

b) Skizzieren Sie den zu f gehörenden Funktionsgraphen.

c) Stellen Sie eine begründete Vermutung auf über den zum gegebenen Graphen gehörenden Funktionsterm, wenn Zähler- und Nennerfunktion höchstens den Grad 2 haben.

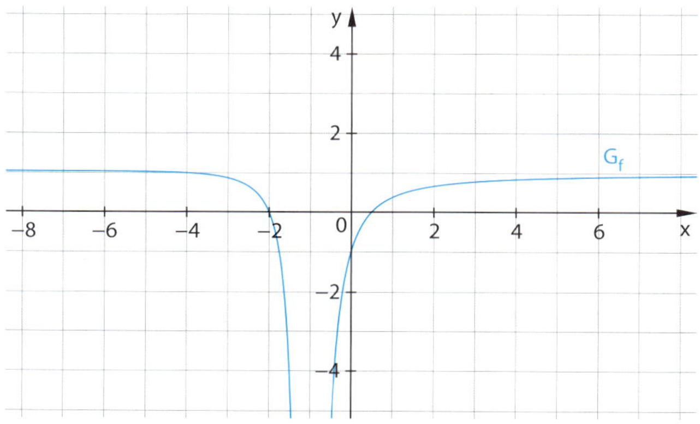

a) Gründe:

____

____

____

____

____

____

c) Funktionsgleichung zu g: g(x) =

____

____

____

9 Gegeben ist die Funktion f_a mit $f_a(x) = \frac{x^2 - a \cdot x}{x + a}$ mit $a \in \mathbb{R}$. Kreuzen Sie alle wahren Aussagen an. Korrigieren Sie alle falschen Aussagen.

Aussage	Wahr	Korrektur
Für $a \neq 0$ hat der Graph von f_a eine Polstelle mit Vorzeichenwechsel.		
Für $a = 0$ hat f_0 die Nullstelle $x = 0$.		
Der Funktionsterm von f_a lässt sich auch in der Form $f_a(x) = \frac{2a^2}{x+a} + x - 2a$ schreiben.		
Für $a \neq 0$ hat der Graph von f_a eine schräge Asymptote mit der Gleichung $y = x + 2a$.		
Für $a \neq 0$ hat f_a die Nullstellen $x = 0$ und $x = -a$.		
Für $a < 0$ gilt: Wenn $x < a$ und $x \to a$ gilt, so geht $f_a(x) \to -\infty$.		
Für $a > 0$ gilt: Wenn $x < a$ und $x \to a$ gilt, so geht $f_a(x) \to +\infty$.		

10 Mit einem Funktionenplotter wurde der Graph der Funktion f mit $f(x) = \frac{x - 0{,}111}{(x - 0{,}110)(x - 0{,}112)}$ gezeichnet.

Erläutern Sie, welche wesentliche Eigenschaften des Graphen diese grafische Darstellung nicht wiedergibt.
Fertigen Sie im Koordinatensystem unten eine grobe Skizze des Graphen von f im Intervall $0{,}104 \leq x \leq 0{,}118$ an, der man diese „unterschlagenen" Eigenschaften entnehmen kann.

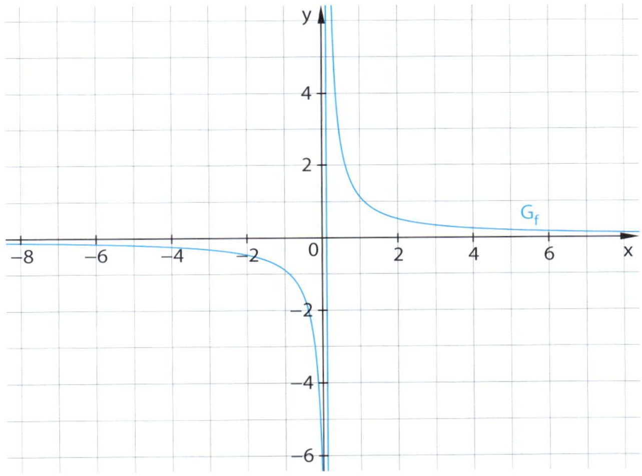

Hilfe: Berechnen Sie einige Funktionswerte in der engeren Umgebung der Polstellen.

Lösung:

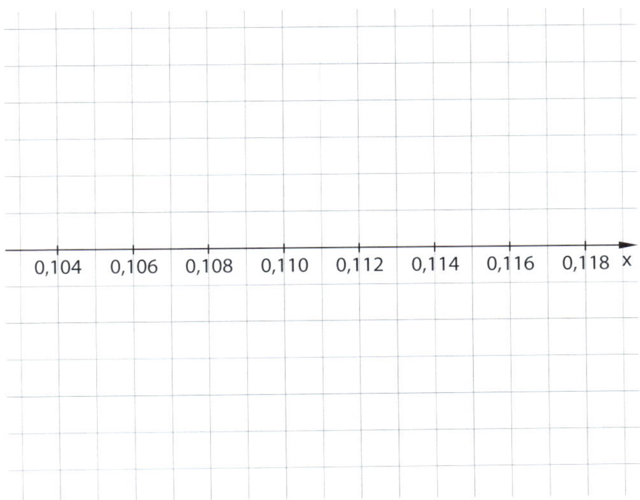

Grundlagentraining

1 Gegeben sind die Funktionen f und g mit
$f(x) = \frac{1}{x^2 - 1}$ und $g(x) = \frac{1}{x - 1}$.

a) Lesen Sie die Koordinaten des Schnittpunktes S der Graphen von f und g näherungsweise aus der grafischen Darstellung ab: S ________

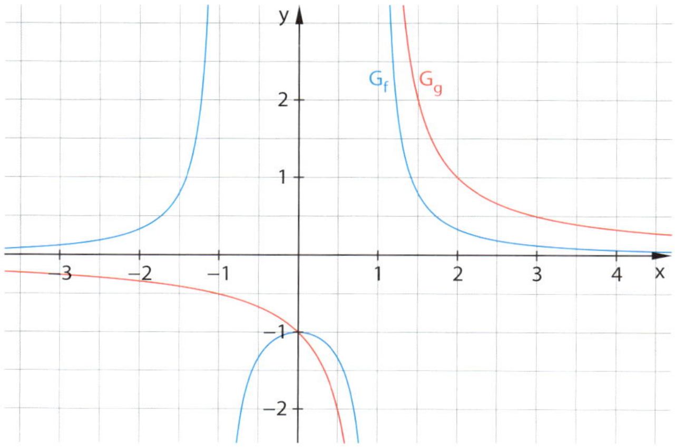

b) Notieren Sie die folgenden Schritte an die passenden Stellen der Schnittpunktberechnung:

Funktionsterme gleichsetzen; y-Koordinate berechnen; Schnittpunkt angeben; Definitionsmengen bestimmen; mit Hauptnenner multiplizieren; Gleichung lösen; Scheinlösung ausschließen

$f(x) = \frac{1}{x^2 - 1}$; $x \in \mathbb{R}$; $x \neq \pm 1$; ________

$g(x) = \frac{1}{x - 1}$; $x \in \mathbb{R}$; $x \neq 1$ ________

$\frac{1}{x^2 - 1} = \frac{1}{x - 1}$ ________

$x - 1 = x^2 - 1$ ________

$x^2 - x = 0$ ________

$x \cdot (x - 1) = 0$ ________

$x_1 = 0$; $x_2 = 1$ ________

$x_2 = 1$ entfällt (Definitionslücke) ________

$g(0) = \frac{1}{0 - 1} = -1$ ________

$S(0 \mid -1)$ ________

2 Ordnen Sie jedem Paar von Funktionen f und g die passenden Angaben über ihre Schnittpunkte zu - oder begründen Sie, warum das nicht möglich ist.

$f(x) = \frac{x}{x-1}$ und $g(x) = \frac{x-1}{x}$	kein Schnittpunkt
$f(x) = \frac{x}{x+1}$ und $g(x) = \frac{x-1}{x+1}$	$S_1(1 \mid 0)$
$f(x) = x - 1$ und $g(x) = \frac{x-1}{x}$	$S_1(1 \mid 0)$ und $S_2\left(-2 \mid -\frac{3}{2}\right)$
$f(x) = \frac{x^2-1}{x+1}$ und $g(x) = \frac{1-x}{x}$	$S_3\left(\frac{1}{2} \mid -1\right)$
$f(x) = \frac{x^2-1}{x}$ und $g(x) = \frac{1-x}{x}$	$S_1(1 \mid 0)$ und $S_4(-1 \mid -2)$

$x^2 - 1 = (x + 1)(x - 1)$

____

____

Aufbautraining

3 Überprüfen Sie, ob die Schnittpunkte der Graphen von f und g korrekt ermittelt wurden. Korrigieren Sie falsche Ergebnisse.

Nr.	Funktionen	Schnittpunkte	wahr	Korrektur
a	$f(x) = \frac{1}{x} + 2 - \frac{1}{x^2}$ $g(x) = \frac{1}{x^2} + 1$	$S_1(-1 \mid 2)$ $S_2(2 \mid -1{,}25)$		
b	$f(x) = \frac{2x^2 - 4x + 3}{2x - 1}$ $g(x) = \frac{x^2 + 5x}{x + 3}$	$S_1\left(\frac{-2-\sqrt{67}}{7} \middle\vert \frac{-7-2\sqrt{67}}{7}\right)$ $S_2\left(\frac{-2+\sqrt{67}}{7} \middle\vert \frac{-7+2\sqrt{67}}{7}\right)$		
c	$f(x) = \frac{1}{x} + 2 + x$ $g(x) = \frac{2}{x+1} + x$	$S(1 \mid 3)$		

4 Berechnen Sie die Koordinaten der Schnittpunkte von f und g_a mit $f(x) = \frac{x^2 - 1}{x^2}$ und $g_a(x) = \frac{a + x}{x}$ in Abhängigkeit vom reellen Parameter a.
Erläutern Sie, für welchen Wert von a kein Schnittpunkt existiert.
Geben Sie zwei Werte von a an, für die die Koordinaten des Schnittpunktes ganzzahlig sind.

5 Auf einem Fluss, dessen Wasser mit zwei Kilometer pro Stunde fließt, braucht ein Boot mit konstanter Eigengeschwindigkeit insgesamt acht Stunden, um zwölf Kilometer stromaufwärts und wieder zwölf Kilometer stromabwärts zu fahren. Welche Geschwindigkeit hätte das Boot in ruhendem Wasser?
Ergänzen Sie die Berechnungsschritte.

$v = \frac{s}{t}$

Eigengeschwindigkeit des Bootes: v (in km/h)

Resultierende Geschwindigkeit stromaufwärts: $v_a =$ ______ (in km/h)

Resultierende Geschwindigkeit stromabwärts: $v_b =$ ______ (in km/h)

Zeit stromaufwärts: $t_1 = \frac{\quad}{v_a}$ (in Stunden)

Zeit stromabwärts: $t_2 = \frac{\quad}{v_b}$ (in Stunden)

Gesamtzeit: $t =$ ______ (in Stunden)

Einsetzen und Lösen: ______ $8v^2 - 24v$ ______ $= 0$

bzw. v^2 ______ $= 0$

$v_1 =$ ______

und $v_2 =$ ______

Das Boot hätte in ruhendem Wasser eine Eigengeschwindigkeit von ______

1 Kreuzen Sie die Funktionsgleichung an, wenn die genannte Eigenschaft für die Funktion zutrifft.

Es handelt sich um eine gebrochen-rationale Funktion.	☐ $f(x) = \frac{-x}{x^2+1}$	☐ $g(x) = \frac{x-1}{2}$	☐ $h(x) = \frac{x^2+x}{x \cdot (x-2)}$
Die Funktion hat eine Definitionslücke bei x = 2.	☐ $f(x) = \frac{x+1}{x+2}$	☐ $g(x) = \frac{x^2-4x}{x^2-4}$	☐ $h(x) = \frac{x}{0{,}5x-1}$
Die Funktion hat eine Nullstelle bei x = −2.	☐ $f(x) = \frac{x^2-4}{x-2}$	☐ $g(x) = \frac{x^2+4x+4}{x+2}$	☐ $h(x) = \frac{(2x+4) \cdot x}{x^2+4}$
Die Funktion hat eine hebbare Definitionslücke bei x = 1.	☐ $f(x) = \frac{x \cdot (x^2-1)}{x-1}$	☐ $g(x) = \frac{(x-1) \cdot (x+3)}{(x-2)}$	☐ $h(x) = \frac{x^2+4x-5}{x^2+x-2}$
Für $x \to -1$ und $x < -1$ gilt $y \to \infty$.	☐ $f(x) = \frac{-1}{1+x}$	☐ $g(x) = \frac{(x-2) \cdot (3-x)}{x+1}$	☐ $h(x) = \frac{(x-2) \cdot (x-3)}{x+1}$
Der Graph hat eine waagerechte Asymptote mit der Gleichung y = 2.	☐ $f(x) = \frac{1}{x-2} - 2$	☐ $g(x) = \frac{2x-3}{x-3}$	☐ $h(x) = \frac{x^2}{x^2-3} + 1$
Der Graph hat eine senkrechte Asymptote an der Stelle x = 1.	☐ $f(x) = -\frac{1}{(x-1)^2} + 1$	☐ $g(x) = \frac{(x+1) \cdot (x+2)}{x^2-3x+2}$	☐ $h(x) = x^{-1} + 1$
Der Graph hat eine Polstelle ohne VZW.	☐ $f(x) = -\frac{1}{(x-1)^2} + 1$	☐ $g(x) = \frac{(x+1) \cdot (x+2)}{x^2-3x+2}$	☐ $h(x) = x^{-1} + 1$

2 Geben Sie für die abgebildeten Funktionen f und g mit $f(x) = \frac{(x-1)^2}{2 \cdot (x+2) \cdot (x-3)}$ und $g(x) = \frac{2 \cdot (x-1) \cdot (x+2)}{x^2}$ die zu den Eigenschaften gehörenden x-Werte bzw. Gleichungen an.

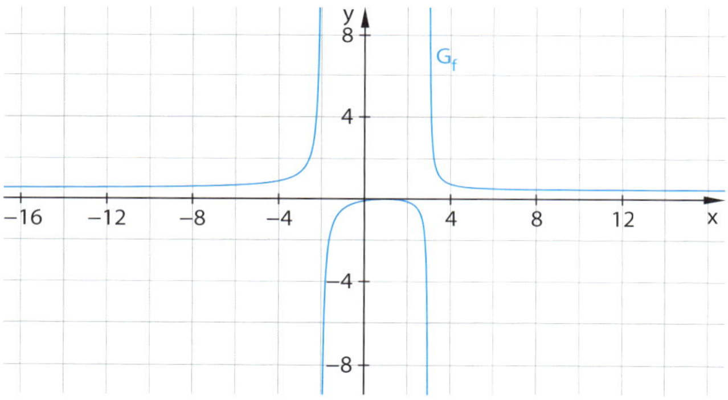

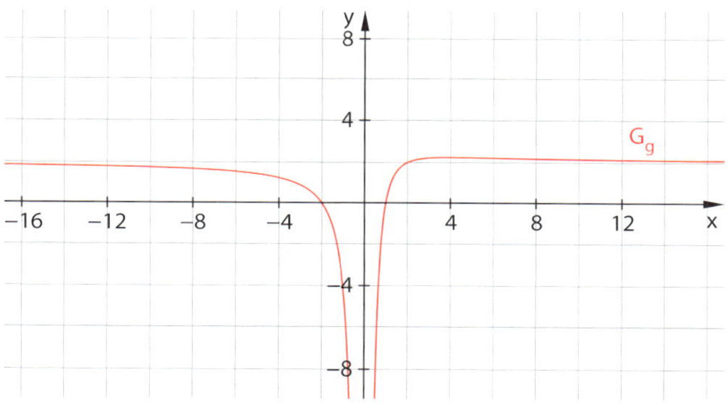

	f	g
einfache Nullstellen		
doppelte Nullstellen		
einfache Polstellen		
doppelte Polstellen		
senkrechte Asymptoten		
waagerechte Asymptoten		

3 Stellen Sie die Funktion f mit $f(x) = \frac{x^2 - 2x - 1}{3x}$ und ihre Asymptoten grafisch dar. Geben Sie auch die Gleichungen der Asymptoten an.

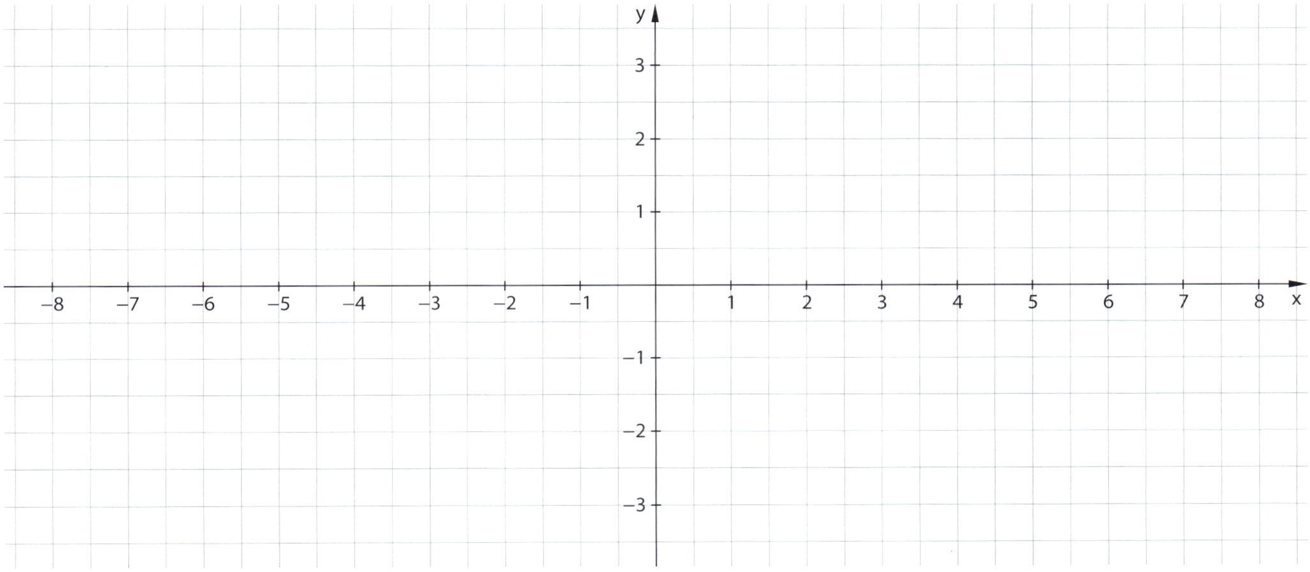

Schräge Asymptote: ____________ Senkrechte Asymptote: ______

4 Gegeben ist die Funktion f mit $f(x) = \frac{1}{x-2} + \frac{1}{x+3}$.

a) Kreuzen Sie alle zum Funktionsterm von f äquivalenten Funktionsterme an.

☐ $\frac{2x+1}{(x-2)\cdot(x+3)}$ ☐ $\frac{2x+1}{x^2 - 2x - 6}$ ☐ $\frac{2x+1}{x^2 + x - 6}$

b) Geben Sie nur mithilfe der Interpretation zutreffender Funktionsterme an:

Senkrechte Asymptoten: ____________

Waagerechte Asymptoten: ____________

Schräge Asymptoten: ____________

Polstellen: ____________

Nullstellen: ____________

5 Kreuzen Sie zu jedem Paar von Funktionen an, welche x-Werte die Schnittpunkte ihrer Graphen haben.

a) $f(x) = \frac{1-x}{x-1}$ und $g(x) = x$:	☐ $x_1 = -1; x_2 = 1$	☐ $x = -1$	☐ keine reelle Lösung
b) $f(x) = \frac{1}{3x^2}$ und $g(x) = 1 + \frac{1}{6x}$:	☐ $x_1 = \frac{2}{3}; x_2 = -\frac{1}{2}$	☐ $x_1 = -\frac{2}{3}; x_2 = \frac{1}{2}$	☐ $x = \pm\frac{1}{2}$
c) $f(x) = 1 - \frac{1}{x}$ und $g(x) = x$:	☐ $x = 0$	☐ $x = 1$	☐ keine reelle Lösung

6 Begründen Sie, dass g mit $g(x) = \frac{x^2 - 1}{x + 1}$ an der Stelle $x_0 = -1$ zwar eine Definitionslücke, aber keine Polstelle besitzt. Zeichnen Sie den Graphen von g.

____

____

____

____

____

____

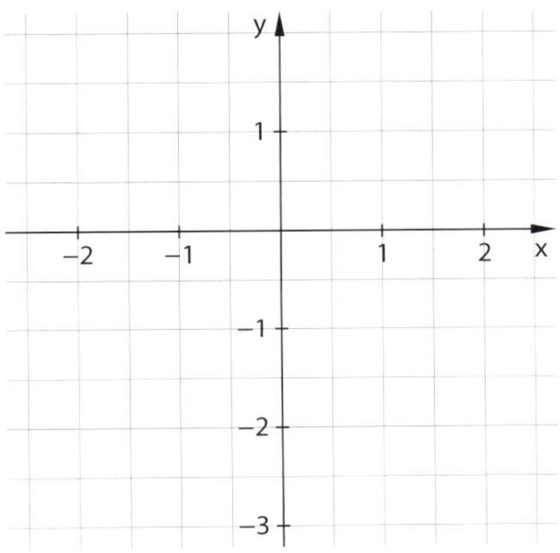

Wo stehe ich?

Nutzen Sie die Aufgaben auf den nächsten drei Seiten, um zu sehen, wo Sie stehen.
Füllen Sie die Tabelle zur Selbsteinschätzung unten aus.
Verwenden Sie die Aufgaben auf den angegebenen Seiten in diesem Heft, um zu üben.

☺ Die Aufgabe kann ich sicher lösen.

😐 Die Aufgabe kann ich mit Nachschlagen lösen.

☹ Die Aufgabe kann ich nicht lösen, hier brauche ich Hilfe.

	Ich kann…	☺	😐	☹	Basisaufgaben (Weiterführende Aufgaben)	Hier können Sie üben
3.1	… bedingte Wahrscheinlichkeiten aus reduzierten Ergebnismengen und mithilfe einer Formel bestimmen. … mit Vierfeldertafeln mit absoluten Häufigkeiten umgehen.				1, 2 (W1)	S. 42–43
3.2	… umgekehrte Baumdiagramme aufstellen.				3, 4	S. 44–45
3.3	… Ereignisse auf stochastische Unabhängigkeit untersuchen. … Ereignisse im Sachzusammenhang auf Kausalität untersuchen.				5, 6	S. 46–47

Basisaufgaben

1 Ein Hotel hat einen Wellness-Bereich mit Pool und Sauna, die von den Gästen kostenlos genutzt werden können. Betrachtet werden die Ereignisse P: „Ein zufällig ausgewählter Hotelgast nutzt den Pool." und S: „Ein zufällig ausgewählter Hotelgast nutzt die Sauna." Geben Sie die Schreibweise für die Wahrscheinlichkeit des Ereignisses an.

a) Ein zufällig ausgewählter Hotelgast, der den Pool nutzt, nutzt auch die Sauna.

b) Ein zufällig ausgewählter Hotelgast, der die Sauna nutzt, nutzt auch den Pool.

c) Ein zufällig ausgewählter Hotelgast nutzt den Pool und die Sauna.

d) Ein zufällig ausgewählter Hotelgast nutzt die Sauna, aber nicht den Pool.

2 Die Vierfeldertafel zeigt zwei Merkmale der Patienten eines Krankenhauses. Es handelt sich um eine Kreuzallergie: Wer allergisch gegen Birkenpollen ist, reagiert häufig auch allergisch auf Äpfel.

		Birkenpollenallergie		gesamt
		ja	nein	
Apfel-allergie	ja	122	21	143
	nein	48	224	272
gesamt		170	245	415

a) Bestimmen Sie mithilfe der Vierfeldertafel die Wahrscheinlichkeit, dass ein Patient mit einer Birkenpollenallergie allergisch auf Äpfel reagiert.

b) Bestimmen Sie die Wahrscheinlichkeit, dass ein Patient, der allergisch auf Äpfel reagiert, eine Birkenpollenallergie hat (keine Birkenpollenallergie hat).

3 Rund 10 % der Deutschen ernähren sich laut einer Studie vegetarisch, in den USA sind es etwa 6 %. In einem Flugzeug sind 40 % der Reisenden Deutsche, 60 % kommen aus den USA. Eine Person bestellt zum Mittagessen das Fleischgericht. Nutzen Sie ein Baumdiagramm; ermitteln Sie die Wahrscheinlichkeit, dass die Person aus Deutschland kommt.

4 In Deutschland leiden ungefähr 0,2 % der Menschen an Zöliakie. Ein Selbsttest für zu Hause erkennt 98 % der Erkrankten korrekt als krank und 97 % der Gesunden korrekt als gesund. Bastian erhält ein positives Testergebnis.

a) Schätzen Sie die Wahrscheinlichkeit, dass Bastian an Zöliakie leidet.

b) Erstellen Sie eine Vierfeldertafel zur Situation.

c) Erstellen Sie die beiden möglichen Baumdiagramme zum Test.

d) Bestimmen Sie die Wahrscheinlichkeit, dass Bastian an Zöliakie leidet. Vergleichen Sie das Ergebnis mit der Schätzung aus a).

e) Erläutern Sie, warum das Ergebnis aus d) nicht der angegebenen hohen Zuverlässigkeit des Tests widerspricht.

5 Vervollständigen Sie die Vierfeldertafel so, dass die Ereignisse A und B

a) unabhängig sind, b) abhängig sind.

	A	$\overline{A}$	gesamt
B	14 %		
$\overline{B}$			
gesamt		44 %	

6 2000 Personen nehmen an einer Umfrage teil. 1450 von ihnen leben in der Stadt. Von den 1610 Teilnehmenden, die ein Auto besitzen, leben 490 auf dem Land.

a) Überprüfen Sie die Ereignisse A: „Eine zufällige befragte Person besitzt ein Auto." und S: „Eine zufällig befragte Person lebt in der Stadt." auf stochastische Unabhängigkeit.

b) Eine aus den Befragten zufällig ausgewählte Person lebt in der Stadt. Bestimmen Sie die Wahrscheinlichkeit, dass die Person ein Auto besitzt. Vergleichen Sie mit der Wahrscheinlichkeit, dass eine zufällig ausgewählte befragte Person ein Auto besitzt.

Weiterführende Aufgaben

1 Mexikaner essen pro Kopf und Jahr sehr viele Eier. Statistisch kann man davon ausgehen, dass sie an 5 von 7 Tagen Eier zum Frühstück essen. In einem internationalen Hotel sitzen an einem Frühstückstisch genau 20 % Mexikaner und zwei Drittel essen an diesem Tisch vegan. Jemand isst ein Ei.

a) Beurteilen Sie, ob es sich lohnt darauf zu wetten, dass diese Person nicht Mexikaner ist.

b) Betrachtet man die Ereignisse: E_1: „Nicht-Mexikaner" und E_2: „Ei-Esser ist Nicht-Mexikaner", so gilt: $P(E_2) < P(E_1)$. Zeigen Sie, dass immer gilt: Wenn $P_E(\overline{M}) < P(\overline{M})$ gilt, dann gilt auch $P_{\overline{M}}(E) < P(E)$.

Bedingte W.

Grundlagentraining

1 Ergänzen Sie den Text, sodass eine wahre Aussage entsteht.
„Für zwei Ereignisse A und B versteht man unter der bedingten Wahrscheinlichkeit $P_A(B)$ die Wahrscheinlichkeit dafür, dass das Ereignis ____ eintritt, wenn man schon weiß, dass das Ereignis ____ eingetreten ist."

2 In einer Schachtel liegen Zettel, die mit einer der Zahlen 1, 2, 3, 4, 5 beschriftet sind. Nacheinander wird zufällig ohne Zurücklegen zweimal jeweils genau ein Zettel gezogen. Betrachten Sie das Ereignis A: „Die Summe der gezogenen Zahlen ist 6."

a) Die Übersicht zeigt alle möglichen Ergebnisse für das Ziehen von zwei Zahlen ohne Zurücklegen.
Markieren Sie farbig alle für das Ereignis A günstigen Ergebnisse, wenn weiter keine Bedingung gestellt wird.
Schließen Sie daraus auf P(A).
P(A) = ____

(1, 2)	(1, 3)	(1, 4)	(1, 5)
(2, 1)	(2, 3)	(2, 4)	(2, 5)
(3, 1)	(3, 2)	(3, 4)	(3, 5)
(4, 1)	(4, 2)	(4, 3)	(4, 5)
(5, 1)	(5, 2)	(5, 3)	(5, 4)

b) Betrachten Sie das Ereignis A unter der Bedingung B:
„Es ist bekannt, dass beide gezogenen Zahlen ungerade sind."
Tragen Sie in die Übersicht die fehlenden Zahlenpaare ein, die für das Ereignis B in Frage kommen, und markieren Sie dort die für das Ereignis A günstigen Ereignisse farbig.
Schließen Sie daraus auf die Wahrscheinlichkeit von $P_B(A)$.
$P_B(A) =$ ____

	(1, 3)		
(3, 1)			
		(5, 3)	

3 Aus einem Skatkartenspiel wurde zufällig eine Karte gezogen.
Betrachten Sie die Ereignisse A: „Es wurde die Herz-Dame gezogen.", B: „Es wurde eine rote Karte gezogen." und C: „Es wurde eine Dame gezogen."
Ordnen Sie die Zahlenwerte den Wahrscheinlichkeiten zu.

$P_A(B) = \frac{P(A \cap B)}{P(A)}$ für $P(A) > 0$

P(A) P(B) P(C) $P_B(A)$ $P_C(A)$

$\frac{1}{4}$ $\frac{1}{32}$ $\frac{1}{2}$ $\frac{1}{16}$ $\frac{1}{8}$

4 Bei einer Verkehrskontrolle telefonierten von 130 Fahrern unter 35 Jahren 60 Fahrer während der Fahrt mit dem Handy. Bei den 150 kontrollierten Autofahrern, die mindestens 35 Jahre alt waren, gab es 40 Verstöße gegen das Verbot, während der Fahrt mit dem Handy zu telefonieren.

	A: Alter < 35	B: Alter ≥35	
H: Verstoß gegen Handy-Verbot	60		
K: Kein Verstoß gegen Handy-Verbot			
	130		

a) Ergänzen Sie die Vierfeldertafel.
b) Kreuzen Sie an, welcher der Terme die bedingte relative Häufigkeit korrekt angibt.

① Anteil der unter 35-Jährigen, die nicht gegen das Handyverbot am Steuer verstoßen.
☐ $P_K(A)$ ☐ $P_A(K)$ ☐ $\frac{60}{130}$ ☐ $\frac{70}{130}$

② Anteil derjenigen, die gegen das Handyverbot verstießen, an den mindestens 35-Jährigen.
☐ $P_H(B)$ ☐ $P_B(H)$ ☐ $\frac{40}{150}$ ☐ $\frac{4}{15}$

③ Anteil der unter 35-Jährigen an allen, die sich nicht an das Handyverbot halten
☐ $P_A(H)$ ☐ $P_H(A)$ ☐ $\frac{60}{130}$ ☐ $\frac{60}{100}$

④ Anteil der mindestens 35-Jährigen an allen, die nicht gegen das Handyverbot verstoßen
☐ $P_K(B)$ ☐ $P_B(K)$ ☐ $\frac{110}{180}$ ☐ $\frac{110}{150}$

5 Das äußere Quadrat habe den Flächeninhalt 1. Die Flächeninhalte der Rechtecke im Inneren können als Maße der Wahrscheinlichkeiten von Ereignissen A und B aufgefasst werden.
Ergänzen Sie:
Das äußere Quadrat enthält ______ Kästchen

$P(A) =$ ______ $P(B) =$ ______ $P_B(A) =$ ______ $P_A(B) =$ ______ $P(A \cap B) =$ ______

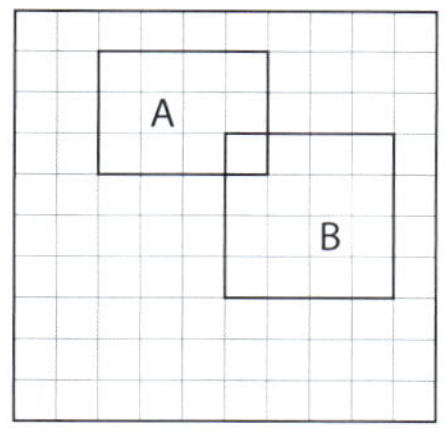

6 Angenommen, 30 % der PKW-Besitzer einer bestimmten Automarke erhalten im Rahmen einer Rückrufaktion die Aufforderung, mit ihrem Auto bis zu einem festgelegten Termin eine Vertragswerkstatt aufzusuchen (Ereignis R). 80 % davon folgen dieser Aufforderung bis zu diesem Termin (Ereignis F).
Ergänzen Sie das Baumdiagramm in Bezug auf diesen Sachverhalt durch Eintragen der Wahrscheinlichkeiten $P_R(F)$ sowie $P(R \cap F)$ an den zugehörigen Stellen.
Geben Sie auch die Größe dieser Wahrscheinlichkeiten an.

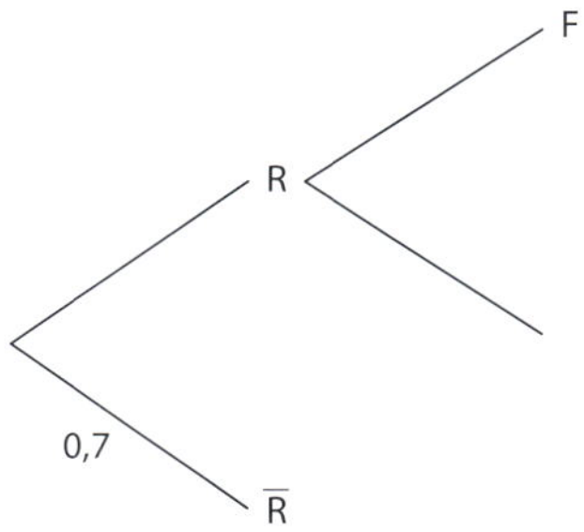

Aufbautraining

7 In einer Urne liegen fünf gleichartige Kugeln, von denen zwei rot und drei schwarz sind.
Die roten Kugeln sind mit 1 und 2 nummeriert, die schwarzen Kugeln mit 1, 2 und 3.
Aus der Urne wird zufällig eine Kugel entnommen. Ordnen Sie den Ereignissen A, B, C und D die zugehörigen Wahrscheinlichkeiten zu.

A: Die entnommene Kugel ist rot.

B: Die entnommene Kugel trägt die Nummer 1.

C: Die entnommene Kugel ist rot, wenn man schon weiß, dass die entnommene Kugel die Zahl 1 trägt.

D: Die entnommene Kugel trägt die Nr. 2, wenn man schon weiß, dass die entnommene Kugel schwarz ist.

$p_1 = 0{,}4$ $p_2 = 0{,}5$ $p_3 = 0{,}6$ $p_4 = \frac{1}{3}$

Zusatzaufgabe: Eine der Wahrscheinlichkeiten p_1, p_2, p_3 und p_4 wird bei Teilaufgabe 7 (oben) nicht gebraucht. Formulieren Sie ein Ereignis zum betrachteten Sachverhalt, das zu dieser bisher nicht verwendeten Wahrscheinlichkeit passt.

8 Eine seltene Krankheit trete im Durchschnitt bei einer von 100 000 Personen auf. Es wurde ein Test zur Erkennung dieser Krankheit entwickelt, der diese Krankheit bei einer untersuchten Person mit 90 %iger Sicherheit erkennt, wenn sie wirklich vorliegt (Sensitivität). Ist die getestete Person nicht von dieser Krankheit betroffen, so fällt der Test mit 5 %iger Wahrscheinlichkeit trotzdem positiv aus (Spezifität).
Es ist die Wahrscheinlichkeit dafür gesucht, dass die untersuchte Person wirklich an dieser Krankheit erkrankt ist (k), wenn der Test positiv ausgefallen ist (T).

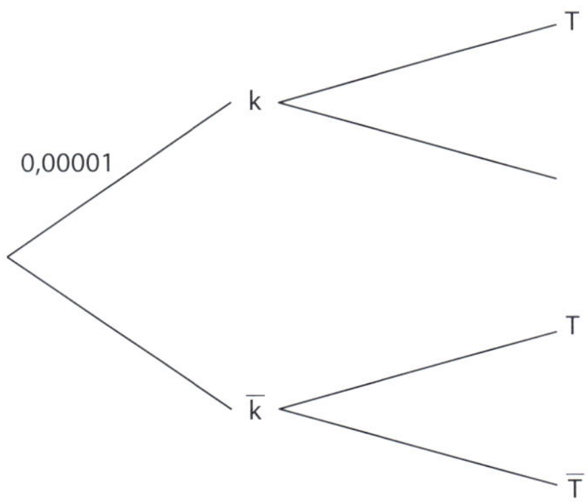

a) Ergänzen Sie das Baumdiagramm und die Rechnung.

$$P_T(k) = \frac{0{,}00001 \cdot \ldots}{0{,}00001 \cdot \ldots \cdot 0{,}05}$$

$\approx 0{,}00018$

b) Ergänzen Sie die Vierfeldertafel der relativen Häufigkeiten zu diesem Sachverhalt.

	krank	nicht krank	
Test positiv	0,00001 ·	· 0,05	
Test negativ	· 0,1	0,99999 ·	
	0,00001	0,99999	1

Grundlagentraining

1 „Lesen Sie den Beipackzettel der Ihnen verschriebenen Medikamente vollständig durch?“
Personen, die mindestens 60 Jahre alt waren, wurden befragt. Die Ergebnisse der Befragung sind der Vierfeldertafel zu entnehmen.
M männlich; W: weiblich; V: vollständig gelesen; N: nicht vollständig gelesen

	M	F	Summe
V	803	1077	
N	324	432	
Summe			

a) Vervollständigen Sie die Vierfeldertafel.

b) Ergänzen Sie das Baumdiagramm sowie das umgekehrte Baumdiagramm durch die fehlenden relativen Häufigkeiten.

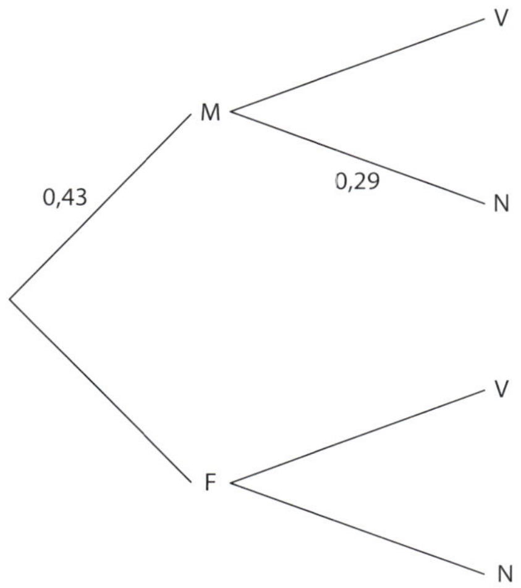

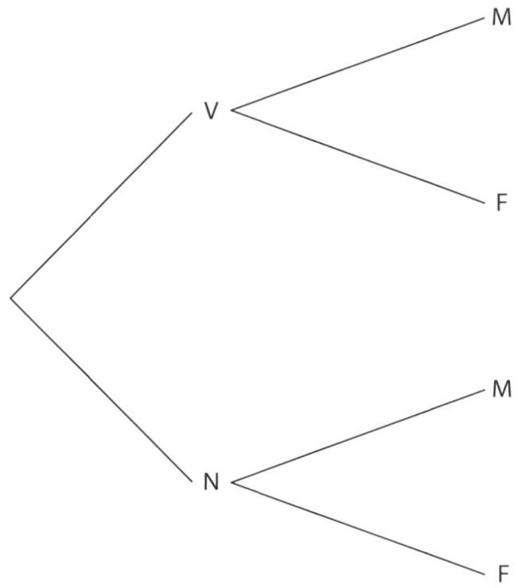

$P_A(B) = \frac{P(A \cap B)}{P(A)}$

c) Ordnen Sie die Wahrscheinlichkeiten den Brüchen zu.

$P(M)$ $P(V)$ $P_M(V)$ $P_V(M)$

$\frac{1880}{2636}$ $\frac{1127}{2636}$ $\frac{803}{1880}$ $\frac{803}{1127}$

2 Erstellen Sie zum gegebenen Baumdiagramm eine Vierfeldertafel sowie ein umgekehrtes Baumdiagramm.

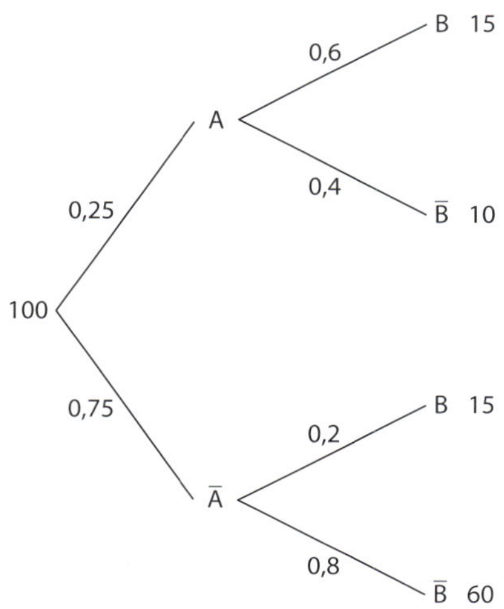

			Summe
Summe			

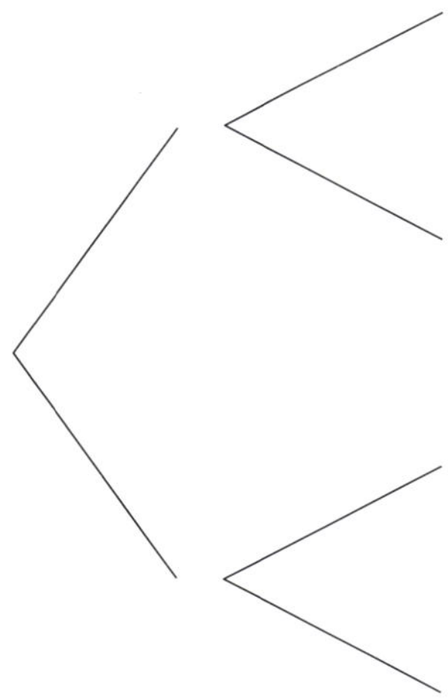

Aufbautraining

1 Am Ende eines Semesters stellen sich Studierende einer Technischen Hochschule den Prüfungen. Erfahrungsgemäß sind 25% aller Prüflinge ausländische Studierende. 84% aller Prüflinge bestehen die Prüfungen. 5% der Prüflinge sind ausländische Studierende, die die Prüfung nicht bestehen.

a) Vervollständigen Sie die Vierfeldertafel.
A: ausländische Studierende; B: Prüfung bestanden

			Summe
Summe			

b) Kreuzen Sie richtige Antworten an, korrigieren Sie falsche Antworten.

Nr.	Aussage: Die Wahrscheinlichkeit, dass …	wahr?	Korrektur
1	… ein Prüfling kein ausländischer Studierender ist und die Prüfung besteht, ist $P(\overline{A} \cap B) = 0{,}64$.		
2	… ein Prüfling, der zu den ausländischen Studierenden gehört, bestanden hat, ist $P_A(B) = 0{,}8$.		
3	… ein ausländischer Prüfling zur Menge der Prüflinge gehört, die die Prüfung bestanden haben, ist $P_A(B) = 0{,}8$.		

2 Bei Reisebussen wird regelmäßig der Zustand der Bereifung und der Beleuchtung kontrolliert. Bei einem bestimmten Hersteller sind Mängel an den Reifen bzw. an der Beleuchtung mit bestimmten Wahrscheinlichkeiten zu erwarten, die man der Vierfeldertafel entnehmen kann.

	R	$\overline{R}$	Summe
B		0,04	
$\overline{B}$			0,08
Summe		0,07	

R: Reifen in Ordnung
$\overline{R}$: Reifen nicht in Ordnung
B: Beleuchtung in Ordnung
$\overline{B}$: Beleuchtung nicht in Ordnung

a) Ergänzen Sie die fehlenden Wahrscheinlichkeiten in der Vierfeldertafel.

b) Ordnen Sie den folgenden Wahrscheinlichkeiten ihren richtigen Wert zu.

$P(B)$ | $P(\overline{B} \cap \overline{R})$ | $P_R(B)$ | $P_B(\overline{R})$ | $P_{\overline{B}}(R)$

0,03 | ≈ 0,043 | 0,92 | 0,625 | ≈ 0.95

c) Formulieren Sie das zugehörige Ereignis im Sachzusammenhang mit Worten.

$P_R(B)$: ______________________________

____

$P_{nB}(R)$: ______________________________

____

Unabhängigkeit

Grundlagentraining

1 Stochastische Unabhängigkeit und Abhängigkeit: In einer Schale liegen drei schwarze und zwei rote Kugeln. Es wird zweimal genau eine Kugel zufällig gezogen.
Vervollständigen Sie zuerst das Baumdiagramm.
Ergänzen Sie danach für die Ereignisse A: „Schwarz im 1. Zug" und B: „Rot im 2. Zug" die Tabelle.

Hilfe: Zwei Ereignisse A und B sind genau dann stochastisch unabhängig, wenn gilt: $P(A \cap B) = P(A) \cdot P(B)$.
Zwei Ereignisse A und B heißen stochastisch unabhängig, wenn gilt: $P_A(B) = P(B)$.

a) Ziehen mit Zurücklegen

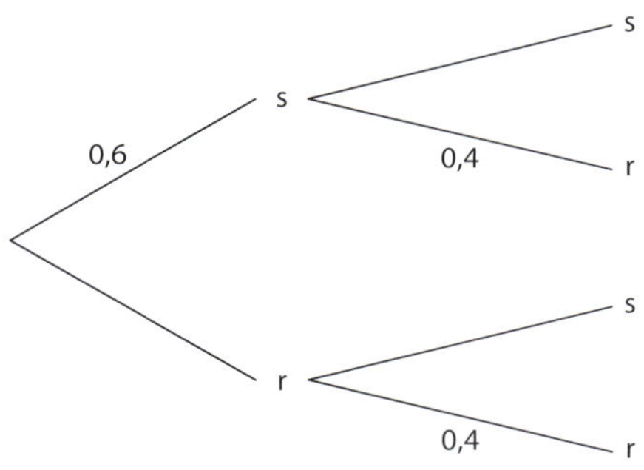

b) Ziehen ohne Zurücklegen

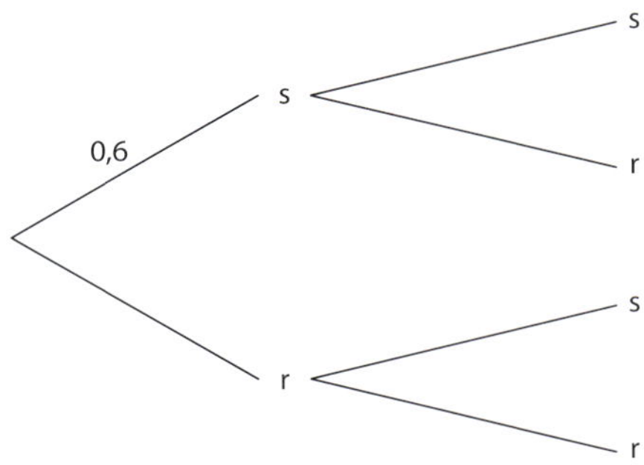

	Ziehen mit Zurücklegen
P(A)	
P(B)	
$P_A(B)$	
$P(A \cap B)$	
Beim Ziehen mit Zurücklegen sind die Ereignisse A und B stochastisch	

	Ziehen ohne Zurücklegen
P(A)	
P(B)	
$P_A(B)$	
$P(A \cap B)$	
Beim Ziehen mit Zurücklegen sind die Ereignisse A und B stochastisch	

2 Die Übersicht zeigt alle möglichen Ergebnisse beim Werfen zweier Spielwürfel.

a) Markieren Sie verschiedenfarbig alle Ergebnisse, die zu den Ereignissen
A: „Zwei gleiche Augenzahlen" bzw.
B: „Augensumme 6" gehören.

b) Berechnen Sie die Wahrscheinlichkeiten und schließen Sie daraus, ob A und B stochastisch unabhängig sind.

(1,1)	(1,2)	(1,3)	(1,4)	(1,5)	(1,6)
(2,1)	(2,2)	(2,3)	(2,4)	(2,5)	(2,6)
(3,1)	(3,2)	(3,3)	(3,4)	(3,5)	(3,6)
(4,1)	(4,2)	(4,3)	(4,4)	(4,5)	(4,6)
(5,1)	(5,2)	(5,3)	(5,4)	(5,5)	(5,6)
(6,1)	(6,2)	(6,3)	(6,4)	(6,5)	(6,6)

$P(A) =$ ________ $P(B) =$ ________

$P_A(B) =$ ________ $P(A \cap B) =$ ________

Schlussfolgerung: $P_A(B) \neq P(B)$ bzw. $P(A \cap B) \neq$ ________, also sind A und B stochastisch ________

c) Untersuchen Sie in analoger Weise das Ereignis A und das Ereignis C: „Die zweite gewürfelte Zahl ist eine Sechs."

$P(A) =$ ________ $P(C) =$ ________ $P_A(C) =$ ________ $P(A \cap C) =$ ________

Schlussfolgerung: $P_A(C) = P(C)$ bzw. $P(A \cap C) =$ ________, also sind A und C stochastisch ________

3 Eintausend Personen wurden zufällig ausgewählt und auf zwei Merkmale untersucht. Die Ergebnisse sind in der Vierfeldertafel mit absoluten Häufigkeiten dargestellt.

A: „Die Person ist sportlich wenig aktiv."

B: „Die Person hat Normalgewicht."

	A	**$\overline{A}$**	
B	43	7	50
$\overline{B}$	814	136	950
	857	143	1000

a) Die relativen Häufigkeiten werden als Wahrscheinlichkeiten betrachtet. Kreuzen Sie an, welche Ergebnisse richtig sind.

☐ $P_A(B) = \frac{43}{1000}$ ☐ $P_A(B) = \frac{43}{50}$ ☐ $P_A(B) = \frac{43}{857}$ ☐ $P_A(B) \approx 0{,}0502$

☐ $P(B) = \frac{857}{1000}$ ☐ $P(B) = \frac{43}{50}$ ☐ $P(B) = \frac{50}{1000}$ ☐ $P(B) = 0{,}05$

b) Begründen Sie, dass anhand der korrekten Werte für diesen Personenkreis A und B annähernd stochastisch unabhängig sind. Kreuzen Sie Zutreffendes an.

$P_A(B) =$ ________ $\approx$ ________ $P(B) =$ ________ $=$ ____________

Somit gilt: $P_A(B)$ und $P(B)$ sind ... gleich groß. ☐ nicht ☐ annähernd ☐ genau

Aufbautraining

4 Auf Unabhängigkeit schließen: In der Urne A sind zwei rote und eine blaue Kugel, in der Urne B sind vier rote und zwei blaue Kugeln. Es wird zufällig eine der Urnen ausgewählt und auf gut Glück aus dieser eine Kugel gezogen. Es werden folgende Ereignisse betrachtet.

C: „Es wurde Urne A gewählt."

D: „Es wurde eine rote Kugel gezogen."

a) Ergänzen Sie im Baumdiagramm und in der Vierfeldertafel die fehlenden Eintragungen.

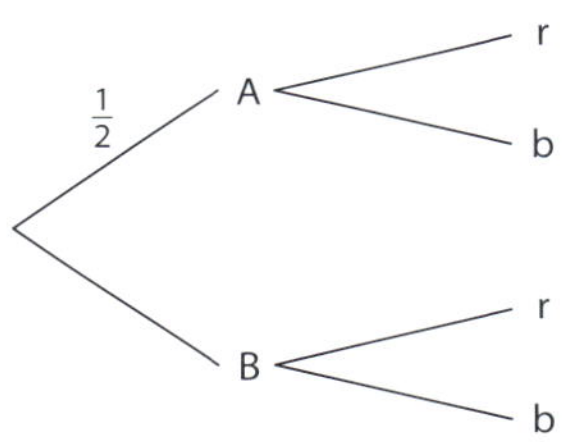

	A	**B**	
Rot		$\frac{1}{2} \cdot \frac{2}{3}$	$\frac{2}{3}$
Blau	$\cdot \frac{1}{3}$		$\frac{1}{3}$
	$\frac{1}{2}$		1

C und D unabhängig

⇔

$P(C \cap D) = P(C) \cdot P(D)$

b) Ergänzen Sie zu wahren Aussagen.

Die Ereignisse C und D sind stochastisch unabhängig, denn es gilt nach den Pfadregeln $P(C \cap D) =$ ____________

sowie $P(C) =$ ________ und $P(D) =$ ____________ .

Damit gilt nach dem Multiplikationssatz $P(C) \cdot P(D) =$ ____________ $= P($ ______ $)$.

5 Unabhängigkeit voraussetzen: Der Nachweis eines Krankheitserregers in Blutproben eines Patienten soll in zwei voneinander unabhängigen Laboren erfolgen. Labor 1 liegt in 98 % aller Fälle mit der Diagnose richtig, bei Labor 2 sind es sogar 99 % richtige Diagnosen. Die Wahrscheinlichkeit einer Fehldiagnose sowohl durch Labor 1 als auch durch Labor 2 kann dann durch folgenden Rechenweg bestimmt werden.

Kommentieren Sie rechts die Lösungsschritte.

A: „Labor 1 liefert eine richtige Diagnose." mit $P(A) = 0{,}98$ — Festlegung ____________________

B: „Labor 2 liefert eine richtige Diagnose." mit $P(B) = 0{,}99$ — anhand des Sachverhaltes

$P(\overline{A}) = 1 - 0{,}98 = 0{,}02$ und $P(\overline{B}) = 1 - 0{,}99 = 0{,}01$ — Wahrscheinlichkeit der ____________________

$P(\overline{A} \cap \overline{B}) = P(\overline{A}) \cdot P(\overline{B})$ — Voraussetzung: ____________________

$P(\overline{A} \cap \overline{B}) = 0{,}02 \cdot 0{,}01 = 0{,}0002$

Das Risiko, dass sowohl Labor 1 als auch Labor 2 eine Fehldiagnose liefert, liegt bei ____________

1 Eintausend zufällig ausgewählte berufstätige Einwohner einer Großstadt wurden befragt, ob sie öffentliche Verkehrsmittel (ÖPNV) oder einen PKW oder beides für den Weg zur Arbeit nutzen.

a) Vervollständigen Sie die Vierfeldertafel.

	ÖPNV	**$\overline{\text{ÖNPV}}$**	
PKW	54		60
$\overline{\text{PKW}}$			
	900		

b) Ergänzen Sie die Wahrscheinlichkeiten der Ereignisse unter der Annahme, dass die Befragung repräsentativ ist.

Ereignis	**Wahrscheinlichkeit**
E_1: Ein Berufstätiger nutzt den PKW für den Weg zur Arbeit.	$P(E_1) =$
E_2: Ein Berufstätiger nutzt weder PKW noch ÖNPV für den Weg zur Arbeit.	$P(E_2) =$
E_3: Ein Berufstätiger, von dem man weiß, dass er den ÖPNV nutzt, gehört auch zu den PKW-Nutzern.	$P(E_3) =$
E_4: Ein Berufstätiger, von dem man weiß, dass er den PKW nutzt, gehört auch zu den ÖPNV-Nutzern.	$P(E_4) =$

c) Ergänzen Sie die Pfadwahrscheinlichkeiten an beiden Baumdiagrammen.

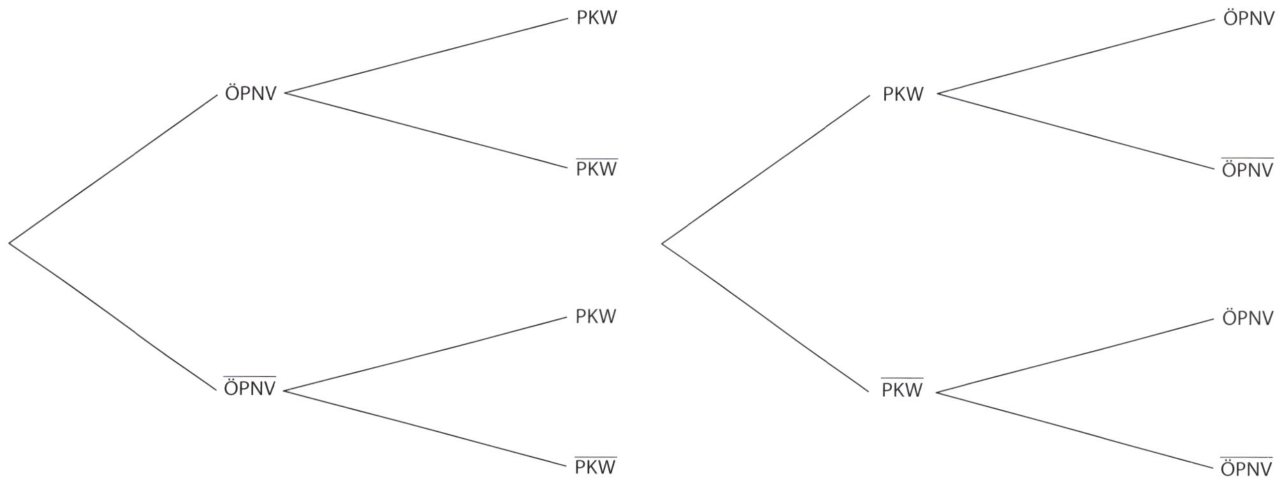

d) Geben Sie die bedingten Wahrscheinlichkeiten an.

$P_{\text{ÖNPV}}(\text{PKW}) =$ ______ $P_{\text{PKW}}(\overline{\text{ÖNPV}}) =$ ______ $P_{\overline{\text{ÖNPV}}}(\overline{\text{PKW}}) =$ ______

e) Die Ereignisse ÖPNV und PKW sind stochastisch unabhängig. Geben Sie eine Begründung an.

______

______

f) Ermitteln Sie die Wahrscheinlichkeit, dass der fünfte zufällig ausgewählte Befragte der erste ist, der sowohl den ÖPNV als auch den PKW für den Weg zur Arbeit nutzt.

______

______

2 Ein Ikosaederwürfel ist ein regelmäßiges Polyeder, bei dem die 20 zueinander kongruenten Seitenflächen mit den natürlichen Zahlen von 1 bis 20 beschriftet sind. Der Ikosaeder wird einmal geworfen.
Ermitteln Sie die Wahrscheinlichkeiten der Ereignisse A bis E.

A	Es wurde eine durch 3 teilbare Zahl geworfen.	P(A) =
B	Es wurde eine durch 6 teilbare Zahl geworfen.	P(B) =
C	Es wurde eine durch 6 teilbare Zahl geworfen, wenn man schon weiß, dass eine durch 3 teilbare Zahl geworfen wurde.	P(C) =
D	Es wurde eine durch 6 teilbare Zahl geworfen, wenn man schon weiß, dass eine durch 3 oder durch 4 teilbare Zahl geworfen wurde.	P(D) =
E	Es wurde eine durch 6 teilbare Zahl geworfen, wenn man schon weiß, dass eine durch 3 und durch 4 teilbare Zahl geworfen wurde.	P(E) =
F	Es wurde eine Primzahl geworfen.	P(F) =
G	Es wurde eine gerade Zahl geworfen, wenn man schon weiß, dass eine Primzahl gefallen ist.	P(G) =
H	Es wurde eine Zahl größer als 13 geworfen, wenn man schon weiß, dass eine Primzahl geworfen wurde.	P(H) =

3 Betrachten Sie ein System aus zehn elektronischen Bauteilen, wenn diese in Reihe geschaltet sind und man voraussetzt, dass die Bauteile unabhängig voneinander funktionieren.

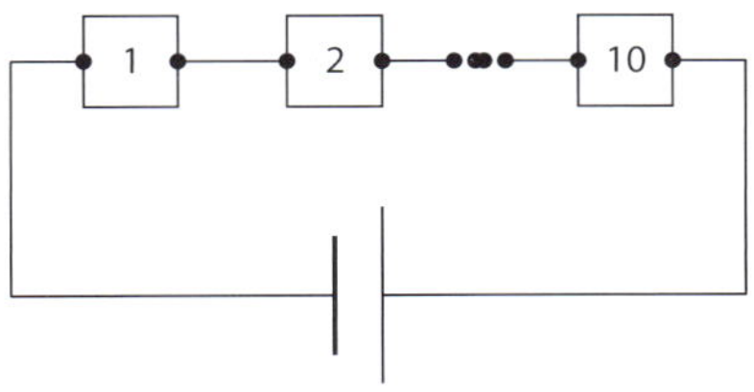

a) Mit welcher Wahrscheinlichkeit arbeitet ein solches System, wenn jedes Bauteil mit einer Zuverlässigkeit von 95% arbeitet?
Kreuzen Sie richtige Ergebnisse an.

☐ $0{,}05^{10}$ ☐ $1 - 0{,}05^{10}$ ☐ $(1 - 0{,}05)^{10}$ ☐ ≈ 60%

b) Wie groß muss die Zuverlässigkeit jedes der zehn Bauteile sein, damit ein solches System mit einer Wahrscheinlichkeit von mindestens 80% funktioniert?

Ansatz: ____________ Umstellen: ____________ Ergebnis: ____________

4 Aus einem Skatspiel mit 32 Karten werden nacheinander zwei Karten mit (ohne) Zurücklegen gezogen. Betrachten Sie das Ereignis, dass es sich bei den zwei gezogenen Karten um zwei der vier „Buben“ handelt.

a) Ergänzen Sie die Übersicht rechts durch die Berechnung der Wahrscheinlichkeiten.

b) Erläutern Sie, bei welchem Vorgehen das Ergebnis „Bube im 2. Zug“ unabhängig vom Ergebnis „Bube im 1. Zug“ ist.

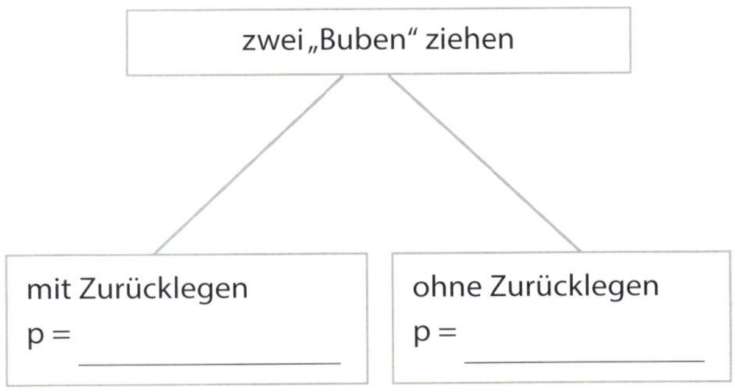

____

____

____

Wo stehe ich?

Nutzen Sie die Aufgaben auf den nächsten drei Seiten, um zu sehen, wo Sie stehen.
Füllen Sie die Tabelle zur Selbsteinschätzung unten aus.
Verwenden Sie die Aufgaben auf den angegebenen Seiten in diesem Heft, um zu üben.

☺ Die Aufgabe kann ich sicher lösen.

😐 Die Aufgabe kann ich mit Nachschlagen lösen.

☹ Die Aufgabe kann ich nicht lösen, hier brauche ich Hilfe.

	Ich kann…	☺	😐	☹	Basisaufgaben (Weiterführende Aufgaben)	Hier können Sie üben.
4.1	… Änderungen grafisch und im Sachzusammenhang interpretieren. … mittlere und lokale Änderungsraten berechnen.				1, 2, 3 (W2)	S. 54–55
4.2	… Funktionen auf lokale Differenzierbarkeit überprüfen. … die Ableitung einer Funktion an einer Stelle berechnen.				4, 5, 6, 7 (W4, W5)	S. 56–57
4.3	… rechnerisch die Ableitungsfunktion einer Funktion bestimmen. … Funktionen grafisch ableiten.				8 (W3)	S.58–61
4.4	… ganzrationale Funktionen mithilfe der Potenzregel, der Faktorregel und der Summenregel ableiten.				9, 10, 11, 12, 13 (W7)	S. 62–65
4.5	… Gleichungen von Tangenten an einen Graphen bestimmen. … den Steigungswinkel eines Graphen an einer bestimmten Stelle berechnen.				14, 15, 16, 17 (W1, W6, W8, W9, W10)	S. 66–67

Basisaufgaben

1 Die Abbildungen zeigen jeweils die Beschleunigung eines Autos in Abhängigkeit von der Zeit. Ordnen Sie jeder Aussage den passenden Graphen zu.

①
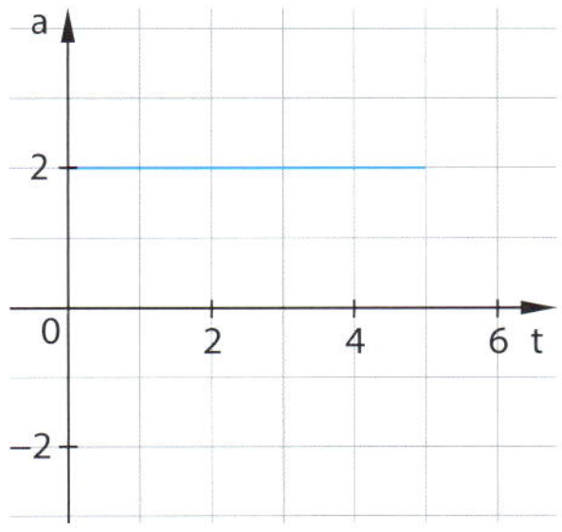

②
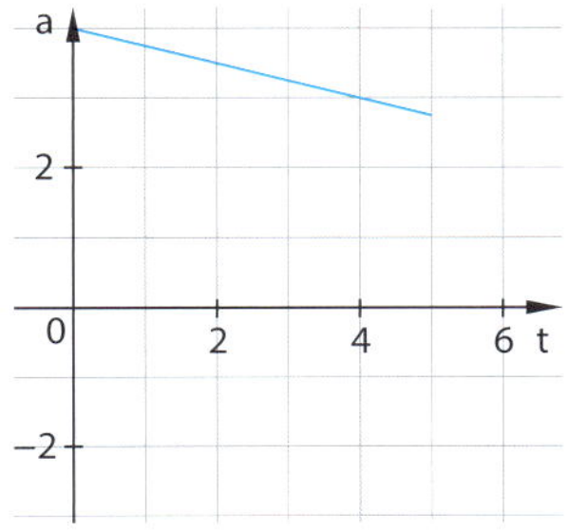

③
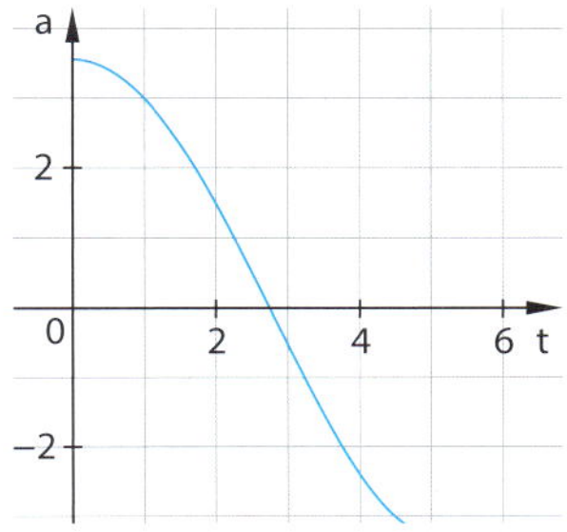

④
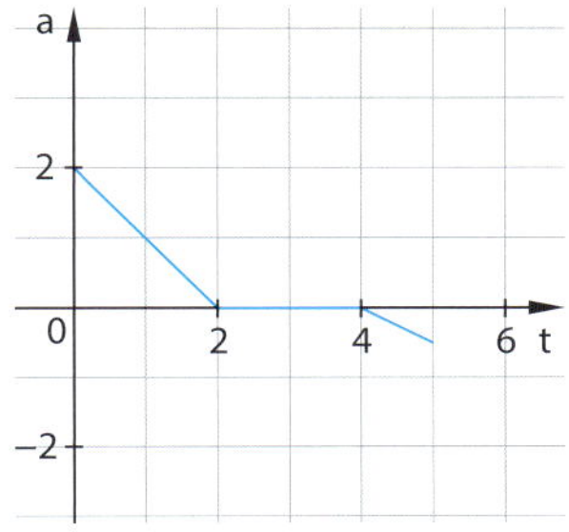

Ⓐ Das Auto beschleunigt erst und bremst dann ab.
Ⓑ Das Auto beschleunigt erst, fährt dann eine Weile mit konstanter Geschwindigkeit und bremst schließlich ab.
Ⓒ Die Geschwindigkeit des Autos steigt linear.
Ⓓ Die Geschwindigkeit des Autos steigt, aber die Beschleunigung nimmt im Laufe der Zeit ab

2 Bestimmen Sie zu den Funktionen f und g die Sekantensteigungen im Intervall $[-2; 4]$.

a)
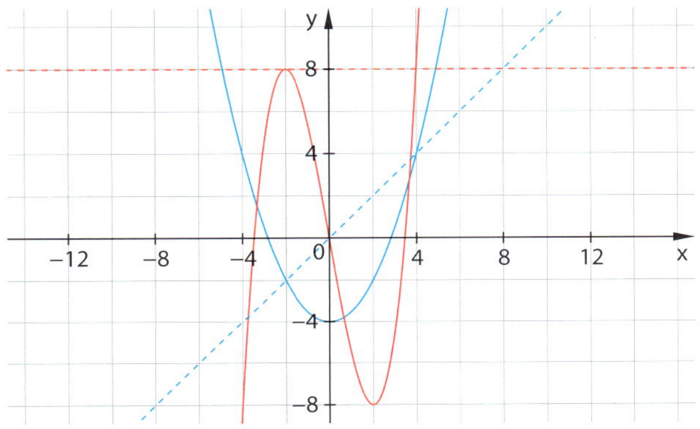

b)
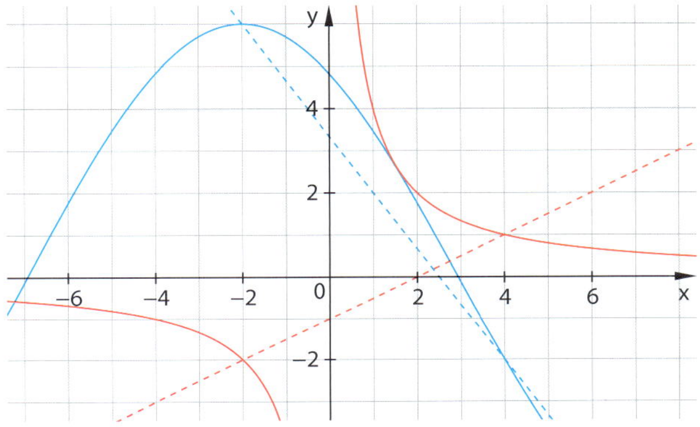

3 Die Tabelle zeigt die Entwicklung des Verbrauchs von Kernenergie in Deutschland.

Jahr	1995	2000	2005	2010	2015	2019
Mrd. TWh	154,1	169,6	163,0	140,6	91,8	75,1

a) Berechnen Sie die mittlere Änderungsrate des Kernenergieverbrauchs für den Zeitabschnitt von 2010 bis 2015 und interpretieren Sie das Ergebnis im Sachzusammenhang.

b) Berechnen Sie die mittleren Änderungsraten für die übrigen Zeitabschnitte und geben Sie den Zeitabschnitt mit der stärksten Abnahme (dem stärksten Anstieg) an.

c) Nennen Sie Gründe für die Entwicklung des Kernenergieverbrauchs und stellen Sie eine Vermutung für die zukünftige Entwicklung auf.

4 Begründen Sie anhand des Graphen, an welchen Nahtstellen die Funktion nicht differenzierbar ist.

a)
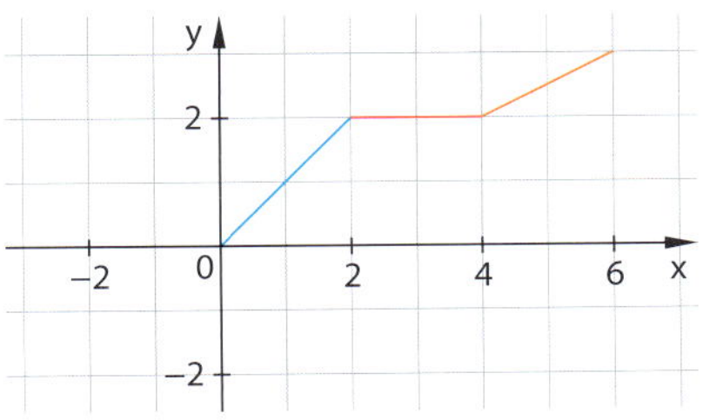

b)
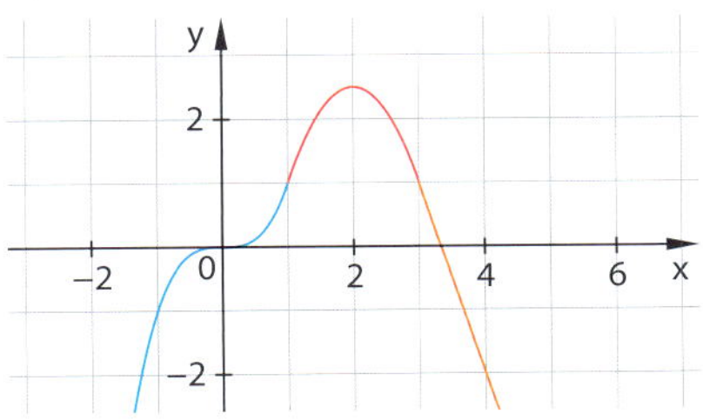

c)
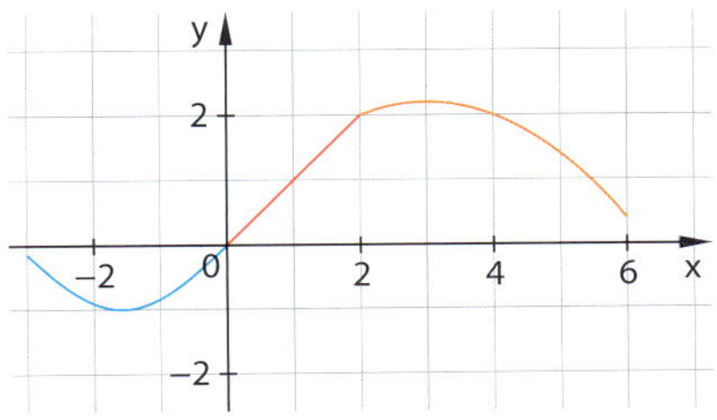

5 Die Funktion f mit $f(x) = \begin{cases} x^3 & \text{für } x < 0 \\ 2x & \text{für } x \geq 5 \end{cases}$ ist für $0 \leq x < 5$ nicht definiert. Sie wird in diesem Bereich durch g ergänzt. Skizzieren Sie den Graphen der so entstehenden Funktion und begründen Sie, ob sie an den Nahtstellen differenzierbar ist.

a) $g(x) = \frac{2}{5}x^2$ **b)** $g(x) = 2x$ **c)** $g(x) = x^3 - 4x^2 - 3x$

6 Die Geschwindigkeit eines anfahrenden Autos lässt sich durch die Funktion v mit $v(t) = 1{,}2t^2$ beschreiben (v in m/s; t in s). Berechnen Sie die Momentangeschwindigkeit des Autos zum Zeitpunkt $t_0 = 3$.

7 Bestimmen Sie den Funktionsterm der Ableitungsfunktion mit dem Grenzwert des Differenzenquotienten.

a) $f(x) = 4x$ **b)** $f(x) = -3x + 1$ **c)** $f(x) = 7x^2 + 3$
d) $f(x) = 2x^2 - 3x$ **e)** $f(x) = -1{,}5x^2 + 2x + 1$ **f)** $f(x) = x^3 + x^2$

8 Bestimmen Sie die Stelle x, an der die Graphen der Funktionen f mit $f(x) = x^2 + 2x - 3$ und g mit $g(x) = -2x^2 + 3x + 1$ die gleiche Steigung haben.

9 Die Funktion h mit $h(x) = -0{,}5x^2 + 12x + 1{,}5$ beschreibt die Höhe einer Rakete über dem Boden (x: horizontale Entfernung vom Abschussort in m; h: Höhe in m).

a) Bestimmen Sie die Funktionsgleichung der Ableitung von h und beschreiben Sie ihre Bedeutung im Sachzusammenhang.
b) Geben Sie an, wie stark die Rakete in einer horizontalen Entfernung von 8 m vom Abschussort steigt.
c) Geben Sie die Abschusshöhe der Rakete an und berechnen Sie, in welcher horizontalen Entfernung vom Abschussort sie den höchsten Punkt erreicht. Begründen Sie, welchen Wert h′ an dieser Stelle hat.

10 Entscheiden Sie begründet, ob eine der Funktionen g oder h Ableitungsfunktion von f sein kann.
Die zugehörigen Graphen sind rechts abgebildet.

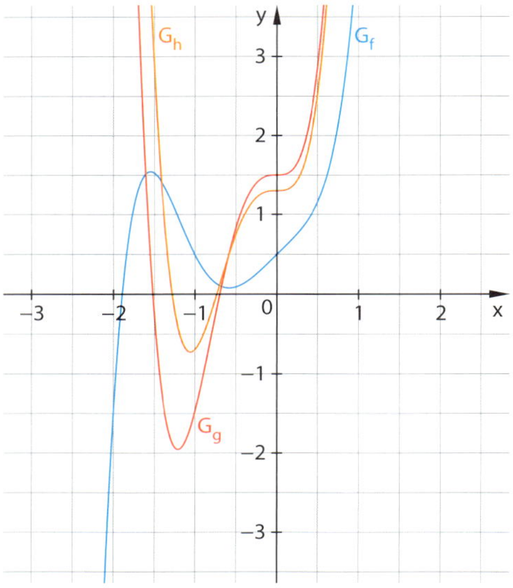

11 Bestimmen Sie die Ableitung der Funktion.

a) $f(x) = x^{19}$ **b)** $f(x) = x^{237}$ **c)** $g(x) = x^{1423}$
d) $f(x) = x^{2k+3}$ **e)** $s(t) = t^{7n}$ **f)** $h(t) = t^{6m-5}$

12 Schreiben Sie den Funktionsterm als Produkt einer Potenz von x und einem Faktor, und leiten Sie dann ab.

a) $f(x) = \frac{x^5}{10}$ **b)** $f(x) = \frac{4x^6}{-3}$ **c)** $f(x) = 2x \cdot 3x^3$
d) $f(x) = (2x)^3$ **e)** $f(x) = \frac{x^2}{4} \cdot 10x^3$ **f)** $f(x) = \frac{2x^4}{3} \cdot (3x)^2$

13 Multiplizieren Sie den Funktionsterm aus und bestimmen Sie die Ableitungsfunktion.

a) $f(x) = x^2(4 + x^3)$ **b)** $f(x) = (x^2 + 1)(x - 3)$ **c)** $f(x) = (x^3 - 2)^2$
d) $f(x) = 2(x^2 - 1)(x^3 + 2)$ **e)** $f(x) = 3(x^2 - 2)^2(4 - x^3)$ **f)** $f(x) = \frac{1}{4}(x^4 - x)^3$

14 Bestimmen Sie die Gleichung der Tangente an den Graphen der gegebenen Funktion an der Stelle x_0 und die Schnittpunkte der Tangente mit den Koordinatenachsen.

a) $f(x) = x^3 - 2x;\ x_0 = 5$ **b)** $f(x) = \frac{1}{2}x^4 + \frac{1}{4}x^3 + 1;\ x_0 = -2$
c) $g(x) = \frac{1}{6}x^3 + \frac{1}{3}x^2 - x;\ x_0 = 6$ **d)** $h(x) = \frac{1}{9}(x^2 + 6)^2;\ x_0 = 3$

15 Gegeben ist die Funktion f mit $f(x) = \frac{1}{10}x^5 - 6x - \frac{1}{5}$.

a) Bestimmen Sie die Gleichung der Tangente g an den Graphen von f bei $x = 2$.
b) Ermitteln Sie die Gleichung einer zweiten Tangente, welche zu g parallel ist.

16 Gegeben ist die Funktion f mit $f(x) = \frac{1}{5}x^3 - \frac{4}{5}x^2$.

a) Bestimmen Sie die Punkte des Graphen von f, an denen die Tangente von f waagerecht verläuft.

b) Bestimmen Sie die Gleichungen derjenigen Tangenten an den Graphen von f, die parallel zur Geraden h mit $h(x) = -x - 2$ verlaufen.

c) Eine Tangente an den Graphen von f verläuft durch die Punkte $P\left(0\middle|\frac{6}{5}\right)$ und $Q\left(2\middle|\frac{28}{5}\right)$. Bestimmen Sie den Berührpunkt der Tangente mit dem Graphen von f und geben Sie die Gleichung der Tangente an.

17 Bestimmen Sie die Steigung und den Steigungswinkel des Graphen von f an der Stelle x_0.

a) $f(x) = \frac{1}{4}x^3 + 2;\ x_0 = 2$

b) $f(x) = 3 + x - 0{,}5x^2;\ x_0 = 5$

c) $f(x) = (x + 4)(x - 4),\ x_0 = -3$

d) $f(x) = \frac{1}{20}x^4 - \frac{1}{12}x^3 + \frac{1}{8}x^2;\ x_0 = -2$

Weiterführende Aufgaben

1 Es sei t Tangente an den Graphen von f.

a) Begründen Sie, dass $y = f'(a) \cdot (x - a) + f(a)$ eine Gleichung von t ist.

b) Geben Sie eine Eigenschaft von f so an, dass $a - 1$ Nullstelle der Tangente ist.

2 Gegeben sei die Funktion f mit $f(x) = x^2$ im Intervall [a; b].

a) Zeigen Sie, dass es im Intervall [a; b] stets genau eine Stelle p gibt, an der die Tangentensteigung identisch mit der Sekantensteigung ist. Geben Sie die besondere Lage dieser Stelle an.

b) Beweisen Sie, dass der Punkt $S(0|-ab)$ immer auf der Sekante liegt.

3 Die Halbkreisfunktion f mit $f(x) = \sqrt{2x - x^2}$ soll im Koordinatensystem gezeichnet werden.

a) Begründen Sie aus der Zeichnung heraus, dass f im Intervall [0; 2] definiert, aber nur im Intervall]0;2[differenzierbar ist.

b) Der Graph von f wird durch eine Verschiebung um 1 LE nach links zum Graphen von g. Zeigen Sie damit, dass der Graph von f zur Geraden $x = 1$ symmetrisch ist.

c) Bestimmen Sie mithilfe des Differentialquotienten die Steigung von f an der Stelle $x = \frac{1}{5}$, und begründen Sie damit, dass der Kreis dort mit mehr als 100% Steigung ansteigt.

d) Beurteilen Sie mithilfe von b) und c), welche Steigung der Halbkreis an der Stelle $x = 1{,}8$ haben muss.

4 Untersuchen Sie f auf Differenzierbarkeit in $x = 0$ und $x = 1$: $f(x) = \frac{(x-1)^2}{|x-1| + |x|}$

5 Leiten Sie her, für welche Werte von a und b die Funktion f an der Stelle 1 differenzierbar ist: $f(x) = \begin{cases} \sqrt{x} & \text{für } 0 < x \leq 1 \\ ax - bx^2 & \text{für } x > 1 \end{cases}$

6 Beweisen Sie, dass zum Koordinatenursprung O symmetrische Funktionen an den Stellen a und −a identische Tangentensteigungen haben.

7 Bestimmen Sie t so, dass die Funktion $f_t(x) = x^2 + 2tx + 2{,}25$ die erste Winkelhalbierende in genau einem Punkt berührt.

8 Geben Sie an, für welches t die Funktion $f_t(x) = x^2 - tx$ die Gerade $y = -4x - 1$ als Tangente hat.

9 Untersuchen Sie, welche der Geraden in der Abbildung Tangenten bzw. Normalen (senkrecht zur Tangente) an den Graphen von f sind:

a) $f(x) = -\frac{1}{4}x^2 + 7$

b) $f(x) = \frac{1}{8}x^2 - \frac{3}{4}x + 5$

c) $f(x) = \frac{1}{2}x^2 + x + \frac{3}{2}$

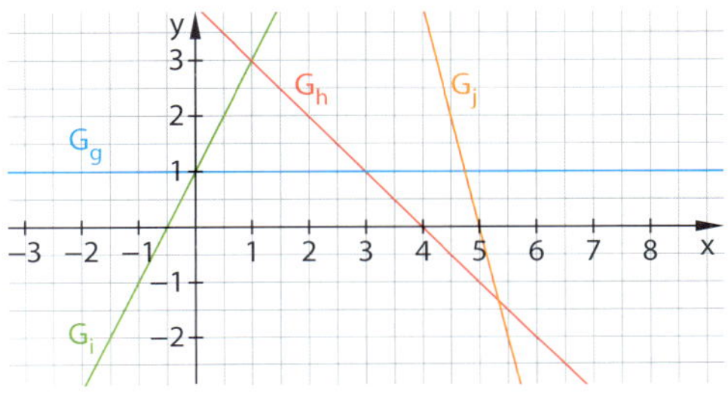

10 Verwenden Sie zur Bestimmung der Gleichung der Normalen an den Graphen der Funktion f im Punkt $P(x_0|f(x_0))$ die Formel:
$n(x) = -\frac{1}{f'(x_0)} \cdot (x - x_0) + f(x_0)$

a) $f(x) = -\frac{1}{4}x^2 + 7,\ P(1|6)$

b) $f(x) = \frac{1}{2}(x + 1)^2 + 1,\ P(3|9)$

c) $f(x) = -\frac{1}{8}(x + 4)^2 - 1,\ P(-8|-3)$

Mittlere Änderung

Lokale Änderung

Grundlagentraining

1 Mittlere Änderungsrate: Ermitteln Sie zeichnerisch und rechnerisch die mittlere Änderungsrate m von f in den Intervallen.

Hilfe: Eine Gerade durch die Punkte A(a | f(a)) und B(b | f(b)) hat die Steigung $m = \frac{f(b) - f(a)}{(b - a)}$.
Zeichnen Sie jeweils als Erstes die passende Sekante und ein Steigungsdreieck ein.

a) Intervall [−3; −2]
A(−3 | −2); B(−2 | 1) $m = \frac{\_\_ - (- \_\_)}{-2 - (-3)} = \frac{\_\_}{1} =$ ____

b) I = [−2; 2]
A(−2 | ____); B(2 | ____) m = ____________ = ____

c) I = [2; 6]
A(____ | ____); B(____ | ____) m = ____________

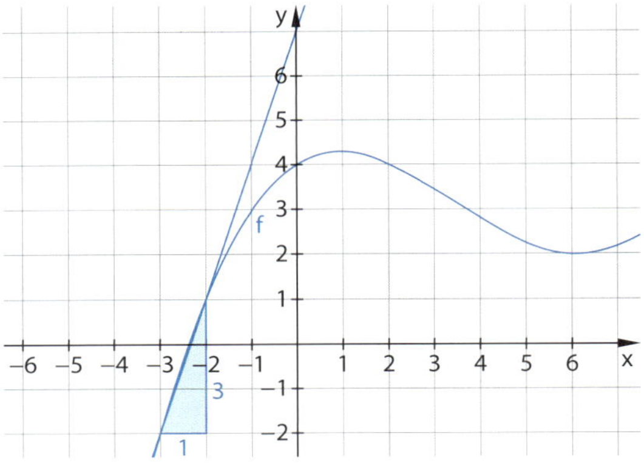

2 Berechnen Sie die mittlere Änderungsrate der Funktion f im Intervall [a; b] mit dem Differenzenquotienten $\frac{f(b) - f(a)}{(b - a)}$.

Hilfe: Berechnen Sie zuerst die y-Werte.

a) $f(x) = x^2 + 1$; I = [−2; 3] A(−2 | ____); B(3 | ____) $m = \frac{\_\_ - \_\_}{3 - (-2)} =$ ____________

b) $f(x) = 0{,}5\,x^2$; I = [−2; 3] A(−2 | ____); B(3 | ____) $m = \frac{\_\_ - \_\_}{\_\_ - \_\_} =$ ____________

c) $f(x) = \sqrt{2^x}$; I = [−2; 4] P_1(____ | ____); P_2(____ | ____) m = ____________

3 Die Grafik zeigt die Entwicklung der Geburten in Deutschland. Ergänzen Sie in den Tabellen die mittleren Änderungsraten der Geburten. Runden Sie auf Tausender.
Zusatzaufgabe: Veranschaulichen Sie Ihre Tabellen grafisch. Was fällt auf?

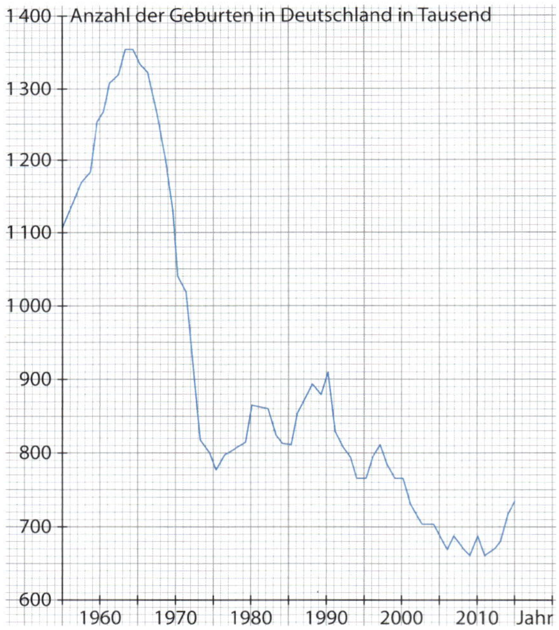

Zeitraum	1960 bis 1969	1970 bis 1979	1980 bis 1989	1990 bis 1999	2000 bis 2009
mittlere Änderungsrate					

Zeitraum	1965 bis 1974	1975 bis 1984	1985 bis 1994	1995 bis 2004	2005 bis 2014
mittlere Änderungsrate					

4 Lokale Änderungsrate: Geben Sie näherungsweise die Ableitung der Funktion f an der Stelle x_0 an.

Hilfe: Die lokale Änderungsrate von f an der Stelle x_0 nennt man Ableitung $f'(x_0)$.
Ergänzen Sie jeweils möglichst exakt die Tangente an der Stelle x_0 und geben Sie deren Steigung an.

a) $x_0 = 0$ $f'(0) = m = \frac{}{4-0} = \frac{}{4} =$ ______

b) $x_0 = 6$ $f'(6) = m =$ ______

c) $x_0 = -6$ $f'(-6) = m =$ ______

d) $x_0 = -2$ $f'(-2) = m =$ ______

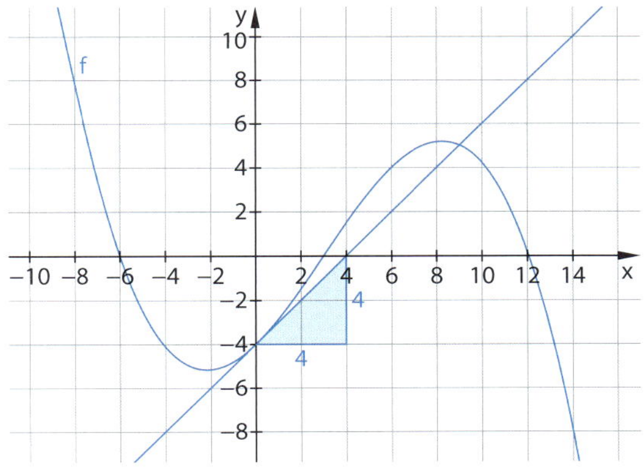

Aufbautraining

5 Es wird die Steigung des Graphen betrachtet.

a) Ergänzen Sie die passenden Punkte.

Die Steigung ist null in den Punkten ______

Die Steigung ist positiv in den Punkten ______

Die Steigung ist negativ in den Punkten ______

b) Ordnen Sie die Punkte nach der Steigung.
Beginnen Sie mit dem Punkt mit der geringsten Steigung.

______

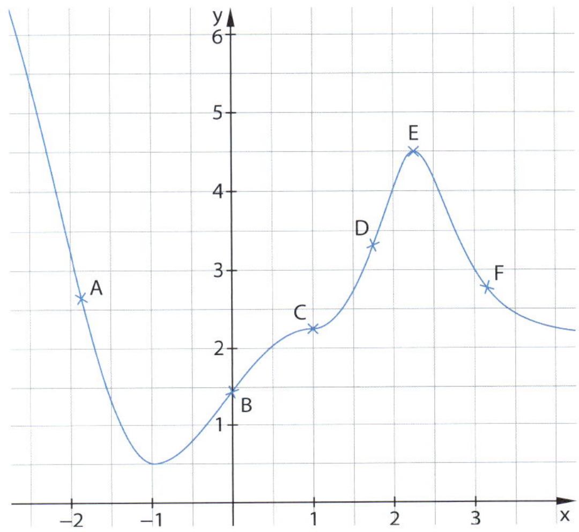

6 Bestimmen Sie näherungsweise die Ableitung der Funktion an der Stelle x_0.

a) $f(x) = x^2$; $x_0 = 3$ Vermutlich ist $f'(3) =$ ______

x	f(x)	$\frac{f(x) - f(x_0)}{x - x_0}$
3,1	9,61	$\frac{9{,}61 - 9}{3{,}1 - 3} \approx 6{,}1$
3,01		
3,001		
3,00001		

b) $f(x) = x^4$; $x_0 = 2$ Vermutlich ist $f'(2) =$ ______

x	f(x)	$\frac{f(x) - f(x_0)}{x - x_0}$

7 Kreuzen Sie an, welcher der Werte am ehesten dem Wert der 1. Ableitung der Funktion f an der Stelle x_0 entspricht.

Hilfe: Rechnen Sie wie in der Tabelle bei Aufgabe 6.

a) $f(x) = x^3$; $x_0 = 2$ ☐ $f'(2) = 0$ ☐ $f'(2) = 1$ ☐ $f'(2) = 12$ ☐ $f'(2) = -20$

b) $f(x) = 0{,}02x^5$; $x_0 = 5$ ☐ $f'(5) = 0$ ☐ $f'(5) = 62{,}5$ ☐ $f'(5) = 1$ ☐ $f'(5) = -1$

c) $f(x) = \frac{2}{5}x^3$; $x_0 = \frac{1}{2}$ ☐ $f'\left(\frac{1}{2}\right) = 0$ ☐ $f'\left(\frac{1}{2}\right) = 0{,}3$ ☐ $f'\left(\frac{1}{2}\right) = 0{,}03\ldots$ ☐ $f'\left(\frac{1}{2}\right) = \frac{3}{10}$

d) $f(x) = x^3 - 2x^2$ $x_0 = 1$ ☐ $f'(1) = -1$ ☐ $f'(1) = 0$ ☐ $f'(1) = 1$ ☐ $f'(1) = 2$

Grundlagentraining

1 Ergänzen Sie die Anwendungen zum Begriff **1. Ableitung einer Funktion f an einer Stelle x_0.**

Hilfe: $f'(x_0) = \lim\limits_{h \to 0} \frac{f(x_0 + h) - f(x_0)}{h}$

a) Wenn sich der Differenzenquotient $\frac{f(x_0) - f(x)}{x_0 - x}$ einer Funktion f bei Annäherung an die Stelle x_0 von links oder rechts ______________________________ die 1. Ableitung $f'(x_0)$ der Funktion f an der Stelle x_0 an.

b) Ist f(t) die Weg-Zeit-Funktion der geradlinigen Bewegung eines Massepunktes, dann gibt $f'(t_0)$

______________________________ an.

c) Die 1. Ableitung einer Funktion f an einer Stelle x_0 gibt die Steigung ______________

______________________________ an.

d) Beschreibt die Funktion f das Wachstum einer Bakterienkultur in Abhängigkeit von der Zeit x, so gibt $f'(x_0)$ die ____________ Wachstumsrate ______________ an.

2 Behauptung: Die Funktion $f(x) = |x - 1|$ ist an der Stelle $x_0 = 1$ nicht differenzierbar.

a) Zeichnen Sie den Graphen der Funktion f mindestens im Intervall $-2 \le x \le 3$.

b) Beschreiben Sie mit Worten, woran man anhand des Graphen einer Funktion erkennen kann, ob die Funktion an einer Stelle nicht differenzierbar ist.

c) Füllen Sie die Lücken im rechnerischen Nachweis der Behauptung.

$|a| = \begin{cases} a; a \ge 0 \\ -a; a < 0 \end{cases}$

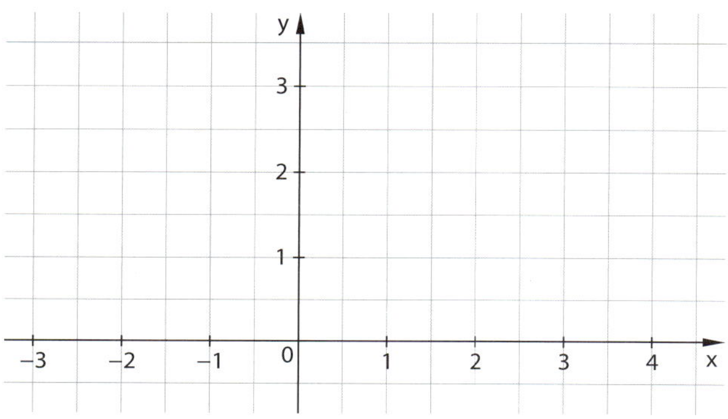

Beschreibung: ______________________________

____

____

____

____

Annäherung an die Stelle $x_0 = 1$ von rechts: $\lim\limits_{\substack{h \to 0 \\ h > 0}} \frac{|1 + h - 1| - |1 - 1|}{h} = \lim\limits_{\substack{h \to 0 \\ h > 0}} \frac{|h|}{h} =$

Annäherung an die Stelle $x_0 = 1$ von links: $\lim\limits_{\substack{h \to 0 \\ h < 0}} \frac{|1 + h - 1| - |1 - 1|}{h} = \lim\limits_{\substack{h \to 0 \\ h < 0}} \frac{|h|}{h} =$

3 Behauptung: Die Funktion $f(x) = \begin{cases} x^2; x \le 2 \\ 4; x > 2 \end{cases}$ ist an der Stelle $x_0 = 2$ nicht differenzierbar.

a) Zeichnen Sie den Graphen der Funktion f mindestens im Intervall $-2 \le x \le 4$.

b) Führen Sie einen rechnerischen Nachweis der Behauptung.

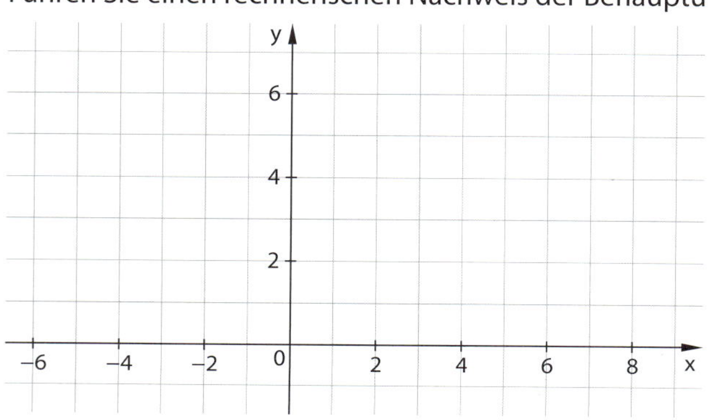

$\lim\limits_{\substack{h \to 0 \\ h < 0}} \frac{(2 + h)^2 - 2^2}{h} =$

$\lim\limits_{\substack{h \to 0 \\ h > 0}} \frac{4 - 4}{h} =$

____

____

____

Aufbautraining

4 Die Funktion $h(x) = \frac{1}{2}x^2$ ist an jeder Stelle x differenzierbar, die Funktion $g(x) = |x|$ ist an der Stelle $x_0 = 0$ nicht differenzierbar.

a) Ordnen Sie die Funktionen f_1, f_2 und f_3 durch Verbindungslinien den Graphen zu.

$f_1(x) = h(x) \cdot g(x)$ | $f_2(x) = h(x) + g(x)$ | $f_3(x) = h(x) - g(x)$

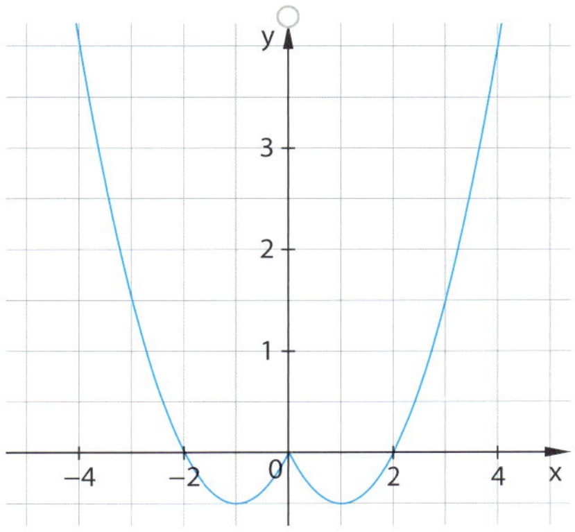
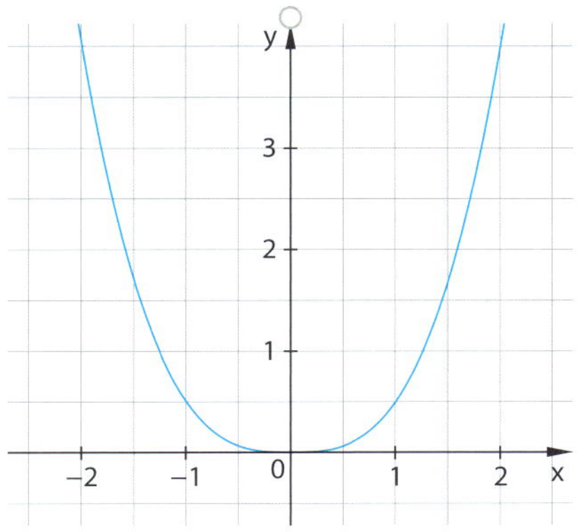
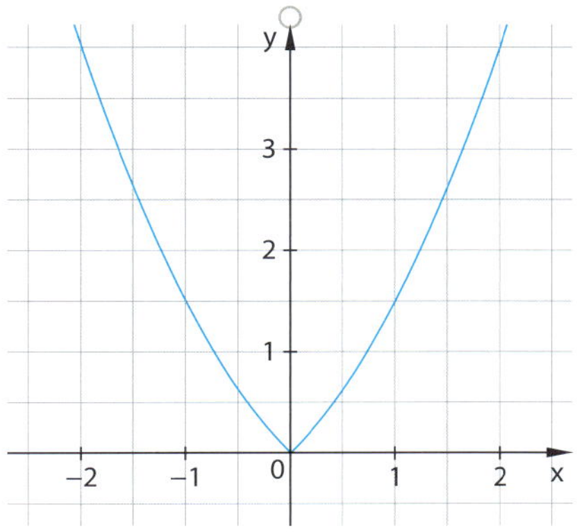

b) Entscheiden Sie, ob f_1, f_2 und f_3 an der Stelle $x_0 = 0$ differenzierbar sind. Geben Sie den Wert der 1. Ableitung an, falls die Funktion dort differenzierbar ist.

____

____

c) Behauptung: f_4 mit $f_4(x) = \frac{h(x)}{g(x)}$ ist an der Stelle $x_0 = 0$ weder differenzierbar noch stetig. Ergänzen Sie die Begründung dieser Behauptung.

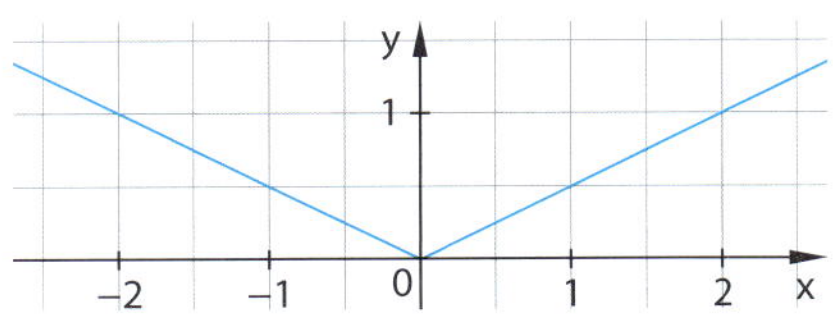

Begründung: $f_4(x) = \frac{\frac{1}{2}x^2}{|x|} = \frac{\frac{1}{2} \cdot |x| \cdot |x|}{|x|} = \frac{1}{2} \cdot |x|$ mit $x \neq 0$. Wegen ______________ bei $x = 0$ ist f_4 mit $f_4(x) = \frac{h(x)}{g(x)}$ nicht stetig.

Annäherung an die Stelle $x_0 = 0$ von rechts: ______________

und von links: ______________

Der linksseitige Grenzwert des Differenzenquotienten an der Stelle $x_0 = 0$ und der rechtsseitige Grenzwert sind ______________, deshalb ist $f_4(x)$ hier nicht differenzierbar.

5 Mit einer Mathematiksoftware wurde die 1. Ableitung von f mit $f(x) = x$ und $0 \le x \le 4$ berechnet.
Kreuzen Sie an, wer recht hat.

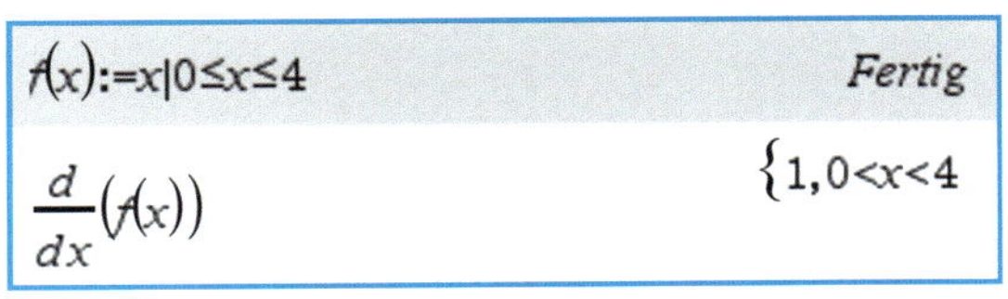

☐ Andrea: Die Software macht einen Fehler, denn die 1. Ableitung wird nur für das Intervall $0 < x < 4$ angegeben, aber $f(x)$ ist definiert für $0 \le x \le 4$.

☐ Bea: Die Software macht keinen Fehler, denn an den Intervallgrenzen lassen sich nur einseitige Grenzwerte des Differenzenquotienten berechnen. Damit existiert die 1. Ableitung weder für $x = 0$ noch für $x = 4$ im definierten Sinne.

Grafisch Ableiten

Grundlagentraining

1 Ableitung an einer Stelle: Berechnen Sie die 1. Ableitung der Funktion f an der Stelle x_0 als Grenzwert des Differenzenquotienten.

$f'(x) = \lim\limits_{h \to 0} \frac{f(x) - f(x_0)}{x - x_0} = \lim\limits_{h \to 0} \frac{f(x_0 + h) - f(x_0)}{h}$

a) $f(x) = 0{,}25x^2;\ x_0 = 2$

1. Einsetzen von x_0 in den Differenzenquotienten mit h

$\frac{f(x_0 + h) - f(x_0)}{h}$

$= \frac{0{,}25(2 + h)^2 - (0{,}25 \cdot \quad)}{h}$

2. Umformen mit dem Ziel, h aus dem Nenner zu kürzen

= ______

= ______

3. Ermitteln des Grenzwerts für $h \to 0$

$f'(2) = \lim\limits_{h \to 0}(1 + 0{,}25h) =$ ____

b) $f(x) = 0{,}5x^2 - 1;\ x_0 = -1$

$\frac{f(x_0 + h) - f(x_0)}{h}$

$= \frac{\quad - \quad}{h}$

= ______

= ______

$f'(1) = \lim\limits_{h \to 0}(-1 + 0{,}5h) =$ ____

2 Ergänzen Sie die Tabelle.

Funktion f und Stelle x_0	Differenzenquotient mit h als einziger Variable	Limes für h gegen 0
$f(x) = 5x^2;\ x_0 = 3$		$f'(3) = \lim\limits_{h \to 0}(30 + 5h) =$
$f(x) = 4x^2 - 6;\ x_0 = 5$		$f'(5) = \lim\limits_{h \to 0}(40 + 4h) =$
$f(x) =$ $\quad x_0 =$	$\frac{((1 + h) - 1)^3 - (1 - 1)^3}{h}$	$f'(\ ) = \lim\limits_{h \to 0}(h^2) =$

Zusatzaufgabe: Formen Sie den Differenzenquotienten so um, dass h nicht im Nenner steht.

3 Ableitungsfunktionen und Ableitungen an der Stelle x: Tragen Sie die gegebenen Ableitungsfunktionen und Ableitungen an der Stelle x ein. Rechnen Sie, wenn nötig, auf einem zusätzlichen Blatt Papier.

$f'(x) = 2x$ | $f'(x) = 2x + 2$ | $f'(x) = -14x - 2$ | $f'(x) = 14x$ | $f'(-1) = 12$ | $f'(x) = -2x - 2$

$f'(2) = 6$ | $f'(x) = -2x + 2$ | $f'(6) = 12$ | $f'(10) = -18$ | $f'(0{,}5) = 7$ | $f'(2) = -6$

Funktion f	Ableitungsfunktion f'	Ableitung an der Stelle x
$f(x) = x^2$		
$f(x) = 7x^2$		
$f(x) = x^2 + 5$		
$f(x) = x^2 + 2x$		
$f(x) = -x^2 + 2x$		
$f(x) = -x^2 + 2x - 7$		
$f(x) = -x^2 - 2x - 0{,}75$		
$f(x) = -7x^2 - 2x - 4$		

4 Ableitungsfunktion: Betrachten Sie den Graphen von f mit $f(x) = x^3 - 6x^2 + 9x$ im Intervall $-0{,}1 < x < 4$.

Hilfe: Der Funktionswert der Ableitungsfunktion f′ an der Stelle x entspricht der Steigung von f an dieser Stelle.

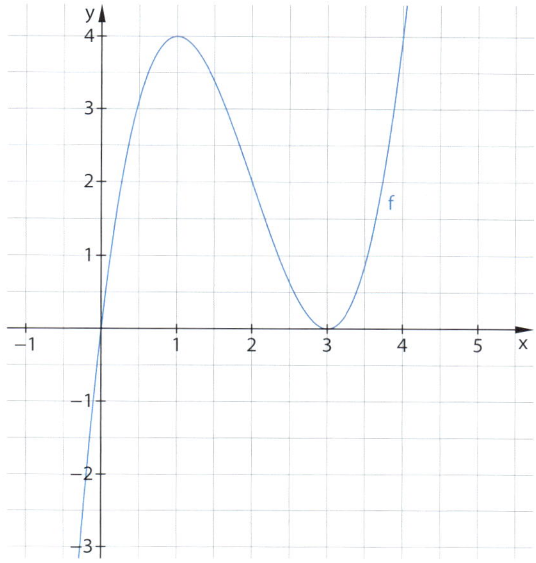

a) Ergänzen Sie die Zahlen und skizzieren Sie passende Tangenten am Graphen f.

① zur x-Achse parallele Tangenten

$f'(\_\_) = 0$ $\quad$ $f'(\_\_) = 0$

② Tangenten mit positiver Steigung

$f'(x) > 0$ für ___ $< x <$ ___ und ___ $< x <$ ___

③ Tangenten mit negativer Steigung

$f'(x) < 0$ für ___ $< x <$ ___

b) Skizzieren Sie die Ableitungsfunktion f′ mit $f'(x) = 3(x-2)^2 - 3$ mit $S(2\,|\,-3)$. Nutzen Sie Ihre Ergänzungen bei Teilaufgabe a.

5 In dem Koordinatensystem ist der Graph einer Funktion f abgebildet.

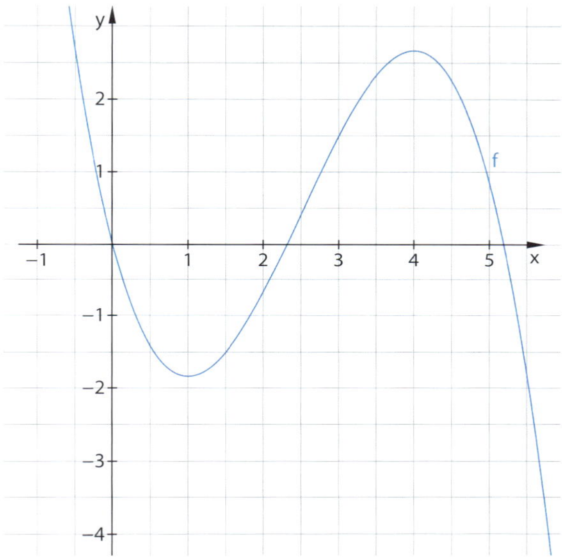

a) Ergänzen Sie ganze Zahlen in der Tabelle.

Hilfe: Zeichnen Sie passende Tangenten an den Graphen von f.

x	**0**	**1**	**2**	**3**	**4**	**5**
f′(x)						

b) Geben Sie passende Teilintervalle für den Graphen im Intervall $0 < x < 5$ an.

$f'(x) > 0$ für ___ $< x <$ ___

$f'(x) < 0$ für __________

c) Skizzieren Sie den Graphen der Ableitungsfunktion f′ im Intervall $0 < x < 5$.

6 Eigenschaften einer Funktion und ihrer Ableitungsfunktion: Verbinden Sie zusammenpassende Paare mit Linien.

Der Graph von f …	Der Graph von f′ …
ist fallend (Steigung m mit m __ 0)	schneidet die x-Achse
parallel zur x-Achse	verläuft unterhalb der x-Achse
fällt am steilsten ab	verläuft entlang der x-Achse
ist steigend (Steigung m mit m __ 0)	hat einen Hochpunkt
hat einen Extrempunkt	verläuft oberhalb der x-Achse
ist eine Gerade	hat einen Tiefpunkt
steigt am steilsten an	ist parallel zur x-Achse

Aufbautraining

7 Der Graph der Funktion f stellt die Fahrt einer S-Bahn zwischen den Haltestellen „H_1" und „H_2" dar.

a) Ergänzen Sie die Sätze zu wahren Aussagen.

① Die Steigung der Sekante s entspricht der ______

② Die Steigung der Tangente t entspricht der ______

b) Berechnen Sie mithilfe der Graphik die Durchschnittsgeschwindigkeit $\overline{v}$ der S-Bahn zwischen den Haltestellen H_1 und H_2 sowie die Momentangeschwindigkeit v(0,5).

$\overline{v} = \frac{1125\,\text{m}}{1{,}25\,\text{min}} =$ ______

$v(0{,}625) \approx \frac{\quad}{0{,}375\,\text{min}} =$ ______

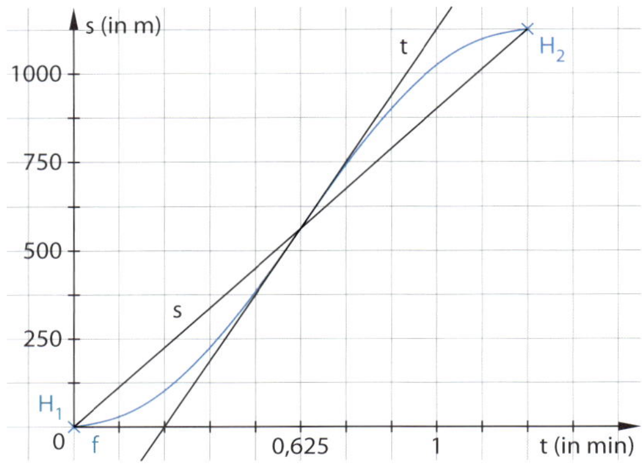

8 Paula erfasste alle fünf Minuten die Temperatur des beim Mittagessen übrig gebliebenen Eintopfs.

Zeit in min	**0**	**5**	**10**	**15**	**20**	**25**	**30**	**35**	**40**	**45**
Temperatur in °C	45	41	37,6	34,8	32,4	30,4	28,7	27,3	26,2	25,2

a) Veranschaulichen Sie die Temperaturen im Koordinatensystem.

b) Geben Sie die kleinste und die größte mittlere Änderungsrate der Temperatur in den betrachteten 5-Minuten-Intervallen an. Was fällt Ihnen auf?

______

______

______

______

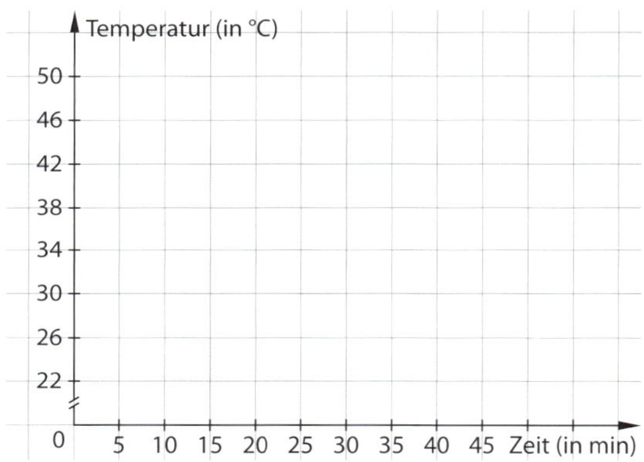

9 Die Abbildung zeigt den Pegelverlauf der Ems bei Rheine.

a) Berechnen Sie die mittlere Änderungsrate pro Tag vom 10. bis 18. 12. 2017. Runden Sie sinnvoll.

______

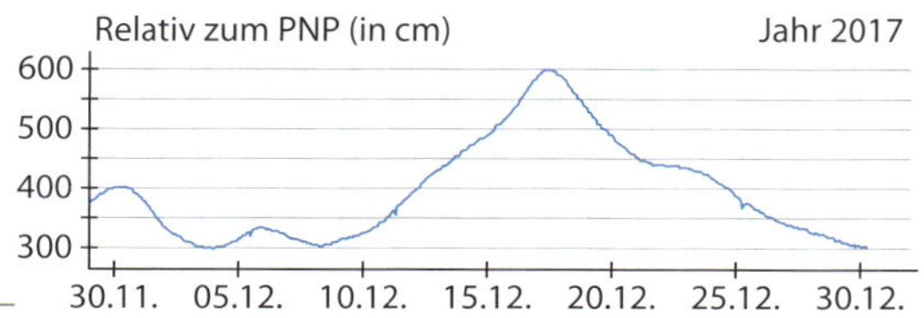

b) Erläutern Sie, dass die mittlere Änderungsrate pro Tag vom 1. bis 25. 12. 2017 keine sinnvolle Information über die tatsächliche Entwicklung liefert.

______

______

______

______

______

10 Graphen von Funktionen und Ableitungsfunktionen:
Ordnen Sie dem Graphen der Funktion den der Ableitungsfunktion zu.
Beschriften Sie dazu die Graphen mit f, g, h, k bzw. f′, g′, h′, k′.
Markieren Sie die für Ihre Entscheidung maßgeblichen Punkte auf den Graphen.
Zusatzaufgabe: Begründen Sie Ihre Zuordnungen.

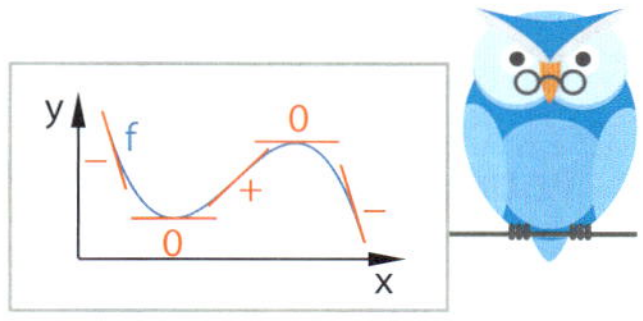

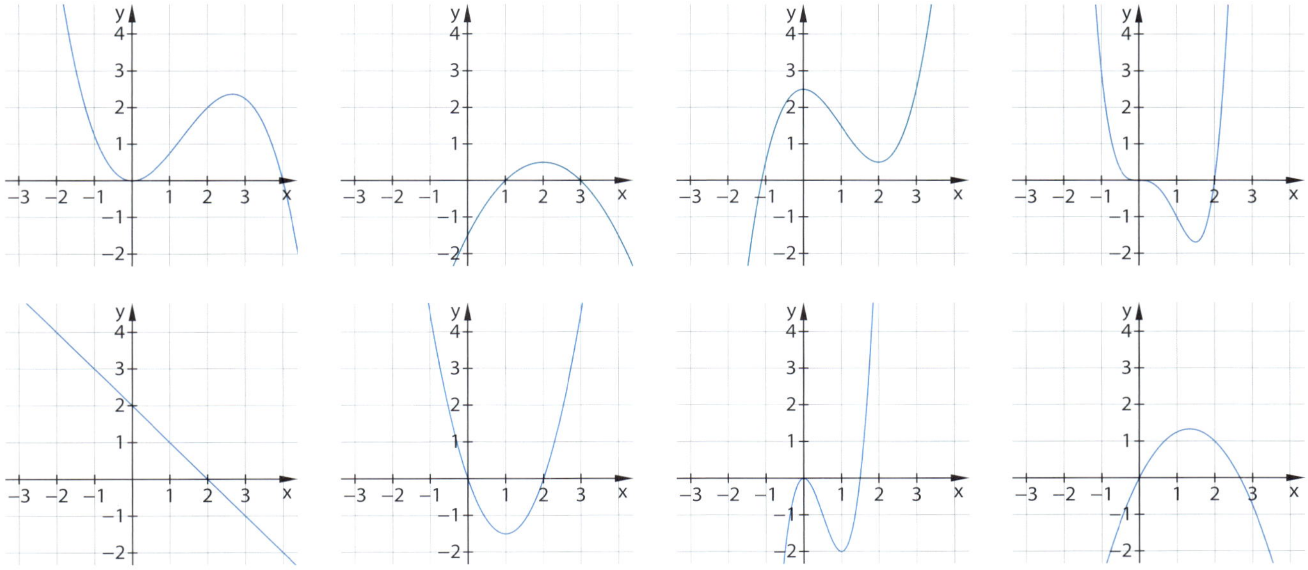

11 Die Abbildung zeigt das Weg-Zeit-Diagramm einer Autofahrt. Auf der Strecke besteht eine Geschwindigkeitsbegrenzung von $60\,\frac{\text{km}}{\text{h}}$.

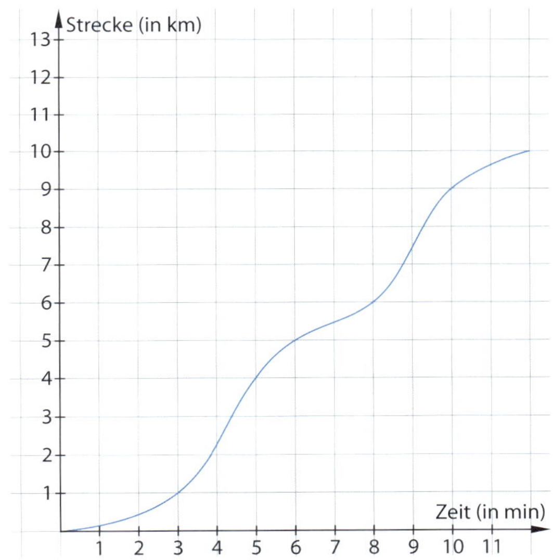

a) Berechnen Sie die Durchschnittsgeschwindigkeit im abgebildeten Intervall in Kilometern pro Stunde.

____

____

b) Ermitteln Sie die Steigung des Graphen in $\frac{\text{km}}{\text{min}}$, die einer Momentangeschwindigkeit von $60\,\frac{\text{km}}{\text{h}}$ entspricht.

____

____

c) Markieren Sie die Teile des Graphen, bei denen die Höchstgeschwindigkeit von $60\,\frac{\text{km}}{\text{h}}$ überschritten wird.

12 Ergänzen Sie zu wahren Aussagen.

Wenn der Graph von f′ oberhalb der x-Achse verläuft, dann ist die Steigung von f ________________

Wenn der Graph von f′ unterhalb der x-Achse verläuft, dann ist die Steigung von f ________________

Wenn der Graph von f′ die x-Achse schneidet, dann hat f an der Stelle ________________

Wenn der Graph von f′ eine Parabel ist, dann ist f ________________

Wenn der Graph von f eine Gerade ist, dann verläuft der Graph von f′ ________________

Betrachtet man die Funktion g = –f, dann gilt für g′: ________________

Wenn der Graph von f' die x-Achse berührt, dann hat f an der Stelle ________ Hochpunkt ________ Tiefpunkt.

Potenzregel Faktorregel Summenregel

Grundlagentraining

1 Potenzregel: Kreuzen Sie die Ableitungsfunktion der Potenzfunktion mit natürlichen Exponenten an.

Hilfe: Wenn $f(x) = x^n$ $(n \in \mathbb{N})$, dann gilt $f'(x) = n \cdot x^{n-1}$.

a) $f(x) = x^6$ ☐ $f'(x) = 6x^6$ ☐ $f'(x) = 6x^5$ ☐ $f'(x) = 5x^6$

b) $g(x) = x^{13}$ ☐ $g'(x) = 13x^{13}$ ☐ $g'(x) = 13x^{12}$ ☐ $g'(x) = 12x^{13}$

c) $h(x) = x$ ☐ $h'(x) = -x$ ☐ $h'(x) = x^{-1}$ ☐ $h'(x) = 1$

2 Geben Sie die Gleichung der Ableitungsfunktion f' an.

a) $f(x) = x^4$ $f'(x) =$ ______

b) $f(x) = x^{14}$ $f'(x) =$ ______

c) $f(x) = x^{44}$ $f'(x) =$ ______

d) $f(x) = x^{77}$ $f'(x) =$ ______

3 Verbinden Sie jede Funktion und der Ableitungsfunktion.

$f(x) = 4x^n$ $(n \in \mathbb{N})$ | $f(x) = x^{2n}$ $(n \in \mathbb{N})$ | $f(x) = -x^{n+7}$ $(n \in \mathbb{N})$ | $f(x) = -1{,}5x^{20}$

$f'(x) = -(n+7) \cdot x^{n+6}$ | $f'(x) = 4n \cdot x^{n-1}$ | $f'(x) = 3x^{20}$ | $f'(x) = -30x^{19}$ | $f'(x) = 2n \cdot x^{2n-1}$

Zusatzaufgabe: Eine Ableitungsfunktion f' bleibt übrig. Geben Sie dazu die Gleichung einer zugehörigen Funktion f an.

4 Summenregel: Leiten Sie die Funktion ab.
Multiplizieren Sie, wenn nötig, den Funktionsterm aus.

Hilfe: Wenn $f(x) = g(x) + k(x)$, dann gilt $f'(x) = g'(x) + k'(x)$.

a) $f(x) = x^3 + x^{17}$
$f'(x) =$ ______

b) $f(x) = x^4 + 4x^2$
$f'(x) =$ ______

c) $f(x) = 8x^5 + 4x^{-4}$
$f'(x) =$ ______

d) $f(x) = 7x^5 - 6x^3 + 7x - 4$
$f'(x) =$ ______

e) $f(x) = \frac{(x+4)^2}{2} =$ ______
$f'(x) =$ ______

f) $f(x) = \frac{1}{x}(3x^5 - 2x^4 + x^2) =$ ______
$f'(x) =$ ______

g) $f(x) = x^2(4x - 7) =$ ______
$f'(x) =$ ______

h) $f(x) = r(sx^2 - tx + u) =$ ______
$f'(x) =$ ______

5 Ordnen Sie jeder Funktion ihre Ableitungsfunktion zu.

$f(x) = 3x^4 + 2x^3 + x^2$ | $f(x) = 3x^4 - 3x^2 + 2x$ | $f(x) = x^{-1}(3x^4 + 2x^2 + x^3)$ | $f(x) = x(3x^3 + 2x^2 - x^{-2})$

$f'(x) = 12x^3 + 6x^2 + x^{-2}$ | $f'(x) = 12x^3 + 6x^2 - 2x$ | $f'(x) = 12x^2 + 4x + 3$ | $f'(x) = 12x^3 + 6x^2 + 2x$

$f'(x) = 9x^2 + 2x + 2$ | $f'(x) = 15x^4 + 4x^3 + 6x^2$ | $f'(x) = 12x^3 - 6x + 2$ | $f'(x) = 12x^3 + 3x^2$

6 Die Ableitungen sind fehlerhaft. Korrigieren Sie zuerst die Ableitung.
Geben Sie eine mögliche Fehlerursache an.

$f(x) = x^r$	$f'(x) = r \cdot x^{r-1}$
$g(x) = c$	$g'(x) = 0$

a) $f(x) = 3x^2(x-4)$ $\quad f'(x) = 9x^2 - 8x$ $\quad f'(x) =$ ______

______

b) $f(x) = (x+2)(x+6)$ $\quad f'(x) = 2x + 20$ $\quad f'(x) =$ ______

______

c) $f(x) = 5(x^2-2)(x^2+2)^2$ $\quad f'(x) = 5(6x^6 + 24x^4 + 24x^2)$ $\quad f'(x) =$ ______

______

______

7 Ableitung an einer Stelle: Bestimmen Sie die Ableitung (Steigung) an der Stelle.

a) $f(x) = 0{,}1x^5$

$f'(x) =$ ______

$f'(0) =$ ______

$f'(2) =$ ______

b) $f(x) = 6x^3 + 3x - 7$

$f'(x) =$ ______

$f'(0) =$ ______

$f'(2) =$ ______

8 Markieren Sie alle zu einer Funktion passenden Karten mit der gleichen Farbe (oder dem gleichen Symbol).

$f(x) = 2x^3$	$f(x) = 2x^3 - x$	$f(x) = 2x^3 + x^2$	$f(x) = 3$
$f(x) = -3x^2$	$f(x) = 3x^2 + 3x$	$f(x) = 3x^2 + 3x^3$	$f(x) = 5 - x$

$f'(x) = 6x^2$	$f'(x) = 0$	$f'(x) = 6x^2 + 2x$	$f'(x) = 6x^2 - 1$
$f'(x) = -6x$	$f'(x) = 6x + 9x^2$	$f'(x) = 6x + 3$	$f'(x) = -1$

$f'(-4) = -21$	$f'(5) = 255$	$f'(4) = 96$	$f'(5) = 149$	$f'(-2) = 0$	
$f'(-5) = 195$	$f'(-5) = -1$	$f'(-5) = 149$	$f'(-5) = 30$	$f'(4) = 104$	$f'(1) = 8$

Aufbautraining

9 Bestimmen Sie die Ableitung.
Bringen Sie dazu zuerst die Funktionsterme in eine geeignete Form.

$f(x) = \frac{1}{x} \cdot (x-1) \cdot (x^2 + 3x)$ $\quad (x \neq 0)$

$f(x) = \frac{1}{x} \cdot ($ ______ $) =$ ______

$f'(x) =$ ______

10 Wird der Graph einer Funktion f um a nach rechts in Richtung der x-Achse verschoben, so entsteht der Graph einer neuen Funktion g mit dem Funktionsterm $g(x) = f(x - a)$.

a) Gilt für die Ableitungsfunktion von g: $g'(x) = f'(x - a)$? Begründen Sie Ihre Meinung.

____

____

b) Zeigen Sie die Gültigkeit der neuen Ableitungsregel aus **a** am Beispiel der Funktion f mit $f(x) = 3x^2$. Leiten Sie dazu die um 5 Einheiten nach rechts in Richtung der x-Achse verschobene Funktion zuerst mit der neuen Regel aus **a** und danach mit den vorher bekannten Regeln ab.

____

____

____

c) Der Graph von f mit $f(x) = x^2 - 2x - 3$ wird an der x-Achse gespiegelt. Geben Sie an, in welchen Intervallen bzw. an welchen Stellen der Graph von f sowie der Graph der gespiegelten Funktion fallende, steigende bzw. waagerechte Tangenten hat.

	$f(x) = x^2 - 2x - 3$	an x-Achse gespiegelter Graph
fallende Tangenten		
steigende Tangenten		
waagerechte Tangenten		

d) Der Graph von f mit $f(x) = x^2 - 2x - 3$ wird an der y-Achse gespiegelt. Geben Sie an, in welchen Intervallen bzw. an welchen Stellen der Graph von f sowie der Graph der gespiegelten Funktion fallende, steigende ist bzw. waagerechte Tangenten hat.

	$f(x) = x^2 - 2x - 3$	an y-Achse gespiegelter Graph
fallende Tangenten		
steigende Tangenten		
waagerechte Tangenten		

e) Der Graph von f mit $f(x) = x^2 - 2x - 3$ wird so verschoben und gespiegelt, dass für den neuen Graphen von g Folgendes gilt: Für $x < 0$ hat der Graph steigende, für $x > 0$ fallende Tangenten und für $x = 0$ eine waagerechte Tangente. Skizzieren Sie die beiden Graphen und erläutern Sie Ihre Wahl.

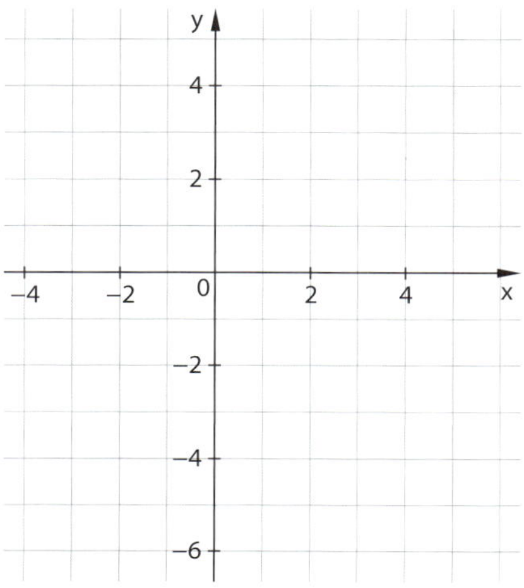

____

____

____

____

____

____

11 Kreuzen Sie an, an welcher Stelle x_0 die Funktion f den Anstieg m hat ($a \neq 0$).

a) $f(x) = 2x^3$; $m = 24$	☐ $x_0 = 3$	☐ $x_0 = 2$	☐ $x_0 = 12$	☐ $x_0 = -2$
b) $f(x) = a \cdot x^2$; $m = a$	☐ $x_0 = \frac{a}{2}$	☐ $x_0 = 0{,}5$	☐ $x_0 = \frac{1}{2}$	☐ $x_0 = \frac{1}{a}$
c) $f(x) = a^2 \cdot x^2 + a$; $m = 2a$	☐ $x_0 = \frac{a}{2}$	☐ $x_0 = \frac{1}{a}$	☐ $x_0 = -\frac{1}{a}$	☐ $x_0 = a^{-1}$

12 Ergänzen Sie die zu den Ableitungen f′ von ganzrationalen Funktionen f die zugehörige Funktionsterme von f. Begründen Sie, weshalb jeder dieser Funktionsterme von f auch einen beliebigen konstanten Summanden c enthält.

$f'(x) = 2x^2 - x + 1$	→	$f(x) = \quad -\frac{1}{2}x^2 + \quad + c$
$f'(x) = 2x^3 - 2x - 3$	→	$f(x) = \qquad + c$
$f'(x) = -x^5 - 3x^3 - x^2$	→	$f(x) = \qquad + c$

Begründung: ______________________________

13 Gesucht sind Stellen mit vorgegebenen Anstiegen.

a) Ermitteln Sie diese näherungsweise anhand des Graphen von f für $m_1 = 0$; $m_2 = 1$ und $m_3 = -\frac{1}{2}$.

$m_1 = 0$: $x_{11} \approx$ ______ ; $x_{12} \approx$ ______

$m_2 = 1$: $x_{21} \approx$ ______ ; $x_{22} \approx$ ______

$m_3 = -\frac{1}{2}$: $x_{31} \approx$ ______

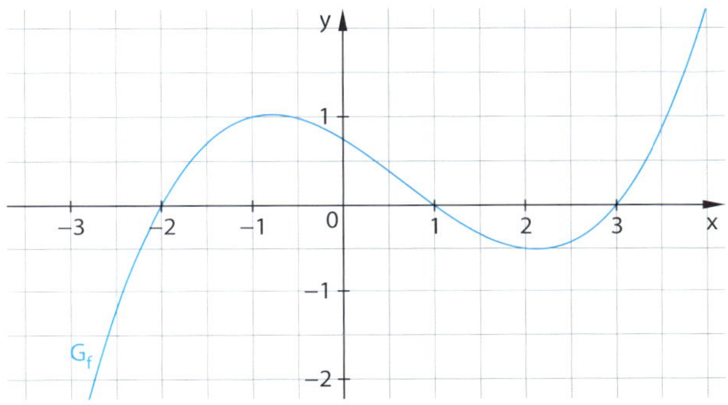

b) Tragen Sie die zugehörigen Punkte in die Abbildung ein.

c) Erläutern Sie Ihren Lösungsweg.

____

____

14 Betrachten Sie den Text unter der Eule.

a) Erläutern Sie, welchen geometrischen Zusammenhang er beschreibt.

b) Geben Sie dafür eine Formel an.

c) Bilden Sie die 1. Ableitung dieser Formel und deuten Sie das Ergebnis geometrisch.

„Bedächtig kommt einhergeschritten, vier Drittel Pi mal r zur Dritten."

____

____

____

____

Grundlagentraining

1 Tangentengleichung: Gegeben ist Funktion f mit $f(x) = -0{,}25x^3 + 1$. Bestimmen Sie die Gleichung der Tangente t an den Stellen $x_1 = 2$ und $x_2 = 0$ zeichnerisch und rechnerisch. $(f'(x) = -0{,}75x^2)$

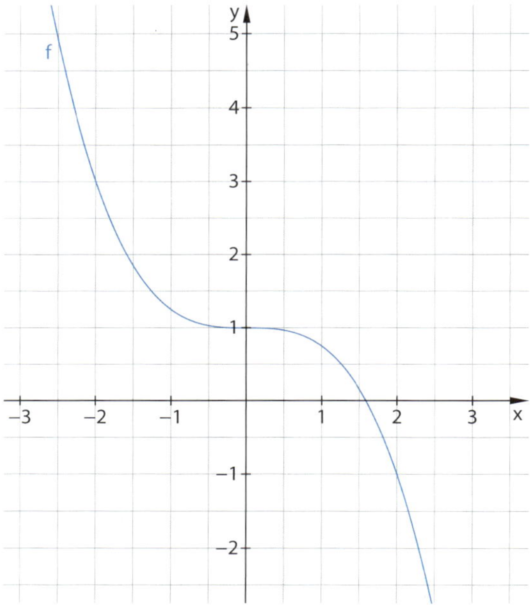

Tangente t an der Stelle $x_1 = 2$:

$m = f'(2) =$ ______

$f(2) =$ ______________________________

______________ somit gilt b = ______ $t_1(x) =$ ______

Tangente t an der Stelle $x_2 = 0$:

$m = f'(0) =$ ______

$f(0) =$ ______________________________

____

2 Die Parabel $f(x) = \frac{1}{2}x^2 - 2$ wird von der Geraden g in den Punkten $A(-2 \mid f(-2))$ und $B(4 \mid f(4))$ geschnitten. Es gibt genau eine Tangente t an den Graphen von f, die parallel zur Geraden g verläuft.

a) Geben Sie in der Zeichnung die Steigung m der Geraden g an.

b) Ermitteln Sie die Koordinaten des Berührpunktes $P(x_p \mid y_p)$ von t an den Graphen von f und eine Gleichung der Tangente t. Zeichnen Sie die Tangente t ins Koordinatensystem ein.

$t(x_P) = mx_P + b$ bei $P(x_P \mid f(x_P))$
1. $m = f'(x_P)$ → m = …
2. $f(x_P) = m \cdot x_P + b$ → b = …

Gerade g und Tangente t haben ______________

da beide zueinander parallel verlaufen.

Es gilt $f'(x) =$ ______ somit gilt $f'(x_p) =$ ______

Es gilt $f'(x_p) = m =$ ______ also gilt $x_p =$ ______

Damit ist $y_p = f(x_p) = \frac{1}{2}$ ______ $- 2 =$ ______

Es gilt t(___) = ___ · ___ + b = ______ also gilt b = ______

$t(x) =$ ______

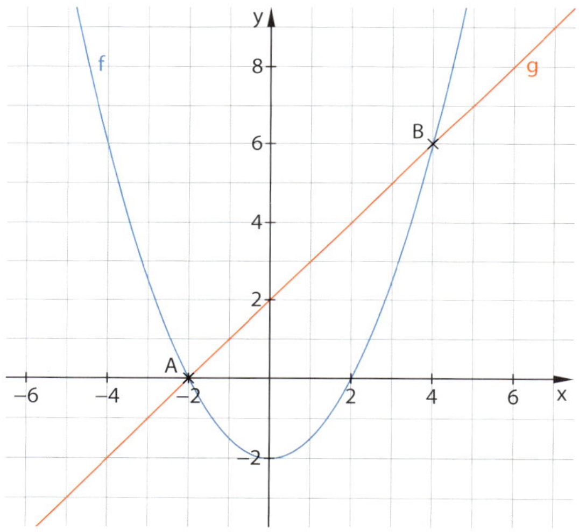

3 Steigungswinkel: Berechnen Sie mithilfe der 1. Ableitung die Steigungen des Graphen von f in den markierten Punkten sowie die Größe des Steigungswinkels. Zusatzaufgabe: Prüfen Sie mithilfe der Zeichnung, ob ihre Ergebnisse stimmen können.

Punkt	Steigung	Steigungswinkel
$A(-2 \mid 0)$		
$B(-1 \mid 3)$		
$C(0 \mid -4)$		
$D(1{,}8 \mid -0{,}76)$		

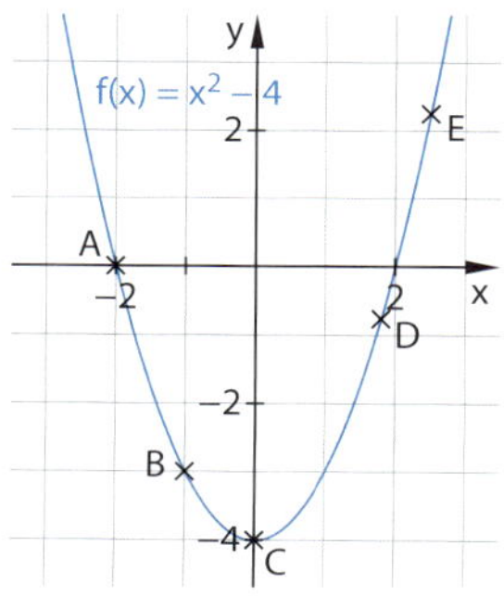

$f'(x) =$ ______

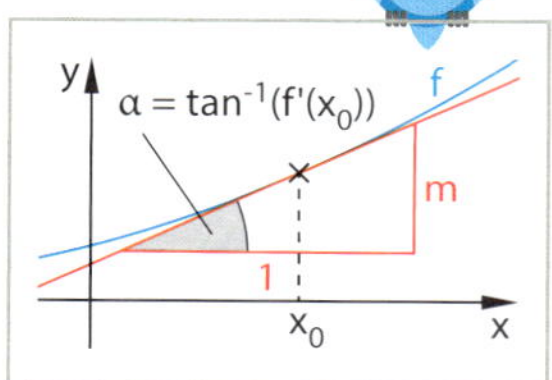

$\alpha = \tan^{-1}(f'(x_0))$

4 Ein maximales Gefälle von 15 Prozent, 18 Kurven, 122 Meter Höhenunterschied auf einer Länge von 1413 Metern: das sind die Kennzeichen der Bobbahn in Altenberg. Sie gilt als die schwierigste Kunsteisbahn der Welt.

a) Schätzen Sie den größten Steigungswinkel dieser Bobbahn. Kreuzen Sie an.

☐ 3° ☐ 6° ☐ 9° ☐ 12° ☐ 15° ☐ 18°

b) Berechnen Sie den größten Steigungswinkel dieser Bobbahn.

____

5 **Schnittwinkel:** Ordnen Sie den Schnittwinkeln deren Berechnung zu. Ermitteln Sie die fehlenden Winkelgrößen.

Hilfe: Sind α und β die Steigungswinkel der Funktionen f und g an deren Schnittstelle x_0, so ist der Schnittwinkel von f und g der kleinere der beiden Winkel $|\alpha - \beta|$ und $180° - |\alpha - \beta|$.

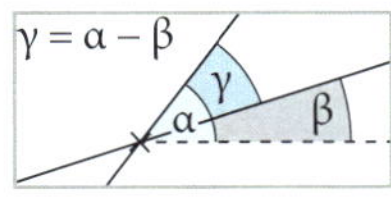

Schnittwinkel von …	Winkelberechnung:
f und x-Achse	
g und y-Achse	$\tan^{-1}(4) \approx 76{,}0°$
h und x-Achse	$180° - \lvert 90° - (-11{,}3°)\rvert = 78{,}7°$
f und g	
h und g	
h und f	$\lvert -11{,}5° - (-51{,}3°)\rvert = 40{,}0°$

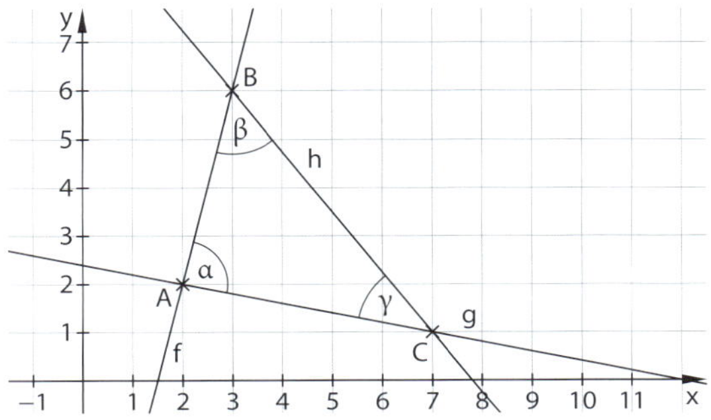

Aufbautraining

6 Ein Schiff fährt von A aus in Richtung B einen geradlinigen Kurs. Im Punkt B wird ein SOS-Ruf aufgenommen, der vom Punkt C kommt. Ermitteln Sie, um wie viel Grad das Schiff den Kurs ändern sollte, um von B nach C auf geradem Wege zu kommen.

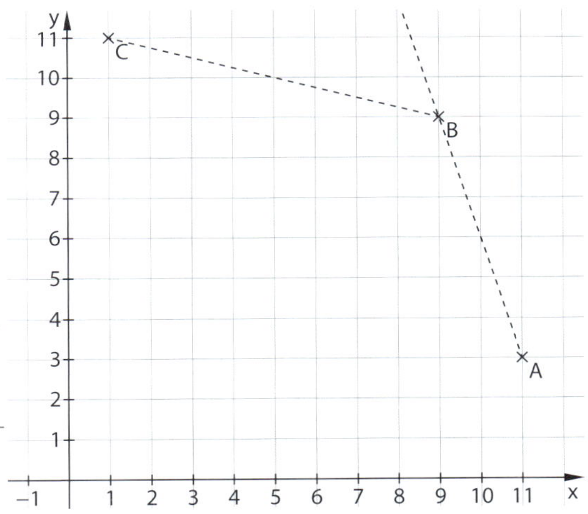

Kurs von A nach B: $m = \frac{9-3}{9-11} =$ ______ $\alpha = \tan^{-1}($ ______ $)$ $\alpha \approx$ ______

Kurs von B nach C: ______ $\beta = \tan^{-1}($ ______ $)$ $\beta \approx$ ______

Kursänderung: $\gamma = |\alpha - \beta| =$ ______

7 Ordnen Sie jeder Funktion f die passende Normale n an der Stelle $x_0 = 1$ zu.

Hilfe: Für die Steigung der Normalen gilt: $m = -\frac{1}{f'(x_0)}$.

$f(x) = x^2 - 3$	$f(x) = x^3 - 2$	$f(x) = x^2 + x - 2$	$f(x) = -x^2$	$f(x) = 1 - x^2$
$n(x) = -\frac{1}{3}x + \frac{1}{3}$	$n(x) = -\frac{1}{2}x - \frac{3}{2}$	$n(x) = 0{,}5x - 1{,}5$	$n(x) = \frac{1}{2}x - 0{,}5$	$n(x) = -\frac{1}{3}x - \frac{2}{3}$

1 Kreuzen Sie die passenden Ableitungsfunktionen an.

a) $f(x) = x^{11}$ ☐ $f'(x) = x^{10}$ ☐ $f'(x) = x^{12}$ ☐ $f'(x) = 11x$ ☐ $f'(x) = 11x^{10}$

b) $f(x) = \frac{1}{2}x^3 - \frac{1}{4}x^2 + 1$ ☐ $f'(x) = \frac{3}{2}x^2 - \frac{1}{2}x$ ☐ $f'(x) = \frac{3}{2}x^2 - \frac{1}{2}$
☐ $f'(x) = 1{,}5x^2 - 0{,}5x$ ☐ $f'(x) = \frac{1}{2}x \cdot (3x^2 - 1)$

c) $f(x) = (0{,}2x^2 - x) \cdot (x - 0{,}2)$ ☐ $f'(x) = 0{,}2x^3 - 1{,}06x^2 + 0{,}2x$ ☐ $f'(x) = 0{,}6x^2 - 2{,}08x + 0{,}2$
☐ $f'(x) = (0{,}4x - 1) \cdot (1 - 0)$ ☐ $f'(x) = \frac{x}{25} \cdot (15x - 52) + \frac{1}{5}$

d) $f(x) = \frac{x^6 - x^{-6}}{6}$ ☐ $f'(x) = x^5 + x^{-7}$ ☐ $f'(x) = x^5 - x^{-5}$ ☐ $f'(x) = \frac{x^5 - x^{-7}}{6}$ ☐ $f'(x) = \frac{6x^5 - 6x^{-7}}{6}$

e) $f(x) = x + 1$ ☐ $f'(x) = 1$ ☐ $f'(x) = 0{,}5x$ ☐ $f'(x) = x$ ☐ $f'(x) = 2$

2 Gegeben ist die Funktion f mit $f(x) = x^3 + 1$.
Es sind Intervalle von f und mittlere Änderungsraten gegeben.
Verbinden Sie zusammenpassende Karten.

$I = [-2; -1]$ | $I = [-1; 0]$ | $I = [0; 2]$ | $I = [-1; 2]$

$m = 1$ | $m = 4$ | $m = 3$ | $m = 7$ | $m = -8$

3 Kreuzen Sie alle Ergänzungen an, durch die man wahre Aussagen erhält.
Gegeben sind die Punkte $A(a \mid f(a))$, $B(b \mid f(b))$ und $P(x \mid f(x))$.

Der Differenzenquotient $\frac{f(b) - f(a)}{b - a}$ der Funktion f im Intervall [a; b] gibt … an.

☐ die lokale Änderungsrate
☐ die mittlere Änderungsrate
☐ die Steigung der Passante durch A und B
☐ die Steigung der Tangenten von A und B
☐ die Steigung der Sekante durch A und B

Der Wert des Differenzenquotienten $\frac{f(x) - f(x_0)}{x - x_0}$ für $x \to x_0$ gibt … an.

☐ die lokale Änderungsrate an der Stelle x_0
☐ die lokale Änderungsrate an der Stelle x
☐ die mittlere Änderungsrate im Intervall $[x; x_0]$
☐ die Steigung der Tangente im Punkt $P(x_0 \mid f(x_0))$
☐ die Steigung der Sekante durch x

4 Gegeben ist der Graph der Funktion f mit $f(x) = x^2 - 3x$.
Kreuzen Sie Zutreffendes an und zeichnen Sie passende Geraden im Koordinatensystem ein.

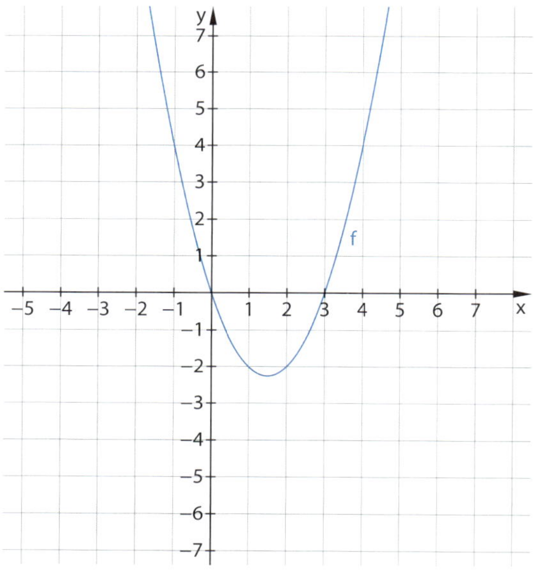

a) Die mittlere Änderungsrate ist –4 im Intervall …
☐ [–1; 0] ☐ [0; 1,5] ☐ [1,5; 3] ☐ [3; 4]

b) Die mittlere Änderungsrate m ist im Intervall [0; 4] …
☐ $m = 0$ ☐ $m = -1$ ☐ $m = 1$ ☐ $m = 4$

c) Der Steigungswinkel von f an der Stelle $x_0 = -1$ ist α mit ….
☐ $\alpha \approx -78°$ ☐ $\alpha \approx -68°$ ☐ $\alpha \approx 68°$ ☐ $\alpha \approx 78°$

d) Die lokale Änderungsrate ist 0 an der Stelle …
☐ $x = 0$ ☐ $x = 1{,}5$ ☐ $x = 3$ ☐ $x = 4{,}2$

e) Die lokale Änderungsrate ist 1 an der Stelle …
☐ $x = -1$ ☐ $x = 0$ ☐ $x = 1$ ☐ $x = 2$

f) Der Schnittwinkel von t mit $t(x) = -x$ und g mit $g(x) = 4x$ ist β
☐ $\beta \approx 45°$ ☐ $\beta \approx 59°$ ☐ $\beta \approx 76°$ ☐ $\beta \approx 124°$

g) Die Steigung der Sekante durch die Punkte $P(3 \mid 0)$ und $Q(-1 \mid 4)$ kann berechnet werden mit …
☐ $\frac{3-(-1)}{0-4}$ ☐ $\frac{-1-3}{4-0}$ ☐ $\frac{4-0}{-1-3}$ ☐ $\frac{0-4}{3-(-1)}$

5 Ergänzen Sie die Tabelle.

Funktion	$f(x) = -1$	$g(x) = \lvert x \rvert$	$h(x) = 4x^2 + 7x$	$k(x) = 0{,}5x^4 + x^3$
Ableitungsfunktion				
Ableitung an der Stelle x = 0				
Ableitung an der Stelle x = 2				

6 Gegeben ist die Funktion f mit $f(x) = \frac{1}{3}x^3 - 3x^2 + 5x$.

a) Geben Sie zuerst die Ableitungsfunktion f′ an. Ermitteln Sie danach eine Gleichung der Tangente t_A von f im Punkt A(0 | 0).

b) Die Tangente t_B hat die gleiche Steigung wie die Tangente t_A im Punkt A(0 | 0). Ermitteln Sie den Berührpunkt B und eine Gleichung von t_B.

c) Es gibt genau eine Stelle, an der der Graph von f die Steigung –4 hat. Bestimmen Sie eine Gleichung der zugehörigen Tangente t.

d) Bestimmen Sie die x-Koordinaten der Punkte des Graphen von f, in denen der Graph Tangenten besitzt, die parallel zur x-Achse verlaufen.

7 Das Kreisviadukt von Brusio in der Schweiz hat einen Maximalanstieg von 7 %, damit die eingesetzten Züge den „Aufstieg" schaffen können. Anstieg von 7 % bedeutet, dass je 100 m horizontaler Entfernung 7 m in vertikaler Entfernung zurückgelegt werden.

a) Gedankenexperiment: Stellen Sie sich eine Bahntrasse mit einem Anstieg von 7 % als Gerade in einem Koordinatensystem vor. Geben Sie die Steigung m und den Steigungswinkel α der Geraden an.

b) Stellen Sie sich vor, dass eine Bahntrasse mit einer Maximalsteigung von 7 % zu bauen ist. Die Funktionsgleichungen f_1, f_2 und f_3 beschreiben für x > 0 vorhandene Höhenunterschiede. Ermitteln Sie rechnerisch, bei welcher Variante die Bedingung am längsten erfüllt ist.

Variante ①: $f_1(x) = 0{,}00005x^2$

Variante ②: $f_2(x) = 0{,}000005x^3 + 7$

Variante ③: $f_3(x) = 0{,}0000005x^3 + 0{,}05x^2$

Wo stehe ich?

Nutzen Sie die Aufgaben auf den nächsten drei Seiten, um zu sehen, wo Sie stehen.
Füllen Sie die Tabelle zur Selbsteinschätzung unten aus.
Verwenden Sie die Aufgaben auf den angegebenen Seiten in diesem Heft, um zu üben.

☺ Die Aufgabe kann ich sicher lösen.

😐 Die Aufgabe kann ich mit Nachschlagen lösen.

☹ Die Aufgabe kann ich nicht lösen, hier brauche ich Hilfe.

	Ich kann…	☺	😐	☹	Basisaufgaben (Weiterführende Aufgaben)	Hier können Sie üben
5.1	… Funktionsgraphen mithilfe der ersten Ableitung auf strenge Monotonie untersuchen.				1, 2 (W4)	S.74–75
5.2	… lokale Extrempunkte grafisch und mithilfe der ersten Ableitung bestimmen. … Terrassenpunkte mithilfe des Vorzeichenwechselkriteriums bestimmen.				3, 4, 5, 6 (W1, W5, W8)	S.76–79
5.3	… das Krümmungsverhalten eines Graphen mithilfe der zweiten Ableitung analysieren. … lokale Extrempunkte mithilfe der zweiten Ableitung bestimmen.				7, 8, 9	S.80–81
5.4	… Funktionsgraphen mit der dritten Ableitung bzw. dem Vorzeichenwechselkriterium auf Wendepunkte untersuchen. … die Bedeutung von Wendepunkten im Sachzusammenhang erkennen.				10, 11 (W2, W3)	S.82–83
5.5	… Näherungswerte für die Nullstellen einer Funktion mit dem Newton-Verfahren bestimmen.				12, 13, 14 (W6, W7, W9)	S.84–85

Basisaufgaben

1 Untersuchen Sie die Funktion mithilfe der Ableitung auf Monotonie.

a) $f(x) = 2{,}5x$ **b)** $f(x) = -2x^2 + 4$ **c)** $f(x) = x^3 - 3x$
d) $f(x) = -2x^3 + 6x^2 - 4$ **e)** $f(x) = x^4 - 4x^2$ **f)** $f(x) = -x^4 + 8x^2 + 2$

2 Die Abbildungen zeigen den Graphen der Ableitung einer Funktion f.

①
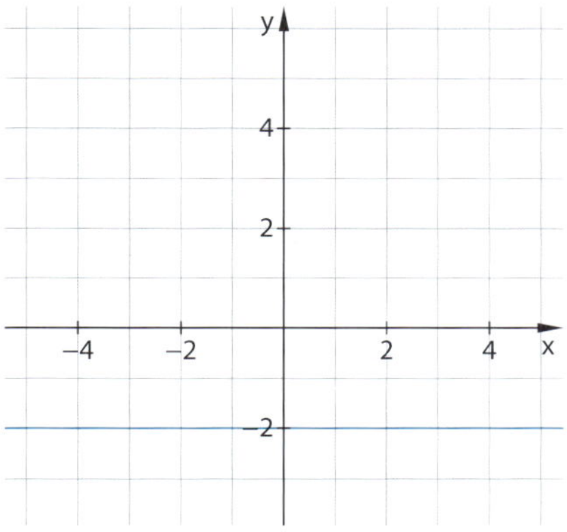

②
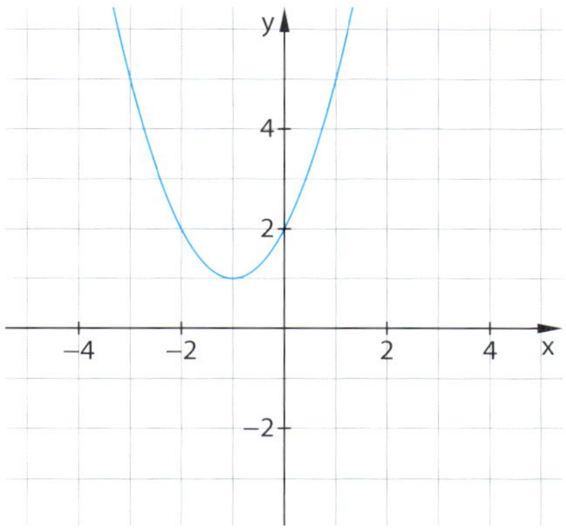

③
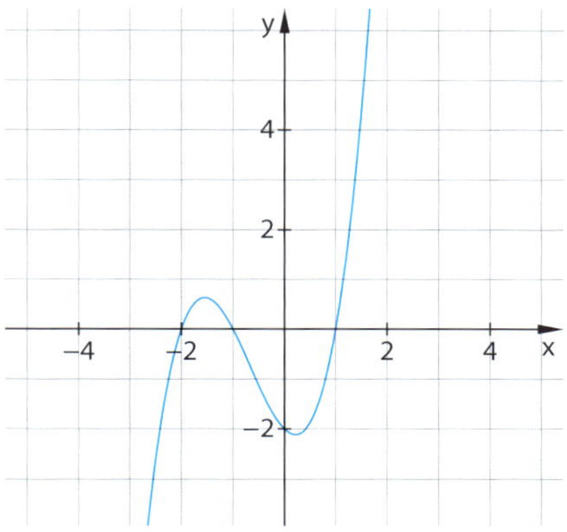

a) Geben Sie an, auf welchen Intervallen f streng monoton steigend bzw. fallend ist.
b) Skizzieren Sie einen möglichen Verlauf des Graphen von f.

3 Lesen Sie alle Hoch- und Tiefpunkte ab und geben Sie das globale Maximum oder Minimum an, falls es existiert. Gehen Sie davon aus, dass es im weiteren Verlauf des Graphen keine Änderungen im Monotonieverhalten gibt.

a)
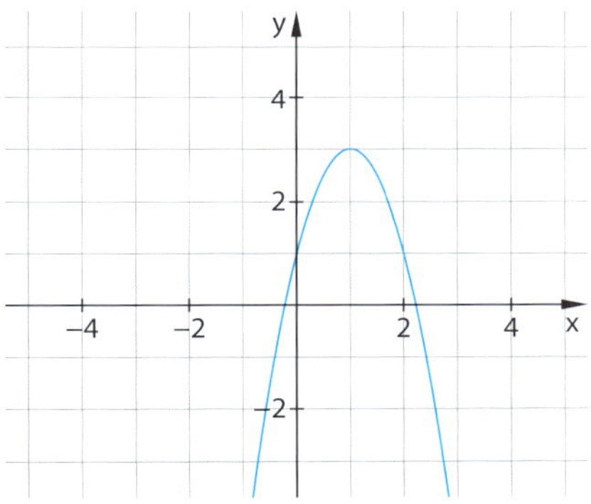

b)
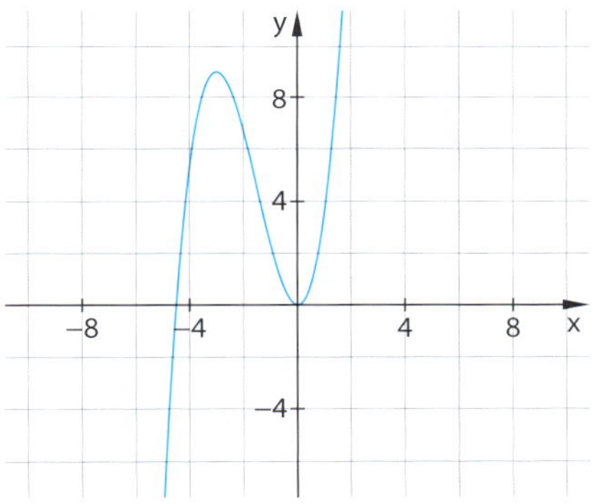

c)
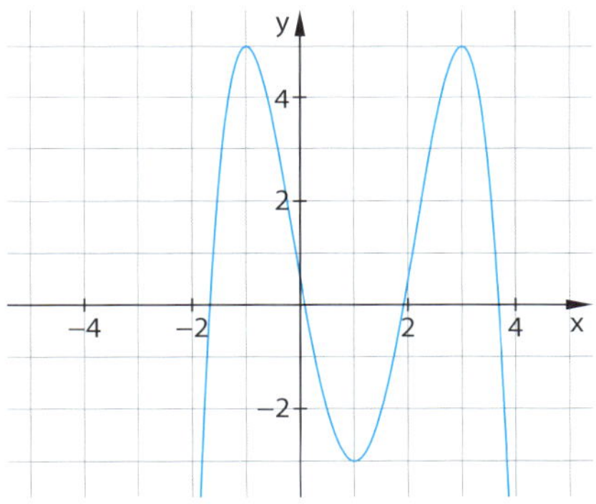

4 Setzen Sie den richtigen Fachbegriff in die Aussage ein.

a) f hat einen ____________ Hochpunkt in (0 | 1).
b) Das globale ____________ von f ist −2.
c) Die ____________ von f sind −4, 0 und 4.
d) f hat drei lokale ____________ : zwei Maxima und ein Minimum.

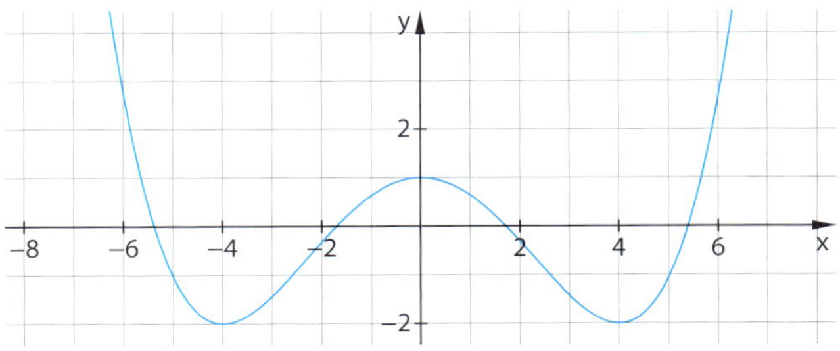

5 Skizzieren Sie den Graphen einer Funktion f mit den angegebenen Hochpunkten H und Tiefpunkten T. Geben Sie an, in welchen Intervallen f streng monoton steigend bzw. streng monoton fallend ist. Geben Sie auch an, welches Vorzeichen die Ableitung f′ jeweils hat.

a) $T(-2 \mid 0)$, $H(4 \mid 5)$ **b)** $T_1(-3 \mid -1)$, $H(0 \mid 4)$, $T_2(3 \mid -1)$

6 Zeigen Sie, dass der Graph der Funktion f an der Stelle x_S einen Terrassenpunkt hat. Geben Sie die Koordinaten des Terrassenpunktes an.

a) $f(x) = -x^3 + 6x^2 - 12x + 11;\ x_S = 2$ **b)** $f(x) = x^4 - 16x^3 + 90x^2 - 200x + 129;\ x_S = 5$

7 Geben Sie an, auf welchen maximalen Intervallen der Graph der Funktion f links- bzw. rechtsgekrümmt ist. Gehen Sie davon aus, dass es im weiteren Verlauf des Graphen keine Änderungen im Krümmungsverhalten gibt.

a)

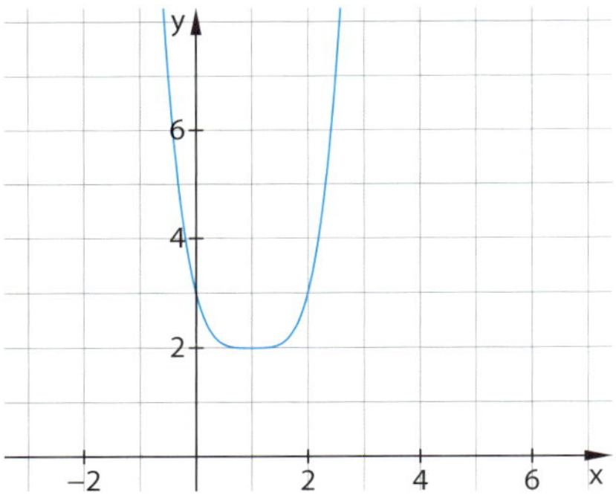

b)

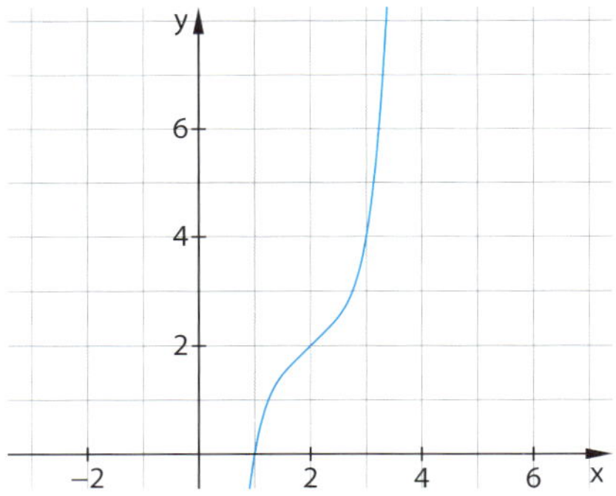

c)

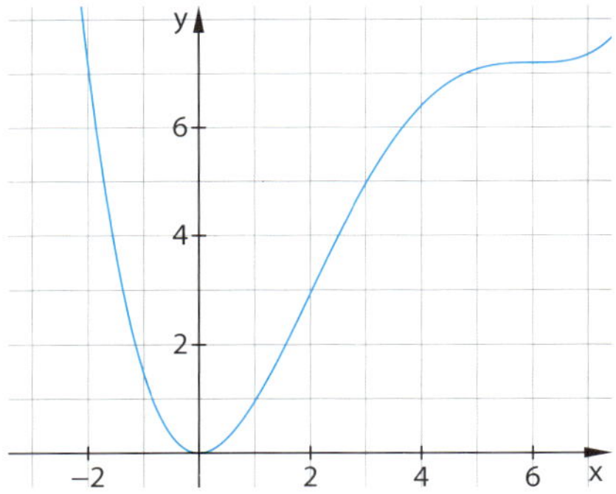

8 Berechnen Sie die Nullstellen der zweiten Ableitung und bestimmen Sie das Krümmungsverhalten des Graphen von f über der Definitionsmenge $\mathbb{R}$.

a) $f(x) = x^4 - 6x^2 + 12x - 2$ **b)** $f(x) = 0{,}2x^5 - 2x^2 + 5$ **c)** $f(x) = 7x^2 - 13x + 4$

9 Lesen Sie die Koordinaten der Wendepunkte ab. Geben Sie jeweils an, ob es sich um einen Wendepunkt mit lokal minimaler oder lokal maximaler Steigung handelt und ob ein Terrassenpunkt vorliegt.

a)

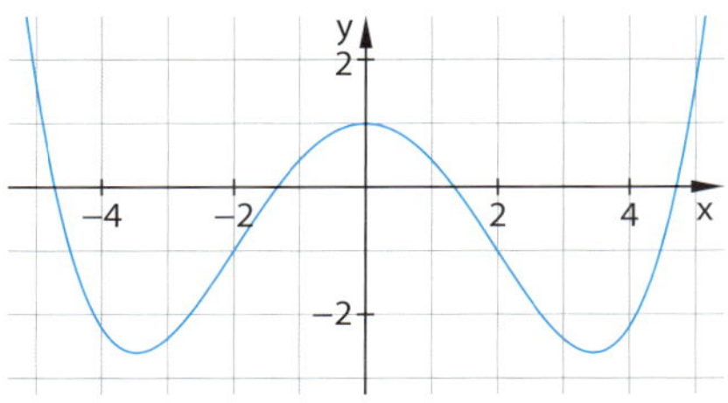

b)

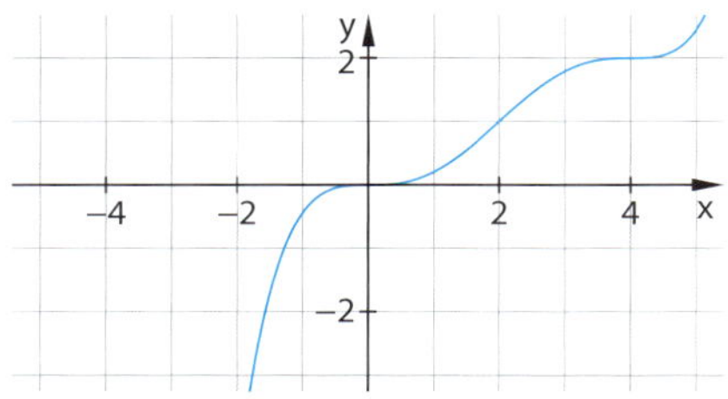

c)

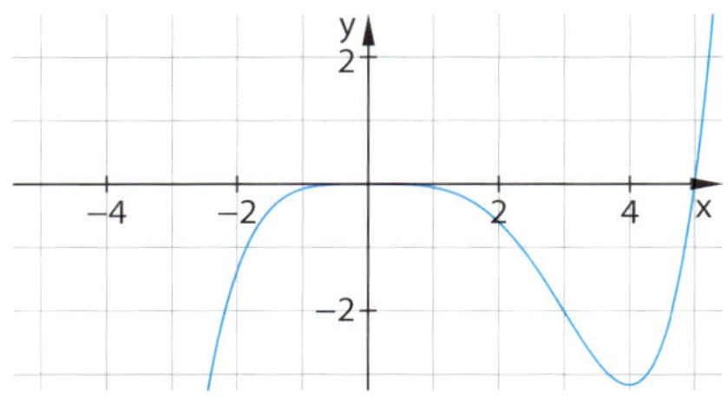

10 Gegeben ist der Graph von f′. Lesen Sie die Wendestellen von f ab und geben Sie an, welcher Krümmungswechsel beim Graphen von f an diesen Stellen vorliegt.

a)

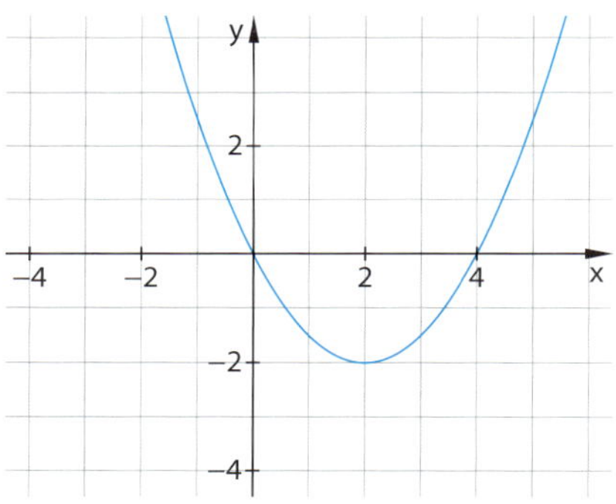

b)

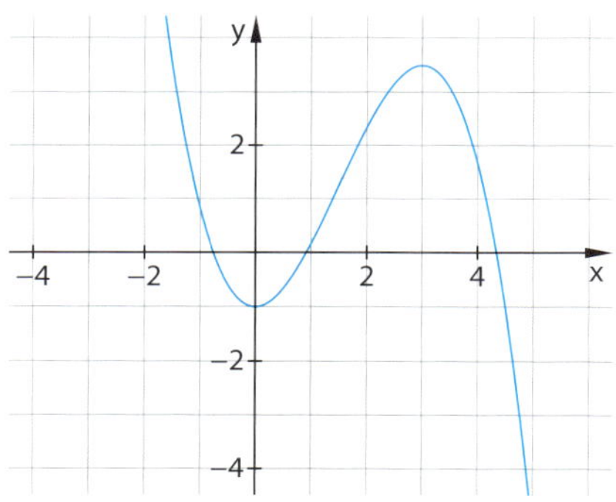

c)

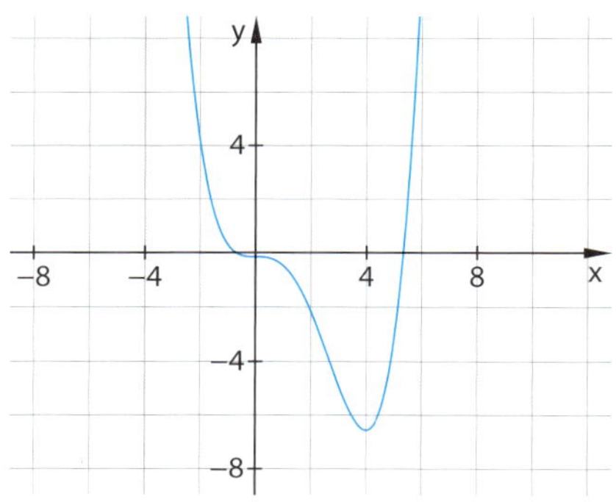

11 Die Funktion f mit $f(t) = -\frac{1}{6}t^3 + 8t^2 - 20t + \frac{53}{3}$ beschreibt für $10 \leq t \leq 20$ die Zahl der eingeloggten User auf einem Gaming-Server (t: Tageszeit in h).

a) Bestimmen Sie den Zeitpunkt, zu dem sich die meisten User einloggen.

b) Berechnen Sie den Anstieg der Userzahl zu diesem Zeitpunkt.

12 Bestimmen Sie zeichnerisch die ersten beiden Näherungswerte für die positive Nullstelle der Funktion f mit $f(x) = x^2 - 5$ nach dem Newton-Verfahren. Wählen Sie den Startwert $x_0 = 4$.

13 Begründen Sie, dass die Funktion f mit $f(x) = x^5 + 2x^3 + 2$ genau eine Nullstelle besitzt. Ermitteln Sie mit einem Funktionenplotter gemäß dem Newton-Verfahren die ersten drei Näherungswerte der Nullstelle von f. Wählen Sie einen geeigneten Startwert.

14 Berechnen Sie mit dem Newton-Verfahren unter Verwendung eines Tabellenkalkulationsprogramms die Nullstellen der Funktion. Bestimmen Sie vorher die Anzahl der Nullstellen.

a) $f(x) = x^3 + x^2 + x + 5$
b) $g(x) = x^4 - x^3 - 1$
c) $h(x) = x^5 + 2x^3 - 2$
d) $k(x) = x^3 + 2x^2 - 1$

Weiterführende Aufgaben

1 Gegeben sei die Funktionenschar f_a mit $f_a(x) = ax^2 - ax$ für $a > 0$. Bestimmen Sie a so, dass ein Punkt auf der Waagrechten $y = -1$ lokaler Tiefpunkt ist.

2 Zeigen Sie:
a) Der Graph der Polynomfunktion f mit $f(x) = x^3 - x^2 + x + 1$ hat genau einen Wendepunkt und ist zu diesem symmetrisch.
b) Für alle Polynome dritten Grades gilt, dass sie genau einen Wendepunkt besitzen und zu diesem symmetrisch sind.

3 Verwenden Sie ein digitales Hilfsmittel für Untersuchungen des Graphen von f mit $f(x) = x^3 - \frac{a}{2} \cdot x^2 + a$.
a) Veranschaulichen Sie mithilfe eines Schiebereglers den Verlauf des Graphen.
b) Zeigen Sie, dass alle Wendepunkte von f auf der Kurve von $y = 6x - 2x^3$ liegen.
c) Bestimmen Sie den Abstand des niedrigsten und des höchsten Wendepunktes des Graphen dieser Funktion.

4 Begründen Sie, was sich ergeben wird, wenn f mit $f(x) = x^{80}$ genau 80-mal differenziert wird.

5 Bestimmen Sie den Wert von a so, dass f_a mit $f_a(x) = \frac{1}{2a}x^3 - x$ in $x = 2{,}5$ einen Extrempunkt hat.

6 Analysieren Sie, für welche Werte von a sich verschiedene Anzahlen von Lösungen der folgenden Gleichung ergeben:
$a = -x^4 - \frac{4}{3}x^3 + 4x^2 - \frac{17}{3}$

7 Gegeben seien die Funktionen f und g mit $f(x) = 0{,}5x^3$ bzw. $g(x) = \frac{4}{x^2 + 1}$ sowie $g'(x) = \frac{-8x}{(x^2 + 1)^2}$.
a) Bestimmen Sie die y-Achsen-Schnittpunkte von f und g sowie das Monotonieverhalten von f und g für $x > 0$.
b) Argumentieren Sie mit den Ergebnissen aus a), dass f und g sich genau einmal für $x > 0$ schneiden.
Finden sie ein ganzzahliges Intervall, in dem die Schnittstelle liegt.
Bestimmen Sie diese Schnittstelle mithilfe des Newton-Verfahrens auf 4 Nachkommastellen genau.

8 Mara erzählt: „Ich habe die Funktionenschar $f_a(x) = 6ax^3 + 5(x - a)^2 - 1$ untersucht und für verschiedene Werte des Parameters a jeweils das Minimum bestimmt. Die zugehörigen Extrempunkte liegen immer auf dem Graphen der Funktion g mit $g(x) = 180x^6 - 1$."
Verwenden Sie ein digitales Hilfsmittel, untersuchen Sie die Funktionenschar, bestimmen Sie die Extrempunkte für verschiedene Werte des Parameters a und nehmen Sie begründet Stellung zu Maras Behauptung.

9 Gegeben ist die Funktion f mit $f(x) = (x^2 - 2) \cdot (x^2 - 3) \cdot \left(x - \frac{\pi}{4}\right)$.
a) Leo sagt: „Ich habe die Startwerte 5; 10; 100; 150; 200; 500; 7500; 9000 verwendet und jeweils 1,73 als Näherungswert der Nullstelle erhalten. Bei so vielen Startwerten, die alle zu demselben Ergebnis führen, ist die Lösung eindeutig." Prüfen Sie Leos Aussage.
b) Leonie meint: „Ich habe als Startwerte die Gegenzahlen deiner Startwerte eingesetzt und damit −1,73 als Näherungswert der Nullstelle erhalten." Prüfen Sie Leonies Aussage.
c) Leo antwortet: „Na gut, dann hat diese Funktion also genau zwei Nullstellen mit den Näherungswerten 1,73 und −1,73. Jetzt sind wir aber fertig mit der Hausaufgabe." Nehmen Sie begründet Stellung zu dieser Behauptung.
d) Aylin überlegt: „Könnte man mit dieser Funktion nicht einen Näherungswert für den Flächeninhalt eines Viertelkreises bestimmen?" Antworten Sie ihr mit einer ausführlichen Begründung.
e) Geben Sie an, welche Werte man mit dem Newton-Verfahren und dieser Funktion näherungsweise bestimmen kann. Nehmen Sie begründet Stellung dazu, ob Sie diese oder eine andere Funktion jeweils dazu nutzen würden.

Grundlagentraining

1 Monotonie einer Funktion: Betrachten Sie den Graphen der Funktion f im Intervall $-3 < x < 3$.

Hilfe: f heißt streng monoton fallend, wenn für alle $x_1 < x_2$ gilt: $f(x_1) > f(x_2)$.
f heißt streng monoton steigend, wenn für alle $x_1 < x_2$ gilt: $f(x_1) < f(x_2)$.

a) Färben Sie Teile des Graphen passend ein.

☐ f ist streng monoton steigend.

☐ f ist streng monoton fallend.

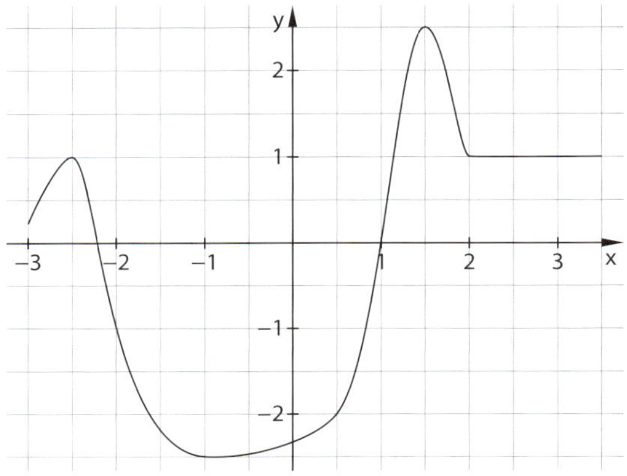

b) Geben Sie alle passenden Intervalle an.

① f ist streng monoton steigend für

_______ < x < _______ und ______________________

② f ist streng monoton fallend für

____

c) Zeichnen Sie Tangenten ein und kreuzen Sie Zutreffendes an.

Teile der Tangente am Graphen der Funktion f verlaufen sowohl durch den I. als auch den III. Quadranten, somit ist f an der Stelle streng monoton steigend. ☐ wahr ☐ falsch

Teile der Tangente am Graphen der Funktion f verlaufen sowohl durch den II. als auch den IV. Quadranten, somit ist f an der Stelle streng monoton fallend. ☐ wahr ☐ falsch

2 Monotonieintervalle und Kriterium für Monotonie: Gegeben sind Graphen.

Hilfe: Wenn $f'(x) < 0$ für alle x aus dem Intervall I, dann ist die Funktion f streng monoton fallend auf I.
Wenn $f'(x) > 0$ für alle x aus dem Intervall I, dann ist die Funktion f streng monoton steigend auf I.
Die Nullstellen der Ableitungsfunktion f′ unterteilen den Definitionsbereich von f in Monotonieintervalle.

a) Markieren Sie zuerst durch zur y-Achse parallele Geraden die Wechsel von streng monoton fallend zu steigend und die Wechsel von streng monoton steigend zu fallend am Graphen der Funktion f.
Färben Sie danach auf der x-Achse die Intervalle, in denen die Ableitungsfunktion f′ nur positive bzw. nur negative Werte annimmt, unterschiedlich ein.

☐ $f'(x) > 0$ und f ist streng monoton steigend. ☐ $f'(x) < 0$ und f ist streng monoton fallend.

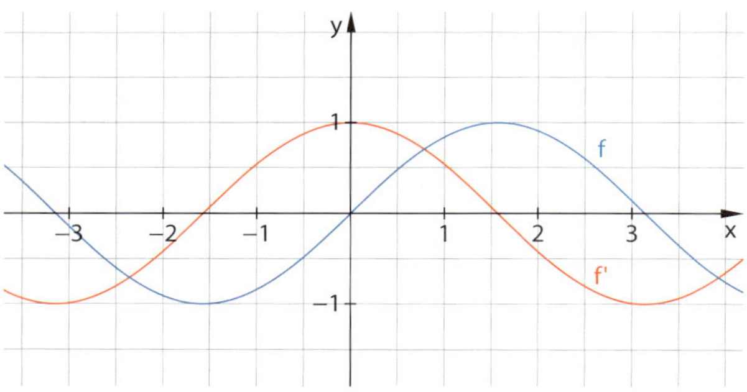

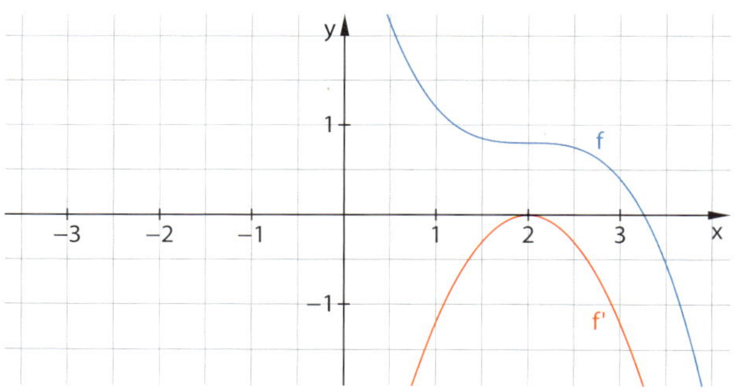

b) Einer der Graphen gehört zur Funktion f. Beschriften Sie diesen mit f.

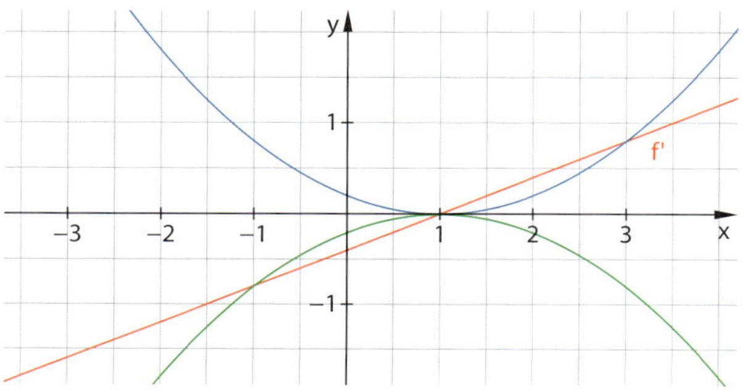

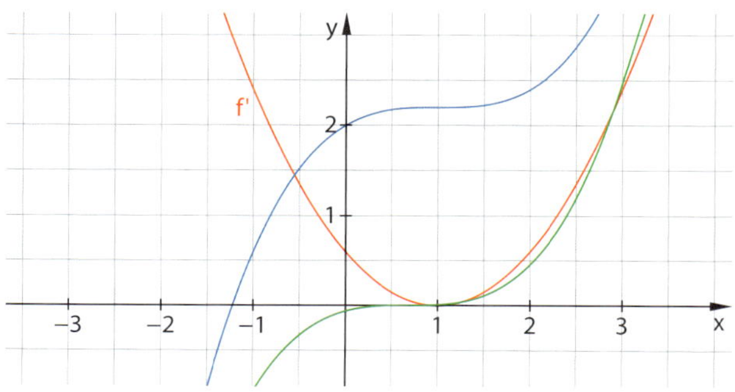

3 Untersuchen Sie die Funktion mithilfe der Ableitung auf Monotonie.

a) $f(x) = 0{,}25x^4 + 2x^3 + 2{,}5x^2 + 1$

1. Ermitteln der Ableitung von f′

$f'(x) =$ ______

2. Ermitteln der Nullstellen von f′

$0 =$ ______

$0 = x \cdot ($ ______ $)$, also ist $x_1 =$ ______

$x_2 =$ ______

$x_3 =$ ______

b) $g(x) = -0{,}75x^4 + 4x^3 + 31{,}5x^2 + 6$

$g'(x) =$ ______

$0 =$ ______

______

$x_2 =$ ______

$x_3 =$ ______

3. Ermitteln des Vorzeichens (VZ) von f′(x) für eine Teststelle aus jedem Monotonieintervall und angeben, ob f auf I streng monoton steigt (↗) oder fällt (↘)

Monotonie-intervall	Test-stelle	VZ von f′(x)	Monotonieverhalten von f
$x < -5$	−10	−	↘
$-5 < x <$	−2		
	−0,5		
		+	

Monotonie-intervall	Test-stelle	VZ von g′(x)	Monotonieverhalten von g
		+	
		−	

Zusatzaufgabe: Skizzieren Sie einen möglichen Verlauf der Graphen f und g.

Aufbautraining

4 Den Temperaturverlauf von 6:00 Uhr bis 21:00 Uhr an einem Sommertag beschreibt der Graph der Funktion f mit $f(t) = -\frac{1}{100} \cdot t^3 + \frac{23}{100} \cdot t^2 + 10$.

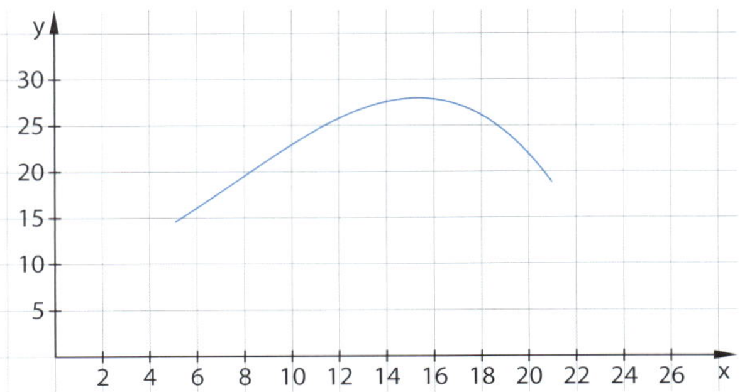

a) Markieren Sie die Bereiche, in denen die Temperatur steigt bzw. fällt, mit unterschiedlichen Farben.

☐ Temperatur steigt ☐ Temperatur fällt

b) Berechnen Sie den Zeitpunkt, an dem sich das Monotonieverhalten ändert, auf die Minute genau.

$f'(t) =$ ______

Nullstelle von f′:

______

Extrempunkte Terrassenpunkte

Grundlagentraining

1 Extrempunkte (Hoch- und Tiefpunkte): Gegeben ist der Graph der Funktion f.

a) Ergänzen Sie die Tabelle zum Graphen der Funktion f.

b) Skizzieren Sie je eine Tangente links und rechts in der Umgebung der Extrempunkte. Geben Sie dort die Vorzeichen der Ableitung am Graphen an.

Extremstelle	x = 1			
Hochpunkt			$H_2(3\|1{,}5)$	
lokales Maximum				
Tiefpunkt				$T_2(5\|-1)$
lokales Minimum				

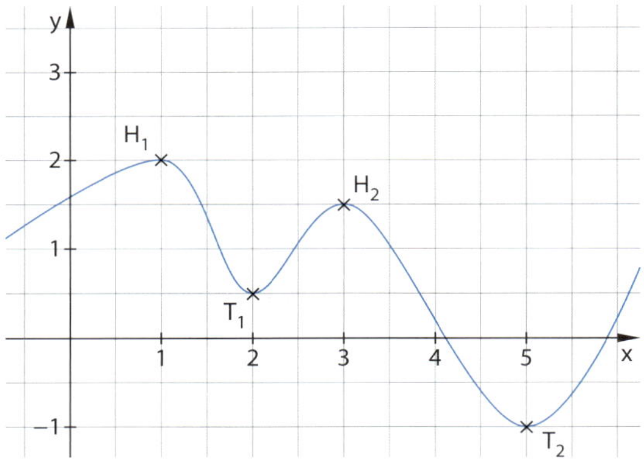

2 Notwendige Bedingung für lokale Extrempunkte: Berechnen Sie mithilfe der Ableitungsfunktion f′, g′, h′ bzw. i′ die Stellen, die als Extremstellen infrage kommen.

Hilfe: Wenn der Graph einer Funktion f an der Stelle x_E einen Hochpunkt oder Tiefpunkt hat, dann gilt $f'(x_E) = 0$.

a) $f(x) = x^2 - 4x + 4$

$f'(x) =$ ______

$0 =$ ______

$x =$ ______

b) $g(x) = -x^3 + 3x^2 + 2$

c) $h(x) = 0{,}25x^4 + \frac{1}{3}x^3 - x^2$

d) $i(x) = x^3 + 3{,}5x^2 + 3{,}5x + 1$

Zusatzaufgabe: Prüfen Sie, ob die berechneten Stellen Extrempunkte (keine Terrassenpunkte) sein können.

3 Ordnen Sie jedem Extrempunkt genau eine Funktion und ihre Ableitungsfunktion zu. Achtung, einer der Punkte ist ein Terrassenpunkt.

$P(1|-2)$ $Q(-1|0)$ $R(-1|2)$ $S(0|1)$ $T(0|0)$ $U(9|-546{,}75)$ $V(1|0)$

$f(x) = 9x + 10$ $f(x) = 9x^2$ $f(x) = x^3 - 3x$ $f(x) = x^4 - 2x^2 + 1$ $f(x) = 0{,}25x^4 - 3x^3$

$f'(x) = 9$ $f'(x) = x^3 - 9x^2$ $f'(x) = 18x$ $f'(x) = 4x^3 - 4x$ $f'(x) = 3x^2 - 3$

4 Hinreichende Bedingung für lokale Extrempunkte: Entscheiden Sie mithilfe des Vorzeichenwechsels (VZW) von f', ob an der Stelle x_E ein lokales Minimum oder ein lokales Maximum vorliegt.
Füllen Sie die Lücken aus und kreuzen Sie Zutreffendes an.

Hilfe: Tiefpunkt an der Stelle x_E : $f'(x_E) = 0$ und das Vorzeichen von f' wechselt an der Stelle x_E von – nach +.
Hochpunkt an der Stelle x_E : $f'(x_E) = 0$ und das Vorzeichen von f' wechselt an der Stelle x_E von + nach –.

a) $f(x) = x^3 + 10{,}5x^2 + 18x$ $f'(x) = 3x^2 + 21x + 18$ $x_1 = -1$ und $x_2 = -6$ sind vermutlich Extremstellen.

x	−2	−1	0
f'(x)		0	

x		−6	
f'(x)			

☐ VZW von – nach + (Tiefpunkt bei – 1)   ☐ VZW von + nach – (Hochpunkt bei – 1)   ☐ VZW von – nach + (Tiefpunkt bei – 6)   ☐ VZW von + nach – (Hochpunkt bei – 6)

b) $g(x) = x^5 - 1{,}25x^4$ $g'(x) =$ ______________________

x			
f'(x)			

x			
f'(x)			

☐ VZW von – nach + (Tiefpunkt bei 0)   ☐ VZW von + nach – (Hochpunkt bei 0)   ☐ VZW von – nach + (Tiefpunkt bei 1)   ☐ VZW von + nach – (Hochpunkt bei 1)

5 Extrem- und Terrassenpunkte: Vergleichen Sie die Vorzeichenwechsel (VZW) von f'.
a) Geben Sie die Extrem- und Terrassenpunkte in der Tabelle an.
b) Schreiben Sie die Vorzeichen der Ableitung links und rechts in der Umgebung der Punkte an den Graphen.
Ergänzen Sie in der Tabelle die letzte Zeile zum VZW.

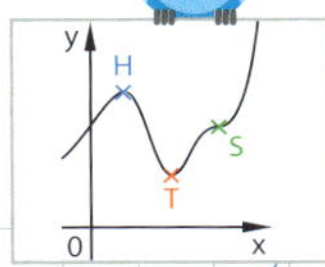

Hochpunkte	Tiefpunkte	Terrassenpunkte
$H_1(0{,}5 \mid 2{,}5)$		
VZW	VZW	VZW

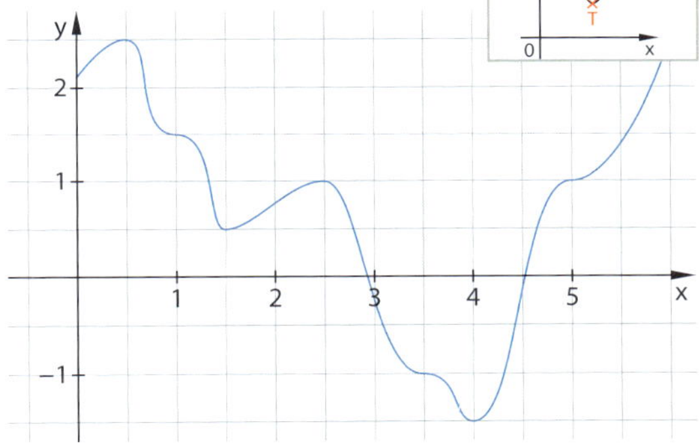

Zusatzaufgabe: Erläutern Sie mithilfe der Abbildung den Vorzeichenwechsel (VZW) an Extrem- und Terrassenpunkten.

6 Hinreichende Bedingung für Terrassenpunkte: Entscheiden Sie mithilfe des Vorzeichenwechsels von f', ob x_S Terrassenstelle ist. Zusatzaufgabe: Geben Sie gegebenenfalls den Terrassenpunkt S an.

Hilfe: x_S ist Terrassenstelle, wenn $f'(x_S) = 0$ ist und das Vorzeichen von f' an der Stelle x_S nicht wechselt.

a) $f(x) = x^5 + 9$ $f'(x) =$ ______________

x			
f'(x)			

b) $f(x) = 0{,}5x^3 - 1{,}5x^2 + 1{,}5x$ $f'(x) =$ ______________

x			
f'(x)			

7 Geben Sie eine Funktion mit dem Terrassenpunkt $S(0 \mid 1)$ an.

____

____

8 Entscheiden Sie, ob an den Nullstellen von f′ ein Hoch-, Tief- oder Terrassenpunkt bei f vorliegt.
$f'(x) = 5x \cdot (x - 3) \cdot (x + 8) \cdot (x - 1)^2$

Faktor		5x		
Nullstelle				
VZW bei f′ an der Nullstelle		von + nach –		
Art des Punktes				

9 Beschriften Sie die Graphen passend mit f, f′, g, g′, h, h′, i und i′.
Markieren Sie die dabei hilfreichen Punkte, Stellen … in den Koordinatensystemen.

Graphen von Ableitungsfunktionen:

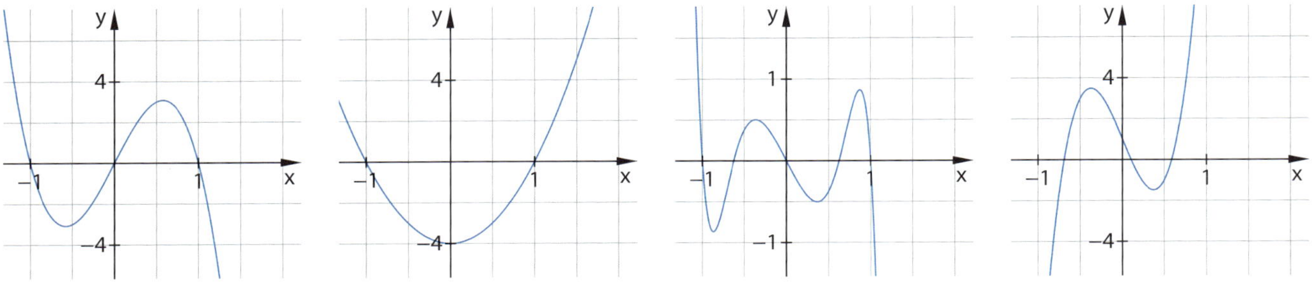

Graphen von Funktionen:

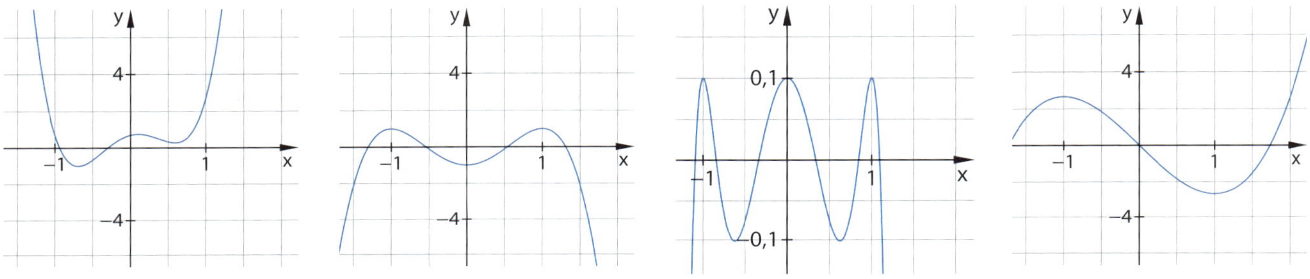

10 Berechnen Sie zuerst alle Extrem- und Terrassenpunkte des Graphen von f mit $f(x) = 3x^4 - 8x^3 + 6x^2$.
Skizzieren Sie danach mithilfe Ihrer Ergebnisse den Graphen von f.

Aufbautraining

11 Gegeben sind Graphen von Ableitungsfunktionen f'. Überlegen Sie zuerst, welche Punkte des Graphen von f' beim Skizzieren des Graphen der Funktion f besonders hilfreich sind.
Skizzieren Sie danach den Graphen der Funktion f so, dass er durch den Punkt (0 | 1) verläuft.

a)

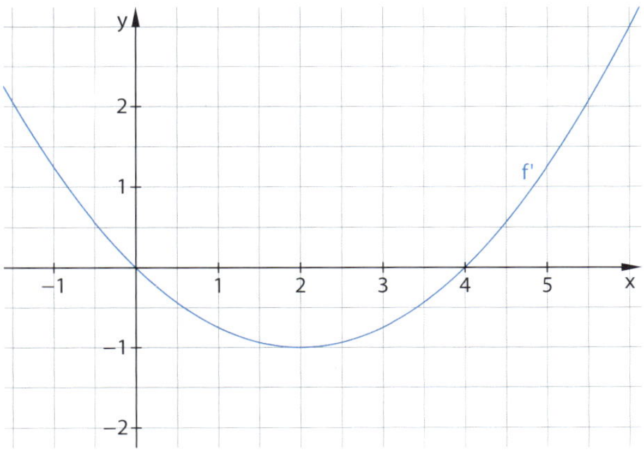

b)

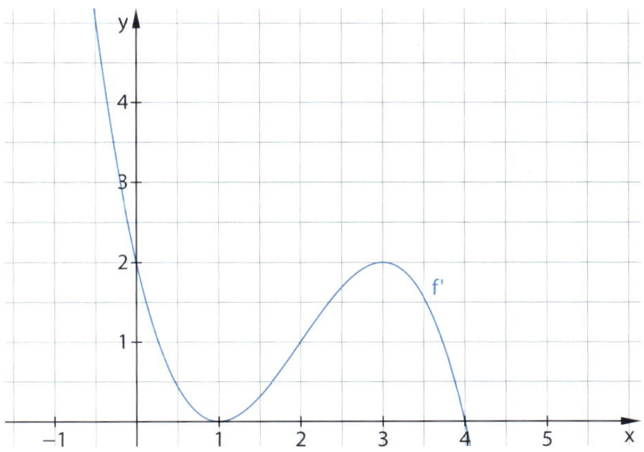

12 Die Funktion f mit $f(t) = -2t^3 + 75t^2 - 864t + 3159$ beschreibt für $9 \leq t \leq 19{,}5$ näherungsweise die Besucherzahl einer Ausstellung von 09:00 Uhr bis 19:30 Uhr; t gibt die Uhrzeit in Stunden an.
Berechnen Sie den Zeitpunkt, zu dem die Besucheranzahl am größten war. Geben Sie diese Anzahl an.

Zusatzaufgabe: Begründen Sie, warum die Modellierung der Besucheranzahl durch die Funktion f sinnvoll sein kann.

13 Gegeben ist die Funktion f mit $f(x) = (x - 2)(0{,}5x^2 - 3{,}5x + 5)$.

a) Berechnen Sie die Koordinaten der Schnittpunkte des Graphen von f mit den Koordinatenachsen.

b) Berechnen Sie die Koordinaten der Extrempunkte des Graphen von f.

Grundlagentraining

1 Links- und Rechtskurven: Markieren Sie unterschiedlich die Bereiche, in denen die Lok eine Links- bzw. Rechtskurve durchfährt.

☐ Linkskurve (linksgekrümmt)
☐ Rechtskurve (rechtsgekrümmt)

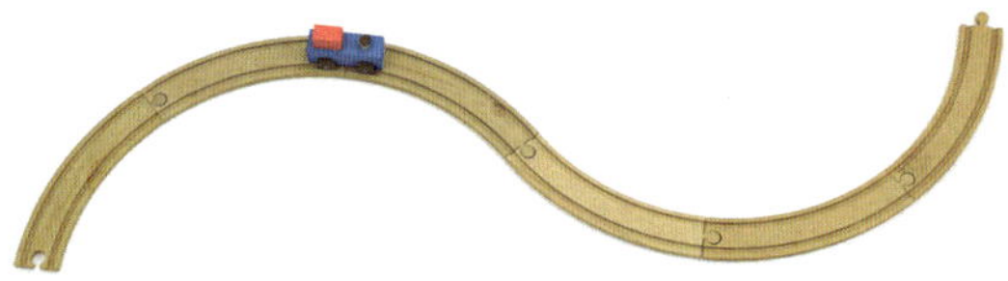

Zusatzaufgabe: Ein Streckenabschnitt hat die Form: Linkskurve – Rechtskurve – Linkskurve. Mit welchem Buchstaben kann er beschrieben werden?

2 Graphen von f, f′ und f″: Gegeben sind die Graphen von Funktionen und deren ersten beiden Ableitungen.

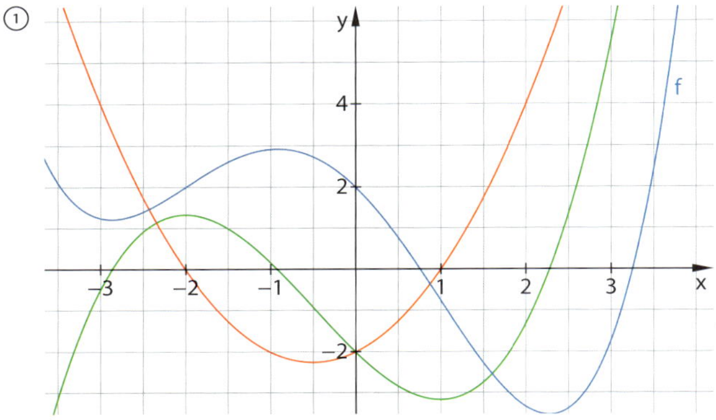

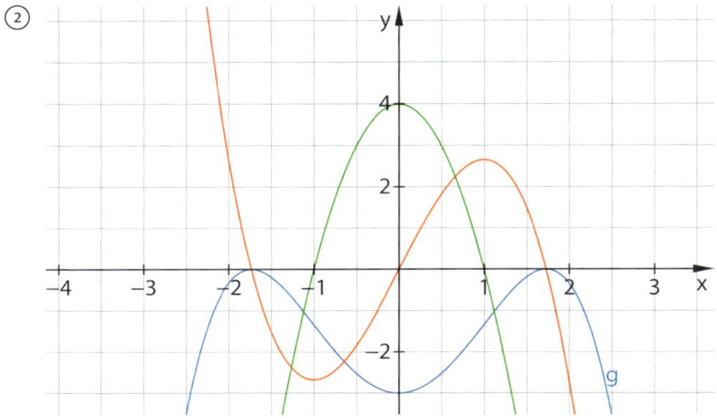

a) Beschriften Sie die Graphen der Ableitungsfunktionen.

b) Markieren Sie mit senkrechten Geraden alle passenden Stellen.

☐ bei f und g — Wechsel des Krümmungsverhaltens (Links- bzw. Rechtskrümmung)
☐ bei f′ und g′ — Wechsel des Monotonieverhaltens (streng monoton steigend bzw. fallend)
☐ bei f″ und g″ — Wechsel des Vorzeichens der Funktionswerte (positive bzw. negative Funktionswerte)

Was fällt Ihnen auf?

____

c) Ergänzen Sie die Sätze zur Krümmung von f und g.

Der Graph von f ist linksgekrümmt für ______________ Er ist rechtsgekrümmt für ______________

Der Graph von g ist linksgekrümmt für ______________ Er ist rechtsgekrümmt für ______________

3 Krümmungsverhalten: Geben Sie an, auf welchen Intervallen der Graph von f links- bzw. rechtsgekrümmt ist. Belegen Sie Ihre Entscheidung mithilfe von Funktionswerten zu Teststellen aus den Intervallen.

Hilfe: Wenn $f''(x) < 0$ für alle x aus dem Intervall I, dann ist der Graph der Funktion f auf I rechtsgekrümmt.
Wenn $f''(x) > 0$ für alle x aus dem Intervall I, dann ist der Graph der Funktion f auf I linksgekrümmt.

a) $f''(x) = -x + 4$

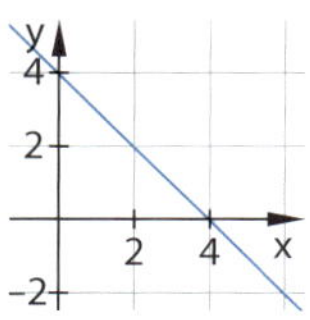

Linkskrümmung des Graphen von f für:

______________ $f''($ ____ $) =$ ______________

Rechtskrümmung des Graphen von f für:

______________ $f''($ ____ $) =$ ______________

b) $f''(x) = 2x + 2$

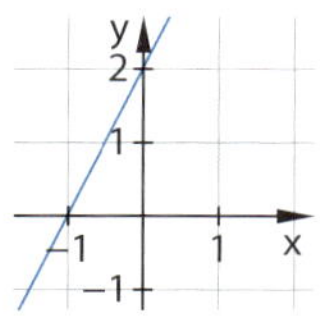

Linkskrümmung des Graphen von f für:

______________ $f''($ ____ $) =$ ______________

Rechtskrümmung des Graphen von f für:

______________ $f''($ ____ $) =$ ______________

4 Untersuchen Sie mithilfe der zweiten Ableitung das Krümmungsverhalten.
Hilfe: Die Nullstellen von f″ sind die Grenzen von Krümmungsintervallen.

a) $f(x) = 2x^3 - 3x^2 + 4x + 5$

$f'(x) =$ ______

$f''(x) =$ ______

$0 =$ ______ also ist $x =$ ______

Linkskrümmung für: ______ $f''($ ___ $) =$ ______

Rechtskrümmung für: ______ $f''($ ___ $) =$ ______

b) $g(x) = -x^3 - 2x + 6$

______

______

$0 =$ ______ also ist $x =$ ______

Linkskrümmung für: ______ $f''($ ___ $) =$ ______

Rechtskrümmung für: ______ $f''($ ___ $) =$ ______

Aufbautraining

5 Ermitteln Sie die Hoch- und Tiefpunkte mithilfe von Ableitungen.
Hilfe: Eine hinreichende Bedingung für eine lokale Extremstelle x_E einer Funktion f ist: $f'(x_E) = 0$ und $f''(x_E) \neq 0$.
In diesem Fall gilt: Wenn $f''(x_E) < 0$, dann liegt ein Hochpunkt vor.
Wenn $f''(x_E) > 0$, dann liegt ein Tiefpunkt vor.

a) $f(x) = \frac{1}{3}x^3 - 3x^2 + 2$

$f'(x) =$ ______

$f''(x) =$ ______

Nullstellen von f′ sind $x_1 = 0$ und $x_2 =$ ______

$f''(0) =$ ______ und $f(0) = 2$, somit

gibt es bei $x_1 = 0$ den Hochpunkt $H(0|2)$.

$f''($ ___ $) =$ ______ und $f($ ___ $) =$ ______ somit

gibt es bei $x_2 =$ ___ den ______

b) $g(x) = x^3 + 1{,}5x^2 - 6x + 4$

______

______

Nullstellen von g′ sind $x_1 =$ ___ und $x_2 =$ ______

$g''($ ___ $) =$ ______ und $g($ ___ $) =$ ______ somit

gibt es bei $x_1 =$ ___ den ______

$g''($ ___ $) =$ ______ und $g($ ___ $) =$ ______ somit

gibt es bei $x_2 =$ ___ den ______

6 Die Funktion h mit $h(t) = -\frac{1}{3}t^3 + 2t^2 + 21t + 10$ beschreibt ab dem Kaufdatum für einige Wochen die Höhe einer Pflanze; t steht für die Wochen nach diesem Zeitpunkt und h(t) für die jeweilige Höhe der Pflanze in Zentimetern.

a) Ermitteln Sie den Zeitpunkt, ab dem sich das Wachstum der Pflanze verlangsamt.

______

______

______

b) Untersuchen Sie, bis zu welcher Woche die Funktion h das Wachstum relativ gut beschreiben könnte.

______

______

______

______

Wendepunkte

Grundlagentraining

1 Wendepunkte von Funktionen und Graphen von Ableitungsfunktionen: Gegeben sind die Graphen von Funktionen und die der ersten beiden Ableitungen.

①.
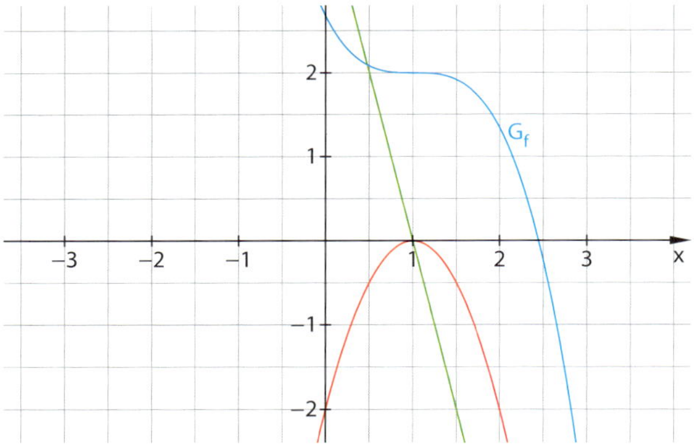

②.
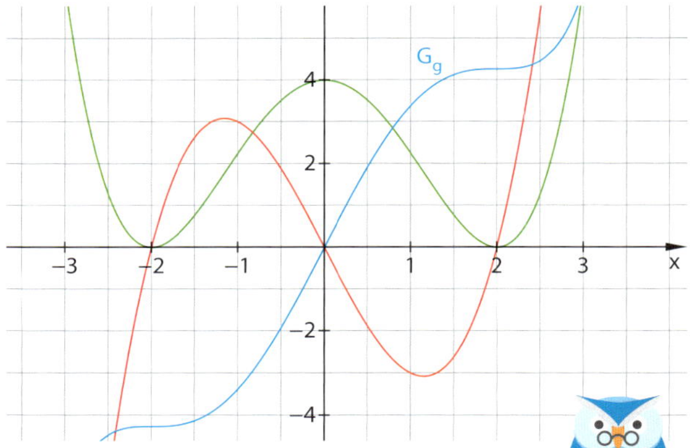

a) Markieren Sie die Wendepunkte der Funktionen f und g in den Zeichnungen.
Hilfe: Wendepunkte mit einer waagerechten Tangente sind Terrassenpunkte.
Am Wendepunkt ändert sich das Krümmungsverhalten.

b) Beschriften Sie zuerst die Graphen der Ableitungsfunktionen mit f′, f″, f‴ bzw. g′, g″, g‴.
Markieren Sie danach mit senkrechten Geraden alle passenden Stellen.

☐ Wendestellen der Funktion f ☐ Extremstellen der ersten Ableitungsfunktion f′
☐ Nullstellen der zweiten Ableitungsfunktion f″ ☐ Terrassenstellen der Funktion f

Zusatzaufgabe: Was fällt Ihnen auf?

2 Hinreichende Bedingungen für Wendepunkte: Graphen von f mit $f(x) = -0{,}5x^4 + x^3$ und g mit $g(x) = 0{,}5x^4 - 2x^3 + 6$.

a) Ermitteln Sie mithilfe von Ableitungen die Wendestellen. Prüfen Sie, ob es sich um eine Terrassenstelle handelt.
Hilfe: Wenn $f''(x_w) = 0$ und $f'''(x_w) \neq 0$, dann ist x_w Wendestelle. Wenn zusätzlich $f'(x_w) = 0$, dann ist x_w Terrassenstelle.

$f(x) = -0{,}5x^4 + x^3$

$f'(x) =$ ______

$f''(x) =$ ______

$f'''(x) =$ ______

Nullstellen von f″ sind $x_1 = 0$ und $x_2 =$ ____

$f'''(0) =$ ____ und $f'''($ ___ $) =$ ____

Bei $x_1 = 0$ und $x_2 =$ ____ gibt es Wendestellen.

______

______

$g(x) = 0{,}5x^4 - 2x^3 + 6$

$g'(x) =$ ______

$g''(x) =$ ______

$g'''(x) =$ ______

Nullstellen von ____ sind $x_1 =$ ____ und $x_2 =$ ____

______ und ______

______

______

______

Hinweis: Terrassenstellen (Terrassenpunkte) werden auch als Sattelstellen (Sattelpunkte) bezeichnet.

b) Untersuchen Sie mithilfe der Tabellen, ob das Vorzeichen (VZ) von f″ an der Stelle x_w wechselt.
Hilfe: Wenn $f''(x_w) = 0$ und das Vorzeichen von f″ an der Stelle x_w wechselt, dann existiert bei x_w ein Wendepunkt.

x	−1	0	0,5	1	
f″(x)		0		0	
VZ			+		

x					
g″(x)		0		0	
VZ					

3 Welche Teilaussagen kommen in den notwendigen oder hinreichenden Bedingungen für die Aussagen ① bis ③ vor? Ordnen Sie diese zu.

① Der Graph von f hat bei $x = 2$ einen Wendepunkt.

② Der Graph von f hat bei $x = 2$ einen Sattelpunkt.

③ Der Graph von f ist bei $x = 2$ rechtsgekrümmt.

$f'(2) = 0$ | $f''(2) < 0$ | $f''(2) = 0$ | $f'''(2) \neq 0$ | Bei $x = 2$ hat f'' einen Vorzeichenwechsel. | Bei $x = 2$ hat f' keinen Vorzeichenwechsel. | Bei $x = 2$ fällt f' monoton.

4 Berechnen Sie die Wendepunkte der Funktion f mit $f(x) = -\frac{1}{24}x^4 + \frac{1}{6}x^3 + 2$.
Untersuchen Sie auch, ob Terrassenpunkte vorliegen.

Aufbautraining

5 Beurteilen Sie die unten stehenden Aussagen.
Schreiben Sie die Nummern der passenden Begründungen auf.

① $f'(x_0) = 0$ an der Stelle x_0.

② $f''(x_0) \neq 0$ an der Stelle x_0.

③ $f''(x_0) = 0$ an der Stelle x_0.

④ $f'(x_0) < 0$ an der Stelle x_0.

⑤ $f'''(x_0) \neq 0$ an der Stelle x_0.

⑥ $f'(x_0) \neq 0$ an der Stelle x_0.

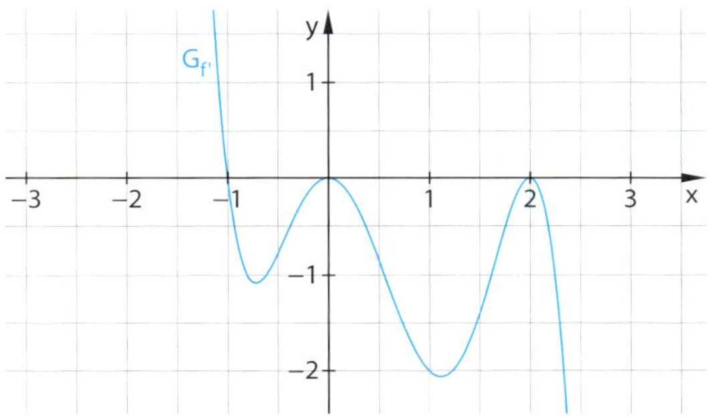

Der Graph von f ist an der Stelle $x_0 = 1{,}5$ monoton steigend.	☐ wahr	☐ falsch	______
Der Graph von f hat an der Stelle $x_0 = 2$ eine Terrassenstelle.	☐ wahr	☐ falsch	______
An der Stelle $x_0 = 1$ ist das notwendige Kriterium für ein Extremum erfüllt.	☐ wahr	☐ falsch	______
Der Graph von f hat an der Stelle $x_0 = -1$ ein Extremum.	☐ wahr	☐ falsch	______
Der Graph von f hat an der Stelle $x_0 = 0$ eine Wendestelle.	☐ wahr	☐ falsch	______
An der Stelle $x_0 = 0$ ist das notwendige Kriterium für ein Extremum erfüllt.	☐ wahr	☐ falsch	______

6 Ermitteln Sie die Gleichung der Wendetangente der Funktion f mit $f(x) = x^3 - 6x^2 + 9x - 4$.

Grundlagentraining

1 Ergänzen Sie die Beschreibung des Newtonverfahrens anhand der Abbildung:
Gesucht ist ___ einer Funktion f. Man sucht sich eine in der Nähe der vermuteten Nullstelle x_N gelegene Stelle x_0, legt dort ___ ___ und bestimmt ___ dieser Tangente. An der Stelle x_1 wird wieder ___ ___ gelegt, welche die x-Achse an einer ___ schneidet. Dieses Verfahren wird so lange fortgeführt, bis die beiden letzten benachbarten Tangentennullstellen einen vorher definierten Abstand ε ___.

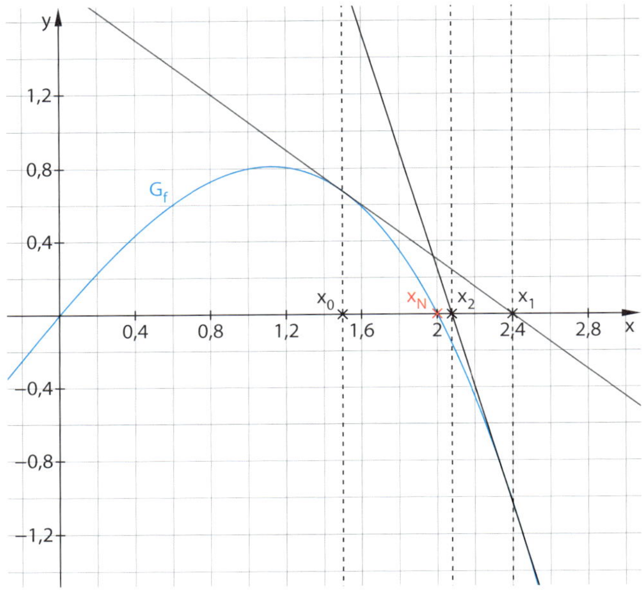

2 Die Berechnung der positiven Nullstelle von $f(x) = x^2 - 3$ soll mit dem Newtonverfahren auf Hundertstel genau ($|x_{k+1} - x_k| \le \varepsilon = 0{,}01$) erfolgen: Vervollständigen Sie die fehlenden Rechenschritte.

$x_{k+1} = x_k - \frac{f(x_k)}{f'(x_k)}$

- Es ist $f(1) =$ ___ und $f(2) =$ ___. Wegen des Vorzeichenwechsels liegt eine Nullstelle im Intervall ___ $< x <$ ___. Als Startwert kann z. B. die Intervallmitte gewählt werden: $x_0 = 1{,}5$.
- Wegen $f'(x) =$ ___ ist $f'(1{,}5) =$ ___ $\neq 0$, also ist $x_0 = 1{,}5$ ein geeigneter Startwert.
- $x_1 = x_0 - \frac{f(x_0)}{f'(x_0)} = 1{,}5 - \frac{-0{,}75}{3} = 1{,}75$
- $x_2 = x_1 - \frac{f(x_1)}{f'(x_1)} = 1{,}75 -$ ___ $= 1{,}732142857$
- $x_3 = x_2 - \frac{f(x_2)}{f'(x_2)} = 1{,}732142857 -$ ___
- Abbruchbedingung prüfen: Die dritte Nachkommastelle ist schon bei x_3 „stabil".

  Es ist $|x_3 - x_2| = |$ ___ $| = |-0{,}00092047| < \varepsilon$
- Näherungswert für die Nullstelle $x_N \approx 1{,}73$.

3 Realisieren Sie das Newton-Verfahren für die negative Nullstelle von $f(x) = 0{,}3x^4 - 1{,}04x - 1$. Nutzen Sie die Konstantenautomatik Ihres Taschenrechners für eine effektive Rechnung:

- Mithilfe einer grafischen Darstellung oder einer Wertetabelle erkennt man, dass zwischen −1 und 0 eine negative Nullstelle liegt. Startwert z. B.: $x_0 = -1$.
- Wenn Ihr Taschenrechner über eine ANS-Taste verfügt, dann gehen Sie so vor:

① Startwert eingeben und mit • (oder =) bestätigen.
② Die Formel für das Newtonverfahren unter Verwendung der ANS-Taste eingeben.
③ Wiederholt • (oder =) drücken, bis die geforderte Genauigkeit erreicht ist.

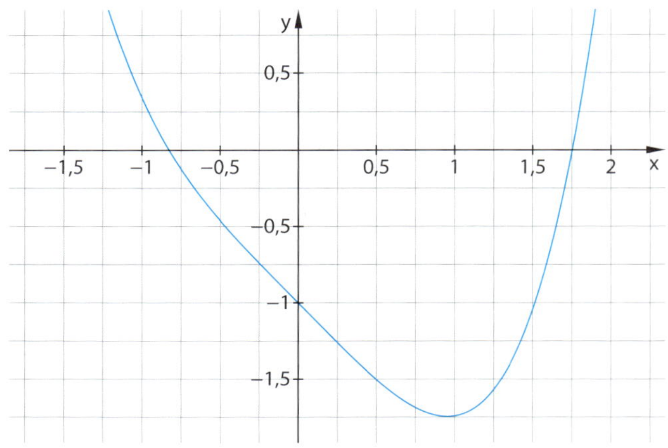

$\text{ans} - \frac{0.3 \cdot \text{ans}^4 - 1.04 \cdot \text{ans} - 1}{1.2 \cdot \text{ans}^3 - 1.04}$

Vollziehen Sie dieses Verfahren nach und ermitteln Sie so einen Näherungswert für die gesuchte Nullstelle auf Tausendstel genau: $x_0 \approx$ ___

4 Ermitteln Sie die Nullstelle x_N der nebenstehend abgebildeten Funktion mithilfe des Newtonverfahrens.

Geben Sie die Werte des Iterationsfolge mit dem Startwert 1,5 an, bis sich die Nachkommastellen nicht mehr ändern.

$x_0 = 1{,}5$; $x_1 =$ ______ $x_2 =$ ______

$x_3 =$ ______ $x_4 =$ ______

$x_N =$ ______

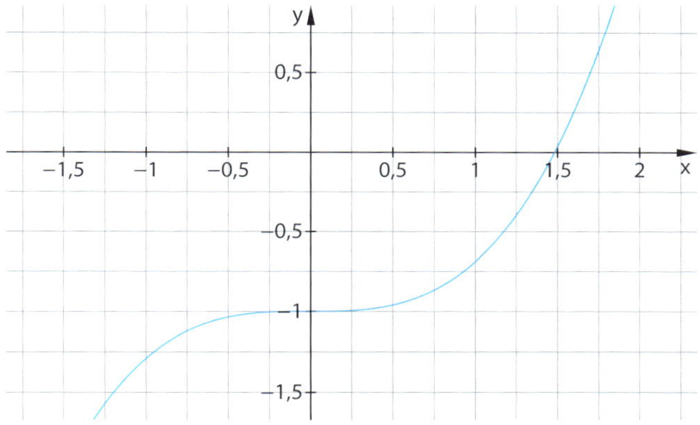

Aufbautraining

5 Erläutern Sie, weshalb beim Anwenden des Newtonverfahrens auf die Berechnung der Nullstellen von $f(x) = 5 - x^2$ der Startwert $x_0 = 0$ ausgeschlossen werden muss.

Begründung: ______

______

______

6 Für das algorithmische Vorgehen beim Newtonverfahren ist auch eine Tabellenkalkulation gut zu verwenden. Im Folgenden ist eine solche einfache Umsetzung des Newton-Algorithmus' für die Bestimmung einer der Nullstellen der Funktion $f(x) = x^5 - 2x^2 + 1$ mit einer TK abgebildet.

	A	B
1	1	–0,5
2	= A1 + 1	$= B1 - \frac{B1^5 - 2 \cdot B1^2 + 1}{5 \cdot B1^4 - 4 \cdot B1}$
3	= A2 + 1	$= B2 - \frac{B2^5 - 2 \cdot B2^2 + 1}{5 \cdot B2^4 - 4 \cdot B2}$
4	= A3 + 1	$= B3 - \frac{B3^5 - 2 \cdot B3^2 + 1}{5 \cdot B3^4 - 4 \cdot B3}$
5	= A4 + 1	$= B4 - \frac{B4^5 - 2 \cdot B4^2 + 1}{5 \cdot B4^4 - 4 \cdot B4}$
6	usw.	usw.

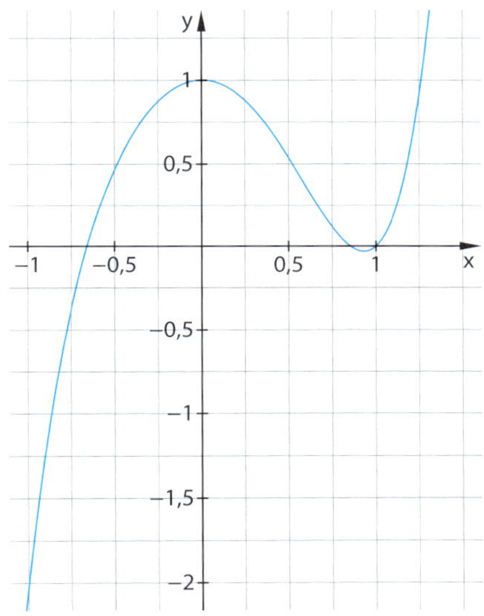

a) Erläutern Sie diese Realisierung.
Spalte A liefert ______
Spalte B ergibt ______

b) Bestimmen Sie mit dem Newtonverfahren Näherungswerte der Nullstellen von f auf Hundertstel genau. Geben Sie auch jeweils den Startwert an.

Startwert	Näherungswert
$x_0 =$ ____	$x_N =$ ____
$x_0 =$ ____	$x_N =$ ____
$x_0 =$ ____	$x_N =$ ____

7 Begründen Sie, weshalb sich die Nullstelle der Funktion $f(x) = x^3 - 2x + 2$ mit dem Startwert $x = 0$ durch das Newtonverfahren nicht ermitteln lässt.

Begründung: ______

______

______

______

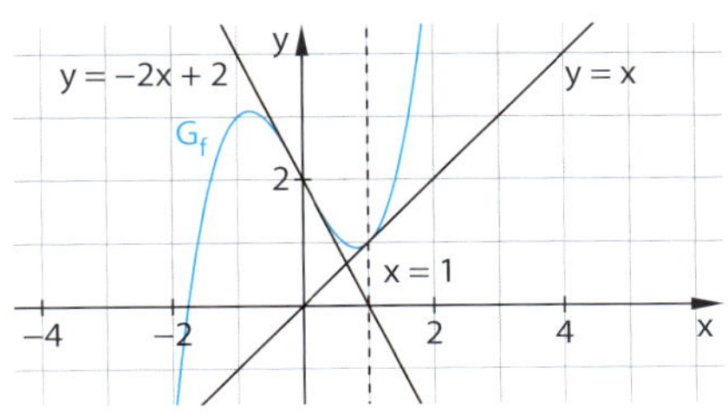

1 Auf dem Graphen der Funktion f sind Punkte markiert.

a) Ergänzen Sie zu wahren Aussagen und zeichnen Sie den Graphen mit den passenden Farben nach.

☐ $f'(x) > 0$ für alle x aus dem Intervall, demzufolge ist f streng monoton ____________________

☐ $f'(x) < 0$ für alle x aus dem Intervall, demzufolge ist f streng monoton ____________________

☐ $f'(x) = 0$ ____________________

Hinweis: Die ☐ sind für die Farben da.

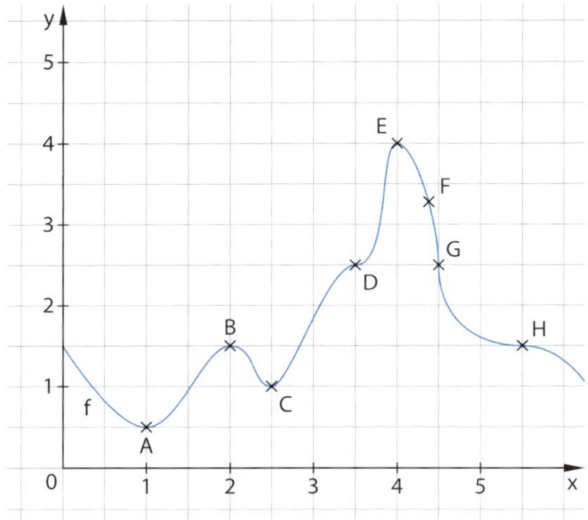

b) Kreuzen Sie Zutreffendes an.

Extrempunkte sind die Punkte …	☐ A	☐ B	☐ C	☐ D	☐ E	☐ F	☐ G	☐ H
Wendepunkte sind die Punkte …	☐ A	☐ B	☐ C	☐ D	☐ E	☐ F	☐ G	☐ H
Hochpunkte sind die Punkte …	☐ A	☐ B	☐ C	☐ D	☐ E	☐ F	☐ G	☐ H
Tiefpunkte sind die Punkte …	☐ A	☐ B	☐ C	☐ D	☐ E	☐ F	☐ G	☐ H
Sattelpunkte sind die Punkte …	☐ A	☐ B	☐ C	☐ D	☐ E	☐ F	☐ G	☐ H
Bei … ist der Graph der Funktion linksgekrümmt.	☐ A	☐ B	☐ C	☐ D	☐ E	☐ F	☐ G	☐ H

2 Kreuzen Sie alle zu f mit $f(x) = \frac{1}{720}x^6 - \frac{1}{120}x^5 + \frac{1}{24}x^4 + \frac{5}{6}x^3 - \frac{7}{2}x^2 + 1984x - \pi$ passenden Ableitungen an.

☐ 0 ☐ $0{,}5x^2 - x + 1$ ☐ $0{,}3x^3 - 0{,}5x^2 + x$ ☐ $x - 1$

3 Auf Notizzetteln stehen Schrittfolgen. Vervollständigen Sie die passenden Überschriften.

Ermitteln von ____________________

1. Ermitteln von f'
2. Ermitteln der Nullstellen von f'
3. Untersuchen des Vorzeichenwechsels von f' oder Prüfen, ob $f''(x) < 0$ oder $f''(x) > 0$

Ermitteln von ____________________

1. Ermitteln von f', f'' und f'''
2. Ermitteln der Nullstellen von f''
3. Untersuchen des Vorzeichenwechsels von f'' oder Berechnen der dritten Ableitung an der potentiellen Stelle

4 Kreuzen Sie die wahren Aussagen an.
Der Graph einer ganzrationalen Funktion ohne Definitionslücke …

☐ besitzt mindestens einen Wendepunkt, wenn er einen Hoch- und einen Tiefpunkt hat.

☐ besitzt mindestens einen Hoch- und einen Tiefpunkt, wenn er einen Wendepunkt hat.

☐ besitzt mindestens einen Tiefpunkt, wenn er einen Hoch- und einen Wendepunkt hat.

☐ besitzt keinen weiteren Extrempunkt, wenn er einen Extrempunkt und keine Wendepunkte hat.

☐ besitzt mehrere Extrempunkte, wenn er mehrere Wendepunkte hat.

5 Ergänzen Sie in der Funktionsgleichung alle natürlichen Zahlen von 4 bis 9, so dass gilt:
Die Funktion ist punktsymmetrisch zum Ursprung und für $x \to -\infty$ gilt $f(x) \to \infty$.

$f(x) = \_\_\, x^{\_\_} - \_\_\, x^{\_\_} + \_\_\, x^{\_\_}$

6 Untersuchen Sie die Funktion f mit $f(x) = 0{,}125x^4 - 0{,}5x^3$ mithilfe der Ableitungen.

a) Monotonie

f ist monoton steigend für ______________ f ist monoton fallend für ______________

b) Krümmung

Der Graph ist für ______________ linksgekrümmt. Der Graph ist für ______________ rechtsgekrümmt.

c) Extrempunkte

____

d) Wendepunkte

____

e) Kreuzen Sie die Zeichnung an, die den Graphen von f enthält. Zeichnen Sie beide Koordinatenachsen ein.

☐ 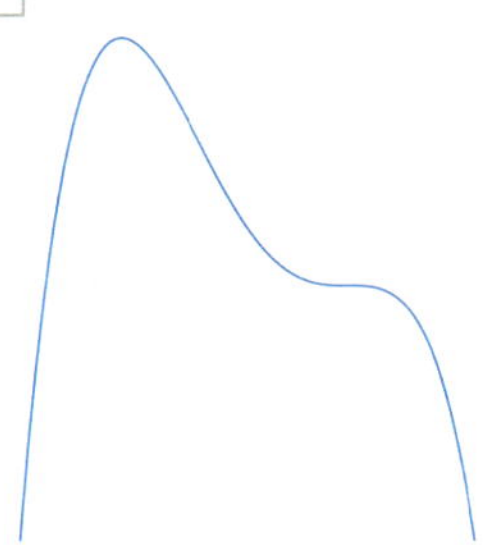

☐ 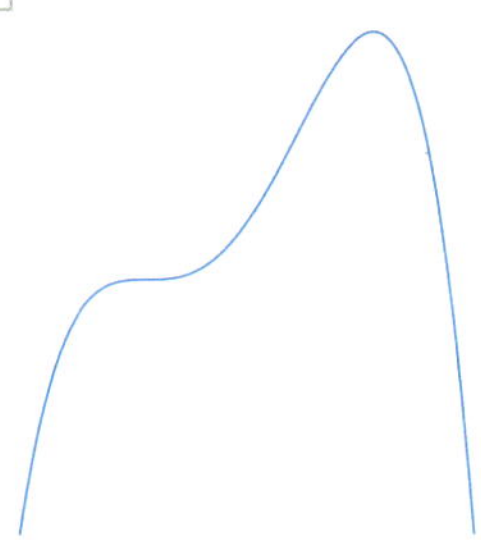

☐ 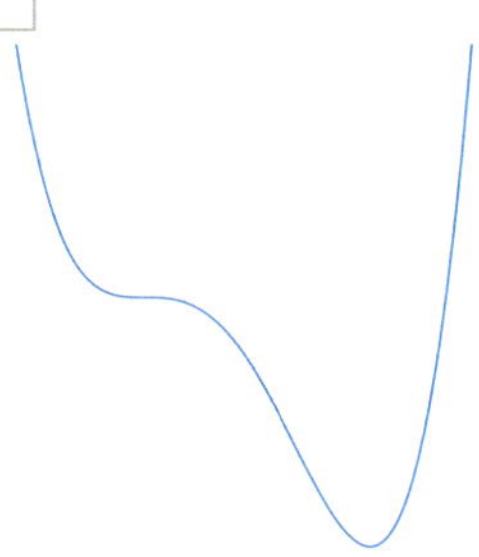

☐ 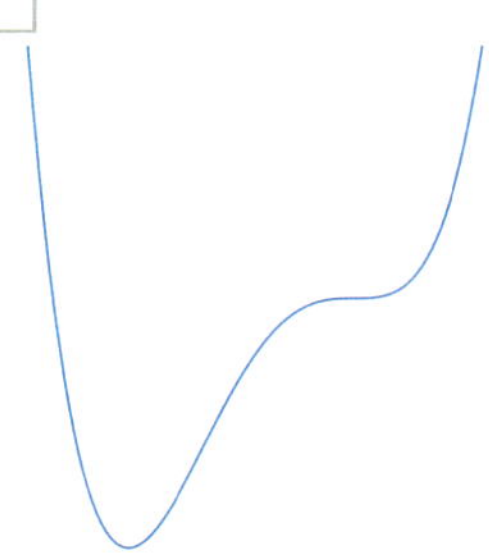

7 Der Wasserstand in einem Regenwasserspeicher kann in den ersten drei Regenstunden durch die Funktion f mit $f(t) = -\frac{1}{32}t^3 + \frac{3}{16}t^2 + 3{,}74$ modelliert werden. Berechnen Sie, wann der Wasserstand am stärksten anstieg.

____

____